国家科学技术学术著作出版基金资助出版

柴油车排气后处理技术

Exhaust Aftertreatment Technologies for Diesel Vehicles

李兴虎 著

国防工业出版社

·北京·

内容简介

本书从柴油车污染物排放的特点与控制难点出发，系统分析了柴油车的发展现状及趋势；重点对已成为现代先进柴油车标准配置的柴油机后处理装置氧化催化净化装置（DOC）、NO_x 的尿素选择催化还原净化装置（USCR）、NO_x 的吸附催化还原净化装置（NSR）及柴油机排气颗粒物过滤器（DPF）等的应用现状、结构与原理、设计要求与方法等进行了详细分析；回顾与展望了现代柴油机排气后处理装置的发展历程与未来动向，深入剖析了典型柴油机排气后处理系统的组成、工作原理与设计理念。

本书由柴油车的排气污染及其控制技术、柴油机排气污染物的氧化催化净化技术、NO_x 的催化还原净化技术、NO_x 的尿素选择催化还原净化技术、柴油机排气颗粒物的净化技术、柴油机排气颗粒过滤器的再生与匹配和现代柴油机的排气后处理系统 7 章构成。本书弥补了我国相关专业技术人员和高等院校教学相关专业师生系统了解、学习以及研究开发“柴油车排气后处理系统”资料的不足。

本书可作为高等院校柴油车及柴油机相关专业的教材或补充材料，也可作为从事“柴油车排气后处理装置”研发、教学、生产以及使用和维修技术等人员的参考资料。

图书在版编目（CIP）数据

柴油车排气后处理技术／李兴虎著．—北京：国防工业出版社，2016.7

ISBN 978-7-118-11069-2

Ⅰ．①柴…　Ⅱ．①李…　Ⅲ．①柴油机—汽车排气—废气治理　Ⅳ．①X701

中国版本图书馆 CIP 数据核字（2016）第 211840 号

※

国防工業出版社出版发行

（北京市海淀区紫竹院南路 23 号　邮政编码 100048）

三河市众誉天成印务有限公司印刷

新华书店经售

*

开本 710×1000　1/16　**印张** 22½　**字数** 402 千字

2016 年 7 月第 1 版第 1 次印刷　**印数** 1—2000 册　**定价** 98.00 元

国防书店：（010）88540777　　发行邮购：（010）88540776

发行传真：（010）88540755　　发行业务：（010）88540717

前　言

环境保护部发布的《2012 年中国机动车污染防治年报》显示，2011 年全国机动车排放污染物 4607.9 万 t，比 2010 年增加 3.5%，其中氮氧化物（NO_x）637.5 万 t，颗粒物（PM）62.1 万 t，碳氢化合物（HC）441.2 万 t，一氧化碳（CO）3467.1 万 t。汽车是机动车中污染物总量的主要贡献者，其排放的 NO_x 和 PM 超过 90%，HC 和 CO 超过 70%。因此，机动车特别是汽车污染已被认为是我国空气污染的重要来源和造成灰霾、光化学烟雾污染的重要原因。

《2014 年中国机动车污染防治年报》显示，在我国 2013 年年末的 12572.4 万辆汽车保有量中，汽油车、柴油车和燃气车的保有量依次为 10498.0 万辆、1911.0 万辆和 164.3 万辆，其占汽车保有量的百分比依次为 83.5%、15.2%和 1.3%。由于多种原因，致使我国清洁柴油车发展缓慢，柴油车在我国汽车保有量中的比例也呈现逐年减少的趋势，从 2010 年的 17.4%下降到 2013 年的 15.2%。尽管如此，多方面的数据表明柴油车的排气污染物仍然是汽车排气污染物的主要来源。2013 年全国柴油车 CO、HC、NO_x 和 PM 的排放量依次为 421.8 万 t、93.0 万 t、404.8 万 t 和 56.7 万 t，占汽车 CO、HC、NO_x 和 PM 排放总量的比例依次为 14.5%、26.6%、68.8%和 99%以上。若按汽油车、柴油车和燃气车的保有量比例和 CO、HC、NO_x 和 PM 排放量比例估算，则柴油车的车均 CO、HC、NO_x 和 PM 排放量依次为其他燃料汽车（汽油车和天然气汽车）车均排放量的 0.95 倍、2.02 倍、12.30 倍和 552.32 倍。可见，除车均 CO 排放量柴油车低于汽油车和天然气汽车约 5%外，柴油车车均 HC、NO_x 和 PM 排放量均远高于汽油车和天然气汽车。

2014 年 6 月中华人民共和国环境保护部发布的《2013 年中国环境状况公报》显示，2013 年京津冀、长三角、珠三角等重点区域及直辖市、省会城市和计划单列市共 74 个城市按照 GB 3095—2012《环境空气质量标准》开展了空气污染物监测。在这 74 个城市中，空气中 SO_2、NO_2、PM_{10}、$PM_{2.5}$的年均值，CO

日均值和 O_3 日最大 8 h 均值达标的城市仅有海口、舟山和拉萨 3 个城市，空气质量达标城市的比例为 4.1%，超标城市比例达 95.9%。6 种污染物的达标率由低到高的次序为 $PM_{2.5}$、PM_{10}、NO_2、O_3、CO 和 SO_2，其对应的达标率依次为 4.1%、14.9%、39.2%、77.0%、85.1% 和 86.5%。《2014 年中国环境状况公报》则表明，我国 2014 年实施 GB 3095—2012《环境空气质量标准》城市数由 2013 年的 74 个增加到 161 个。161 个城市中的舟山、福州、深圳、珠海、惠州、海口、昆明、拉萨、泉州、湛江、汕尾、云浮、北海、三亚、曲靖和玉溪 16 个城市 2014 年的空气质量年均值达标（好于国家二级标准），占监测城市的比例为 9.9%，占监测城市的比例 90.1%的其余 145 个城市空气质量超标。6 种污染物的达标率由低到高的次序为 $PM_{2.5}$、PM_{10}、NO_2、O_3、SO_2 和 CO，其对应的达标率依次为 11.2%、21.7%、62.7%、78.2%、88.2%和 96.9%，其中达标率最低的污染物 $PM_{2.5}$ 的年均浓度范围为 19～130μg/m^3，平均浓度为 62μg/m^3。

从 2013 年和 2014 年的中国环境状况公报来看，城市空气污染面临空前的挑战。6 种污染物的达标率最低的 3 种污染物依次为 $PM_{2.5}$、PM_{10} 和 NO_2。2013 年和 2014 年城市空气质量达标率低至 4.1% 和 9.9% 的主要原因是 $PM_{2.5}$ 的达标率低，如果不考虑 $PM_{2.5}$，则城市空气质量达标率可以成倍提高。因此，提高城市空气质量达标率的首要方法应该是减少或切断各种向空气中排放 $PM_{2.5}$、PM_{10} 和 NO_2 等的源头，以及减少大气中二次 $PM_{2.5}$ 的生成等。结合上述的柴油车车均 NO_x 和 PM 排放量分别为其他燃料车辆（汽油车和天然气汽车）车均 12.30 倍和 552.32 倍的推论，不难得出控制柴油车排气污染对提高城市空气质量达标率具有很重要的意义。

随着柴油车排放标准日益严格和提高城市空气质量达标率的呼声日益高涨，从污染物的产生源头——燃烧过程——控制污染物的各种措施已无法满足汽车相关行业的需求。因此，各种柴油机排气后处理装置（系统）不断问世，大幅度降低了柴油车的污染物排放，改变了传统柴油车高污染的形象，现代柴油车已成为低碳环保清洁车辆的象征。

柴油机排气后处理系统指安装在柴油机排气系统中的氧化催化净化装置（DOC）、颗粒物过滤器（DPF）、NO_x 净化装置（$deNO_x$）、组合式排气净化装置（由 DOC、DPF、$deNO_x$ 中的两个或多个组合而成的装置）以及其他任何能降低排气污染物的装置。由于本书涉及的主要内容为车用柴油机的排气后处理技术,几乎未介绍其他用途柴油机的后处理系统,故书名定为《柴油车排气后处理技术》。

柴油车排气后处理装置在20世纪90年代中期就被应用于欧洲国家和美国、日本等国家的柴油车。随着汽车排放标准的逐步加严,如果不加装后处理装置,即使采用各种先进技术的柴油机,其排气污染物排放水平也无法直接满足排放法规的要求,因此柴油车排气后处理装置的应用逐步扩大,目前已成为欧洲国家和美国、日本等国家柴油车的标准配置。由于我国排放标准相对滞后,致使我国柴油车排气后处理装置的开发及研究工作开展较晚,技术水平也落后于发达国家。在国4阶段标准实施后,已有少数车辆使用了DOC等柴油车排气后处理装置,但随着国5及国6等标准的逐步推出,装备柴油机排气后处理装置已成为柴油车发展的必然趋势,柴油车排气后处理装置成为"汽车标准配置"的时代即将到来。有鉴于此,作者撰写了本书,其目的就是为了满足相关专业技术人员和高等院校相关专业师生了解、学习和研究开发柴油车排气后处理的需要,提高我国该方面的研发和教学水平以及生产、使用和维修技术水平。

本书是作者结合多年的教学和研究工作撰写而成,撰写该书的最初想法来源于作者编著《汽车环境污染与控制》(国防工业出版社,2011)一书时,当时在整理、归纳书中"柴油机排放污染物的控制技术"等章节的过程中,发现相关材料数量巨大,难以完全囊括,于是便萌生了撰写本书的想法。但由于教学科研工作等事务繁杂,加上自身的惰性,一直到2013年才开始筹划该书的写作问题,写作过程常常又被其他事务打断,往往是写一段放一放,既有痛苦也有快乐,时间像在海绵中挤水一般,经历了3年左右时间,书稿终于完成。

在本书撰写过程中,作者总结了多年从事汽车排放与控制技术研究及教学工作的心得体会,对基本概念的介绍力求严谨、深入浅出,采用了由简单到复杂,逐步深入的结构体系,力图使本书内容易读、易懂,全书结构体系力求新颖独特、章节安排循序渐进。在撰写过程中,还特别注重运用一分为二的辨证观点,在介绍柴油机排气后处理装置优点的同时,又指出其不足,既对产品改进及研究指明了努力方向,又能使读者在潜移默化中掌握辩证分析方法。本书对国内及多种文字的国外大量最新文献资料进行了分析与提炼,注重内容的全面和新颖,力求对柴油机排气后处理装置最新发展水平和未来的发展趋势进行详细、全面、系统和深入分析，并通过大量实例分析了柴油机排气后处理装置的基本结构、原理和设计方法。

本书的撰写结合作者担任的“汽车排放与检测技术”等课程进行，书稿的主要内容曾作为在北京航空航天大学2013—2015年秋季研究生课程的主要教学内容试用，本书体系的形成、改进及内容取舍也结合使用过程同时进行。本书得到了“2015年度国家科学技术学术著作出版基金”资助，为本书的顺利出版起到了重要作用，特此致谢。但由于作者水平所限，疏漏仍然在所难免，敬请各位专家、读者多提宝贵意见（联系邮箱：lxh@ buaa. edu. cn）。

作 者

2016年9月

目　录

第一章　柴油车的排气污染及其控制技术

第一节　汽车的空气污染物排放现状

一、空气污染物及其污染源的排放量

按照国际标准化组织(ISO)的定义,大气污染通常是指由于人类活动或自然过程引起某些物质进入大气中,呈现出足够的浓度,达到足够长的时间,并因此危害了人体的舒适、健康和福利或环境污染的现象[1]。大气污染也称环境空气污染或空气污染,通常把能够使环境空气质量变差、造成环境空气污染的物质称为空气污染物,空气污染物种类很多,已知的约有100多种,各个国家或地区对环境空气中污染物的种类及容许浓度(限值)不同。目前,我国对环境空气中污染物的种类及限值是以GB 3095—2012《环境空气质量标准》为依据的,GB 3095—2012于2012年2月正式发布,在全国范围内分期实施[2]。2012年起在京津冀、长三角、珠三角等重点区域以及直辖市和省会城市实施;2013年起在113个环境保护重点城市和国家环保模范城市实施;2015年起在所有地级以上城市实施;2016年1月1日起在全国实施。

根据GB 3095—2012规定,环境空气污染物分为采用基本项目浓度限值的污染物和采用其他项目浓度限值的污染物两类。要求监测并实时发布的基本项目污染物有SO_2、NO_2、CO、O_3、PM_{10}(粒径≤10μm)和$PM_{2.5}$(粒径≤2.5μm)。要求监测并实时发布的其他项目污染物有总悬浮颗粒物(TSPM),(粒径≤100μm)、NO_x、Pb和BaP。除颗粒污染物PM_{10}、$PM_{2.5}$和TSPM外,其余污染物化学组成非常明确。大气中颗粒污染物的粒径为0.001~100μm,其组成十分复杂,颗粒物的数量或粒径还会随着气候的变化而变化。基本项目6个污染物的限值自2016年1月1日起在全国实施,其他项目4个污染物的限值由国务院环境主管部门或省级人民政府根据实际情况确定实施方式。表1-1列出了这些污染物的一级及二级标准浓度限值及其所对应的平均时间。

GB 3095—2012中还给出了环境空气中镉、汞、砷和氟化物的参考浓度限值,为省级人民政府针对当地环境污染特点制定和实施地方《环境空气质量

标准》提供了参考[2]。该标准中的空气污染物种类与美国、日本目前的限值较为接近,如 $PM_{2.5}$的限值与美国和日本相同,略严于欧盟 2012 年执行的 20μg/m^{3}的 $PM_{2.5}$限值[3]。由于 GB 3095—2012 中无 $PM_{2.5}$的限值,因此我国城市环境空中 $PM_{2.5}$的浓度一直偏高。如在 2006—2010 年间,北京、上海、广州、西安和沈阳 5 个城市 $PM_{2.5}$的年平均浓度为 55~182μg/m^3,是 WHO《全球空气质量指南》年平均浓度指导值 10μg/m^{3}的 5.5~18.2 倍,也是 GB 3095—2012 中 $PM_{2.5}$年平均一级标准限值的 3.67~12.13 倍。

表 1-1 GB 3095—2012《环境空气质量标准》中的环境空气污染物基本项目及其他项目浓度限值[2]

项目分类	污染物名称	平均时间	浓度限值(标准状态)/(μg/m^3)	
			一级标准	二级标准
基本项目	二氧化硫(SO_2)	年平均	20	60
		24h 平均	50	150
		1h 平均	150	500
	二氧化氮(NO_2)	年平均	40	40
		24h 平均	80	80
		1h 平均	200	200
	一氧化碳(CO)	24h 平均	4000	4000
		1h 平均	10000	10000
	臭氧(O_3)	日最大 8h 平均	100	160
		1h 平均	160	200
	可吸入颗粒(PM_{10})	年平均	40	70
		24h 平均	50	150
	细颗粒物($PM_{2.5}$)	年平均	15	35
		24h 平均	35	75
其他项目	总悬浮颗粒物(TSPM)	年平均	80	200
		24h 平均	120	300
	氮氧化物(NO_x)	年平均	50	50
		24h 平均	100	100
		1h 平均	250	250
	铅(Pb)	年平均	0.5	0.5
		季平均	1	1
	苯并[a]芘(BaP)	年平均	0.001	0.001
		24h 平均	0.0025	0.0025

在 SO_2、NO_2、PM_{10}、$PM_{2.5}$、CO 和 O_3六个限值的污染物中，SO_2、NO_2、CO 和 O_3为单一物质，而 PM_{10}和 $PM_{2.5}$多为由单一物质和化合物组成的极为复杂的混合物。图 1-1 为 2013 年 1 月 9 日—23 日在北京市朝阳区地面上 10m 处六个时间段(48~72h 不等)采集的空气中 PM 样品的水溶性无机离子(Na^+、NH_4^+、K^+、Mg^{2+}、Ca^{2+}、Cl^-、NO^{3-}、SO_4^{2-})和水溶性有机碳(WSOC)组成的分析结果。可见，PM 中 WSOC、NH_4^+、Cl^-、NO_3^-和 SO_4^{2-}浓度较大，不同样品中 WSOC 差别很大，样品①、②和⑤中 WSOC 浓度较高，而③、④和⑥中 WSOC 浓度较低。

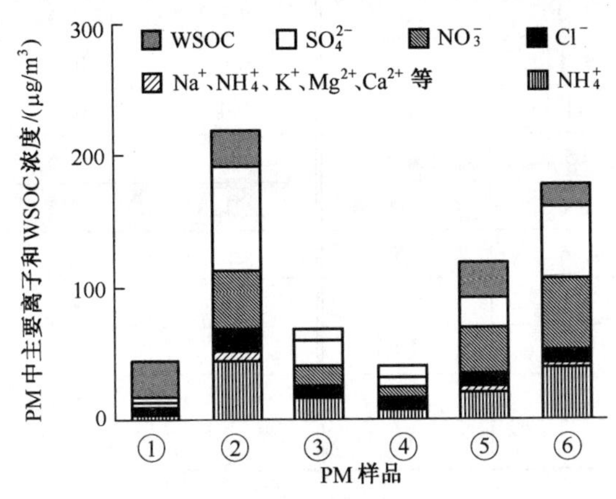

图 1-1　PM 样品中主要离子和 WSOC 浓度[4]

上述空气中 PM 样品的粒径大小和金属元素成分分析结果表明，全部样品中，$PM_1/PM_{2.5}$均超过 0.95 以上，$PM_{2.5}$中含金属元素 57 种，平均浓度超过 0.10ng/m³的元素 45 种(详见表 1-2)，$PM_{2.5}$中平均浓度超过 100ng/m³ 的有 Na、Mg、Al、K、Ca、Fe、Zn 和 Pb 八种金属元素。

表 1-2　$PM_{2.5}$样品中金属元素浓度[4]

元素	平均浓度/(ng/m³)	最大浓度/(ng/m³)	元素	平均浓度/(ng/m³)	最大浓度/(ng/m³)
Li	2.8	4.7	Sr	14	20
Be	0.19	0.24	Y	0.46	0.73
Na	1500	2100	Zr	9.1	23
Mg	430	620	Nb	0.25	0.43
Al	880	1500	Mo	3.3	6.4
P	67	100	Ag	0.56	1.1
K	2400	5000	Cd	6.5	15
Ca	700	1200	Sn	14	27

（续）

元素	平均浓度/(ng/m³)	最大浓度/(ng/m³)	元素	平均浓度/(ng/m³)	最大浓度/(ng/m³)
Sc	0.83	5.6	Sb	23	38
Ti	66	93	Te	0.64	1.5
V	4.7	8	Cs	2.1	5.7
Cr	10	17	Ba	26	37
Mn	97	170	La	0.75	1.2
Fe	130	2200	Ce	1.4	2.2
Co	1.4	1.9	Pr	0.12	0.18
Ni	11	19	Nd	0.44	0.69
Cu	65	120	W	1.6	2.2
Zn	570	1300	Tl	3.5	7
Ga	9.6	15	Pb	390	970
Ge	5.5	8.4	Bi	7.4	20
As	33	78	Th	0.25	0.58
Se	8.7	20	U	0.16	0.25
Rb	12	31			

《2014年中国环境状况公报》表明[5]，我国2014年实施GB 3095—2012城市数为161个，161个城市中2014年的空气质量年均值达标（好于国家二级标准）仅有16个城市，占监测城市的比例为9.9%。6种污染物$PM_{2.5}$、PM_{10}、NO_2、O_3、SO_2和CO的达标率依次为11.2%、21.7%、62.7%、78.2%、88.2%和96.9%。北京市环境保护局2013年的监测结果则表明，在北京市2013年轻度污染以上超标污染日中，首要污染物主要是$PM_{2.5}$，占77.8%，$PM_{2.5}$年均浓度为89.5μg/m³，与二级标准年均浓度限值35μg/m³的国家标准还存在较大差距。其次为O_3，占20.1%，主要发生在5-9月；其他污染物（PM_{10}、NO_2等）成为首要污染物的比例仅占2.1%[6]。因此，可以说GB 3095—2012的实施对城市空气污染问题的解决提出了极为严峻的挑战。

空气污染物中一部分是来源广泛、污染范围大的污染物，如SO_2、NO_2、HC、PM_{10}、O_3、CO、$PM_{2.5}$等，其中HC成分复杂，一些国家或地区仅对HC中的部分有害成分进行监测，如挥发性有机化合物（VOC），非甲烷碳氢化合物（NMHC）和非甲烷挥发性有机化合物（NMVOC）等。另一部分污染物为多产生于局部或偶发事件，且难以长距离迁移、影响范围较小的污染物，如Pb、B[a]P、氟化物和F等。对于起因于自然因素和人为因素的两类空气污染源的测算多以前者为主。

表 1-3 和表 1-4 分别为美国和日本国家环境保护局公布的主要空气污染物的来源估算结果，表 1-4 中标注“—”的栏目表示无有用数据的栏目。美国国家环境保护局公布的主要空气污染物有 NO_x、SO_2、$PM_{2.5}$、PM_{10}、NH_3、CO、VOC 七种，污染源则被分为农业、区域扬尘、火灾、商业海洋船舶、电力、机车/海洋、非电力点源、非点源、非道路源和公路交通[7]。日本环境保护局公布的主要空气污染物有 SO_2、NO_x、NMVOC、NH_3、CO、PM_{10}、$PM_{2.5}$和 CO_2八种；污染源则被分为工业系统燃烧、电力、家用燃烧、垃圾焚烧和露天烧烤、公路交通、船舶、航空、固定蒸发源、农业和其他[8]。可见，不同污染源的污染物种类及排放量相差较大。

表 1-3　2005 年美国不同部门的排放量　(10^6kg/年)

来源	NO_x	SO_2	$PM_{2.5}$	PM_{10}	NH_3	CO	VOC
农业	0	0	0	0	3251.99	0	0
区域扬尘	0	0	1030.391	8858.992	0	0	0
火灾平均	189.428	49.094	684.035	796.229	36.777	8554.551	1958.992
商业海洋船舶	130.164	97.485	10.673	11.628	11.862	4.57	0
电力	3729.161	10380.883	496.877	602.236	21.995	603.788	41.089
机车/海洋	1922.723	153.068	56.666	59.342	0.773	270.007	67.69
非电力点源	2213.471	2030.759	433.346	647.873	158.342	3201.418	1279.308
非点源	1696.902	1216.362	1079.906	1349.639	133.962	7410.946	7560.061
非道路源	2031.527	196.277	201.406	210.767	1.971	20742.873	2806.422
公路交通	8235.002	168.48	301.073	369.911	144.409	41117.658	3267.931
总排放量	20148.378	14292.41	4294.373	12906.616	3750.218	81913.104	16986.064

表 1-4　日本各种来源的排放估算结果　(10^6kg/年)

发生源	SO_2	NO_x	NMVOC	NH_3	CO	PM_{10}	$PM_{2.5}$	CO_2
工业系统燃烧	509	821	45	1	1059	60	43	536000
电力	142	181	4	3	13	9	6	331000
家用燃烧	1	42	2	0	43	4	3	74000
垃圾焚烧和露天烧烤	34	66	19	2	310	25	18	42000
公路交通	26	945	495	14	3927	75	57	206000
船舶	159	333	14	0	31	19	17	16000
航空	0	20	5	0	17	1	1	4000
固定蒸发源	—	—	1452	—	—	—	—	—
农业	—	—	—	286	—	—	—	—
其他	—	—	—	110	—	—	—	—
总计	872	2408	2036	414	5400	192	147	1209000

二、汽车污染物的排放量及其分担率

公路交通污染源主要根据车辆类型、交通流量和速度等估算得到，因此公路交通污染源的排放量可以视为汽车的污染物排放量。表 1-5 和表 1-6 列出了中国（全国、北京市）、美国和日本的汽车污染物排放量以及汽车污染物排放量的分担率，表 1-5 和表 1-6 中美国和日本的汽车污染物排放量以及汽车污染物排放量的分担率由表 1-3 和表 1-4 中的数据得到。由于不同的国家和研究人员采用的空气污染源分类和测算方法略有差异，故表 1-5 中共列出了七个与汽车排放相关的污染物，颗粒物有 PM 和 $PM_{2.5}$两个，碳氢有 HC、VOC 和 NMVOC 三个。表 1-5 和表 1-6 中所列美国[7]、日本[8]、中国（全国[9]和北京市）[10]的数据分别取自 2005 年、2006 年、2010 年和 2013 年的文献。一般来说汽车污染物排放量越大，其分担率也越大；而分担率越大，则表明汽车排放量对大气污染中的贡献越大。表 1-5 和表 1-6 表明，与美国和日本相比，中国全国范围的汽车污染物排放量和分担率并不突出。但就北京市这样的超大城市而言，汽车污染物分担率偏高，特别是 CO、HC 和 NO_x 的比例，而且随着汽车保有量的快速增加呈现逐步恶化的趋势。

表 1-5　中国、美国、日本的汽车污染物的排放量　(10^6kg/年)

国家或城市		NO_x	HC	VOC	NMVOC	CO	PM	$PM_{2.5}$
中国	全国	6000	4900	—	—	41000	600	—
	北京市	80	77	—	—	—	—	—
美国		8235	—	3268	—	41118	—	301
日本		945	—	—	495	3927	—	57

表 1-6　中国、美国和日本的汽车排放污染物的分担率　(10^6kg/年)

国家或城市		NO_x	HC	VOC	NMVOC	CO	PM	$PM_{2.5}$
中国	全国	26	23	—	—	41	5	—
	北京市	57	38	—	—	86	—	22
美国		40.87	—	19.24	—	50.20	—	7.01
日本		39.24	—	—	24.31	72.72	—	38.78

第二节　柴油车的排放特点

一、柴油车的排气污染物

根据 GB 17691—2005《车用压燃式、气体燃料点燃式发动机与汽车排气污染物排放限值及测量方法(中国Ⅲ、Ⅳ、Ⅴ阶段)》的有关规定[11],柴油车的排气排放(污染)物指排气管排放的气体污染物和PM。柴油车排放的气体污染物有CO、NO_x和HC。NO_x以NO_2当量表示,HC以碳C当量表示,并假定柴油的组成为$C_1H_{1.86}$,除了上述的气体污染物外,柴油车排气的有害成分还有硫化物、臭味气体等。由于柴油机使用的混合气的平均空燃比较理论空燃比大,故其CO及HC的排放问题并不突出;但柴油机的NO_x、PM及令人讨厌的臭味气体的排放却十分突出[12]。

柴油车排气的气体污染物CO、NO_x、HC和PM均来自柴油机的燃烧过程。CO是碳氢燃料氧化而成的一种中间产物;HC是汽车排气中的没有燃烧、部分燃烧的碳氢化合物或燃烧过程中生成的燃料成分以外的新型碳氢化合物;CO和HC生成的主要原因是燃烧过程中碳氢燃料与空气的混合不均匀所致。NO_x主要由进入汽缸的空气中的N_2和O_2在高温下反应生成,燃烧过程中高温富氧区域越多,NO_x的生成量就越多。燃烧过程中油、气混合得越均匀,其燃烧温度越高,NO_x的排放量就越多。PM则主要来自燃烧过程中的高温缺氧区域,其生成条件与NO_x正好相反。即NO_x生成越多的条件下PM生成越少,反之亦然[12]。

通常把发动机缸内燃烧过程生成的颗粒物称为初始颗粒物或一次颗粒物(Primary Particles)。一次颗粒物的粒径随着燃料种类和发动机燃烧过程的不同而略有差异。图1-2为两种不同燃料燃烧时生成的一次颗粒物的粒径随发动机曲轴转角变化的测试结果。试验用发动机为涡轮增压/中冷、共轨燃油喷射、5.79L六缸直接式柴油机,功率132kW、最大转速2600r/min。燃料为正庚烷和TRF20(由体积分数20%甲苯和80%正庚烷组成)。该结果显示:这两种燃料生成的一次颗粒物的粒径在预混燃烧阶段急剧增加,随后达到一个最

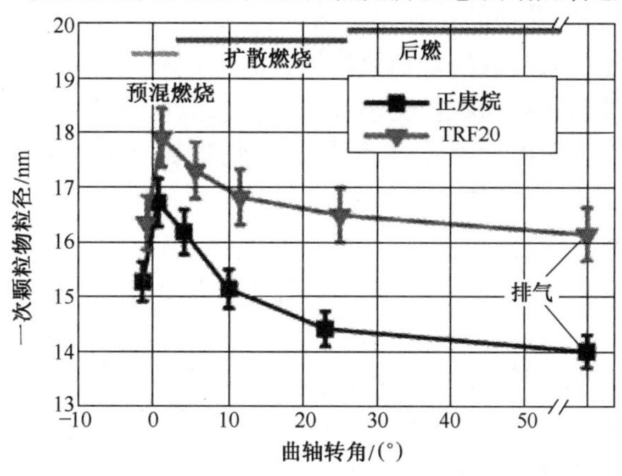

图1-2　一次颗粒物粒径随发动机曲轴转角的变化[13]

大值（TRF20 约 16.7nm、正庚烷约 17.9nm）；然后在扩散燃烧早期阶段和随后的燃烧过程逐步变小。在整个燃烧过程，TRF20 燃料和正庚烷生成的一次颗粒物的粒径分别在 16.2~17.9nm 和 14.0~16.7nm 之间变化，TRF20 燃料生成的一次颗粒物的粒径较大的原因是其中含有 20%的甲苯，增加了一次颗粒物的前体物多环芳烃的数量。

由于柴油机燃烧产物中含有硫化物、高沸点 HC 和水分等，因此，随着汽车排气管中排气温度降低，一次颗粒物会发生吸附、物理浓缩、凝聚（团聚）、黏结等多种物理或化学变化，致使一次颗粒物数量浓度逐步降低而粒径逐步增大，使最终排入大气中颗粒物多为核模态（Nuclei Mode）颗粒物或粗模态（Coarse Mode）颗粒物，而非燃烧过程生成的一次颗粒物。为了使颗粒物的测试结果具有重复性和可比性，测试标准中对柴油车排气颗粒物的收集方法均有明确规定。我国排放法规规定：柴油车的排放颗粒物（PM）指按标准描述的取样方法，在最高温度为 52℃ 的稀释排气中，由过滤器收集到的固态或液态微粒。

核模态颗粒物的粒径 $D_p<50$nm；积聚模态颗粒物（$0.05\mu m \leqslant D_p \leqslant 2\mu m$）由表面吸附了 HC 等的一次颗粒物团聚或黏结而成，其典型粒径约为 80nm；粗模态颗粒物其粒径 $D_p>2\mu m$，由积聚模态颗粒物黏结而成，其最大直径超过 10μm。由于目前颗粒物排放法规已对颗粒物的排放数量做出了规定，因此排气过程中颗粒物的数量变化对测试工作带来了诸多麻烦。研究表明核模态颗粒物的粒径和数量随其所处环境温度的变化而变化：高温条件的下核模态颗粒物主要由灰分、金属元素和炭组成，此时的核模态颗粒物的典型粒径约为 10nm；在较低温度下主要由灰分、金属元素和炭形成的核模态颗粒物其表面将会吸附 H_2O 和 HC 等，排气中的 HC 以及硫化物等也会凝结形成新的核模态颗粒物，核模态颗粒物的粒径变得较大，其典型粒径约为 30nm。100℃ 时，仅由挥发性组分组成的核模态颗粒物将会消失；在 100~300℃ 范围内，含半挥发性组分的核模态颗粒物粒径变小；即使温度达到 400℃，无挥发性组分的核模态颗粒物也不会消失。因此，在测量颗粒物数量时应充分考虑温度对核模态颗粒物数量及粒径的影响[12,14]。

颗粒物是柴油机排放污染物中构成最复杂、危害最大的污染物。表 1-7 为柴油机排放颗粒物（PM）构成化学物种排放率的一个测试结果[15]。化学物种（Chemical Species）指化学元素的某种特有形式（如同位素组、电子或氧化状态、配合物或分子结构等），化学物种构成分析是研究 PM 组成的常用方法之一。由于表 1-7 所示测量结果用本地浓度进行了校正，故 Fe 元素的测量结果为负值。该结果表明：构成 PM 的主要化学物种为元素碳（EC）和有机碳（OC），微量化学物种有硫酸根（SO_4^{2-}）、硝酸根（NO_3^-）、铵离子（NH_4^+），S、

Zn、P、Mg、Si、Ca、Cl 和 Fe 元素；柴油车加装 DPF 后其化学物种排放率大幅度减少，如总碳（EC 和 OC 之和）TC 排放率减少了 87%，但 OC 的排放率远高于 EC 的。值得一提的是化学物种 SO_4^{2-}、NO_3^- 和 NH_4^+ 等在空气中可以转化为二次气态污染物或颗粒物。如 NO_x 可能会转化为 HNO_3，HNO_3 碰到 NH_3 会进一步转化为 NH_4NO_3，SO_2 可能会转化为 H_2SO_4，H_2SO_4 碰到 NH_3 会进一步转化为 $(NH_4)_2SO_4$，有机碳氢化合物可能会转化为有机颗粒。

表 1-7　PM 中化学物种的排放率　(mg/英里)

化学物种	未安装 DPF 的排放率	安装 DPF 的排放率
TC	211.8 ± 1.1	27.2 ± 1.6
OC	168.8 ± 27.9	21.7 ± 1.0
EC	43.0 ± 26.8	5.4 ± 0.4
SO_4^{2-}	0.58 ± 0.18	0.09 ± 0.01
S	0.49 ± 0.07	0.03 ± 0.01
Zn	0.36 ± 0.06	0.01 ± 0.00
NO_3^-	0.21 ± 0.07	0.06 ± 0.05
NH_4^+	0.26 ± 0.09	0.04 ± 0.02
P	0.21 ± 0.03	0.01 ± 0.00
Mg	0.14 ± 0.01	0.00 ± 0.02
Si	0.18 ± 0.00	0.05 ± 0.01
Ca	0.16 ± 0.03	0.01 ± 0.01
Cl	0.12 ± 0.02	0.01 ± 0.01
Fe	0.11 ± 0.02	-0.10 ± 0.01

注：1mg/英里 = 0.6215mg/km

为了了解不同柴油机排气颗粒物中元素组成的差异，表 1-8 中列出了利用 X 射线荧光光谱法检测的汽车及汽车发动机排气颗粒物中组成元素的原子质量百分比。表 1-8 中所列柴油车为中型柴油车、GTDI 汽油车为涡轮增压直喷式汽油车。柴油车和 GTDI 汽油车的颗粒物取样在底盘测功机上进行，取样位置为排气后处理系统管路；柴油机的颗粒物取样在发动机台架上进行，取样位置位于 DPF 前。柴油车使用 B20 生物柴油和超低硫柴油（ULSD）两种燃料，以及 SAE15W-40CJ-4 机油；取样时使用 B20 生物柴油行驶的里程为总里程的约 7%～15%。柴油机使用 SAE15W-40CJ-4 机油和 ULSD 柴油；GTDI 车使用的是 SAE5W-30GF-4 机油。P、S、Ca、Zn、Mg、Mo 元素主要来自润滑油添加剂，Fe、Cr、Al、Cu 元素主要来自金属磨损。GTDI 汽油车颗粒物中上述两组金属元素含量均高于柴油车和柴油机的，其主要原因是汽油机油中含有上述元素添加剂。柴油机颗粒物中上述两组金属元素含量高于柴油车数倍甚至数十倍,这可能与柴油车使用 B20 生物柴油有关。另外,值得注意的是 GTDI 汽油车的颗粒物中碳含量低于柴油机或柴油车 20%以上,但氧含量明显高于柴油机或柴油车[16]。

表 1-8　汽车及汽车发动机排气颗粒物组成元素质量百分比　(%)

元素	柴油车	柴油机	GTDI 汽油车	元素	柴油车	柴油机	GTDI 汽油车
P	0.029	0.17	2.06	Ni	0.004	0.039	0.52
S	0.024	0.19	0.49	Al	0.015	0.053	0.13
Ca	0.038	0.64	4.19	Cu	0.004	0.054	0.17
Zn	0.024	0.47	1.89	Cl	—	0.004	0.059
Mg	0.002	0.005	—	Si	0.004	0.086	0.086
Mo	—	—	0.025	K	0.003	0.003	0.013
Fe	0.061	0.52	4.70	O	0.14	1.29	8.41
Cr	0.003	0.039	0.82	C/CH_2	99.64	96.4	76.3

柴油机排气成分种类繁多,但排气污染物在排气中所占比例极少,其体积比例约为 0.2%~0.3%[17]。柴油机排气主要组分有 N_2、CO_2、H_2O 和 O_2,其对应的最大体积百分比大约为 67%、12%、11%和 10%。CO_2属于温室气体,因此有时也将其作为有害成分处理,包括 CO_2在内的柴油机排气中的有害成分 NO_x、CO、HC、PM 和 SO_2等的含量范围如表 1-9 所列,为了了解柴油机排气中危害性极大的醛、氨、氰化物、苯、甲苯和多环芳烃等组分的排放情况,表 1-9 中同时列出了其单位里程的大致排放量。可见在这几种危害性极大的污染物中,苯的排放量最大,其排放量为氨和甲苯的 3 倍、氰化物的 6 倍。

表 1-9　柴油机排气中主要有害成分的种类及其排放量含量[18]

有害成分,其体积含量	危害性极大的成分,其单位里程排放量/(mg/km)
CO,0.01%~1%	醛,小于 0.03
HC,50×10^{-6}~500×10^{-6}(碳当量)	氨,1.24
NO_x,0.003%~0.1%	氰化物,0.62
SO_x,正比于燃料含硫量	苯,3.73
PM,20~200mg/m^3	甲苯,1.24
CO_2,2%~12%	多环芳烃,0.19

值得注意的是,由于柴油机种类、使用工况、使用燃料和测试设备等的不同,不同文献给出的柴油机排气组分是不同的,图 1-3 为典型的柴油乘用车

排气组成，柴油机排气主要组分 N_2、CO_2、H_2O 和 O_2的最大体积百分比大约分别为 71%、11%、8%和 10%，污染物总量约为 0.2%。与表 1-9 所列柴油机排气主要有害成分的体积百分比相比，NO_x、CO、HC、PM 和 SO_2等的排放比例均有差异。因此，在开发柴油机排气后处理装置时，污染物排放范围应根据具体车型的测量值确定。

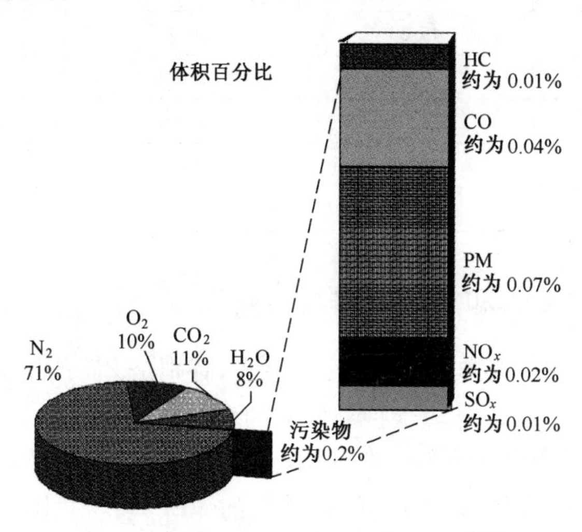

图 1-3　典型的柴油乘用车排气组成[20]

从柴油机排气中含有的痕量级成分来看[19]，柴油机排气中包含数百种有机和无机成分。柴油机排气的 PM 中除主要组分炭烟颗粒外还常含有杂环烃(C_{14}~C_{35})、多环芳烃(PAHs)、碳氢化合物及衍生物、环烷烃、醇酯、饱和脂肪酸、卤化物、正构烷烃、酮、酐、硝酸盐、磺酸芳酸、芳香酸、苯醌磺酸、原子碳、无机硫酸盐、金属化合物和水等。柴油机排放的气体成分中除了上述的主要组分 N_2、CO_2、H_2O、O_2和微量组分 NO_x、CO、HC、PM、SO_2等外，还含有杂环烃(C_1~C_{10})及其衍生物、环烷烃、环烯、1,3 -丁二烯、醛、二羰基、饱和脂肪酸、乙炔、正构烷烃、卤化物、n-烯烃、酮、酐、芳香酸、苯醌磺酸、丙烯酸酯醛、氨、一氧化二氮、苯、甲苯、甲醛、蚁酸、氰化氢、硫化氢、甲烷、甲醇、硝酸盐和亚硝酸盐等痕量组分。

柴油机排气中痕量组分测量成本高、难度大和耗时长。因此，有时把 PM 的组成分为元素碳(EC)、有机碳(OC)和其他组分三类进行分析，表 1-10 为不同种类柴油车排气颗粒物中 EC、OC 和其他组分含量的一个测量结果。可见，PM 中 EC、OC 和其他组分的比例随柴油车种类的不同而异，EC、OC 和其他成分所占质量百分比的范围分别为 29.8%~78.29%、7.66%~31.01%和 14.05%~45.6%。各种柴油车排气中 EC、OC 和其他成分所占质量百分比的平均值依次为 52%、19.78%和 28.22%。

表 1-10 不同种类柴油车排气颗粒物中 EC、OC 和其他组分质量百分比比较[21] (%)

车辆种类	EC	OC	其他
乘用车	78.29	7.66	14.05
巴士	52.08	21.39	26.52
小型货车	45.69	20.28	34.03
客货两用车	70.06	13.72	16.22
普通货车	36.09	31.01	32.90
特种车	29.8	24.6	45.6
平均	52.00	19.78	28.22

二、柴油车 PM 和 NO_x 的排放特点

柴油车 PM 和 NO_x 排放量远高于汽油车，特别是 PM 的质量排放量，这已为大量的研究所证实。环境保护部发布的《2013 年中国机动车污染防治年报》显示，2012 年全国柴油车排放的 NO_x 接近汽车排放总量的 70%，PM 超过 90%，CO 和 HC 排放量低于汽车排放总量的 30%[22]。我国 2012 年年末的 10837.8 万辆汽车保有量中，汽油车、柴油车和燃气车的保有量依次为 8943.0 万辆、1742.3 万辆和 152.5 万辆，其在汽车保有量中占有的比例依次为 82.5%、16.1%和 1.4%。若按上述汽油车、柴油车和燃气车的保有量比例和 CO、HC、PM 和 NO_x 排放量比例估算，柴油车单车年均的 CO 和 HC 排放量略多于汽油车的；由于柴油车 NO_x 和 PM 的排放量比例远远超过其所占汽车保有量的比例，故柴油车单车年均的 NO_x 和 PM 排放量分别为汽油车单车年均 NO_x 和 PM 排放量的约 11.9 倍和 46.1 倍。

北京市由于执行了严格的汽油车排放标准，柴油车的排放问题则更为突出。2014 年北京市重型柴油车的保有量不到 30 万辆，占全市机动车保有量 5%左右，但柴油车排放的 NO_x、PM 和 HC 分别约占全市机动车排放总量的 50%、90%、10%。据此推测，柴油车单车年均的 NO_x、PM 和 HC 排放量分别约为汽油车单车年均 NO_x、PM 和 HC 排放量的 19 倍、171 倍和 2.1 倍。因此，北京市环保局把重型柴油车排气污染的治理作为其环境保护工作的重点之一[23,24]。

最大总质量 3.5t 的手动变速器柴油车与具有可比性的汽油车的燃油经济性和排放的测试结果表明：柴油车和汽油车的燃油经济性（燃油效率）分别为 10.6km/L 和 8.5km/L，即柴油车的燃油效率比汽油车高出 24.7%；柴油车的 NO_x、HC 和 PM 污染物排放量分别为 0.25g/km、0.024g/km 和 0.15g/km，

汽油车的 NO_x 和 HC 排放量分别为 0.07g/km 和 0.05g/km，PM 几乎为 0。该结果说明柴油车的 HC 排放量低于同级别汽油车的，但 PM 污染物排放量远高于同级别汽油车的，NO_x 排放量为同级别汽油车的 3.6 倍[25]。

表 1-11 为 2t 柴油车与其他燃料车的 NO_x 和 PM 排放比较（资料来源：日本环保局）。汽油车、液化石油气（LPG）车、压缩天然气（CNG）车、甲醇车的 NO_x 排放量均远低于柴油车，与柴油车相比颗粒物的排放量几乎可以忽略。

表 1-11　2t 柴油车与其他燃料车的 NO_x 和 PM 排放比较（假定柴油车为 1）

车辆种类	柴油车	汽油车	LPG 车	CNG 车	甲醇车
NO_x	1.00	0.32	0.30	0.10	0.70
PM	1.00	几乎为 0			

东京都环境科学研究所的研究表明[26]，柴油车和汽油车的颗粒物排放平均浓度分别为 2.13×10^{14} 个/m^3 和 5.48×10^{11} 个/m^3，而大气中的微粒物平均浓度仅为 2.92×10^{10} 个/m^3。若根据上述数据推算，则可以得到柴油车单位体积排气中的颗粒物数量为汽油车的 388.7 倍和汽油车单位体积排气中的颗粒物排放浓度为大气中微粒物平均浓度的 18.8 倍的结论。

图 1-4 为东京都环境科学研究所测试的柴油车与汽油车的颗粒物排放数量的比较。图 1-4 中 D 和 G 分别表示柴油车和汽油车，D 和 G 后面的字母 a、b、c 等表示试验车辆编号，试验车辆均满足日本 2000 年的排放标准。柴油车和汽油车颗粒物平均排放数量分别为 5.23×10^{14} 个/km 和 6.36×10^{11} 个/km，即柴油车颗粒物数量平均排放为汽油车的 822 倍。

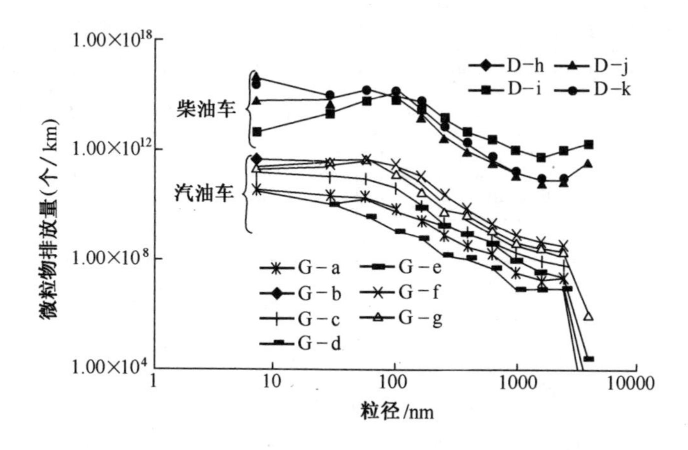

图 1-4　柴油车与汽油车的颗粒物排放量比较[26]

表 1-12 为欧盟联合研究中心能源和运输研究所给出的轻、重型汽车的颗粒物特性及其质量、数量排放量统计结果[27]。表 1-12 中颗粒物数量 PN

指按照联合国欧洲经济委员会(UNECE)Reg. 83 规定测量的排气中粒径大于或等于于 23nm 的颗粒物数量,CMD 表示颗粒物中位数直径,σ 表示颗粒物粒径的标准偏差(假设粒度分布为对数正态分布)。重型车的颗粒物质量及数量排放率 PN 及 PM 的单位为 mg/(kW·h)和个/(kW·h),轻型车的颗粒物质量及数量排放率 PN 及 PM 的单位为 mg/km 和个/km。HDDV、HDDV-DPF 分别为没有装备和装备颗粒物过滤器的重型柴油车;LDDV、LDDV-DPF 分别为没有装备和装备颗粒物过滤器的轻型柴油车;LD-GDIL、LD-GDIS 分别为装备缸内直喷稀燃式汽油机和装备缸内直喷分层燃烧式汽油机的轻型车;LD-GPFI 为装备多点进气道喷射式汽油机的轻型车。LDDV、LDDV-DPF 和 LD-GPFI 颗粒物数值分别来自 45 辆、35 辆和 25 辆试验车辆;LD-GDIL 和 LD-GDIS 的颗粒物数值为 40 辆车辆的统计结果;HDDV 和 HDDV-DPF 的数值分别来自 10 台和 20 台重型柴油机的试验结果。

由表 1-12 可以看出:DPF 可以将柴油车的颗粒物数量降低 2 个数量级或者更多,至少也可将柴油车的颗粒物质量排放量降低 90%以上。缸内直喷汽油机轻型汽车的颗粒物数量为 LDDV-DPF 的数十倍,颗粒物质量排放量为 LDDV-DPF 的数倍甚至 10 倍。LDDV-DPF 的 CMD 与缸内直喷汽油机轻型汽车的 CMD 接近,装备 DPF 柴油车排气颗粒物的 CMD 范围变小。

表 1-12　轻、重型汽车的颗粒物特性及其质量、数量排放量统计[27]

车型	PN/(个/km)或(个/(kW·h))	CMD/nm	σ	PM/(mg/km)或(mg/(kW·h))	灰分/%	固体炭/%	有机组分/%	硫酸盐/%
HDDV	$5\times10^{13}\sim2\times10^{14}$	50~100	1.7~2.1	20~80	5~10	40~75	20~50	0~15
HDDV-DPF	$5\times10^{10}\sim2\times10^{12}$	60~75	1.6~2.0	1~4	0~5	5~20	20~50	5~60
LDDV	$2\times10^{13}\sim2\times10^{14}$	40~80	1.7~1.9	10~40	0~5	55~90	10~40	5~15
LDDV-DPF	$5\times10^{10}\sim6\times10^{11}$	45~75	1.7~2.1	0~2	0~5	0~15	40~75	5~35
LD-GDIL	$2\times10^{12}\sim2\times10^{13}$	50~85	1.7~2.1	1~20	0~5	55~80	20~40	0~5
LD-GDIS	$1\times10^{12}\sim8\times10^{12}$	40~75	1.7~2.0	1~10	0~5	75~90	10~25	0~5
LD-GPFI	$2\times10^{10}\sim6\times10^{11}$	45~75	1.6~2.2	0~2	0~5	10~25	45~80	10~40

从上述的《2013 年中国机动车污染防治年报》[22]的数据、欧盟联合研究中心能源和运输研究所、日本环保局和东京都环境科学研究所等的研究结果来看,无论是柴油车排气中单位体积的颗粒物数量,还是质量或数量排放率都远高于汽油车,柴油车具有致癌及致突变嫌疑等危害的颗粒物排放问题非常突出。并且柴油车排气中的作为光化学烟雾元凶之一的 NO_x 排放量远高于其他燃料汽车。总之,柴油车的排气污染物毒性和危害性很大,采取包括安装排气后处理装置等技术措施降低柴油机有害成分排放量已十分迫切。

与汽油机的 NO_x 排放相比，柴油机排放的 NO_x 有两个特点：①单车的排放量大；②柴油机排放的 NO_x 中毒性大的 NO_2 所占比例大。从环境保护部发布的《2013 年中国机动车污染防治年报》来看，柴油车车均 NO_x 排放量为汽油车车均 NO_x 排放量的 11.9 倍，而从表 1-11 来看，2t 柴油车与具有可比性的汽油车相比，柴油车的 NO_x 排放量仅为汽油车的 3.1 倍。由于我国的柴油车多为商用车，排量大于汽油车，故由《2013 年中国机动车污染防治年报》中的数据得到的测算结果偏高。

柴油机的排气中 NO_2/NO_x 的比值较大，这已得到了研究证实。采用全汽缸抽样技术和简单动力学模型对柴油发动机汽缸中 NO_2 形成的研究表明[28]，柴油机排气中 NO_2 随着当量比和发动机启动后的时间变化。直喷式柴油发动机启动后全汽缸采样分析结果表明：燃烧室内 NO_2、NO 的比值（下文以 NO_2/NO 表示）为 25%～50%，远高于排气中测定的 1%～3%。在柴油机启动 45～60min 后，排气中的 NO_2/NO 才可达到稳定。由于柴油机低负荷及低转速时，生成的 NO_2 被燃烧室中冷流体淬冷的区域很大，故在低负荷和低转速工况下柴油机排放中的 NO_2 与 NO 之比增大，加上现代低排放轿车安装的 DOC 后处理系统，具有将柴油车排气中的 NO 转换为 NO_2 的功能。采用新欧洲标准行驶循环（NEDC）的冷、热启动市区和冷、热启动市郊试循环，对国 4 柴油车 DOC 之前排气中 N_2O、NO 和 NO_2 体积分数的测试结果表明：柴油机燃烧产物中 N_2O 排放量非常少，冷启动市区工况时排气中 NO_2/NO_x 的平均值为 46%，冷启动市郊工况时排气中 NO_2/NO_x 的平均值为 26%，热启动市区工况时排气中 NO_2/NO_x 的平均值为 45%，热启动市郊工况时排气中 NO_2/NO_x 的平均值为 24%[29]。从这两个研究结果来看，柴油机燃烧产物中 NO_2/NO_x 的平均值远大于汽油机的。

图 1-5 为满足不同排放标准的柴油车与汽油车排气中 NO_2/NO_x 测试结果的平均值。测试时汽车按照 CADC（Common Artemis Driving Cycle）运行，CADC 包括市区、市郊和高速公路三种路况，试验车辆单车的 NO_2/NO_x 及车辆参数详见《道路运输排放因子手册》（*Handbook Emission Factors for Road Transport*）HBEFA3.2。该结果表明，与汽油车相比，柴油车排气中 NO_2/NO_x 的比例远大于汽油车，特别是 Euro 3 排放标准以上的柴油车，其排气中 NO_2/NO_x 值均在 NO_2/NO_x 值的 5 倍以上，由于 NO_2 的毒性大于 NO，因此可以说柴油车排气的 NO_x 排放量和毒性均远大于汽油车。

三、柴油车 HC 的排放特点

汽车内燃机排放的 HC 指排气中的所有碳氢化合物，常用总碳氢（THC）表示。THC 中的甲烷虽然是一种温室气体，但稳定性好，不参与光化学反应，

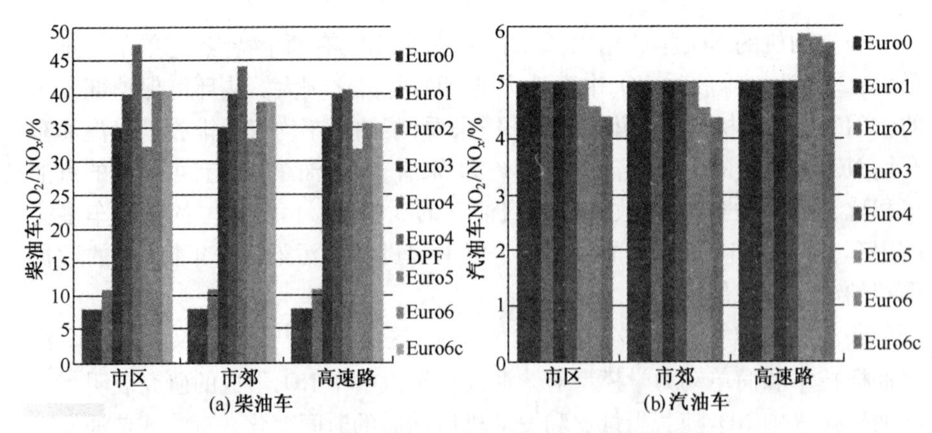

图 1-5 CADC 循环工况下汽车排气中 NO_2/NO_x 的平均值

排放量也少，故其排出后的危害可以忽略，因此也经常采用非甲烷碳氢化合物（NMHC）评价汽车有害物 HC 的排放水平，NMHC 中危害最大的排放物为非甲烷挥发性有机化合物（NMVOC），故 NMVOC 的排放多少也成了汽车的有害排放物 HC 的评价指标。表 1-13 为汽车排气中 NMVOC 的组成及含甲烷碳氢（MHC）与 THC 比值的测量结果[21]。

表 1-13 汽车排气中非甲烷挥发性有机化合物（NMVOC）的组成及含甲烷碳氢（MHC）与总碳氢（THC）的比值

种类		PAR /%	OLE /%	TOL /%	XYL /%	FORM /%	ALD2 /%	ETH /%	PAR2 /%	(MHC/THC)/%
汽油车	DBL	1.9	92.6	0.4	0.2	0.2	4.5	0.0	0.2	0
	HSL	0.9	90.1	2.6	2.0	0.4	3.0	0.1	1.0	0
	RL	1.6	89.6	2.0	1.9	0.3	3.7	0.0	0.8	0
	GV01	1.1	94.9	0.6	0.1	1.0	0.7	1.6	0.0	91
	GV02	2.4	87.8	1.0	1.4	3.0	1.6	2.8	0.1	69
	GV03	1.4	89.6	1.7	3.8	0.5	0.4	2.4	0.1	56
	GV04	0.8	89.3	1.3	3.0	3.3	1.2	0.9	0.1	83
	GV05	0.0	90.4	1.0	6.4	0.9	1.3	0.0	0.0	83
	GV06	0.2	92.9	1.3	2.6	2.0	0.6	0.4	0.1	79
	GV07	0.0	93.4	2.0	4.2	0.2	0.1	0.0	0.1	47
	GV08	0.0	91.4	2.7	5.3	0.3	0.2	0.0	0.1	54
	平均	0.74	91.21	1.45	3.35	1.40	0.76	1.01	0.08	51.09
柴油车		4.4	68.4	1.8	2.7	6.4	2.1	5.2	9.1	1
柴油车与汽油车污染物比值		5.95	0.75	1.24	0.81	4.57	2.76	5.15	113.75	0.0196

表 1-13 中 GV01~GV08 依次表示 8 辆试验用汽油车的编号，DBL、HSL 和 RL 依次表示汽油车蒸发污染物中的昼间换气损失、热浸损失和运转损失；PAR、OLE、TOL、XYL、FORM、ALD2、ETH 和 PAR2 依次表示石蜡烃、烯烃、甲苯、二甲苯、甲醛、乙醛和多元醛、乙烯和石蜡烃 2，PAR 和 PAR2 的区别是 PAR2 的碳链更长。为了便于比较柴油车与汽油车的差别，表 1-13 中给出了 DBL、HSL、RL 和 8 辆试验用汽油车污染物排放组成百分比的平均值。可见：汽油车蒸发污染物中昼间换气损失的 TOL 和 XYL 明显偏低，热浸损失的 ETH、PAR2 明显偏高；柴油车排气中 PAR、TOL、FORM、ALD2、ETH、PAR2 排放明显高于汽油车，且依次为汽油车的 5.95 倍、1.24 倍、4.57 倍、2.76 倍、5.15 倍和 113.75 倍。最后一列 MHC/THC 表示包括甲烷的 HC 占排气中的全部 HC 的百分比，该结果表明柴油车排气中含甲烷的 HC 占排气中全部 HC 的百分比远小于汽油车，仅为汽油车的 1.96%。这主要是因为柴油的挥发性差的大分子碳氢化合物含量高于汽油，在柴油机燃烧过程中，燃油喷雾中氧气不足时，大量的燃油分子会发生高温分解，并引起烃分子之间的化学反应，故导致 HC 成分复杂、含有高沸点（多为大相对分子质量）的碳氢化合物成分增加。

图 1-6(a) 为柴油机排气中不同 C 原子数的 HC 排放量比较，与使用普通柴油的发动机 HC 排放相比，安装 DPF 并使用低硫柴油的发动机和使用低芳烃与低硫柴油的柴油机的绝大多数成分的碳氢化合物排放量低。该结果显示，柴油机排放 HC 中含有 2 个 C 原子数的 HC 排放最多，1 个 C 原子数的 HC 排放次之。柴油机不同非甲烷有机物 HC 成分含量的分析结果如图 1-6(b) 所示，含量比例较高的有甲醛、乙烯、乙炔、乙醛、丙烯、苯、丙醛、十二烷、1-丁烯、十一烷、1,3-丁二烯、丙烯醛、1,2,4-三甲基苯、十三烷、甲苯等。使用基准燃料时，其中超过 5mg/英里（3.108mg/km）的有 6 种有机化合物，超过 30mg/英里（18.645mg/km）的有甲醛和乙烯 2 种有机化合物。

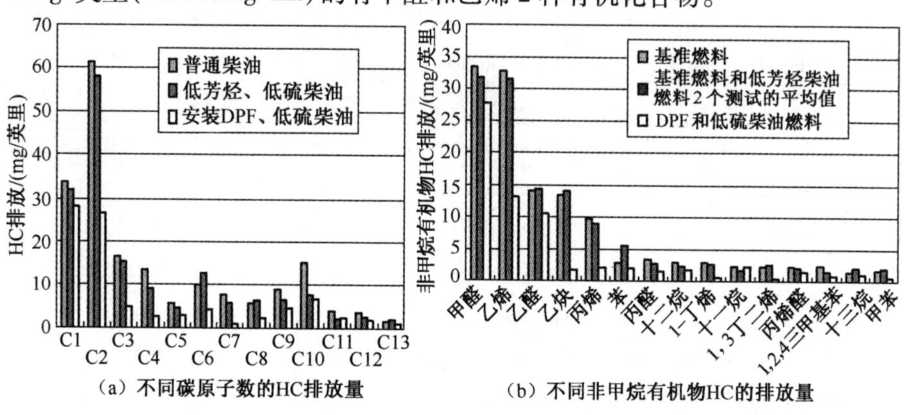

(a) 不同碳原子数的HC排放量

(b) 不同非甲烷有机物HC的排放量

图 1-6　柴油机排气中不同 HC 成分排放量比较（1mg/英里 = 0.6215mg/km）[30]

总之,柴油机排气中 HC 的特点是非甲烷有机物 HC 成分含量多;含有 2 个 C 原子数的 HC 排放最多,甲醛、乙烯、乙炔、乙醛、丙烯和苯等的含量比例高,但甲烷 HC 占排气中全部 HC 的百分比远小于汽油车。

柴油机排出 HC 的另一个特点是 PAH 种类和含量多,既存在于排气中又附着于颗粒物上。表 1-14 为多环芳烃(PAHs)排放率的一个测量结果,试验用柴油车为 Ford F-250,测试工况为 FTP 循环工况,试验用燃料有加州标准燃料(CARB)、排放控制用柴油(ECD)和市售的排放控制用柴油燃料 ECD-1,为了便于读者查阅 PAHs 排放的相关文献,故表 1-14 给出了多环芳烃(PAHs)的英文名称。使用 CARB 燃料和 ECD 燃料时在柴油车上没有安装颗粒过滤器,使用 ECD-1 燃料时柴油车上安装了 DPX 型颗粒物过滤器。使用 CARB 燃料和 ECD 燃料的 PAC 样品为两次试验的平均值,使用 ECD-1 时的样本由两个以上的 FTP 循环工况得到,PAHs 收集于整个 FTP 循环工况,测量的结果用本地浓度进行了校正,故表中包括一些负值。表 1-14 中列出了其中排放率最高的30 个PAHs,使用 CARB 燃料、ECD 燃料和 ECD-1 燃料时,PAHs 的总排放量分别为 4.34mg/英里、2.25mg/英里和 0.69g/英里;附着在颗粒物上的 PAHs 排放量远高于排气中的,并且安装了颗粒物过滤器后,PAHs 排放量大幅度降低,仪器能检测到的 PAC 种类减少。

表 1-14 PAHs 排放率[15] (mg/英里)

中文	英文	ECD	CARB	ECD-1(带 DPF)
PAHs 总和	Sum PAHs	2.25	4.34	0.69
PM 与 PAHs 总和	Sum PM PAHs	0.39	0.54	0.27
萘	Naphthalene	0.67 ± 0.06	1.06 ± 0.17	0.12 ± 0.00
2-甲基萘	2-methylnaphthalene	0.18 ± 0.01	0.56 ± 0.06	0.07 ± 0.00
1,3+1,6+1,7-二甲基萘	1,3+1,6+1,7-dimethylnaphthalene	0.13 ± 0.01	0.35 ± 0.03	0.04 ± 0.00
1-甲基萘	1-methylnaphthalene	0.13 ± 0.01	0.32 ± 0.02	0.04 ± 0.00
苊	Acenaphthylene	0.14 ± 0.02	0.14 ± 0.02	0.01 ± 0.00
2,6+2,7-二甲基萘	2,6+2,7-dimethylnaphthalene	0.06 ±0.00	0.18 ± 0.02	0.02 ± 0.00
1+2-乙基萘	1+2-ethylnaphthalene	0.05 ± 0.01	0.13 ± 0.01	0.01 ± 0.00
联苯	Biphenyl	0.07± 0.01	0.10 ± 0.00	0.01 ± 0.00
3-甲基联苯	3-methylbiphenyl	0.05 ± 0.02	0.12 ± 0.01	0.00 ± 0.00
9-蒽醛	9-anthraldehyde	0.08 ± 0.01	0.06 ± 0.01	0.00 ± 0.00
1,4+1,5+2,3-二甲基萘	1,4+1,5+2,3-dimethylnaphthalene	0.04 ± 0.01	0.10 ± 0.01	0.01 ± 0.00
A-三甲基萘	A-trimethylnaphthalene	0.04 ± 0.00	0.10 ± 0.00	0.01 ± 0.00
1-二甲基-2-萘	1-ethyl-2-methylnaphthalene	0.04 ± 0.01	0.08 ± 0.00	0.02 ± 0.00

（续）

中 文	英 文	ECD	CARB	ECD-1（带 DPF）
B-三甲基	B-trimethylnaphthalene	0.03 ± 0.00	0.07 ± 0.00	0.01 ± 0.00
C-三甲基	C-trimethylnaphthalene	0.03 ± 0.00	0.07 ± 0.00	0.01 ± 0.00
芴	Fluorene	0.03 ± 0.01	0.06 ± 0.00	0.01 ± 0.00
4-甲基联苯	4-methylbiphenyl	0.02 ± 0.01	0.06 ± 0.01	0.00 ± 0.00
苊	Acenaphthene	0.05 ± 0.01	0.04 ± 0.01	0.01 ± 0.00
菲	Phenanthrene	0.03 ± 0.01	0.05 ± 0.00	0.04 ± 0.00
B-甲基芴	B-methylfluorene	0.04 ± 0.03	0.04 ± 0.00	0.00 ± 0.00
2,3,5-三甲基	2,3,5-trimethylnaphthalene	0.03 ± 0.00	0.05 ± 0.00	0.01 ± 0.00
E-三甲基	E-trimethylnaphthalene	0.02 ± 0.00	0.04 ± 0.00	0.01 ± 0.00
萘嵌苯酮	Perinaphthenone	0.02 ± 0.00	0.04 ± 0.00	0.01 ± 0.00
1-甲基芴	1-Methylfluorene	0.03 ± 0.02	0.03 ± 0.00	0.01 ± 0.00
F-三甲基萘	F-trimethylnaphthalen	0.01 ± 0.00	0.04 ± 0.00	0.00 ± 0.00
苊醌	Acenaphthenequinone	0.02 ± 0.01	0.03 ± 0.00	-0.04 ± 0.01
芘	Pyrene	0.01 ± 0.00	0.03 ± 0.00	0.01 ± 0.00
蒽酮	Anthrone	0.03 ± 0.01	0.02 ± 0.02	0.02 ± 0.02
J-三甲基萘	J-trimethylnaphthalene	0.01 ± 0.00	0.03 ± 0.00	0.01 ± 0.00
1,2-二甲基萘	1,2-dimethylnaphthalene	0.01 ± 0.00	0.03 ± 0.00	0.00 ± 0.00

第三节　柴油车排气污染物控制面临的困难

一、柴油车 NO_x 和 PM 的排放标准不断提高

柴油车的排放特点是危害极大的 PM 和 NO_x 排放量远高于其他燃料车，HC 中非甲烷有机物的比例高；但 HC 和 CO 的排放总量不多，问题不突出。因此柴油车的 NO_x 和 PM 的降低一直是柴油机排放控制的重点，柴油车排法规对这两个污染物的限制越来越严格。图 1-7 为美国和欧盟的轻型柴油车排放标准比较。从欧盟 1996 年实施 Euro 2 标准到 2014 年实施的 Euro 6 标准来看，每隔四五年加严 1 次；而美国的标准修订时间间隔长，但每次提高排放标准的幅度大[31]。就轻型柴油车而言，欧盟自 1992 年以来沿着 Euro 1→Euro 2→Euro 3→Euro 4→Euro 5→Euro 6 的路线不断地提高排放标准[12]，美国自 1988 年以来沿着 Tier 0→Tier 1→Tier 2(Bin 9→Bin 5)→Tier 3 的路线不断地提高排放标准[12,32]，日本则沿着短期→长期→新短期→新长期→新长

期后的路线不断地提高排放标准[12,33]，如柴油乘用车实施短期、长期、新短期、新长期和新长期后的时间分别为1994年、1997年、2002年、2005年和2009年。日本将从2016年年末开始对重型柴油车实施WHTC试验规范，NO_x的限值由2009年的0.7g/(kW·h)降至0.4g/(kW·h)，并且考虑采用铜沸石催化剂尿素SCR控制冷启动和低速NO_x的排放问题。总之，各个国家或地区的汽车排放标准提高的速度和幅度不同，但其趋势基本一致[34]。

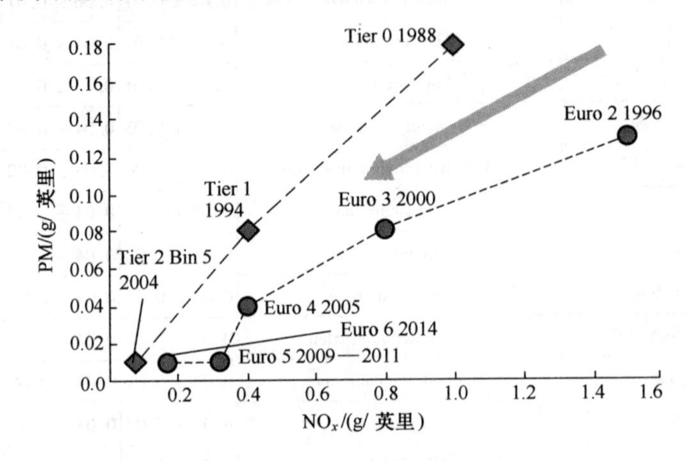

图1-7　美国和欧盟的轻型柴油车排放标准比较

我国柴油车基本采用欧盟的排放法规，但在执行时间有5~10年左右的滞后。如2009年9月起实施的Euro 5标准，我国对应的标准为GB 18352.5—2013《轻型汽车污染物排放限值及测量方法(中国第五阶段)》，其发布日期为2013年9月17日，预计实施日期为2018年1月1日。表1-15、表1-16、表1-17和表1-18依次为1992年以来欧盟的乘用柴油车排放标准、轻型商用柴油车排放标准、重型柴油机稳态工况排放标准和重型柴油和天然气发动机瞬态测试工况的排放标准。从这些排放标准可以看出，柴油车污染物的限值越来越低。

表1-15　欧盟乘用柴油车($M_1$①类车)排放标准

标准名称	日期	CO /(g/km)	$HC+NO_x$ /(g/km)	NO_x /(g/km)	PM /(g/km)	PN /(个/km)
Euro 1②	1992.07	2.72(3.16)	0.97(1.13)	—	0.14(0.18)	—
Euro 2,IDI	1996.01	1.0	0.7	—	0.08	—
Euro 2,DI	1996.01③	1.0	0.9	—	0.10	—
Euro 3	2000.01	0.64	0.56	0.50	0.05	—
Euro 4	2005.01	0.50	0.30	0.25	0.025	—

（续）

标准名称	日期	CO /(g/km)	HC+NO_x /(g/km)	NO_x /(g/km)	PM /(g/km)	PN /(个/km)
Euro 5a	2009.09④	0.50	0.23	0.18	0.005⑥	—
Euro 5b	2011.09⑤	0.50	0.23	0.18	0.005⑥	6.0×10^{11}
Euro 6	2014.09	0.50	0.17	0.08	0.005⑥	6.0×10^{11}

①在 Euro 1 到 Euro 4 标准中，总质量大于 2500kg 的乘用车被定义为 N_1 类车；
②括号中的数值为一致性生产限值(COP)；
③自 1999 年 9 月 30 日以后，缸内直喷必须满足 IDI 限值；
④2011 年 1 月适用于所有车型；
⑤2013 年 1 月适用于所有车型；
⑥采用 UN/ECE PMP 测试程序时为 0.0045g/km。

表 1-16　欧盟轻型商用柴油车 Euro 5 及 Euro 6 排放标准

种类①	标准名称	日期	CO /(g/km)	HC+NO_x /(g/km)	NO_x /(g/km)	PM /(g/km)	PN /(个/km)
N_1，Ⅰ类 质量不大于 1305kg	Euro 5a	2009.09②	0.50	0.23	0.18	0.005⑤	—
	Euro 5b	2011.09④	0.50	0.23	0.18	0.005⑤	6.0×10^{11}
	Euro 6	2014.09	0.50	0.17	0.08	0.005⑤	6.0×10^{11}
N_1，Ⅱ类 质量为 1305~1760kg	Euro 5a	2010.09③	0.63	0.295	0.235	0.005⑤	—
	Euro 5b	2011.09④	0.63	0.295	0.235	0.005⑤	6.0×10^{11}
	Euro 6	2015.09	0.63	0.195	0.105	0.005⑤	6.0×10^{11}
N_1，Ⅲ类 质量大于 1760kg	Euro 5a	2010.09③	0.74	0.350	0.280	0.005⑤	—
	Euro 5b	2011.09④	0.74	0.350	0.280	0.005⑤	6.0×10^{11}
	Euro 6	2015.09	0.74	0.215	0.125	0.005⑤	6.0×10^{11}
N_2	Euro 5a	2010.09③	0.74	0.350	0.280	0.005⑤	—
	Euro 5b	2011.09④	0.74	0.350	0.280	0.005⑤	6.0×10^{11}
	Euro 6	2015.09	0.74	0.215	0.125	0.005⑤	6.0×10^{11}

①对于 Euro 1 及 Euro 2 排放标准，N_1 类中Ⅰ类质量不大于 1250kg、Ⅱ类质量为 1250~1700kg、Ⅲ类质量大于 1700kg；
②2011 年 1 月适用于所有车型；
③2012 年 1 月适用于所有车型；
④2013 年 1 月适用于所有车型；
⑤采用 UN/ECE PMP 测试程序时为 0.0045g/km。

表 1-17 欧盟重型柴油机稳态工况排放标准

标准名称	时间和种类	试验循环	CO /(g/(kW·h)	HC /(g/(kW·h)	NO_x /(g/(kW·h)	PM /(g/(kW·h)	PN /(个/(kW·h))	烟度 /m^{-1}
Euro 1	1992,不大于 85kW	ECE R-49	4.5	1.1	8.0	0.612		
	1992,大于 85kW	ECE R-49	4.5	1.1	8.0	0.36		
Euro 2	1996.10	ECE R-49	4.0	1.1	7.0	0.25		
	1998.10	ECE R-49	4.0	1.1	7.0	0.15		
Euro 3	1999.10,仅对 EEVs	ESC& ELR	1.5	0.25	2.0	0.02		0.15
	2000.10	ESC& ELR	2.1	0.66	5.0	0.10①		0.8
Euro 4	2005.10	ESC& ELR	1.5	0.46	3.5	0.02		0.5
Euro 5	2008.10	ESC& ELR	1.5	0.46	2.0	0.02		0.5
Euro 6	2013.01	WHSC	1.5	0.13	0.4	0.01	8.0×10^{11}	0.5

①使用于每个汽缸的净体积小于 0.75dm^3 和额定功率点转速高于 3000r/min 的发动机。

表 1-18 欧盟重型柴油和天然气发动机瞬态测试工况的排放标准

标准名称	时间和种类	试验循环	CO /(g/(kW·h))	NMHC /(g/(kW·h))	$CH_4$① /(g/(kW·h))	NO_x /(g/(kW·h))	PM② /(g/(kW·h))	PN⑤ /(个/(kW·h))
Euro 3	1999.10,仅对 EEVs	ETC	3.0	0.40	0.65	2.0	0.02	
	2000.10	ETC	5.45	0.78	1.6	5.0	0.16③	
Euro 4	2005.10	ETC	4.0	0.55	1.1	3.5	0.03	
Euro 5	2008.10	ETC	4.0	0.55	1.1	2.0	0.03	
Euro 6	2013.01	WHTC	4.0	0.16④	0.5	0.46	0.01	6.0×10^{11}

①仅适合于天然气发动机;

②不适用 Euro 3、Euro 4 阶段的气体燃料发动机;

③对于每个汽缸的净体积小于 0.75dm^3 和额定功率点转速高于 3000r/min 的发动机,PM 限值 0.21g/(kW·h);

④THC 仅对柴油发动机;

⑤仅对柴油发动机,点燃式发动机 PN 限值待定。

图 1-8 为 N_1类轻型柴油车排放限值与汽油乘用车排放限值的比较。可见,从 Euro 1(1992)到 Euro 6(2014)N_1类轻型柴油车 PM、CO、NO_x 和 HC 或(NO_x+HC)等排放污染物的限值大幅减少,到 Euro 6 标准,N_1类轻型柴油车排放限值与 M_1类轻型汽油乘用车排放限值非常接近。除 NO_x略高于汽油车外,其他污染物排放都不高于汽油乘用车排放限值,也就是说执行 Euro 6 排放标准柴油车的排放水平与汽油车是相当的。

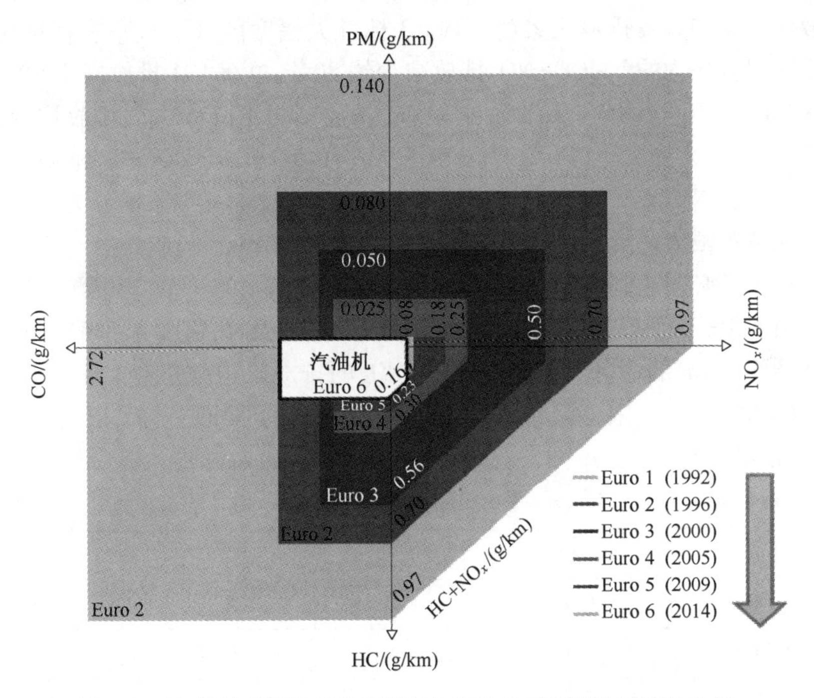

图 1-8 N_1类轻型柴油车排放限值与汽油乘用车排放限值的比较

从本章第一节可知:柴油车的 NO_x 排放量为同级别汽油车的数倍,排放 NO_2的比例大;柴油车 PM 的质量排放量为汽油车的数十倍、PM 的数量排放量为汽油车的数百倍;柴油机排气中非甲烷有机物成分含量多,甲醛、乙烯、乙炔、乙醛、丙烯和苯等的含量比例高。与上述第一节的结论比较,实施与汽油车接近的柴油车排放法规,对于柴油车而言,无疑是一个巨大的挑战,面临的困难可想而知。

欧盟还制定了限制颗粒物数量排放量的法规,颗粒物数量排放量的限值及生效时间如表 1-15~表 1-18 所列。PN(Particulate Number)表示单位里程的颗粒物数量排放量或数量排放率。轻型商用柴油车和乘用柴油车的颗粒物排放限值 PN 为 6×10^{11}个/km,并在 2011 年 9 月生效的 Euro 5b 阶段法规中执行;重型柴油机稳态试验工况(WHSC)和瞬态试验工况(WHTC)的颗粒物排

放限值为 8.0×10^{12}个/(kW·h)和 6.0×10^{11}个/(kW·h),并在 2013 年 1 月生效的 Euro 6 阶段法规中执行[35]。汽车行业虽然已对 Euro 7 标准进行了预测,但还没有成立正式的委员会[36]。

2014 年 3 月美国环保署(EPA)发布了关于机动车排放及汽油硫含量的 Tier 3 标准,Tier 3 标准对现有 Tier 2 标准进行了修订。Tier 3 从 2017 年开始执行,Tier 3 标准将同时降低轿车、轻型卡车、中型客车和部分重型车的排气排放污染物和蒸发排放污染物。Tier 3 标准大幅度削减了汽车有害排放物,轻型车车队平均的 NMOG+NO_x排放减少约 80%、单车 PM 排放减少 70%;重型车车队平均的 NMOG+NO_x和单车 PM 排放同时下降 60%。排放控制装置耐久性里程(寿命)从 193121.3km 延长到 241401.6km。Tier 3 标准限值的污染物项目有 NMOG+NO_x、CO、HCHO 和 PM 四项[37]。标准限值分为车队平均限值和单车限值两类。车队平均限值如表 1-19 所列。制造商生产的所有类型燃料车辆必须达到表 1-19 所列的七个 Bin 限值中的一个,车辆污染物测量时采用 FTP-75 测试循环,但测量 NMOG+NO_x限值时,需要采用额外的追加测试循环。Bin 的命名依据是 NMOG+NO_x的排放限值数量,如 Bin 160 表示 NMOG+NO_x的排放限值为 99.4mg/km。Bin 160 的 NMOG+NO_x限值与 Tier 2 Bin 5 相当。

表 1-19 Tier 3(车队)认证 Bin 限值[37] (mg/km)

Bin	NMOG+NO_x	PM①	CO	HCHO
Bin 160	99.4	1.9	2.6	2.5
Bin 125	77.7	1.9	1.3	2.5
Bin 70	43.5	1.9	1.1	2.5
Bin 50	31.1	1.9	1.1	2.5
Bin 30	18.6	1.9	0.6	2.5
Bin 20	12.4	1.9	0.6	2.5
Bin 0	0.0	0.0	0.0	0.0
①2017—2020 财年为过渡阶段,制造商销售的部分车辆满足 PM 限值即可(详见表 1-20)。				

NMOG+NO_x和 CO 的限值采用 FTP 和 SFTP 两种试验循环测试,SFTP 测试循环由 FTP、US06 和 SC03 三部分组成。US06 循环代表公路驾驶模式,包括更高的速度和加速度变化;SC03 循环则模拟了 35℃ 环境温度下车辆使用空调的工况。SFTP 循环的 NMOG+NO_x测试结果采用与 Tier 2 相同的下列公式计算。

$$(NMOG+NO_x)_{SFTP}=0.35\times(NMOG+NO_x)_{FTP}+0.28\times(NMOG+NO_x)_{US06}+0.37\times(NMOG+NO_x)_{SC03}$$

式中：$NMOG+NO_x$ 代表测试的污染物 NMOG 与 NO_x 的排放量之和，下标 SFTP、FTP、US06、SC03 代表测试时使用的测试循环。

采用 FTP 和 SFTP 试验循环时，$NMOG+NO_x$ 的限值如表 1-20 所列。Tier 3 标准也对 SFTP 试验循环的 CO 排放限值进行了规定，其限值为一固定值 2.6g/km，该值与 Tier 3 认证 Bin 160 的限值相同。

表 1-20 Tier 3 $NMOG+NO_x$ 车队平均标准[37] (mg/km)

试验循环	车辆种类	2017 年①	2018 年	2019 年	2020 年	2021 年	2022 年	2023 年	2024 年	2025 年
FTP	LDV,LDT1	53.4	49.1	44.7	40.4	36.0	31.7	27.3	23.0	18.6
	LDT2,LDT3,LDT4,MDPV	62.8	57.2	51.6	46.0	40.4	34.8	29.2	23.6	18.6
SFTP	LDV,LDT,MDPV	64.0	60.3	55.9	51.6	47.8	43.5	39.1	35.4	31.1

①对于 MDPV(Medium-Duty Passenger Vehicles)及车辆总质量等级(GVWR)2721.6kg 及以上的 LDV(Light-Duty Vehicles)和 LDT(Light-Duty Trucks)车辆，车队平均标准应用开始时间为 2018 年。

PM 的限值则采用 FTP 和 US06 两种试验循环测试，两种试验循环下车辆排放的 PM 限值如表 1-21 所列。Tier 3 PM 标准不是车队平均标准，适用于每个独立注册的车辆。然而，未来汽车技术存在不确定性，如缸内直接喷射汽油发动机、自动启停系统和超低排放 PM 的控制或测量方法等，因此美国环境保护局采用的 PM 标准期限为 5 年。在过渡阶段按表 1-21 所列的基于销售车辆的百分比执行，即在 2017 年、2018 年、2019 年和 2020 年分别销售车辆的 20%、20%、40%和 70%需要达到标准规定的认证标准限值即可，剩余的车辆达到过渡期标准限值 3.7mg/km 即可，但到 2021 年，全部销售车辆均应达到认证标准限值[37,38]。

表 1-21 Tier 3 PM 标准分阶段实施表[37,38]

试验循环	阶 段	2017 年	2018 年	2019 年	2020 年	2021 年	2022 年
	销售车辆的百分比/%	20①	20	40	70	100	100
FTP	认证标准/(mg/km)	1.9	1.9	1.9	1.9	1.9	1.9
	过渡期标准/(mg/km)	3.7	3.7	3.7	3.7	3.7	1.9
US06	认证标准/(mg/km)	3.7	3.7	3.7	3.7	3.7	3.7
	过渡期标准/(mg/km)	6.2	6.2	6.2	6.2	3.7	3.7

①2017 财年开始，制造商 LDV 和 LDT 车队中车辆总质量等级(GVWR)2721.6kg 以下的 20%或者 LDV、LDT 和 MDPV 车队的 10%必须达到认证标准。

从上述的欧盟和美国、日本等柴油车排放标准提高步伐来看,全球主要汽车市场的柴油车污染物控制均面临着空前的挑战。我国采用的汽车法规与欧盟的法规基本相同,只是不同地区执行时间的滞后期不一致,在未来 10 年内或更长一段时间内,我国柴油车排气污染物控制面临的形势是空前严峻的。

二、同时降低柴油车 NO_x 和 PM 的有效方法缺乏

从上述的排放标准来看,各国对柴油车 NO_x 和 PM 排放标准几乎是同时提高的,图 1-9 所示的 2010 年之前美国重型柴油车排放标准中 NO_x 和 PM 的变化历程可以说明 NO_x 和 PM 的限值的加严趋势[31]。与 1988 年的 NO_x 和 PM 限值相比,2010 年的 NO_x 和 PM 限值分别为 0.20g·(HP·h)$^{-1}$ 和 0.01g·(HP·h)$^{-1}$[1g·(HP·h)$^{-1}$ = 1.341g·(kW·h)$^{-1}$],其下降幅度分别为 98%和 99.83%。其他国家和地区的 NO_x 和 PM 排放标准提高幅度类似。因此,要求柴油机污染物的控制技术应能同时降低 NO_x 和 PM 排放。

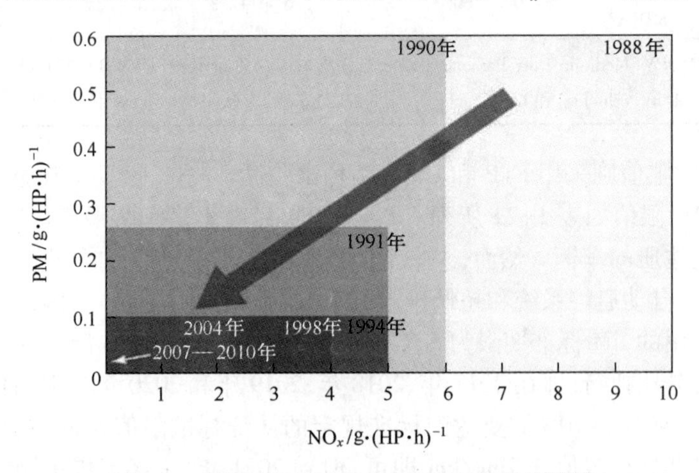

图 1-9 美国重型柴油车 NO_x 和 PM 的排放限值

柴油机的排放控制系统包括排气后处理系统、发动机系统的电控单元(EECU)、安装在发动机排气装置中给电子管理控制单元提供输入信号或接受其输出信号的与排放相关的部件,EECU 与任何其他动力总成或汽车排放管理用控制单元之间的通信界面(硬件或软件)等[39]。一般来说,如果不采用排气后处理系统,则柴油车排气中 NO_x 和 PM 排放量之间呈现出图 1-10 所示接近双曲线的曲线关系。这种关系说明,使柴油机 NO_x 下降的方法一般都会导致 PM 上升,反之亦然。英文文献把这种关系称为 trade-off 关系,由于新的排放标准总是要求同时降低 NO_x 和 PM 的排放量,故使柴油机排放控制的难度增大。寻求 NO_x 和 PM 同时下降的方法也就成了柴油机排放研究的一个

难点。如对于排放水平处于图 1-10 中基准点的柴油机,采用燃烧过程优化、提高增压度和超高压力喷射等改善燃烧的措施后,虽然可使 PM 问题基本解决,但 NO_x更为突出。若再采用 EGR(Exhaust Gas Recirculation)和推迟喷射时刻等技术后,虽然可以使 NO_x 降低,但 PM 排放又会恶化。可见无法通过柴油机本身调节获得同时降低柴油车 NO_x 和 PM 的理想效果,必须采用 DPF(Diesel Particulate Filter)装置等后处理技术。由于排放标准不断提高,因此,应对更严格的排放标准的对策应是燃烧过程优化、EGR 和多种后处理技术的组合。图 1-10 中箭头所示技术路径为这种技术组合的一个实例,柴油机排放的起始位置为基准点,当采用高增压、超高压喷射等改善燃烧的措施后,PM 降低但 NO_x 增加明显;故需要采用 EGR 解决 NO_x 的问题;但这又引起 PM 排放增加,抵消了改善燃烧措施的 PM 降低效果。因此,还应采用 DPF 或 DOC(Diesel Oxidation Catalyst)等装置净化排气中的 PM,使其降至标准以下,但 NO_x的问题仍然没有解决,故还需要与选择催化还原技术 SCR(Selective Catalytic Reduction)或稀氮氧化物催化净化器 LNC(Lean NO_x Catalysts)或稀氮氧化物吸附还原技术 LNT(Lean NO_x Trap)一起使用,使 NO_x也降低到排放标准要求的水平。

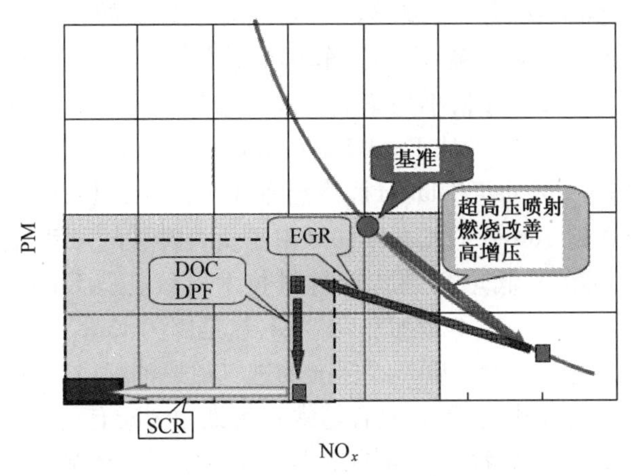

图 1-10　柴油机 NO_x和 PM 排放的控制方法[40]

总之,通过燃烧过程改善、EGR 等机内净化措施,无法同时降低柴油车排气中的 NO_x和 PM。另外,由于柴油机使用稀混合气工作,因而广泛应用于汽油车的三效催化器无法作为柴油车后处理装置使用,使得利用一个催化器同时降低多种污染物的难度增大。故在应对美国 US2010、日本 2009 新长期后及 Euro 5 和 Euro 6 等严格的汽车排放法规时,应采用机内净化技术与 DOC、DPF、SCR 或 NSR 等多种后处理技术的组合技术,这就使得柴油车的开发难度增大。

三、柴油车后处理系统成本高

随着汽车排放标准的提高,汽车必将需要应用后处理装置。相对汽油机后处理装置而言,柴油机后处理装置结构复杂、成本偏高,并且对使用条件要求高,因而增加了柴油机排放控制技术的推广难度。全国实施国 4 标准、北京市实施国 5 标准及国外标准升级的实例可以充分说明了成本高这一点。全国实施国 4 标准的情况可以以装配 2.4L 自然进气柴油机的江铃全顺为例说明。2013 年 8 月,2013 款新世代版短轴、6 座的江铃全顺物流车,国 3 排放标准的价格 16.70 万元,而国 4 排放标准的价格 17.50 万元,增加的成本达 8000 元[41]。北京市实施国 5 排放标准的情况也与全国情况类似,以 2L 排量的国 4 排放标准轻型汽车升级到国 5 排放标准为例,汽油车成本增加约 2000 元,而柴油车成本增加约 5000~7000 元[42]。

国外的情况与国内相似,表 1-22 为应对欧盟轻型载重汽车排放标准所需成本的实例分析,成本以 2010 年美元价格计算,柴油机和汽油机均为四缸发动机。对汽油车而言,Euro 1(基本型)的费用指由无排放控制的汽油机达到 Euro 1 标准所需费用,主要包括节气门或进气道燃油喷射系统、氧传感器和三效催化转化器系统等,大型车辆需要配有较昂贵的多点燃油喷射 MPFI (Multipoint Fuel Injection)系统,小型车辆需要安装节气门体喷射(TBI)装置。从 Euro 1 升级到 Euro 2 时,小型车辆的成本增加主要由安装 MPFI 燃油系统造成,而小型车相对较小。从 Euro 2 到 Euro 3,大型车辆成本增加有紧凑型 CC 催化器(Close-Coupled Catalyst)、冷启动排放控制,以及装备 OBD 的额外成本。从 Euro 3 到 Euro 4 的成本增加是由于所有排量的发动机需要在 Euro 3 的基础上采用 EGR 和低热容量歧管材料技术所致。从 Euro 4 到 Euro 5 和 Euro 5 到 Euro 6 的升级成本增加非常温和,这是因为 Euro 4、Euro 5 和 Euro 6 标准排放限值的变化不大。Euro 6 标准的进气道燃油喷射车的技术集中在燃油经济性和二氧化碳排放,因此没有与常规污染物削减有关的额外成本。

表 1-22 欧盟排放标准升级导致的汽车成本增加估算[43]

发动机种类	汽车排量/L	排放标准升级所需成本/美元						
		Euro 1(基本型)	Euro 1 到 Euro 2	Euro 2 到 Euro 3	Euro 3 到 Euro 4	Euro 4 到 Euro 5	Euro 5 到 Euro 6	无控制到 Euro 6
汽油机	1.5	142	63	122	25	10	—	362
汽油机	2.5	232	3	137	15	30	—	417
柴油机	1.5	56	84	337	145	306	471	1399
柴油机	2.5	56	89	419	164	508	626	1862

柴油车则与汽油车不同,Euro 1 汽油车辆需要后处理以及燃油喷射,故其

成本与仅采用 EGR 技术即可达到 Euro 1 标准的柴油车相比，其排放控制费用昂贵。尽管汽油车标准较为严格，一旦装备了进气道燃料喷射系统、氧传感器、ECU 和 TWC 系统，则汽油车标准升级导致的成本增加是较低的。相对汽油车而言，柴油车排放控制成本的增加决定于空气、燃料管理系统与后处理系统相关成本的组合。从 Euro 2 到 Euro 3 的成本显著增加，其原因是需要采用共轨燃油喷射系统改善性能和排放，还需要装备 DOC 后处理系统。从 Euro 4 到 Euro 5 成本增加的主要原因是柴油车需要使用 DPF。达到 Euro 6 排放水平较大型车辆需要额外增加的成本较大，原因是仅采用控制 PM 的 DPF 技术无法达到标准要求，还需要先进的燃烧技术、空气及燃料管理策略，可能还需要 NO_x后处理装置(LNT 或 SCR)。由于成本的差异，LNT 适合于排量 2.5～3.0L 的柴油发动机，而 SCR 在大排量发动机上应用更为有利。

可见，从 Euro 3 开始，柴油车的排放控制技术的成本已超过汽油车，并且随着标准的不断提高，柴油车的排放控制技术成本超过汽油车的成本越高。对于同样没有采取排放控制技术的柴油机和汽油机而言，直接升级到 Euro 6 时，柴油车的排放控制技术成本达到同排量汽油车的 4 倍以上。特别需要指出的是，从 Euro 1 升级到 Euro 6 时，柴油车的成本增加问题非常突出，达到了普通消费者难以接受的水平。

图 1-11 为应对美国重型柴油车排放标准所需成本估算的一个结果。可见，相对于满足美国 1998 年排放标准的车辆而言，随着排放标准提高和车辆排量增大，其成本增加越大。满足美国 2010 年排放标准的 13L 排量的重型柴油车，其成本比满足 1998 年排放标准的车辆增加 9500 美元左右，对普通消费者来说，其增加幅度过高。

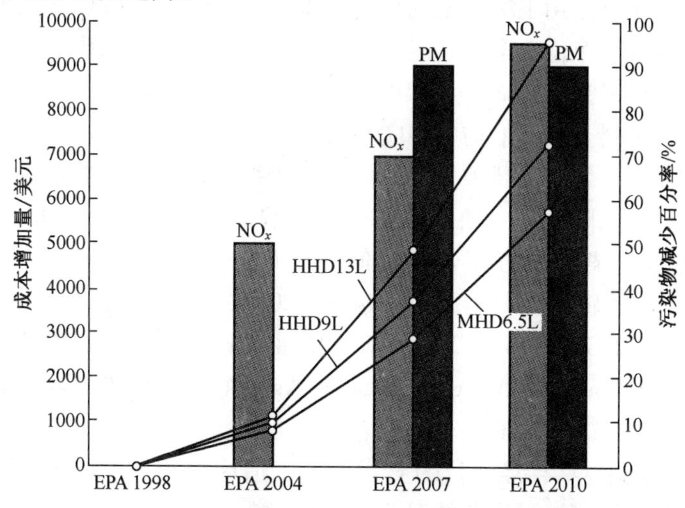

图 1-11　美国重型柴油车排放标准升级所需成本估算[44]

表1-23为Francisco等对轻型柴油车用DOC、SCR、LNT和DPF基本成本的估算结果。估算时，假定DOC、SCR和LNT的催化剂载体体积分别为发动机排量的0.75倍、1.0倍和1.25倍，DPF的滤芯体积为发动机排量的2.0倍。基本成本由硬件(零部件及材料)、人力和保修成本(按3%索赔率计算)三部分组成。另外，柴油车的DPF和SCR的结构及其控制系统较汽油车的三效催化器复杂，使用成本及故障率也高于汽油车。

表1-23 DOC、SCR、LNT和DPF的基本成本估算[43]

发动机排量/L	DOC		SCR		LNT		DPF	
	载体体积/L	基本成本/美元	载体体积/L	基本成本/美元	载体体积/L	基本成本/美元	滤芯体积/L	基本成本/美元
1.50	1.13	70	1.50	523	1.88	400	3.00	333
2.00	1.50	88	2.00	565	2.50	517	4.00	415
2.50	1.88	110	2.50	618	3.13	638	5.00	503
3.00	2.25	128	3.00	657	3.75	752	6.00	586

从上述的满足不同标准柴油车的价格差别、不同排放水平汽油车与柴油车的后处理装置成本及DOC、SCR、LNT和DPF基本成本的估算结果等来看，国3排放水平以上的柴油车的排放控制技术的成本明显高于汽油车，对柴油车的推广应用极为不利。

四、柴油机后处理装置使用要求高

柴油机后处理装置应用中的另一个问题是对使用条件要求高，如现有SCR系统由于对使用工况的排气温度要求过高，致使其在城市运行时并不能发挥出其对NO_x净化的全部效能。又如常见的柴油机后处理装置几乎都极易受到柴油和润滑油中S、P等元素的影响，因而装备柴油机后处理装置的柴油车对使用的燃料及润滑油均有相应要求。

对柴油中S含量的要求是柴油机后处理装置的推广主要困难之一，因为柴油中S含量的降低是一项牵涉面广和影响范围大的复杂工作。我国2000年以来的车用柴油中的S含量限值的变化即可说明这一点，我国发布的GB 252—2000《轻柴油》、GB/T 19147—2003《车用柴油》、GB 19147—2009《车用柴油》和GB 19147—2013《车用柴油(Ⅳ)》对S含量的限值依次为2000mg/kg、500mg/kg、350mg/kg和50mg/kg。而北京市2012年5月31日起实施的DB 11/239—2012《车用柴油》地方标准，规定的S含量限值仅为10mg/kg。推出这些标准的目的主要是为了适应排放标准的提高，而每个标准的制定都经过了大量复杂的艰苦工作和资金投入。

对润滑油中S、P等元素含量的要求，也是柴油机后处理装置的推广难度加大的主要原因之一。这从欧盟和美国、日本等对润滑油中S、P等含量限值的变化也可看出。欧盟汽车制造商协会(ACEA)为了柴油机后处理装置的顺利应用，对装备排气后处理装置柴油车润滑油中硫酸灰分和磷的质量含量进行了如表1-24所列的规定，安装排气后处理装置柴油车的专用润滑油共有四种，其硫酸灰分的质量含量为0.5%~0.8%，磷的质量含量为0.05%~0.09%。P、S含量和黏度的不同分为C1-12、C2-12、C3-12和C4-12四种，分别适应于不同要求的柴油车。

表1-24 欧盟汽车制造商协会对润滑油中硫酸灰分和磷的质量含量的规定[45]

润滑油代号	特点	硫酸灰分质量含量/%	磷质量含量/%
C1-12	低摩擦、低黏度、低油耗、低磷、低灰分、HTHS黏度2.9mPa·s以上	0.5	0.05
C2-12	低摩擦、低黏度、低油耗、HTHS黏度2.9mPa·s以上	0.8	0.09
C3-12	普通黏度、低油耗、HTHS黏度3.5mPa·s以上	0.8	0.07~0.09
C4-12	普通黏度、低油耗、低磷、低灰分、HTHS黏度3.5mPa·s以上	0.5	0.09

为了应对1994年、1998年、2004年和2007年生效的柴油车排放标准，美国相关部门分别于1995年、1998年、2002年和2006年推出了CG-4、CH-4、CI-4和CJ-4柴油机润滑油标准[45,46]。其中CJ-4明确要求润滑油的P、S和硫酸灰分的质量含量限值依次为0.12%、0.4%和1.0%。CJ-4主要用于符合2007年的高速公路废气排放标准的高速四冲程发动机，CJ-4机油具有维持排放控制系统耐久性的功效；也可以用于使用含硫量质量百分比0.05%柴油的柴油车，但会影响柴油车排气后处理系统的耐久性或润滑油换油周期。CI-4机油的主要特色是可延长装有废气再循环装置(EGR)发动机的使用寿命。CH-4机油的特点是可与含硫量最高达0.5%的柴油一起使用，作为CG-4的替代润滑油使用。

日本的JASO M 355:2008标准对车用柴油机油中硫、磷等含量和适用车型等也进行了明确规定，其限值如表1-25所列。DH-1-05为标准JASO M 355:2005修订之后的乘用车用润滑油，用于长期排放标准实施之前生产的柴油车或使用硫质量含量大于0.05%的柴油的车辆使用；DH-2和DL-1为新增加的两种规格的润滑油，用于新短期排放标准实施之后生产的、安装DPF、NO_x还原后处理装置等的柴油车。

表 1-25　日本汽车制造商协会对润滑油中磷、硫及硫酸灰分含量的规定[47]

参　数	试验方法	DH-1-05	DH-2-08	DL-1-08
硫酸灰分(质量分数)/%	JISK 2272 1998 5	—	1.0±0.1	≤0.6
磷(质量分数)/%	JPI-5S-38-2003	—	<0.12	<0.10
硫(质量分数)/%	JIS K 2541 2003 5	—	<0.5	<0.5
氯(质量分数)/($\times10^{-4}$%)	JPI-5S-64-2002	—	<150	<150
酸值/(mg(KOH)/g)	JIS K 2501 2003 8	>10	>5.5	—
铜腐蚀性(质量分数)/($\times10^{-4}$%)	ASTM D 6278	<20	<20	<20
铅腐蚀性(质量分数)/($\times10^{-4}$%)	ASTM D 6278	<120	<100	<120
锡腐蚀性(质量分数)/($\times10^{-4}$%)	ASTM D 6278	<50	<50	<50

第四节　柴油车排气污染物的主要控制技术

一、柴油机燃烧污染物控制技术的发展历程

柴油机排气排放的主要污染物有气体污染物和颗粒物两类。从 20 世纪 60 年代以来,围绕着如何降低汽车排放污染物,汽车相关行业及研究部门采取了各种各样的措施。这些措施可归纳为针对改善燃烧过程的机内净化技术和后处理技术两类。机内净化技术从污染物的产生源头——燃烧过程进行控制,常见的有废气再循环 EGR(Exhaust Gas Recirculation)技术(包括内部 EGR、非冷却和冷却的外部 EGR 技术等)、发动机燃油系统(如喷油时刻优化、高压喷射、多次喷射、喷油器等)的改进、燃烧室结构优化和进气系统(如涡轮增压中冷、可变涡流和可变几何截面涡轮增压技术等)改进等措施[12]。由于机内净化技术对 NO_x和 PM 净化效果之间存在图 1-10 所示的 trade-off 关系,故单纯依靠机内净化技术已无法满足目前严格的排放标准。因此,DOC(柴油车或柴油机氧化催化净化器)、DPF(柴油车或柴油机排气颗粒过滤器)和 NO_x催化还原装置就成了常见的柴油车污染物控制技术。美国环境保护部(EPA)推荐的重型柴油车排放标准的应对策略即可说明这一点[48],EPA 对 2004 重型柴油车排放标准推荐的应对策略有冷却 EGR 技术、DOC 和喷射时刻优化等,其中的后处理技术仅包括 DOC 技术;而 EPA 推荐的 2007 重型柴油车排放标准的应对策略则为 DPF、NO_x 吸附净化技术和选择催化还原净化器等后处理技术。

表 1-26 为 1974—2003 年间柴油机燃烧污染物的主要控制技术,表 1-26 中符号“○”代表该项技术实施时间,中短期、长期、新短期为日本排放标准的

名称，CR 和 UI 分别表示共轨燃油喷射系统和泵-喷嘴喷射系统。从排放控制技术的发展历程，柴油机的后处理技术应用远晚于汽油车的三效催化器等，在日本始于 1998 年长期排放标准的实施。在美国则始于 20 世纪 90 年代初，为了满足 EPA 排放标准，后处理系统开始被用于柴油车辆。起初，最常见的后处理装置是降低 HC、CO 排放和 PM 排放中可溶性有机组分 SOF（Soluble Organic Fraction）的柴油机氧化催化器 DOC。在 EPA 2007 排放法规施行之前，采用改进燃烧技术和 DOC 相结合的方法成功地满足了美国的相关排放法规。然而，由于在柴油机排气温度相对较低的条件下 DOC 的净化效率有限，DOC 无法符合 EPA 2007 和 EPA 2010 的排放法规。此后，使用的柴油机后处理技术除 DOC 外，还有 DPF、选择性催化还原净化器（SCR）和 NO_x 吸附催化净化器（LTC）等。

表 1-26　1974—2003 年间柴油机燃烧污染物的主要控制技术[49]

年　份				1974	1977	1979	1983	1989	1994	1998	2003
排放法规									短期	长期	新短期
机内净化	燃油喷射系统	延迟喷油时间		○	○	○	○	○	○	○	○
		改进喷油器				○	○	○	○	○	○
		提高喷射压力		○	○	○	○	○	○ CR，UI	○	○
		可变喷油速率					○	○	○	○	○
		多点喷射（共轨等）							○	○	○
		改进燃烧室		○	○	○	○	○	○	○	○
	进气系统	增压中冷				○	○	○	○	○	○
		惯性增压				○	○	○	○	○	○
		可变喷嘴涡轮增压						○	○	○	○
		可变涡流							○	○	○
	EGR 系统	EGR	内部 EGR							○	○
			外部 EGR							○	○
			冷却 EGR							○	○
后处理		PM	DOC							○	○
			DPF								○
		NO_x	NO_x催化还原装置								○

二、减少柴油机 PM 和 NO_x 排放的主要措施

减少柴油机 PM 排放的缸内控制措施可归纳为如图 1-12(a) 所示的减少 PM 中炭烟、可溶性有机组分 SOF 和硫化物三类措施。减少炭烟和 SOF 的方

法是相同的,主要有五个措施:①促进缸内混合气完全燃烧的相关技术,如利用进气惯性和增压技术增加缸内混合气的空气/燃料比等;②加快空气与燃料混合的技术,如燃烧室形状优化、涡流进气道和高压喷射等;③提高燃料品质,如增大燃料的十六烷值、减少燃料芳烃含量;④减少润滑油消耗,如提高润滑油品质和改进活塞环-汽缸设计等;⑤安装后处理装置,如 DOC 和 DPF 等。DOC 的特点是可以净化的污染物种类多,但无法净化 PM 中的炭烟颗粒。DPF 的主要优点是适用于所有尺寸的发动机且 PM 的净化效率高,但会增加柴油机排气系统背压、需要定期清理沉积的 PM 及其灰烬,影响车辆的燃油经济性和动力性等。降低 PM 中硫化物的方法为减少燃料、润滑油中的硫含量等。

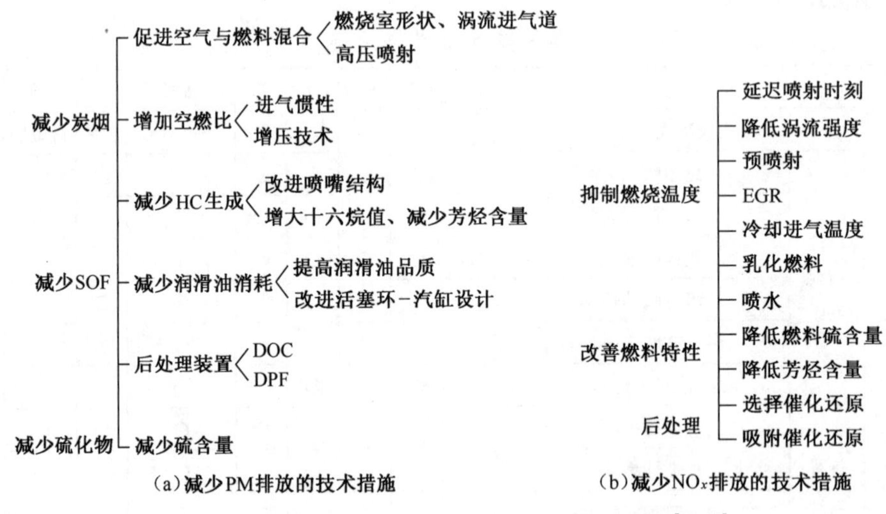

图 1-12 减少柴油机 PM 及 NO_x 排放的技术措施[12,50]

减少柴油机 NO_x 排放的控制措施可归纳如图 1-12(b)所示的抑制最高燃烧温度、改善燃料特性和后处理三类。当柴油机的燃烧温度高于 NO_x 的生成温度时,NO_x 会持续不断地生成并在温度低于冻结温度时残留在燃烧产物之中。因此,如何降低最高燃烧温度或减少已燃区域高温的持续时间,对减少 NO_x 的生成量非常有效。通过抑制最高燃烧温度减少 NO_x 的常见方法有:延迟燃油喷射时刻、降低汽缸内的空气涡流强度、采用预喷射和废气再循环(EGR)技术、采用冷却进气等方法降低进气温度、以及使用乳化燃料和喷水技术等。由于燃料中的硫燃烧生成的硫化物会降低后处理装置的净化效率,芳烃会提高火焰温度,因此改善燃料特性、降低燃料中硫含量和芳烃含量是减少柴油机 NO_x 排放的重要途径之一。

在上述的减少柴油机 NO_x 排放的缸内控制措施中,EGR 技术最为有效。

EGR 技术于 2003 年开始在美国柴油车获得实际应用。由于 Tier 2 排放法规 2004 年开始生效,导致了采用 EGR 技术降低 NO_x 排放的柴油车逐步增加。2003 年,福特公司在其生产的柴油车 Super Duty 的 6.0L 发动机上安装了 EGR 系统。2004 年,通用汽车公司在其生产的 6.6L Duramax LLY 柴油机上也安装了 EGR 系统;同年,康明斯在其直列六缸 6.7L 发动机第一次安装 EGR 系统[51]。

净化 NO_x 的后处理技术主要有选择催化还原技术(SCR)和吸附催化还原技术(LNT)等。SCR 常用的还原剂为尿素水溶液或排气中的 HC 等;以尿素水溶液和排气中的 HC 为还原剂的 SCR 分别称为 USCR 或 Urea-SCR 和 HC-SCR(详见本书第 3 章和第 4 章),USCR 常简称为 SCR。USCR 的特点是柴油机可以保持良好的燃油经济性,但需要建立柴油机排气处理液(DEF)基础设施,缩小 SCR 系统尺寸,提高城市驾驶模式下的净化效率。表 1-27 为 ETC 工况下 10 台采用 EGR、SCR 和 EGR+SCR 等不同排放控制技术柴油机的 NO_x 排放结果。为了便于比较,表 1-27 中同时给出了柴油机汽缸数、排量、最大功率和最大转矩等。该结果表明,仅采用 EGR 排放控制技术柴油机的 NO_x 排放最高;仅采用 SCR 排放控制技术柴油机的 NO_x 排放较低;采用 EGR+SCR 排放控制技术柴油机的 NO_x 排放最低。另外,从编号为 6 和 7 的试验结果可以看出,增加柴油机排气后处理装置用热管理系统对 ETC 工况下的 NO_x 排放测试结果无影响。

表 1-27 ETC 工况下不同排放控制技术柴油机的 NO_x 排放结果[52]

编号	柴油机参数				排放控制技术	NO_x 排放率 /(g/(kW·h))
	汽缸数	排量 /L	最大功率/kW	最大扭矩 /N·m		
1	6	12.8	335	2237	EGR	3.5
2	6	—	—	—	EGR	1.54
3	6	12.8	362	2237	EGR+DPF	1.7
4	6	12.8	325	2237	EGR+DPF	1.7
5	6	10.5	287	1900	EGR+DPF	1.57
6	6	6	220	1050	DPF+SCR	1.02
7	6	6	220	1050	DPF+SCR+热管理	1.02
8	6	12.8	362	2237	EGR+DPF+SCR	0.14
9	6	12.8	325	2237	EGR+DPF+SCR	0.19
10	6	12.9	355	—	EGR+DPF+SCR+热管理	0.18

HC-SCR 也称为稀混合气氮氧化物催化净化(LNC)技术或降 NO_x 催化净

化器，LNC 是一个替代选择性催化还原 SCR 技术，该技术利用未燃烧的碳氢化合物替代氨水催化还原 NO_x[31]。被动的 LNC 使用发动机排气排放的未燃 HC，通过增加喷油量使发动机工作在浓混合气，获得还原 NO_x 的还原剂。主动 LNC 采用在净化器的上游排气中额外喷入燃料的方法获得还原 NO_x 所需的还原剂。LNC 与柴油氧化催化器相结合，即可获得同时减少未燃碳氢化合物、一氧化碳、氮氧化物和颗粒物四种污染物的四效催化净化效果。NO_x 转化率（排气中 NO_x 被转化为无害的氮气和氧气的百分比）的峰值范围约为 40%～80%。对于被动 LNC 系统，温度范围相对窄，导致了 LNC 整体 NO_x 转化率较低，但 LNC 在小型柴油机上可以得到相对较高的 NO_x 转化率。一般认为 LNC 用于 3.0L 以下的柴油机是可行的，更大排量的发动机 NO_x 的控制通常使用 SCR 系统。

LNT 也称为 NSR、NAC 等，LNT 主要用于控制缸内直喷汽油发动机和小排量柴油发动机 NO_x 排放。LNT 的特点是无需携带额外的液体还原剂，净化效果受驾驶模式影响小；但燃油经济性差、对燃料含硫量敏感、应用于重型柴油车时可靠性不理想。正常排气条件下，LNC 吸附储存 NO_x 的能力随催化剂的材料不同而不同。在周期性的主动再生循环工作时，通常是喷入过量的柴油，以在排气中产生还原剂，使催化剂释放出储存的 NO_x，并将其转化为氮气，恢复吸附净化器储存 NO_x 的能力。LNT 使用中的主要问题有耐久性问题、硫中毒及再生时需要高温等。由于 LNT 需要再生燃料和提高耐久性所需的最佳温度范围，故其需要额外增加燃油消耗 1%～3%。DOE 的示范工程表明，NAC 新品的净化效率可达 90%[31]，NAC 的耐久性性能不断提高，一些 LNT 产品已经商业化。

三、柴油机污染控制装置的净化效果

DPF 常采用使排气通过蜂窝陶瓷、多孔烧结金属和金属网状等过滤材料的方法过滤排气中的颗粒物。一般来说 DPF 仅对 PM 有效，但当过滤表面涂覆催化剂时，对 HC 和 CO 等也会有效。DOC 的原理是使污染物氧化为水和二氧化碳，也以同时减少 PM 中的 SOF 成分、排气中的 HC 和 CO。降低 NO_x 排放的 LNC 和 EGR 技术一般仅对 NO_x 有降低效果，同时又使 PM 增加，因此，在应对目前的排放法规时，多采用二者与 DPF 组合使用的方案，即 LNC+DPF 或 EGR+DPF。USCR 通常采用把尿素水溶液喷入排气中使其分解出 NH_3，再在催化剂的作用下使 NH_3 与 NO_x 反应生成无害的 H_2O 和 N_2，该方法是目前最为常见的减少 NO_x 排放的方法。由于采用 SCR 后，NO_x 排放不成问题，故可以通过改善缸内燃烧有效降低 PM、HC 和 CO 生成量，因而采用 SCR 技术的柴油机具有低的 PM、NO_x、HC 和 CO 排放。另外，还值得指出的是在柴油机中使用闭式曲轴箱通风系统,可以把曲轴箱中的窜气引入汽缸中烧掉,这种技术对 PM 也有 10%~15%的降低效果。表 1-28 为常见的柴油机污染控制技术的污染物降低效果总结。表 1-28 中给出的降低效果是一个大致范围,在选择柴油机排放控制技术时,可根据柴油机需要达到的排放水平选择。

表 1-28　柴油机污染控制技术的污染物降低效果[53]

排放控制技术	污染物减少百分比/%			
	PM	NO_x	HC	CO
DPF	90 以上	—	60~90	60~90
DOC	20~50	—	60~90	60~90
LNC+DPF	90 以上	25	60~90	60~90
EGR+DPF	90 以上	60~90	60~90	60~90
SCR	30~50	90 以上	50~90	50~90
闭式曲轴箱通风系统	10~15	—	30~40	30~35

第五节　柴油车的发展现状及趋势

一、柴油机及柴油车的发展历程回顾

1897 年,狄塞尔研发出了实用的柴油机,该柴油机的特点是功率大、油耗低(热效率达到当时的最高值的 26.2%),并且可使用劣质燃油,当时被认为是发展前景广阔的内燃机。因而,狄塞尔随即投入到柴油机的商业生产之中。不幸的是,作为工程师非常优秀的狄塞尔,却在柴油机的商业生产之中陷入经济困境,到 1913 年时,狄塞尔已处于破产的边缘。但随着时光流逝,狄塞尔发明的具有竞争优势的柴油机,在汽车、船舶和整个工业领域得到越来越广泛的发展与应用。

1923 年奔驰公司生产了第一台载重柴油车[54];1924 年 3 月,MAN 公司研制成功了装备直接喷射式柴油机的试验用卡车,该柴油卡车的输出功率 30kW,载重 4t,测试时用 5.5h 行驶了 140km。同年 MAN 公司还在柏林汽车展览会上展出了装备柴油机的汽车[55]。1936 年,奔驰公司生产了第一台柴油机轿车 260D,由于柴油机的振动、噪声和黑烟等原因,致使其作为轿车动力的应用受到限制[54]。但柴油机耐久性好、动力强劲、燃油经济性高等优点并未因此被完全否定,并且作为重型机械和装甲车辆等的动力得到了广泛应用,如第二次世界大战中苏联战场苏军的 T-34 坦克等使用的就是柴油发动机。由于中弹后柴油不易起火,大大提高了战场的生存能力。战后,各国汲取了战争中的教训,几乎所有坦克都装备柴油发动机。

在20世纪50年代,柴油车的燃油经济性、动力和可靠性使其成为美国州际公路系统的主要运输工具,柴油机成为越野施工设备、农用机械以及长途车等的首要动力源,柴油机在美国重型汽车市场获得了成功应用[31]。

1957年丰田开始生产皇冠牌柴油轿车,然而,生产几年后即被中断。五十铃在1962年开始生产柴油乘用车贝雷尔(Bellel),在1963—1964年间,该车在出租车市场的占有率曾达到20%~30%,但由于其过高的振动和噪声,出租车公司大幅度减少了订单,1965年以后产量锐减,到1967年停止制造[56]。1976年,德国大众生产了VW Golf I柴油轿车,VW Golf I采用了1.5L四缸柴油发动机;大众生产的VW Golf柴油轿车于1989年获得"低排放车"的称号。

美国在20世纪70年代的石油危机时期,汽车制造商在美国汽车市场迅速推出了柴油乘用车,并取得了良好的销售业绩,燃料成本的高涨使汽车制造商看到了希望。然而,不幸的是市场提供给消费者的柴油车是噪声大、耐久性差和排气污染严重的车辆,致使客户对柴油车的接受程度降低。当汽油价格下跌时,柴油轿车迅速从市场上消失[31]。

在20世纪80年代后期,日本三菱公司推出帕杰罗RV柴油乘用车,到1996年保有量超过507万辆,使日本1995年的柴油车占汽车保养量的比例达到10.9%,但在其后的十多年时间,由于多种因素的影响柴油车比例逐步减少。在20世纪80年代初,通用汽车公司和福特汽车公司建立了柴油发动机的皮卡生产线,柴油本的皮卡提供了强大的动力,良好的燃油经济性和可靠性,使柴油车很快受到了苛刻的客户的喜爱。到了80年代末,美国三大汽车制造商均生产高功率、高转矩的柴油发动机轻型皮卡,扩大了轻型柴油皮卡车的应用。1989年大众公司从菲亚特公司的研发机构获得部分技术,制造出第一台增压、直喷5缸柴油发动机R5 TDI,并被装备在奥迪100车型轿车上。

1990年,德国大众公司正式推出增压、直喷系列柴油机TDI。之后,相继开发出了4缸涡轮增压直喷柴油发动机(TDI)、自然吸气式直喷(SDI)柴油发动机等,并将其应用于大众的柴油动力轿车。1999年,大众公司开发出百公里油耗3L的柴油动力轿车——Lupo,成为当年世界上最省油的轿车。

从20世纪90年代中开始,欧洲各大汽车公司大力发展柴油发动机技术,并陆续推出其柴油轿车产品;目前,奔驰、大众、宝马、雷诺、沃尔沃等欧洲汽车制造公司都有采用柴油发动机的车型。欧洲汽车公司的柴油发动机技术已处于全球领先水平,成为许多先进柴油发动机的技术发源地。

二、清洁柴油车的主要优势

现代柴油车相对传统柴油车而言的重要特征之一是排气污染物少,因此常将现代柴油车称为清洁柴油车。随着共轨燃油喷射系统和后处理系统的导入，柴油发动机的黑烟（PM）和 NO_x 排放大幅度减少。图 1-13 为日本电装公司对 1995 年产和 2010 年产柴油车的 PM 和 NO_x 排放的评估结果，PM 和 NO_x 减少幅度分别为 97.5%和 86.7%[57]，博世公司则认为从 1990—2012 年间，柴油车的 PM 和 NO_x 减少幅度分别为 98%和 96%[58]。可见，现代柴油车相对传统柴油车而言，排气已变得非常干净。

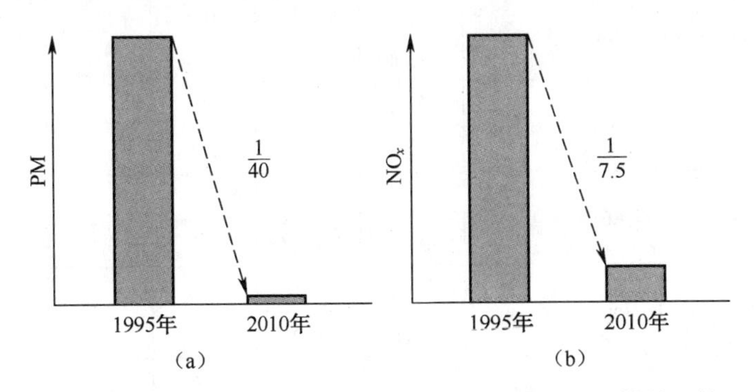

图 1-13　1995 年和 2010 年柴油车 PM（a）和 NO_x（b）排放比较

现代柴油车的第二个重要特征是节能、行驶过程中碳排放少。从柴油车与汽油车的结构特点来看，柴油车发动机进气系统无节气门、进气阻力小、换气损失少；柴油机采用压燃方式，压缩比高、混合气稀且比热比大，故柴油机具有较高的理论热效率；柴油机的平均空燃比远大于汽油车的，稀混合气使燃烧更易完全，具有更高的燃烧效率。另外，从柴油的能量密度来看，以体积计算的燃油消耗率对柴油车有利。如我国国 4 阶段基准燃料技术规格规定的汽油密度为 740~754g/L，GB 17691—2005 规定的柴油密度为 825~840g/L，若以标准中规定的平均值计算，则单位体积柴油的质量为汽油的 1.1146 倍，即单位体积柴油的热值为汽油的 1.1146 倍左右。

可见，从柴油机的换气损失、理论热效率、燃烧效率和柴油的能量密度四个方面来看，柴油车在燃油经济性方面具有明显优势。一般认为汽油机采用高压缩比、电子控制可变机构等各种技术的组合后，其有效热效率的终极目标大约为 40%~45%，而柴油机采取增压、包括 EGR 和多次高压喷射的燃烧控制等技术组合后的有效热效率的终极目标大约为 50%~55%[59]。因此，从未来节能技术发展来看，柴油机潜力更大。

表 1-29 为柴油车与具有可比性的汽油车的燃油经济性和 CO_2 排放等的比较。相对于汽油车而言，七种车型中节油率最高的柴油车 BMW550 为 43%，最低的柴油车 Ford Mondeo 为 21%，七种车型平均节油率为 31.2%。七种车型中碳排放减少率最高的柴油车 BMW550 为 36%，最低的柴油车 Ford

Mondeo 为 10%，CO_2排放量平均降低 24.3%。

表 1-29 柴油车与汽油车油耗及 CO_2 排放量比较[60,61]

型　号	燃油种类	百公里油耗/L	CO_2排放量 g/km	油耗减少率/%	CO_2排放减少率/%
1.3L　Fiat Punto	汽油	5.7	133	26	17
	柴油	4.2	110		
1.6L VW Golf S	汽油	7.1	166	37	29
	柴油	4.5	118		
2.0L VW Touran	汽油	6.8	168	22	26
	柴油	5.3	125		
2.0L Audi A6	汽油	7.4	172	34	25
	柴油	4.9	129		
2.2L Fornda Mondeo	汽油	7.6	176	21	10
	柴油	6.0	159		
3.0L BMW550	汽油	11.0	256	43	36
	柴油	6.3	165		
3.0L Porsche Cayenne	汽油	11.2	263	36	28
	柴油	7.2	189		

柴油车除了行驶过程中碳排放少外，柴油生产过程中即从油井到油箱（WTT）过程中的碳排放量也少。柴油生产中 WTT 过程的 CO_2 排放少的原因在于柴油在“原油开采→生产→供给”过程中的 CO_2 排放量少。首先柴油能量密度高，运输过程 CO_2 排放也少。柴油的能量密度为 35.5MJ/L，比汽油的能量密度 32.2MJ/L 高出约 10%，故其运输效率高，排放少。其次是柴油与汽油的炼制工艺不同，柴油的炼制工艺主要由蒸馏和脱硫两个工艺过程组成，而汽油的炼制工艺一般则由 3~5 个工艺过程组成，制造时需要使用重整与裂解装置等，故在燃料制造方面汽油的能量消耗更大，特别是催化裂解工艺过程中 CO_2 排放多。按单位热值的 CO_2 排放量计算，柴油 WTT 过程中的 CO_2 排放为 7.88g/MJ，而汽油 WTT 过程中的 CO_2 排放为 12.19g/MJ，即柴油 WTT 过程中的 CO_2 排放仅为汽油的 64.6%[33]。按单位体积的 CO_2 排放量计算，汽油 CO_2 排放量约为 277g/L，柴油约为 150g/L。可见，燃料生产过程中单位体积柴油的 CO_2 排放量只有汽油的 54.15%，或者说汽油生产过程中的 CO_2 排放量为柴油 CO_2 的 1.85 倍[60]。

从汽油车与柴油车怠速燃油消耗的比较来看[60]，普通汽油乘用车的怠速燃油消耗约为 590mL/h，而普通柴油乘用车的怠速燃油消耗约 535mL/h，也就是说柴油车的怠速油耗只有汽油车的 90.68%。研究表明,与汽油车相比,柴油乘用车的怠速油耗低 3.4%~28.9%。

柴油车 CO_2 排放量少的特征已成为其竞争的重要优势之一。根据欧洲议会 2008 年 12 月通过的乘用车 CO_2 排放监管法案,欧盟 27 个国家 2012 年开始执行的乘用车 CO_2 法规,要求各公司销售和注册的乘用车,2012 年 65%、2013 年 75%、2014 年 80%,2015 年 100%达到平均 CO_2 排放量为 130g/km 的要求。并且确立了 2020 年达到 CO_2 排放量为 95g/km 的长期目标[62]。这个法规的实施,给柴油车的发展提供了政策支持。

现代柴油车的第三个重要特征分别是耐久性/可靠性高和动力强劲。图 1-14 为柴油车与汽油车性能调查结果的比较,该结果通过对柴油车车主的调查得到。在可靠性与耐久性方面 75%左右的车主认为柴油车优于汽油车;在功率(转矩)方面 65%左右的车主认为柴油车优于汽油车;在加速性方面 30%左右的车主认为柴油车优于汽油车,40%左右的车主认为柴油车与汽油车相当,30%左右的车主认为汽油车优于柴油车;在燃油经济性方面 98%左右的车主认为柴油车优于汽油车;在污染水平和排放方面 55%左右的车主认为柴油车优于汽油车,27%左右的车主认为柴油车与汽油车相当,18%左右的车主认为汽油车优于柴油车;在价格方面 55%左右的车主认为汽油车优于柴油车,33%左右的车主认为柴油车与汽油车相当,12%左右的车主认为柴油车优于汽油车。可见除了价格和加速性之外,多数车主认为在耐久性、功率(转矩)、油耗和环境指标方面柴油车有明显优势。

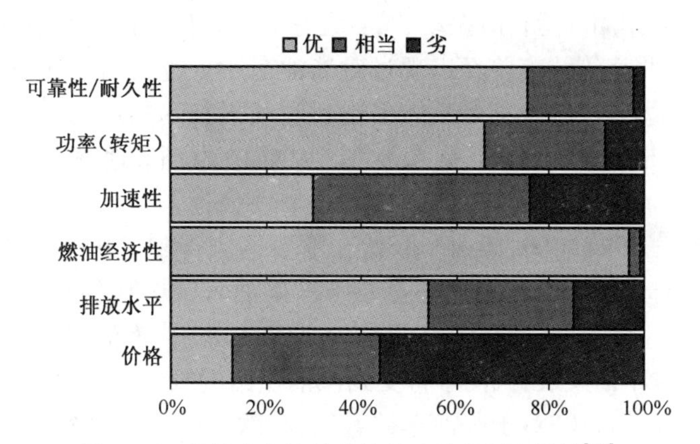

图 1-14 柴油车与汽油车性能比较的调查结果[63]

图 1-15 为柴油发动机的升转矩与升功率的关系图。装备博格华纳发明的三级涡轮增压器的 BMW's M 柴油车于 2012 年 11 月首次在密歇根上市,该柴油机为六缸直列式、排量 3.0L、最大转矩 740N·m、最大输出功率为 280kW,其升功率和转矩分别达到 93kW/L 和 247N·m/L。升功率和升转矩

达到了非增压(自然进气)柴油机的数倍,可见,易于采用增压技术的柴油车的动力性具有更加明显的优势[64]。

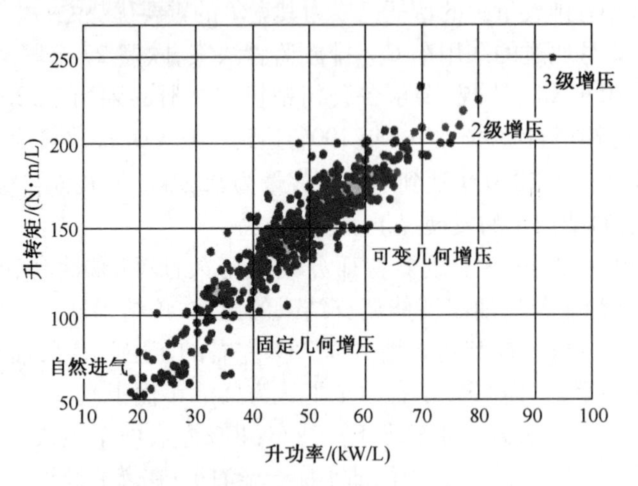

图 1-15　柴油升转矩与升功率的关系图[65]

综上所述,现代柴油车具有耐久性/可靠性高、动力强劲、燃油经济性好、排气污染和碳排放少等优势。

三、清洁柴油车的应用现状及发展趋势

传统柴油车的颗粒和黑烟排放远高于汽油车,加上传统柴油车排放的颗粒物具有致癌作用和运行时振动、噪声大等不足,使柴油车在我国的发展受到极大影响,在北京等城市曾经出现过对柴油车实行过“禁行”限制。但是,由于柴油车技术的进步,特别是共轨多次燃油喷射技术的应用,使柴油车的排放、噪声性能与汽油车相比已毫无逊色。因而,在欧洲等地得到了快速发展与普及。

从 1990—1994 年间,柴油车开始在欧盟国家得到了快速普及。2002 年柴油车占所有乘用车的比例已超过 40%。柴油轿车在欧盟占有率高的原因主要有三个:①欧盟制造商认为从石油资源方面来看,汽油产量有一个极限,随着车辆数量不断发展,汽油车将受到汽油供给的限制;②环境意识强,重视柴油车的环保效益;③对于柴油车的看法,在欧盟认为柴油车代表着“经济”“绿色”“动力强劲”“耐久可靠”和“酷”等,形成了柴油车清洁环保和性能优良的共识。

1980 年,德国的柴油发动机车辆占新登记车辆的比例未达到 10%,到 2012 年,柴油车占新车销售的近 1/2,其中柴油 SUV 市场增长最为强劲。在 2011 年,大型/SUV 柴油车的市场份额达到 80%以上,出租车基本上已完全是

柴油轿车。英国的柴油车也几乎占了新车登记的1/2。过去几年,英国持续实施汽油远高于柴油价格的政策,这是值得注意的重要原因之一。

根据欧洲汽车工业协会(ACEA)的统计,西欧乘用车市场上柴油车市场份额多年来在一直在全球最高。1990—2013 年间西欧(此处指欧盟 15 个国家及 3 个欧洲自由贸易联盟国家共 18 个国家)的柴油汽车的普及状况:1990 年左右柴油轿车在新车注册乘用车中的比例仅为 14%,但在 1997—2004 年间持续快速上升,到 2013 年已达到了 53%。

图 1-16 为 2001—2013 年欧盟 28 个国家及法国、西班牙、比利时、奥地利、英国、德国、意大利、荷兰新八国新注册车辆中柴油车市场份额的变化。可见,2005 年以来法国、西班牙、比利时三国新注册车辆中柴油车比例一直保持较高比例,其次奥地利、英国、德国和意大利,荷兰柴油车占新注册车辆的百分比较低,一直未超过 30%。2004 年以来欧盟 28 个国家新注册车辆中柴油车比例一直保持在 45%以上。2011 年的统计还显示[66],欧盟 100%的重型车、90%的轻型车均已采用柴油机,90%以上的出租车使用柴油机。2007 年宝马 5 系和 7 系列柴油车型的销售分别占销售份额的 80%和 73%。

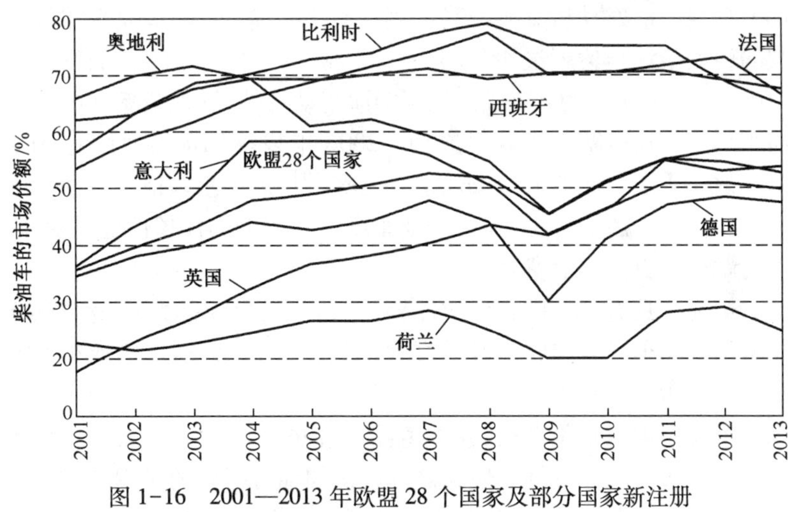

图 1-16　2001—2013 年欧盟 28 个国家及部分国家新注册车辆中柴油车市场份额的变化[67]

随着柴油车保有量的增加,必然带来柴油供需矛盾问题。欧洲范围内柴油不足的解决方案是依赖国外进口,每年来自苏联和亚洲的进口量柴油分别约为 10^7t 以上和 10^6t。富余的汽油向北美出口,每年达 10^7t 以上。

欧盟市场柴油车快速普及这种现象的大背景是节能、减排和实现削减 CO_2的目标,具体的原因可归纳为七个方面。

(1) 欧盟市场有充足的柴油车供给,汽车制造商在主要车型上装备了柴油机，不仅能满足普通消费者需要，市场提供的柴油发动机也可满足有更高的性能需求消费者的需要，如2012年上市的奥迪Q7 6.0 TDI车型，使用的双涡轮增压V12柴油机，最大输出功率达368kW，发动机最大输出转矩1000N·m（1750~3250r/min），从静止加速至100km/h仅需5.5s[68]。

（2）柴油车比同级别的汽油车可节约燃油，车辆使用过程中的燃油消耗量可降低21%~43%。如2009年的大众捷达柴油轿车在城市、高速公路、综合工况下的每加仑燃油行驶的里程性分别达到12.8、17.4、14.5km/L，仅次于丰田的普锐斯（Toyota Prius）混合动力汽车的20.4、19.1、19.6km/L和本田思域（Honda Civic）混合动力汽车的17.0、19.1、17.9km/L。而2010年型大众捷达柴油车成为美国市场最省油的非混合动力汽车，在城市和高速公路综合工况下的燃油经济性分别达到12.8km/L和17.9km/L[31]。

（3）由于共轨燃油喷射系统在直喷式柴油机上的应用使柴油车的噪声、排放和油耗降低，并且运行性能改善。2006年，发动机制造商JCB使用一款柴油动力的车辆，创造了国际陆地平均速度563km/h的赛车速度纪录，最高陆地速度达到587km/h。

（4）现代柴油发动机具有极高的耐久性和可靠性，许多业主在报告中称其驾驶的轻型柴油车辆超过48万km才出现一些问题，重型柴油发动机使用超过161万km的情况也不少见[31]。柴油车动力性，燃油效率和耐久性使其在柴油车耐力和速度赛上也获得成功。2006年装备TDI柴油机的Audi R10赛车第一次完成了24h的Le Mans耐力比赛[69]，进一步验证了柴油车的耐久性和可靠性。由于燃油价格上升，柴油车维护费用低的优越性变得明显，因此柴油车的耐久性更受到消费者关注。

（5）柴油车具有CO_2排放少的优势，有利于减少碳排放，从表1-29所列的柴油车与汽油车CO_2排放量及其减少率的试验结果来看，柴油车CO_2排放量的减少率高达17%~36%。

（6）车辆平均行驶距离长，欧洲道路工况更适合柴油车优势的发挥。柴油车单位体积热值高，油耗低，使柴油车一次加油可行驶的里程达1000km，如标致508柴油版轿车，公示耗油量为22.2km/L，燃油量容量为72L，即理论上可行驶1598km，而有关试验表明，该车实际续驶里程达1800km，可以从德国汉堡直达俄罗斯首都莫斯科[70]。

（7）柴油车的使用寿命（30~100万km）长于汽油机（10~30万km），降低了使用成本[71]。

由于上述诸方面的原因，使柴油车成为欧盟国家首选的高效环保车辆，柴油车的市场份额不断攀升，2012年，欧盟国家柴油车（包括轿车和商用车）销售量占全世界柴油车市场份额的50%，柴油车在大型SUV市场中的份额达到

80%，柴油轿车销售量占全球市场份额的2/3[72]。

除欧盟国家之外，印度轿车市场的柴油车份额目前正处于快速上升阶段，印度已成为欧盟国家之后的世界第二大柴油轿车市场，2011年印度轿车市场的柴油车份额达到了36.31%[73]；2012年印度销售的柴油轿车数量占到了世界市场份额的15%，2013年8月前后印度新车注册的轿车中，有一半以上是柴油轿车[72]，在印度玛鲁蒂-铃木公司生产的两款轿车中，印度市场中选择汽油版和柴油版轿车的比例分别为30%和70%[74]。2013年印度销售的柴油轿车数量占到了其市场份额的50%以上[67]。除了上述的柴油车优势外，柴油车在印度出现快速普及这种现象的重要原因还有两个：①印度采用类似于欧洲的排放法规；②印度的柴油价格低廉。2010年印度放开了汽油价格，汽油价格高并且波动大，而柴油价格仍在实施管制，政府为了控制通货膨胀，采取补贴政策抑制柴油价格，导致市场每升柴油价格仅为汽油价格的60%~70%，促进了柴油轿车的快速发展。

值得一提的是柴油车在其他国家的境遇却迥然不同，柴油车在新注册车辆中所占百分比极低。最为典型的是巴西，该国禁止销售和使用柴油轿车，取而代之的是普及推广使用纯乙醇或乙醇-汽油混合燃料的灵活燃料轿车，但该国的小型商用车中柴油车约占40%，大型商用车几乎100%为柴油车[72]。

表1-30为2010年欧盟15国、美国和日本新乘用车中柴油车、汽油车和混合动力车比例的比较。柴油车在汽车生产和销售大国美国和日本新注册乘用车中的比例仅为0.1%和2.0%，远低于欧盟15国53.4%这一比例。出现这种现象的原因是多方面的，也是非常复杂的。

表1-30　美国、日本新乘用车中柴油车、汽油车和混合动力车的比例[75]

地区	新车台数/万台	汽油车比例/%	柴油车比例/%	混合动力车比例/%
日本	约460	92.4	0.1	7.5
美国	约1448	92.7	2.0	5.3
欧盟15国	约1042	53.4	46.1	0.5

1995年，日本的柴油车占汽车保有量的比例曾达到10.9%，但由于多种因素的影响柴油车比例逐步减少，到2005年时，柴油车占汽车保有量的比例降低到4%，柴油车在新注册车辆百分比仅为0.04%[60]，2011年日本轿车市场柴油车份额仅为0.26%[73]。出现目前这种现象的主要原因有两个：①目前日本市场上的柴油与汽油的差价不明显，降低了柴油车在经济性方面的诱惑力；②混合动力车比例迅速提高（见表1-30），降低了汽车的燃油消耗，减小了节能减排方面的压力。但在小型商用车中，柴油车占10%，大型商用车几乎100%为柴油车[72]。近年来柴油轿车的情况已有转变的迹象，如日本在

2009 年左右，奔驰 E 级是这个国家唯一的柴油动力轿车，但到 2012 年，柴油轿车型号已超过 12 款。马自达日本本土公司积极参与清洁柴油车辆的普及与推广，2012 年 7 月该公司的 SKYACTIV-D 2.2 开始上市销售，到 2012 年 3 月 15 日为止 MAZDA CX-5 新车订单中，柴油版的比例为 73%，而汽油版的比例为 27%[76]；至 2014 年 9 月累计销量超过 10 万辆。

日本经济产业省 2014 年开始对清洁柴油汽车进行补助，2015 年度补助的柴油车有日产、梅赛德斯-奔驰、三菱、丰田、宝马和马自达等多个品牌的柴油轿车，其补助额最多的 BMW Alpina FDA-MP20 等车型为 35 万日元，最少的 BMW 523d 等车型仅为 1 万日元[83,84]，这将会促进日本市场清洁柴油车比例的增大。马自达 2015 年 2 月在日本国内销售的轿车总数量中，搭载柴油发动机车辆的单月订单比例首次超过 1/2，是日本国内厂家 2000 年以来首次出现的现象。2015 年 2 月马自达在日本国内销售车辆约 23000 台，其中柴油车约 12000 辆，占总体的比例是 51.9%[77]。日本汽车工业协会的统计年报表明，2012、2013 和 2014 年日本汽车企业生产柴油乘用车的数量依次为 328419、375044 和 428364 辆，占当年全部乘用车的百分比依次为 3.84%、4.58%和 5.18%。上述数据表明，日本柴油乘用车数量呈现出了增加的趋势[86]。

从柴油车的发展历史看，柴油轿车在美国发展缓慢的原因主要有三方面：①20 世纪 70 年代石油危机时期推出的性能不理想的柴油轿车一直影响着汽车制造商在美国继续销售柴油乘用车的信心，包括推广采用现代先进技术，已几乎消除了噪声大、耐久性差和排气污染严重等问题的柴油轿车；②美国便宜的汽油价格使柴油车在经济上没有吸引力，柴油车带来的燃油经济性成本节约无法弥补柴油车购置额外支付的车辆成本；③美国采用了日益严格的排放标准，降低了柴油轿车在成本和性能等方面的竞争力。

美国联邦政府在 2005 年改变了以往对柴油技术的模糊态度，明确了从 2006 年 1 月 1 日开始到 2010 年 12 月 31 日之间，柴油轿车享有与混合动力汽车相同的政策优惠，并计划至 2015 年把柴油轿车比例提高到 15%，这极大地促进了柴油机在美国的发展情况的改善。2007 年，康明斯推出了满足 2010 年的排放法规的轻型和中型卡车的柴油机。该发动机装备在克莱斯勒皮卡产品上，并已被证实可满足卡车的排放标准。2008 年 7 月，康明斯公司宣布了其与美国能源部联合完成的工作，开始计划生产新一代的轻型卡车的柴油发动机。新一代柴油发动机比同期的柴油发动机更轻，动力性更强大，更清洁和更经济，因而，美国的汽车制造商在继续努力开发和推广燃油经济性良好的柴油轿车。到 2009 年，柴油车销售量占美国乘用车销量的 3%左右[31]。2011 年美国轿车市场柴油车份额仅为 1.48%[73]，2012 年第一季度美国的柴油动力乘用车及卡车出现了销量增长35%的良好势头，2012和2013年美国市场全部柴油车的份额约为2.83%和2.89%[78]。但2014年美国市场柴油轿车销售量仅为103000辆，轻型柴油车销售量仅为35000辆，两者之和仅为轿车市场份额的0.84%[87]。美国实施的Tier 2 Bin 5限值过低被认为是柴油轿车市场份额下降的重要原因之一，如美国柴油轿车耐久里程8万km条件下的NO_x排放限值仅为31mg/km，而欧盟正在实施EURO6的NO_x排放限值却高达80mg/km，为Tier 2 Bin 5限值的2.6倍。

美国轿车市场柴油车份额难以提高的另外一个重要原因是相对欧洲而言燃油价格低廉，并且汽油售价低于柴油。2007年美国与欧洲27国的燃油税和燃油价格的比较[31]：欧洲27国的燃油税和燃油价格均远高于美国，燃油总价为美国的2倍以上，并且汽油价格也高于柴油价格。而美国燃油税非常低，并且柴油总价也高于汽油总价格。

因为消费者对燃油价格和温室气体排放变得更加敏感，普遍认为美国柴油乘用车市场可能会扩大。较新的和更小的柴油发动机可能成为制造商的首选，并逐步占领半吨皮卡和SUV车辆市场。随着越来越多的客户对柴油车的认可和新型柴油轿车的上市，美国柴油发动机轿车可能会得到快速发展。

图1-17为2008—2012年大众汽车集团美国市场的清洁柴油车销售量，仅从该公司的业绩来看，美国市场的清洁柴油轿车的销售量似乎迅猛增加，2012年大众汽车集团在美国市场销售大众、奥迪和保时捷三种柴油轿车99094辆，却占到了美国柴油轿车市场份额的78%[79]。2014年大众汽车集团旗下的大众和奥迪品牌占美国轿车市场柴油车份高达67%[87]。但遗憾的是大众汽车集团在美国汽车市场销售的这些“清洁柴油车”全部为排放性能低劣的假冒产品。2015年9月18日美国环境保护署发布了关于大众集团旗下多款柴油车排放控制软件作假的公告，公告称大众集团旗下多款柴油车违反《大气清洁法》；在FTP工况下的排放检测时，该企业利用柴油车内置软件自动控制车辆的NO_x排放，使排放测试结果达到甚至远低于标准限值，但在实际道路行驶时，内置软件则不对车辆的NO_x排放进行控制，致使实际道路行驶条件下柴油车的NO_x排放量超过标准的10~40倍。因而违反了美国排放法规中不容许安装“无效装置”的规定，安装这种无效装置的柴油轿车全球共计约1100万辆，其中德国市场约280万辆、中国市场约2000辆、美国市场约48.2万辆（2009—2015年销售柴油车）。这个造假事件的出现对美国市场柴油轿车的影响不可估量，使其前景雪上加霜，市场份额将会进一步缩小。对欧盟及全球柴油轿车市场前景也会产生深远影响。

我国柴油车主要以载重货车和公交客车为主，重型柴油载重货车和大型柴油公交客车的比例非常高，几乎接近100%，中型载重货车和公交客车的柴

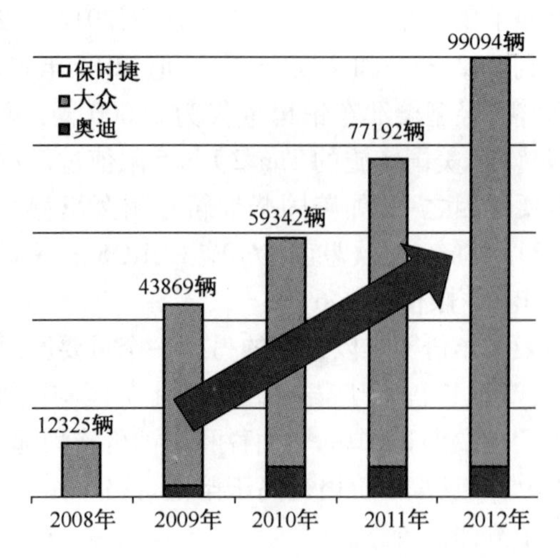

图 1-17　2008—2012 年大众汽车集团清洁柴油车销售量

油化率居中，轻型及微型载重货车和公交客车的柴油化率较低。近年来，柴油车在我国汽车保有量中的比例，呈现出逐年减少的趋势，柴油车保有量约 2000 万辆。《2014 年中国机动车污染防治年报》显示，从 2010 年的 17.4%下降到 2013 年的 15.2%。在我国重型柴油车一直被认为是汽车排气污染物排放的“主力军”。环境保护部发布《2012 中国机动车污染防治年报》显示，2011 年，全国汽油车、柴油车和燃气车的保有量中依次为 7542.8 万辆、1573.3 万辆和 148.3 万辆，其占汽车保有量中的比例依次为 81.4%、17%和 1.6%。其中柴油车的 CO、HC、NO_x和 PM 排放量依次为 418.3×10^4t、93.7×10^4t、388.7×10^4t 和 59×10^4t，柴油车 CO、HC、NO_x和 PM 的排放量分别占汽车排放总量的 15%、27.6%、67.4%、99%以上[80]。另外，数据还显示，约占中国机动车保有量 4%的重型柴油车，却占据了 56%的 NO_x排放，这就限制了柴油载重车和公交车市场占有率的提高。

相对欧盟汽车市场而言，我国柴油轿车的上市时间晚、车型种类少。我国汽车市场最早的柴油轿车是 2002 年 10 月一汽-大众在长春上市的捷达 SDI 柴油轿车，2004 年该公司又推出了宝来 TDI 柴油轿车；2006 年年底上海大众帕萨特 1.9TDI 柴油机轿车开始批量投放上海出租车市场。2006 年 8 月，长城汽车公司开发的首款乘用车用柴油机“智能节油王”GW2.8TC 下线，比同排量汽油机(2.8L)节油 30%；该机主要为 SUV 和皮卡配套，一年内销售过万辆。2008 年 6 月，郑州日产的奥丁 SUV 柴油轿车上市，该车搭载了绵阳新晨动力的 ZD25TCR 2.5L 柴油机，达到了国 3 标准。2008 年 9 月，江淮汽车 Euro 3 标准的 1.9L 柴油版江淮瑞鹰 SUV 正式上市，该车搭载了 D19TCI 增压中冷柴油发动机，最大输出功率 82kW，最大输入扭矩为 235N · m。2010 年 6 月，奇瑞东方之子 1.9D 柴油版柴油轿车加入沈阳出租车行列,该车搭载了奇瑞自主研发的、融多项先进技术于一身的 ACTECO 1.9DTI 柴油发动机,该车采用了 TCI(废气涡轮增压中冷)和 VGT(可变喷嘴截面涡轮增压)技术,达到了 Euro 4 排放标准。2010 年 11 月江铃汽车与福特合作生产的高端柴油 SUV 驭胜上市,该车搭载了 2.4L X4D24 柴油发动机,大功率为 90kW,最大扭矩可达 290N · m,排放达到 Euro 5 标准;2010 年 8 月,华泰元田 B11 在山东省华泰汽车荣成工厂正式下线,该车搭载了 2.0t 电控高压共轨柴油发动机,最大功率 110kW,最大扭矩 310N · m。2011 年 8 月,长城汽车公司的 SUV 哈弗 H6 在天津生产基地正式下线并上市,该车采用绿静 2.0VGT 柴油动力,最大功率 110kW,峰值扭矩 310N · m。总之,虽然绝大部分的商用车和不少 SUV 使用了柴油机,但由于政府的“禁柴油车令”、加上市场柴油质量等的影响,这些原因致使中国柴油车的发展受到严重制约,使我国柴油轿车的市场发展缓慢,中国柴油轿车所占比例很低,柴油乘用车近年的市场份额不到 0.4%,柴油轿车在轿车保有量中的比例仅为 0.2%左右[81]。

柴油发动机的动力和效率等优势,可以满足包括减少石油用量、CO_2 排放量以及排放等未来的需求,若采用自动起/停系统、小型化发动机、低油耗轮胎、小型轻量化和低空气阻力等技术,则柴油机的技术能够获得进一步提高。到目前为止,采用在活塞顶部涂覆多孔阳极氧化铝膜、小型高效可变几何涡轮增压技术、多次高压喷射和燃烧控制等技术组合后的柴油机的最高有效热效率已达到 44%[85],距离 2020 年的 CO_2 排放量低于 100g/km,耗油量达到 25km/L 以上的目标越来越近[55]。故随着排放标准的逐步提高和节能减排压力的增大,新型柴油排放控制技术将会得到广泛使用,柴油车的燃料消费量和 CO_2 排放量将会大幅度减少,柴油车的优势将会得到进一步发挥,其市场份额将会逐步扩大到其应有的比例。

参 考 文 献

[1] 百度百科.大气污染.(2015 - 10 - 18)[2016 - 02 - 03].http://baike.baidu.com/link? url = biTer7Qvk5rJKfwNFxmUSoJ2hFXcFiCIwTU0W4YKEk29OPjKOzlvfj3zD-2_Gu7j.

[2] GB 3095—2012 环境空气质量标准.

[3] 北京市环境保护局宣教处.解读《环境空气质量标准》(GB 3095—2012)(2012-12-28)[2016-02-03].http://www.bjepb.gov.cn/bjepb/413526/413560/413590/414969/451754/index.html.

[4] 米持真一,陈炫,缪萍萍,など.2013 年 1 月に中国北京市で採取した高濃度 PM2.5、PM1の特徴.大気環境学会誌.2013,48(3):140-144.

[5] 中华人民共和国环境保护部.2014 年中国环境状况公报.[2016-02-03]http://zhanglijun.mep.gov.cn/gkml/hbb/qt/201506/t20150604_302855.htm.

[6] 北京市环境保护局宣教处.2013 年北京市 PM2.5 年均浓度 89.5 微克/立方米.(2014-01-02)

[2014-01-30].http://www.bjepb.gov.cn/bjepb/323474/331443/331937/333896/383912/index.html.

[7] Alison Eyth, Rich Mason, Alexis Zubrow. Emissions Modeling for the Final Mercury and Air Toxics Standards Technical Support Document. (2013-12-28). http://www.epa.gov/ttn/chief/emch/toxics/MATS_Final_Emissions_Modeling_TSD_9Dec2011.pdf.

[8] Akiyoshi Kannaria, Yutaka Tonookab, Tsuyoshi Babac, et al. Development of multiple-species 1km×1km resolution hourly basis emissions inventory for Japan. Atmospheric Environment, 2007, 41: 3428-3439.

[9] 赵航.会议致辞——2012(第一届)中国尾气与颗粒物排放国际论坛.上海,2012.

[10] 骆倩雯.535万辆机动车年排放污染物90万吨.北京日报,2013-09-11(第03版).

[11] GB 17691—2005 车用压燃式、气体燃料点燃式发动机与汽车排气污染物排放限值及测量方法(中国Ⅲ、Ⅳ、Ⅴ阶段).

[12] 李兴虎.汽车环境污染与控制.北京:国防工业出版社,2011.

[13] Jiangjun Wei, Chonglin Song, Gang Lv, et al. a comparative study of the physical propertiesof in-cylinder soot generated from the combustionof n-heptane and toluene/n-heptane in a diesel engine. Proceedings of the Combustion Institute, 2015(35): 1939-1946.

[14] 河合英直,後藤雄一,小高 松男.エンジン排気管内におけるナノ粒子の挙動に関する研究.交通安全環境研究所報告,2005,1:1-15.

[15] Thomas D Durbin, Joseph M Norbeck. Comparison of Emissions for Medium-Duty Diesel Trucks Operated on California In-Use Diesel, ARCO's EC-Diesel, and ARCO EC-Diesel with a Diesel Particulate Filter. (2002-4-2) http://cichlid.cert.ucr.edu/research/pubs/59981-final-r1.pdf.

[16] Uy Dairene, A Monica Ford, Douglas T Jayne, et al. Characterization of gasoline soot and comparison to diesel soot: Morphology, chemistry, andwear. Tribology International. 80(2014): 198-209JCB Power Systems Ltd. Foundations for Success. Tribology International, 2014, 80: 198-209.

[17] Volkswagen AG. Motor Vehicle Exhaust Emissions Composition, emission control, standards, etc. Self-Study Programme 230[R/OL](2014-09-28)[2016-02-03]. http://www.volkspage.net/technik/ssp/ssp/SSP_230.pdf.

[18] Jelles S J. Development of catalytic systems for diesel particulate oxidation. Delft: Delft University of Technology, 1999.

[19] ディーゼル排気微粒子リスク評価検討会.ディーゼル排気微粒子リスク評価検討会—平成13年度報告.(平成14-03-05)[2012-12-28]. http://www.env.go.jp/air/car/diesel-rep/h13/(2014.08.11)/.

[20] Prakash Sardesai. Technology Trends for Fuel Efficiency & Emission Control in Transport Sector. PCRA Conference, 31st October 2007 at PHDCCI Auditorium, August Kranti Marg, New Delhi. (2013-09-28). http://www.pcra.org/english/transport/prakashsardesai.pdf.

[21] 微小粒子状物質健康影響評価検討会.報告書(案).(平成20-04)[2012-12-28]. http://www.env.go.jp/air/info/mpmhea_kentou/11/ (2013-10-29).

[22] 环境保护部.2013年中国机动车污染防治年报.(2014-01-26)[2014-06-28] http://www.zhb.gov.cn/gkml/hbb/qt/201401/W020140126591490573172.pdf.

[23] 倪元锦.专家称雾霾治理优先控制机动车尾气排放.(2014-05-18). http://news.sina.com.cn/c/2014-05-18/170330162185.shtml.

[24] 倪元锦.柴油车环保装置成售假重灾区,业内称须重罚,(2014-05-18). http://finance.sina.com.

cn/chanjing/cyxw/20140928/151120435015.shtml.

[25] 経済産業省製造産業局自動車課.ディーゼル中量車について.(平成 16-12-13)[2013-10-28].http://www.meti.go.jp/committee/materials/downloadfiles/g41213b50j.pdf#search='%E3%83%87%E3%82%A3%E3%83%BC%E3%82%BC%E3%83%AB%E4%B8%AD%E9%87%8F%E8%BB%8A%E3%81%AB%E3%81%A4%E3%81%84%E3%81%A6'.

[26] 木下輝昭,横田久司,岡村整,など.ガソリン車からのナノ粒子の排出について.東京都環境科学研究所年報,2005:82-90.

[27] Giechaskiel B,Martini G.Review on engine e×haust sub-23 nm Particles.(2014-11-30).https://www2. unece. org/wiki/download/attachments/16450001/GPRE - PMP - 30 - 09% 20DRAFT%20Sub23nm%20report_JRC_20140212.pdf.

[28] Michael J Pipho, David B Kittelson, Darriek D Zarling. NO2 Formation in a Diesel Engine. SAE Paper 910231,1991.

[29] 杨正军,王建海,钟祥麟.国Ⅳ柴油车 NO_2排放特性研究.汽车技术,2011(6):27-29.

[30] Thomas D Durbin ,Xioana Zhu,Joseph M Norbeck.the effects of diesel particulate filters and a low-aromatic low-sulfur diesel fuel on emissions for medium-duty diesel trucks. Atmospheric Environment, 2003,37(15): 2105-2116.

[31] EERE Information Center.Diesel Power: Clean Vehicles for Tomorrow.(2010-07)[2013-09-28].https://www1.eere.energy.gov/vehiclesandfuels/pdfs/diesel_technical_primer.pdf.

[32] EPA.Tier 3 Vehicle Emission and Fuel Standards Program.(2014-03)[2014-07-28].http://www.epa.gov/otaq/tier3.htm.

[33] 経済産業省,国土交通省,環境省,北海道,日本自動車工業会石油連盟.クリーンディーゼル普及推進方策(クリーンディーゼル普及推進戦略詳細版).(平成 20-7)[2013-07-28].//www.mlit.go.jp/common/000020857.pdf.

[34] 濵田秀昭.ディーゼル重量車の排出ガス対策. Industrial Catalyst News,2013-03-01.

[35] ECO point Inc.European Union.[2013-06-11].http://www.dieselnet.com/standards/eu/hd.php.

[36] Tim Johnson. Vehicle Emissions Review-2011 (so far). DOE DEER Conference,Detroit,(2011-9-4)[2014-04-28].http://energy.gov/sites/prod/files/2014/03/f8/deer11_johnson.pdf.

[37] ECOpoint Inc. Emission Standards—United States: Cars and Light-Duty Trucks—Tier 3.(2014-3)[2014-12-30].http://www.dieselnet.com/standards/us/ld_t3.php#ftp,2014.03.

[38] California Air Resources Board.Public Workshop to Discuss Proposed Modifications to The LEV Ⅲ Criteria Pollutant Requirements For Light- and Medium-Duty Vehicles and to the Hybrid Electric Vehicle Test Procedures.(2014-3-30)[2014-12-30].http://www.arb.ca.gov/msprog/levprog/leviii/workshop_presentation_5-30.pdf.

[39] HJ 438—2008 车用压燃式、气体燃料点燃式发动机与汽车排放控制系统耐久性技术要求.

[40] 原動機技術委員会.ディーゼルエンジンのSCR 技術につい.(平成 23-06-06)[2014-03-20].http://jcmanet.or.jp/kikaibukai/gendouki/pdf/haigasu_nyouso2014.pdf.

[41] 汽车之家.2013 款 2.8t 柴油冰白物流车长轴中顶国Ⅳ.[2014-04-28].http://car.autohome.com.cn/config/spec/1001805.html.

[42] 新华新闻.雾霾促“国五”标准出台 汽车行业年成本或增 400 亿.2013-01-31.

[43] Francisco Posada Sanchez, Anup Bandivadekar, John German. Estimated Cost of Emission Reduction Technologies for Light-Duty Vehicles .2012 The International Council on Clean Transportation 1225 I

Street NW, Suite 900: Washington, 2012.

[44] Sacramento, California.Technology Assessment-Lower NO_x Diesel Engines.(2014-10-02)[2014-12-30].http:// www.arb.ca.gov/msprog/tech/presentation/lowernoxdiesel.pdf.

[45] JX 日鉱日石エネルギー.第2節 自動車用潤滑油.[2014-10-28].http://www.noe.jx-group.co.jp/binran/part05/chapter02/section02.html.

[46] API. CJ-4Performance specifications.[2014-10-28].http://www.apicj-4.org/performance_specs.html.

[47] JASOエンジ. ン油規格普及促進協議会. 自動車用ディーゼル機関潤滑油(JASO M 355:2008)運用マニュアル.[2014-10-28].http://jalos.or.jp/onfile/pdf/DH_J1205.pdf.

[48] Ravi Krishnan, Tarabulski T J.Economics of Emission Reduction For Heavy Duty Trucks.(2015-09-28)[2016-03-22].http://www.dieselnet.com/papers/0501krishnan/.

[49] 玉野昭夫.日本の2005年以降の自動車排出ガス規制と対策技術. JARI 中国ラウンド・テーブル2008 報告.[2014-03-20]. http://www.jari.or.jp/tabid/259/pdid/3921/Default.aspx.

[50] Toshiaki KAKEGAWA.Exhaust Emission ReductionTechnologies of Heavy-DutyDiesel in JAPAN.CONCAWE SEMINER 26th March. Emissions& Fuel Efficiency Subcommittee. Japan Automobile Manufactures Association.[2012-03-20].http://www.pecj.or.jp/japanese/overseas/euro/japan-eu_2nd/pdf/0326_CONCAWE.pdf.

[51] Mike McGlothlin.Diesel Emissions Equipment.[2013-03-20].http://www.dieselpowermag.com/tech/1306dp_diesel_emissions_equipment/.

[52] ACEA publication: Correlation ETC-WHTC (updated with additional information).[2013-05-20].http://www.acea.be/images/uploads/070531_Correlation_ETC-WHTC_(plus_additional_data)_FINAL.pdf.

[53] Diesel Technology Forum. Retrofitting America's Diesel Engines—A Guide to Cleaner Air Through Cleaner DieseL.(2006-11)[2010-03-20]. http://www.dieselforum.org/news-center/pdfs/Retrofitting-America-s-Diesel-Engines-11-2006.pdf.

[54] Daimler A G.125 years of innovation.(2010-12-14)[2012-01-01].http://www.daimler.com/Projects/c2c/channel/documents/1960758_PM_125_Jahre_Innovation_en.pdf.

[55] MAN Truck & Bus. A milestone in mobility: MAN drove the first truck with diesel direct injection 90 years ago.(2014-05-22)[2014-06-01].http://www.corporate.man.eu/en/press-and-media/presscenter/A-milestone-in-mobility_-MAN-drove-the-first-truck-with-diesel-direct-injection-90-years-ago-125909.html.

[56] デンソー.クリーンディーゼル.[2014-07-20].http://www.denso.co.jp/ja/news/topics/2014/files/140227-01b.pdf.

[57] いすゞ.ベレル.[2013-03-21].http://www.isuzu.co.jp/museum/p_car/bellel.html.

[58] ディーゼルシステム事業部(Robert Bosch GmbH). 環境技術-ディーゼル.[2014-8-28].http://www.bosch-kraftfahrzeugtechnik.de/Diesel/zukunftmitdiesel/jp/book/files/assets/downloads/publication.pdf1990-2012 年以降のディーゼル車の排出量削減状況.

[59] 21st Century Truck Partnership.Roadmap/Technical White Papers Acronyms.[2014-03-21].https://www1.eere.energy.gov/vehiclesandfuels/pdfs/program/21ctp_roadmap_2007.pdf.

[60] クリーンディーゼル乗用車の普及・将来見通しに関する検討会委員.クリーンディーゼル乗用車の普及・将来見通しに関する検討-報告書.(平成17-04)[2013-03-20].http://www.meti.

go.jp/report/downloadfiles/g50418b01j.pdf.

[61] TechnoAssociates,Inc. 欧州自動車メーカー、商品戦略の中心をHEV・EVにシフトCO_2排出量規制強化を背景にクリーンディーゼルから方向転換.(2009-10-05)[2014-07-20].http://techon.nikkeibp.co.jp/article/NEWS/20091005/176015/.

[62] Marklines Co. Ltd.EUの自動車CO_2規制:2012年から130g/km規制、2015年に完全実施.市場・技術レポート.(2009-01-13)[2012-03-21].http://www.marklines.com/ja/report/rep742_200902.

[63] David L Greene,Duleep K G,Walter Mc Manus.Future Potential of Hybrid and Diesel Powertrains in the U.S. Light-Duty Vehicle Market .[2013-03-21].http://www1.eere.energy.gov/vehiclesandfuels/pdfs/deer_2004/session1/2004_deer_greene.pdf.

[64] Borg Warner.Borgwarner Introduces First Three-Stage Turbocharging System For Maximum Power Diesel Engines.[2014-03-21]. http://www.3k-warner.de/tools/download.aspx? t=document&r=657&d=771.

[65] 木村修二.蘇る日本の乗用車用ディーゼル1~乗用車用ディーゼルエンジンの現状と将来展望~. Engine Review(Society of Automotive Engineers of Japan),2013,3(2):2-4.

[66] クリーンディーゼル専門店.なぜなら、ヨーロッパの乗用車の約60%がクリーンディーゼルエンジンだからです.[2014-03-20].http://clean-diesel.jp/cleandiesel/index.html.

[67] International Council on Clean Transportation. EUROPEAN VEHICLEMARKET STATISTICS.[2015-04-07]./http://www.theicct.org/sites/default/files/publications/EU_pocketbook_2014.pdf.

[68] 太平洋汽车网新车频道.2012款奥迪Q7 TDI上市售价88.6万元起.[2012-02-20].http://www.pcauto.com.cn/nation/jkkx/1109/1641885.html.

[69] Audi-MediaServices .The racing engines. Basic information,Ingolstadt.(2014-07-14)[2014-10-03]. http://www.audi-mediaservices.com/publish/ms/content/en/public/hintergrundberichte/2014/07/14/the_audi_tdi___tech/the_racing_engines.html.

[70] Robert Bosch GmbH.CO_2排出規制と微粒子排出、車両の新規登録台数について,(2013-06)[2014-03-20].http://www.bosch.co.jp/jp/press/pdf/group-1306-10-release.pdf.

[71] 小芝佑樹,伊藤庸祐,劍持昌義,など.新ディーゼルによるCO_2削減政策. ISFJ政策フォーラム2007発表論文.(2007-12)[2010-03-20].www.isfj.net/ronbun_backup/2007/1301.pdf.

[72] Robert Bosch Gmb H.Overview of diesel markets from China to the U.S.(2013-08-06)[2014-05-20].http://www.bosch-presse.de/presseforum/details.htm? txtID=6355&tk_id=108.

[73] 佐野弘宗.ボッシュ大研究.(2012-09)[2014-03-20].www.autocar.jp/wp-content/uploads/.../ACJ112_Bosch.

[74] 株式会社インテージ.インド市場実態調査—自動車編.(2013-11-07)[2014-03-20].http://news.livedoor.com/article/detail/8764537/.

[75] 世界四季報.ディーゼル車は環境に良い(日経新聞2010年3月2日夕刊).(2010-03-16)[2011-05-20].http://4ki4.cocolog-nifty.com/blog/2010/03/--c682.html.

[76] Car Watch編集部.マツダ、「CX-5」が月間販売計画の8倍を受注.(2012-03-15)[2013-05-20].http://car.watch.impress.co.jp/docs/news/20120315_519051.htm.

[77] 福田俊之.マツダ、2月の国内乗用車販売、ディーゼル車比率初の5割超.[2015-03-30].http://response.jp/article/2015/03/24/247298.html.

[78] Gloria Bergquist.The U.S. Automotive Market.Alliance of Automobile Manufacturers. [2015-04-07].http://www.oica.net/wp-content/uploads/ALLIANCE_-overview-presentation.pdf.

[79] Stuart Johnson.Diesel Efficiency andAssociated Fuel Effects.CRC Workshop-Advanced Fuel & Engine Efficiency WorkshopSession Three-Compression Ignition.(2014-02-25)[2014-12-30].http://www.crcao.org/workshops/2014AFEE/Final%20Presentations/Day%201%20Session%203%20CI%20Presentations/3-2%20Johnson,%20Stuart%20CRC%20Engine%20Workshop%20February%202014.pdf.
[80] 国家环境保护部.《2012 中国机动车污染防治年报》[2012-08-20].http://www.zhb.gov.cn/gkml/hbb/qt/201212/t20121227_244340.htm.
[81] Thomas Wintrich.Modern Clean Diesel Engine & EGT Solutions for China 4ff . 1st International Chinese Exhaust Gas and Particulate Emissions Forum.Shanghai,2011.
[82] 冨田秀昭.CO_2 排出削減を目指す次世代自動車への期待-クリーンディーゼル車を例に-.[2015-07-28].http://www.rieti.go.jp/jp/columns/a01_0408.html.
[83] 経済産業省.「クリーンエネルギー自動車等導入促進対策費補助金」の公募を開始します.[2015-07-28].http://www.meti.go.jp/press/2014/07/20140701008/20140701008.htm.
[84] 一般社団法人 次世代自動車振興センター.(別表 1)銘柄ごとの補助金交付上限額.(平成 27-07-16)[2015-07-28].http://www.cev-pc.or.jp/hojo/pdf/meigaragotojougen.pdf.
[85] トヨタ自動車.トヨタ自動車、新型 2.8L 直噴ターボディーゼルエンジンを開発.(2015-06-19)[2015-09-28].http://newsroom.toyota.co.jp/en/detail/8347879.
[86] 一般社団法人日本自動車工業会.自動車統計月報,2015,48(10):3.
[87] Liuhanzi Yang,Vicente Franco,Alex Campestrini,et al.NO_x control technologies for Euro 6 Diesel passenger cars.ICCT white paper.(2015-09)[2015-10-21].http://www.theicct.org/nox-control-technologies-euro-6-diesel-passenger-cars.
[88] Institute For Internal Combustion Enginesand Thermodynamics.Update of Emission Factors for EURO 5 and EURO 6 Passenger Cars for the HBEFA Version 3.2 .(2013-06-12)[2015-10-21].http://ermes-group.eu/web/system/files/filedepot/10/HBEFA3-2_PC_LCV_final_report_aktuell.pdf.

第二章　柴油机排气污染物的氧化催化净化技术

第一节　柴油机(车)氧化催化器(DOC)的功用及应用情况

一、DOC 的应用情况

柴油机(车)氧化催化器(DOC),常简称为氧化催化器。DOC 最早应用于地下开采机械柴油机,其历史可以追溯到 20 世纪 70 年代[1]。DOC 在 20 世纪 80 年代后期即被用于轻型汽车柴油机的 HC 和 CO 排放控制,第一个在轻型车上进行 DOC 商业应用的是大众公司,1989 年大众推出了安装 DOC 的柴油动力高尔夫环境(Umwelt)轿车,当时仅作为选配装置推荐使用。

DOC 是目前柴油机(车)的后处理系统中应用最为广泛的装置之一,也是是柴油机最早广泛应用的后处理装置。目前欧盟和美国、日本等国家和地区市场的新柴油乘用车、以及轻型和重型柴油车均装备了 DOC。自 20 世纪 90 年代中期以来,DOC 被应用于柴油机排气污染物 PM、CO 和 HC 的控制[2],DOC 更大范围内的应用始于 1996 年 Euro 2 标准的实施,成为标准配备则始于 2000 年 Euro 3 标准实施以后的车辆。DOC 在重型车用柴油机上的商业应用始于 20 世纪 90 年代和 21 世纪初,如美国 1995 年城市公交车改造重建 UBRR(US Urban Bus Retrofit Rebuild)、美国 EPA 国家清洁柴油活动,几个欧洲城市的低排放区活动等[3]。标致雪铁龙公司 PSA 于 1996 年开始采用氧化催化技术以减少柴油车 HC、CO、PM 排放[4],2001 年,DOC 在日本作为在用柴油车的 PM 控制装置曾被广泛使用。2001 年日本制定了“颗粒状物质减少装置指定纲要”,并开始审查制造商申请的 PM 减少装置[5]。2003 年 10 月 1 日起,日本的东京都、埼玉县、千叶县、神奈川县整个地区,对不满足柴油车条例规定的 PM 排放限值的柴油车实行禁止驶入政策。东京都等通过设立 PM 减少装置的安装补助金制度、提供性能好,价格低廉的 PM 减少装置等手段,推进在用柴油车安装颗粒物减少装置工作的开展,2003 年 7 月末东京圈八都县提供了大量可供选择安装的“PM 减少装置”,DPF 有 16 个制造商的 20 个型号，DOC 有 9 个制造商的 31 个型号产品。另外，据 Cummins 2006 年的资料介绍，在亚洲超过 32000 辆城市公交车，在香港约 2 万辆中型柴油车，在墨西哥超过 8000 辆的重型载重车，超过 100 万辆上中小型货车应用了 Cummins 公司的 DOC[6]。

进入 21 世纪以后 DOC 又逐步作为 USCR 的前置、后置催化器以及 DPF 的前置催化器应用。由于 DOC 在车辆上（特别是改装车辆）安装困难，因此，有时会将 DOC 与消声器进行一体式集成设计，这种装置称为氧化催化消声器或消声式氧化催化器。近 10 多年，氧化催化消声器在日本在用柴油车改装中有较为广泛的应用。采用氧化催化器对在用柴油车进行改装，以控制其排放量的工作也曾在美国等国开展过[5,7]。随着 PM 和 NO_x 排放限值的加严，DOC 作为 USCR 的前置、后置催化器以及 DPF 前置催化器的应用将会越来越广泛。

二、DOC 的净化机理

DOC 的净化机理是在催化剂的作用下利用柴油机排气中的 O_2 与排气中的有害成分 CO、HC 和 PM 中的 SOF 发生化学反应生成无害的 CO_2 和 H_2O，其净化机理可用以下反应表示：

$$CO + 1/2O_2 \longrightarrow CO_2 \tag{2-1}$$

$$4HC + 5O_2 \longrightarrow 4CO_2 + H_2O \tag{2-2}$$

$$SOF + O_2 \longrightarrow CO_2 + H_2O \tag{2-3}$$

柴油机排气中的氧体积分数随着发动机的负荷增大而减少，大约在 3%～17%之间变化，故满足上述反应所需的氧气，因而 DOC 特别适合柴油机排气中的有害成分 CO、HC 和 PM 中的 SOF 的净化。

DOC 对柴油机排气中的有害成分 CO、HC 和 PM 中的 SOF 的净化效果，通常用加装 DOC 后柴油机排气中的有害成分 CO、HC 和 PM 中 SOF 的排放量的减少百分率表示，即净化率表示，净化率也称净化效率、转换（化）效率、转换（化）率等。在催化剂的作用下，DOC 的 CO 和 HC 的转换率如图 2-1 所示，转换率主要受催化剂的粒径大小、分散均匀度、温度及载体尺寸和结构形式等的影响[8]。对于给定的 DOC，其 CO 和 HC 转换率的主要影响因素是排气温度，随着排气温度增加，催化剂的活性增大，CO 和 HC 转换率增大，在高温下达到 90%以上。为了表示转换率随温度变化的特性，通常采用活化开始温度等参数。活化开始温度亦称熄灯温度、起燃温度和点燃温度等，它指催化器的转换率等于 50%时所对应的排气温度。显然，起燃温度越低越好，对于排气温度较高的汽油机而言，起燃温度在 250～300℃即可获得较为理想的净化效果。由于柴油机排气温度较低，故一般希望 DOC 的起燃温度不高于 200℃。

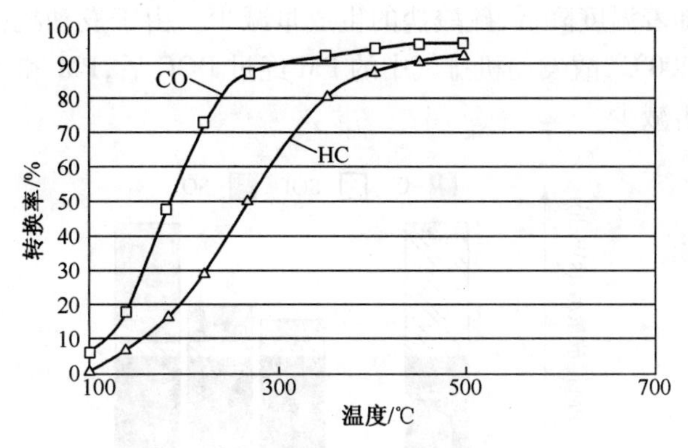

图 2-1 CO、HC 转换率与温度的关系[8]

起燃温度的高低与催化剂的种类及气体组成有关,图 2-2 为催化剂的种类及气体组成对 CO、HC 起燃温度的影响。图 2-2 中编号 A、B、C 表示涂覆三种不同配方催化剂的 DOC。试验前,三种不同配方催化剂的 DOC 均在氧气体积分数为 2%、温度为 700℃ 的气体中进行了 20h 的老化试验。图 2-2(a)和图 2-2(b)分别为 CO 和 HC 的体积分数为 0.05% 和 0.5% 时的 DOC 起燃温度的测量结果。可见,随着进入 DOC 气体中 CO 和 HC 的体积分数的增加,CO、HC 的起燃温度升高,催化剂配方对 DOC 的 CO、HC 起燃温度的影响非常显著,其起燃温度相差可达 80℃ 以上。

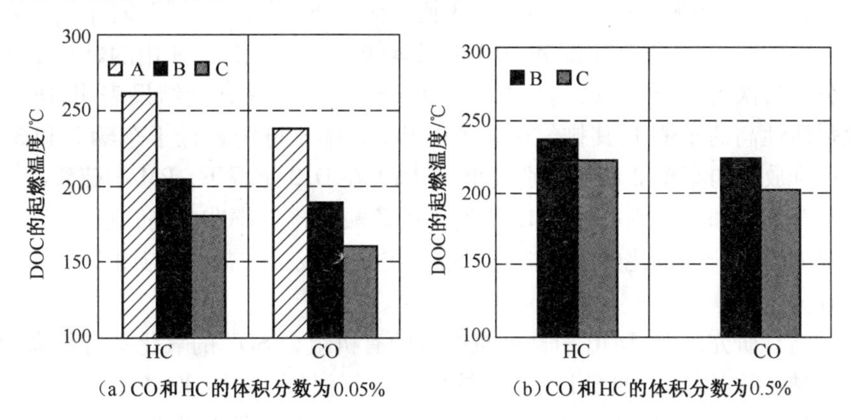

图 2-2 催化剂的种类及气体组成对 CO、HC 起燃温度的影响[9]

DOC 对柴油机排气中 PM 排放量的净化效果与柴油的硫含量、排气温度和催化剂的活性等密切相关。图 2-3 表示排气温度对装备 DOC 柴油机排气中 PM 排放率的影响。发动机排气中的 PM 中的炭烟颗粒、吸附或黏附在炭烟颗粒表面的可溶性组分 SOF 和硫酸盐分别用 C、SOF 和 SO_4 表示。可见,排气中的 PM 经过 DOC 后,其炭烟颗粒几乎没有变化,而 SOF 和硫酸盐排放量变化明显。随着温度降低,硫酸盐的生成量减少。由于发动机排出气体的温度通常低于 200℃,故发动机排气中的 PM 经过 DOC 后,PM 和其中的 SOF 质量排放量显著减少。

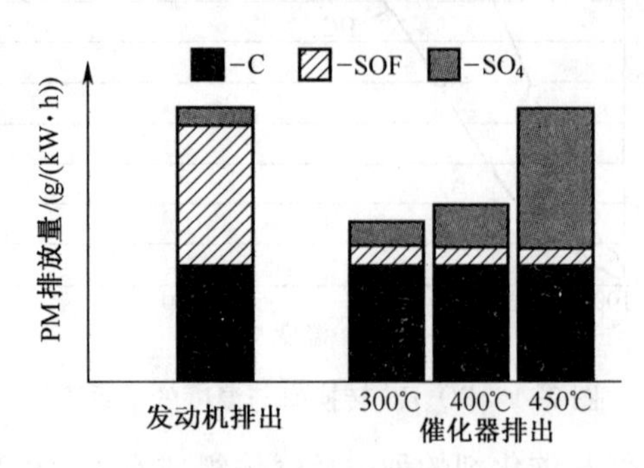

图 2-3 DOC 对柴油机排气中的 PM 净化效果[10]

这一结论也为颗粒物数量排放量测试结果所证实[11]。发动机安装 DOC 后,排气中核模态颗粒物的数量显著减少,其原因是部分仅由高挥发性的轻质碳氢化合物形成的核模态颗粒物进入 DOC 后被氧化而消失;与此相反,排气中积聚模颗粒物的数量几乎不变,其原因是积聚模颗粒物主要由固体炭、金属元素和灰分等组成,只有在高温下才可氧化燃烧。

图 2-4 表示催化剂活性对装备 DOC 柴油机排气中硫酸盐、NO_x、CO 及 HC 排放率的影响。试验中使用了 3 辆安装 DOC 的车辆,试验时车辆和发动机分别按照 JE05 循环工况和 D13 工况运转。车辆 1、2、3 使用的燃料中硫质量分数依次为 $4\times10^{-4}\%$、$2.5\times10^{-3}\%$和 $3\times10^{-3}\%$。该试验结果表明,DOC 催化剂活性高的车辆 1,其排气中 CO 和 HC 的排放量明显低于车辆 2 和 3,而 NO_x 排放率与车辆 2 和 3 差别较小;车辆 1 在 D13 工况下,PM 中硫酸盐排放率与车辆 2 和 3 差别明显,D13 工况下的硫酸盐排放率非常高,其原因是 D13 工况中高负荷工况比例大,排气温度高,更易生成硫酸盐,这与图 2-3 的结论一致。

已有研究表明,DOC 对柴油机微粒的有机组分 SOF 的氧化具有很高的活性,转换率可以达到 80%以上,在较低的排气温度下(如 300℃),PM 排放质量减少率可以达到 30%~50%[8]。但当柴油机使用高硫柴油、并且排气温度在 400℃以上高温时,PM 的排放总量则可能增加。其原因是在 DOC 中发生了式(2-4)和式(2-5)所示的化学反应,即柴油机排气中的大量 SO_2,在 DOC 催化剂的作用下被氧化为 SO_3,SO_3 又会迅速与排气中的 H_2O 结合生成 H_2SO_4等,并附着在 PM 上,致使 PM 质量增大。

$$2SO_2 + O_2 \longrightarrow 2SO_3 \tag{2-4}$$

$$SO_3 + H_2O \longrightarrow H_2SO_4 \tag{2-5}$$

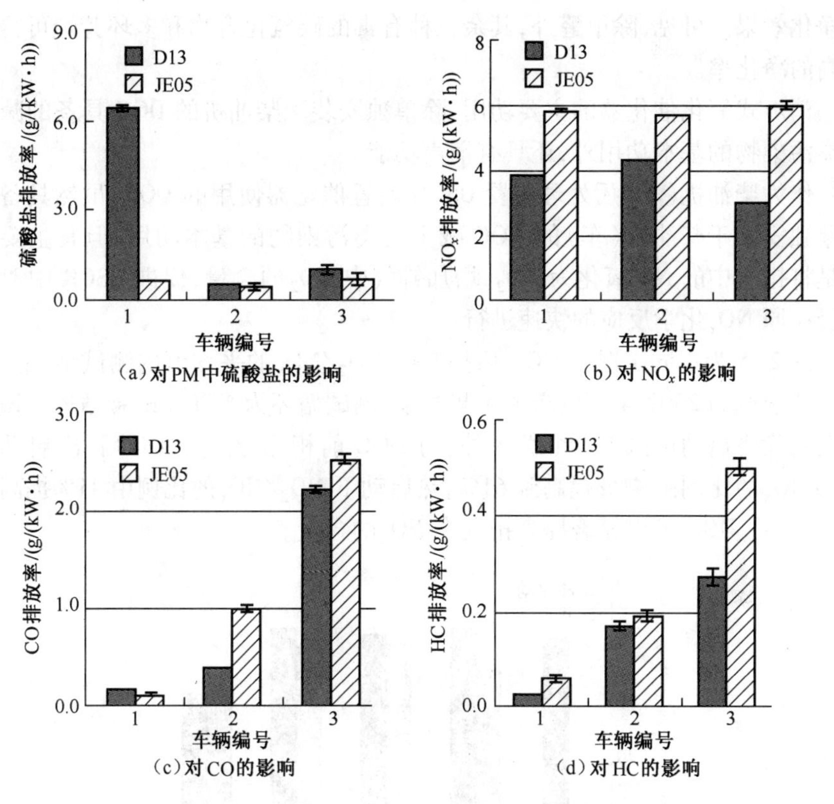

图 2-4　DOC 催化剂活性对柴油机排气污染物的影响[10]

三、DOC 的功用

柴油机(车)后处理装置 DOC 的功用随着其结构和安装位置等的不同而略有差异。

单独安装于柴油机(车)的后处理装置 DOC 具有减少三类污染物的基本功用。即促进排气中的 HC(包括乙醛、甲醛等其他有害成分)、CO 发生氧化反应和可溶性有机组分 SOF 的氧化燃烧,即具备减少排气中 HC、CO 和 PM 质量排放量的功用。

表 2-1 表示 DOC 对排气中甲醛、乙醛、丙烯醛、1,3-丁二烯、多环芳烃等

表 2-1　DOC 对排气中有毒物质的净化效果[12]

成　分	甲醛	乙醛	丙烯醛	1,3-丁二烯	多环芳烃
DOC 入口/(mg/(kW・h))	15.23	12.61	2.49	1.07	1.73
DOC 出口/(mg/(kW・h))	9.12	3.75	0.27	0.13	0.75
净化率/%	40.14	70.24	89.25	87.5	56.59

的净化效果。可见,除甲醛外,其余三种有毒的碳氢化合物和多环芳烃可得到较高的净化率。

消声式氧化催化器的主要功用:除单独安装于柴油机的 DOC 具备的减少三类污染物的基本功用外,还具有消声功能。

作为柴油机(车)后处理装置 USCR 前置催化器使用的 DOC,虽然具备上述单独安装于柴油机(车)的 DOC 减少三类污染物的基本功用,但其主要功用是将排气中的 NO 氧化为 NO_2,增加排气中 NO_2的含量,促进 USCR 中 NH_3 选择还原 NO_x化学反应的快速进行。

图 2-5 为不同工况下 DOC 后排气中 NO_2/NO_x的平均值的测试结果。试验用柴油机为 2009 年新生产国 4 柴油车,测试循环为 NEDC 试验循环。该结果表明除冷启动市区第 1 个循环外,与 DOC 前相比,经过 DOC 后,冷启动下 NO_2/NO_x的比例由 41%提高到 61%,热启动下 NO_2/NO_x的比例由 41%提高到 78%,可见,DOC 可以显著提高排气中 NO_2的含量。

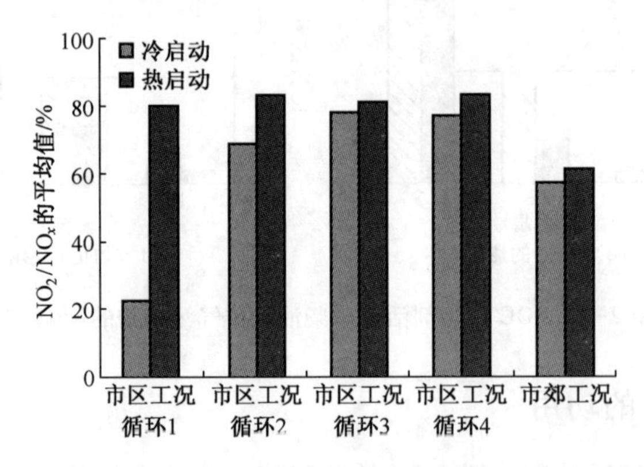

图 2-5　不同工况下 DOC 后排气中 NO_2/NO_x的平均值[13]

对 SCR 系统而言,当 NH_3和 NO_x比例为 1∶1 时,在理想的条件下,NO_x将会被全部还原为 N_2,且无剩余的 NH_3溢出;但对于工况多变的车用柴油机,在较低温度以及温度较高但排气流速较高(高空间速度)的条件下,SCR 转换率就达不到理想效果,因此为了提高尿素 SCR 系统的 NO_x还原效率,SCR 的尿素水溶液喷射系统就必须增加喷射量,使排气中的 NH_3与 NO_x比例大于 1。排气中的 NH_3与 NO_x比例大于 1 导致的结果是两面的,在提高低温和高空间速度条件下 NO_x还原效率的同时,也会出现 NH_3溢出问题。作为柴油机(车)后处理系统 USCR 后置催化器使用的 DOC 的主要功用就是催化氧化 SCR 系统泄漏的氨气,故也称为氨捕集器,经常用英文缩写 ASC(Ammonia Slip Catalyst)表示[14]。

作为柴油机(车)后处理装置 DPF 前置催化器使用的 DOC 的功用:除单

独安装于柴油的 DOC 具备的减少三类污染物的基本功用外，其主要功用与 SCR 的前置 DOC 相似，也是将排气中的 NO 氧化为 NO_2，增加排气中 NO_2 的含量。但增加排气中 NO_2 的目的与 USCR 前置催化器不同，此时增加排气中 NO_2 的目的是利用颗粒物在 NO_2 气体中着火温度低、氧化燃烧速率高的特点（详见本书第五章第一节），促进排气中颗粒物在较低温度下发生氧化燃烧，从而降低 DPF 的再生能耗。

从上述分析可知，DOC 作为柴油机（车）的后处理装置单独使用时的主要不足是不能除去 PM 中的炭粒部分；燃用高硫柴油时，会把含硫燃料燃烧产生的 SO_2 氧化为 SO_3，增加排气中硫酸或硫酸盐的含量，导致颗粒物排放总质量增加和排气的毒性增大；不能净化排气中的 NO_x，反而增加了 NO_x 中毒性更大的 NO_2 的比例；另外，应用中还存在燃用高硫柴油时催化剂易中毒失效等问题。

第二节　DOC 的结构、催化剂及工作原理

第一节所述五种 DOC 中，除消声式氧化催化器外，其余四种 DOC 的结构非常相似甚至完全相同，USCR 与 DPF 的前置 DOC 可以采用相同的催化剂配方，由于 USCR 后置 DOC 的功用不同与其他种 DOC 差别较大，因此其催化剂配方应有区别。为了叙述方便，在没做说明的情况下，下文提到的 DOC 均指除消声式氧化催化器以外的其他四种用途的 DOC。

一、DOC 的结构及工作原理

图 2-6 为 DOC 的总成、载体、涂层及催化剂微观结构示意图。DOC 一般直接串联于排气系统，其结构与常见的汽油车三效催化净化器类似，主要由外壳、出入口连接管、衬垫和载体等组成。为了使气体有足够的时间与催化剂表面接触，并加速发生化学反应，催化剂载体的截面积应大于催化器入口连接管的截面积，即 DOC 外形尺寸一般大于与其连接排气管的直径，因而出入口连接管通常采用收缩管和扩张管，载体截面形状有圆形、跑道形和长方形等。

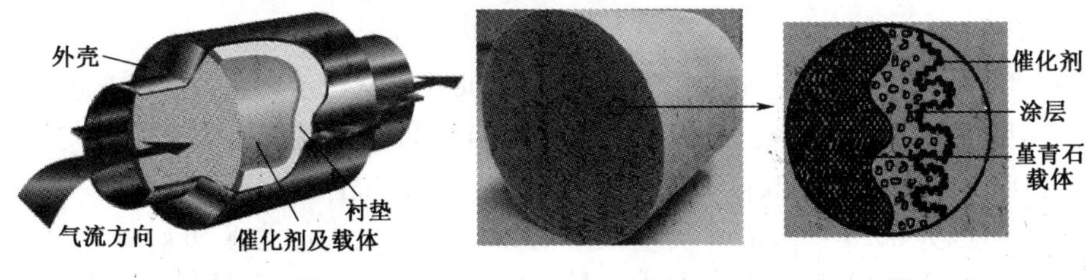

(a) DOC总成[15]　　(b) 载体、涂层及催化剂[16]

图 2-6　DOC 的结构示意图

图 2-6(a)所示 DOC 的壳体由不锈钢管材焊接制成,从而减少了管材氧化皮的形成,消除或减少了壳体氧化皮脱落造成的催化剂载体气流孔道堵塞现象的发生。催化器的壳体经常采用双层结构,用来减少热量散失,保证催化剂的反应温度。为了防止催化器炽热表面引起火灾、减少其对汽车底盘零件的高温辐射,以及路面积水飞溅对催化器的激冷和路面飞石等造成的撞击损坏,DOC 安装到车辆上时,壳体应装有全周的或面向路面的半周隔热保护罩。

DOC 载体(基体)的表面通常涂覆一层涂层材料,催化剂位于涂层表面,直接与柴油机排气接触,以加速氧化反应的进行。

衬垫(减振层):衬垫的作用是减振、缓解热应力、固定载体、保温和密封。常用的有膨胀垫片和钢丝网垫两种。膨胀垫片由膨胀云母、硅酸铝纤维以及胶黏剂组成,膨胀垫片第一次受热时体积膨胀明显,在冷却时仅部分收缩,这样就保证了金属壳体与陶瓷载体之间的缝隙完全胀死并密封。

载体:载体是 DOC 的核心部件,其内部气流孔道表面有催化剂涂层。常见的载体材料有陶瓷(堇青石、碳化硅等)和金属两类[17,18]。

金属载体的形状及材料等与常见的汽车三效催化净化器相同,常见的截面形状有圆柱形、椭圆形、跑道形等,气流孔道横截面为正弦波、梯形波等波纹形。金属载体多由波纹箔片和平板箔片卷制而成,可做成各种外形,特点是塑性好,载体体积较小,便于催化器的安装与布置,但价格较高。图 2-7 为市售的几个 DOC 金属蜂窝载体的实物照片,材料为 Fe-Cr-Al 合金,孔密度在 46.5~93 孔/cm^2[18]。目前,先进的金属载体孔密度可达到 155 个/cm^2,壁厚可达到 0.025mm[19]。

图 2-7　DOC 的金属载体

图 2-8 为 ACR 公司生产的金属载体 DOC 的结构示意图,在入口处安装了一个周向和端面有很多小孔的整流管,目的是在提高流速分布的均匀性。该 DOC 为系列产品,长度 L 的范围为 310~420mm,外径范围为 125~284mm,直径范围为 60.5~112mm,质量最小的为 2.2kg,最大的为 8.9kg,最小型号 C15 的售价为 10.5 万日元,最大型号 C80 的售价为 36.75 万日元。ACR 公司 DOC 的特点是结构紧凑、尺寸小,可以保留原有的消声器,便于安装。

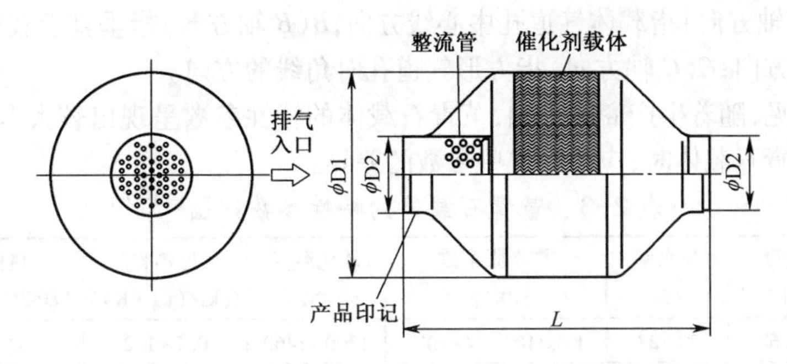

图 2-8　ACR 公司生产的金属载体 DOC 的结构示意图[20]

蜂窝陶瓷载体及其截面形状如图 2-9 所示[18]。蜂窝陶瓷 DOC 的载体材料多为堇青石陶瓷,结构与柴油车 SCR 催化器载体及汽油车三效催化器载体非常相似[21]。目前市售的堇青石载体的化学组成随制造商的不同略有差异,表 2-2 为两种堇青石载体化学成分组成的质量百分比,其主要成分为 Al_2O_3、SiO_2 和 MgO,其他成分的种类和比例差异较大。陶瓷载体断面形状以圆形居多,也可制成长方形、正方形或跑道形等;气流孔道横截面有图 2-9 所示的六角形、方形、三角形和圆形等。陶瓷载体生产企业通常会提供不同直径、长径比的载体供 DOC 生产企业选择。

图 2-9　堇青石陶瓷蜂窝载体[18]

表 2-2　两种堇青石载体化学成分的组成[22]　(%)

Al_2O_3	SiO_2	MgO	Fe_2O_3	TiO_2	Na_2O+K_2O+CaO	其他
62~67	25~29	2~4	<1.2	<3.0	<2.5	—
31~34	48~51	12~14	<0.5	—	<1	<1

陶瓷载体的评价指标主要有材料特性、热特性、流动特性和几何特性等。表 2-3 为目前市场上堇青石载体的特性参数范围的统计。体积密度指催化器堇青石蜂窝陶瓷载体单位外形体积(含孔道)的质量(kg/L),抗压强度一栏

的 A(A 轴方向)指载体气道孔中心线方向;B(B 轴方向)指垂直于载体气道孔一边的方向;C(C 轴方向)指方形气道孔对角线的方向。

可见,随着生产商的不同,堇青石载体的特性参数呈现出较大差别,故在选用堇青石载体时,应关注这些参数的差异。

表 2-3 堇青石载体的特性参数范围[23-26]

体积密度/(kg/L)	吸水率/%	热膨胀系数/K^{-1}	软化温度/℃	比热容/(kJ/(kg·K))	热稳定性(800℃空冷次数)
0.4~0.68	20~27	1.2×10^{-6}~4×10^{-6}	1300~1460	0.7~1.2	大于 3 次
热导率/(W/(m·K))	气孔率/%	平均微孔直径/μm	孔间距/mm	抗压强度/MPa	
1~2.5	35~50	4~15	0.05~0.5	A:12~16.9 B:1.4~6.2 C:≥0.15	

载体的存在会使发动机排气背压增大,发动机排放性能、动力性能和经济性能发生变化。因此,载体选择应充分考虑材料种类、体积大小以及载体的孔密度、孔隙率、载体壁厚、开孔面积、载体体积等特性参数,在满足使用要求的前提下,应尽量减小载体体积及压力损失。图 2-10 为孔密度对压力损失、HC 和 CO 排放的影响。可见,当堇青石蜂巢载体孔密度由 15.5 孔/cm^2 增加到 62 孔/cm^2 时,气体通过催化剂后的压力降(压力损失)增大,特别是在大的空间速度下,压力损失的增大非常明显;催化剂后的 HC 和 CO 浓度随着孔密度的增加而显著减小。因此,在选用 DOC 载体时,应尽量采用高孔密度(46.5 孔/cm^2以上)的载体,以提高 HC 和 CO 排放的净化效果。目前,先进的陶瓷载体孔密度可达到 139.5 个/cm^2,壁厚可达到 0.05mm[19]。

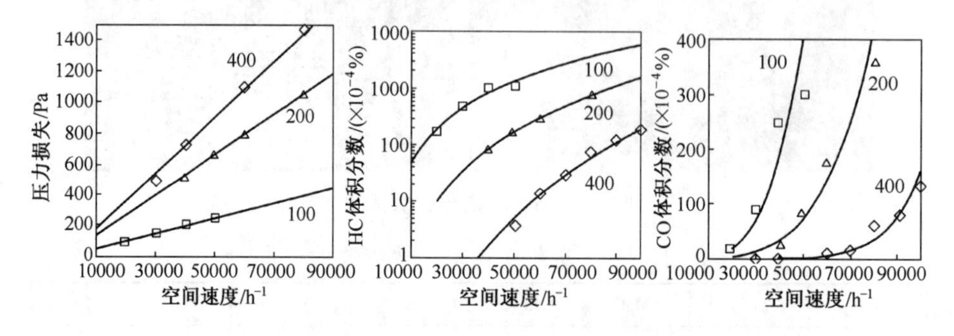

图 2-10 孔密度对压力损失、HC 和 CO 排放的影响[27]

图 2-11 为 DOC 通道内部不同位置处 CO 体积分数变化的模拟计算结果。计算时所用 DOC 的主要参数为:直径 144mm、长 150.8mm、孔密度为 47 个/cm^2、孔间距 0.3048mm,堇青石载体材料密度 1250kg/m^3。假设 DOC 入口温度为 225℃。可见 DOC 通道内部不同位置处的 CO 体积分数不同随其

到 DOC 入口距离的增大而降低,这说明 DOC 长度对其净化效率有重要影响。

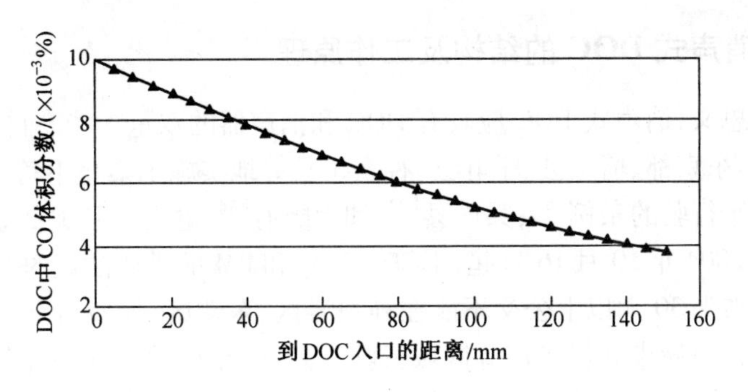

图 2-11 DOC 通道内部 CO 体积分数的变化[28]

涂覆于 DOC 蜂窝载体气体流经孔道表面上的、用于负载催化剂的一层多孔物质通常称为涂层。常见的涂层材料有 Al_2O_3、SiO_2、CeO_2、TiO_2、ZrO_2、V_2O_5、La_2O_3 和沸石类等[29,30]。涂层主要用于提高催化剂的活性和高温稳定性,并且对催化剂的活性及耐久性有重要影响。粗糙多孔的涂层表面可大大增加载体壁面的实际催化反应表面积,一般要求催化剂的比表面积大于 $100m^2/g$[31]。贵金属或金属氧化物催化剂,以及作为助催化剂的金属材料被均匀地分散在涂层表面,涂层材料与涂层的制备工艺与催化器性能密切相关。在国际市场上使用的大多数氧化催化剂中,铂和钯的比例约为 5∶2,负载量 1.77~2.47g/L[32]。

DOC 的入口连接管、扩张管、收缩管和出口连接管等的形状及尺寸对 DOC 载体中气流流速均匀性和压力损失有重要影响。如果 DOC 结构不合理,将会导致气流集中在载体中心区域,载体边缘的气流量较小,造成中心区域的气流速度和温度偏高,中心区域催化剂快速老化,边缘区域催化剂得不到充分利用,进而降低催化器使用寿命和转化率。为了避免这类问题的发生,在 DOC 的结构设计时,应使入口连接管与扩张管的连接处光滑、扩张管和收缩管的锥角合理。

为了避免扩张管中气流与壁面分离的现象,造成气流局部压力损失,载体入口流速分布不均匀等,扩张管的锥角不应过大,一般不应超过 50°~70°。扩张管锥角过小时,扩张管长度增加,会导致 DOC 在排气系统中的安装及布置困难。

载体横截面的形状对载体入口处气流分布也有重要的影响。相对圆形截面载体而言,椭圆形及长方形载体的流动分布不够理想。蜂窝载体催化器的压力损失与气流雷诺数和载体的横截面积、孔密度、壁厚以及涂层的厚度和分布情况等物理特性有关,特别是载体的长度。因此,载体的材料种类、几何结构特性参数和涂层的涂装工艺等的选择是影响 DOC 性能的主要方面。

二、消声式 DOC 的结构及工作原理

顾名思义，消声式 DOC 应具有 DOC 和消声器的双重功能。自 2003 年 10 月起，日本东京都、埼玉县、千叶县、神奈川县等地实施了禁止不符合 PM 排放标准柴油车行驶的条例[5]；兵库县[33]和大阪府[34]也出台了类似条例。兵库县规定自 2004 年 10 月 16 日起，不符合 NO_x 和 PM 的排放法规的总质量 8t 以上卡车和乘坐 30 人以上公交不能在神户滩区、东滩区、尼崎市、西宫市（北部地区除外）、芦屋市和伊丹市等区域行驶。大阪府的条例则规定，自 2009 年 1 月 21 日开始，不符合 NO_x 和 PM 的排放法规的卡车和公交车不能在限制 NO_x 和 PM 的区域行驶。这一系列“禁行”条例的出台，促进了这种消声式 DOC 在日本国内应用范围扩大。

图 2-12 为日野公司的消声式 DOC 结构示意图，该产品属于地方政府指定的、可以享受补助的、以减少在用汽车 PM 颗粒物排放为目标的一种柴油车后处理装置。因此，该产品在日本被称为汽车颗粒物净化装置（PM 捕集器）等。DOC 催化剂及载体位于进气两个消音室之间。气体进气导管入口附近周向开有若干小孔，其目的是衰减排气能量，排气经过 DOC 催化剂后，排气中 PM 的可溶性有机组分 SOF 被氧化燃烧，使微粒质量排放量减少，相当于颗粒物被部分捕集，通过 DOC 催化剂的排气能量经过下游消声器的进一步衰减，实现了减少 PM 质量排放量和消声的双重功效。日野公司的消声式 DOC 在东京都 5#循环工况下（平均车速 18km/h）行驶时可以减少 PM 排放量 55%以上，在东京都 2#循环工况下（平均车速 8km/h）行驶时可以减少 PM 排放量 60%以上（见图 2-13）。可见消声式 DOC 对减少城市低速运行模式下 PM 排放的效果明显。

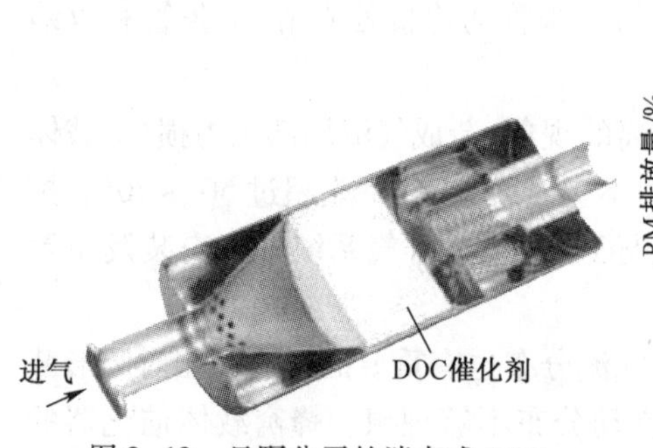

图 2-12　日野公司的消声式 DOC 结构示意图[35]

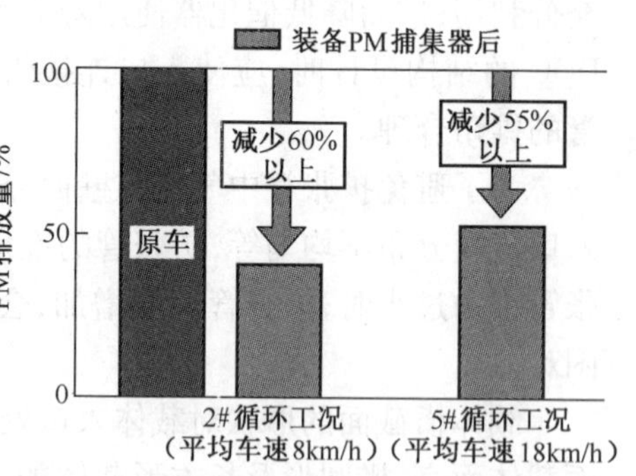

图 2-13　日野公司的消声式 DOC 的 PM 排放减少率[36]

不同企业开发的消声式 DOC 结构差异不大,图 2-14 为日产柴油机公司的消声式 DOC 结构示意图,该产品的特点是前消音室和后消音室与图 2-12 所示结构不同,消声部件采用多孔不锈钢材料,具有良好的耐久性和防锈性能,不需要维护。日产柴油机公司的消声式 DOC 主要有 KK · KL-200530 和 KC-200540 两种型号,PM 排放量的减少率为 30%~40%,可以说对 PM 排放有明显净化效果。

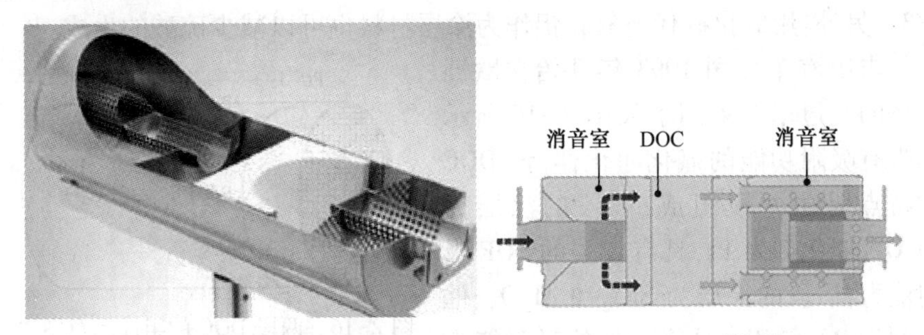

图 2-14　日产柴油机公司的消声式 DOC 结构示意图[37,38]

消声式 DOC 除了在日本的改装车市场有应用之外,在美国的改装车市场也得到了应用。图 2-15 为 Donaldson 公司的消声式 DOC 结构剖面图,该产品为美国环保署推荐的车辆改装用 DOC,PM 排放量的减少率为 15%~30%,消音效果符合美国联邦噪声规范,压力损失满足发动机排气系统要求,发动机可使用低硫燃油、超低硫燃油及 B20 生物柴油。

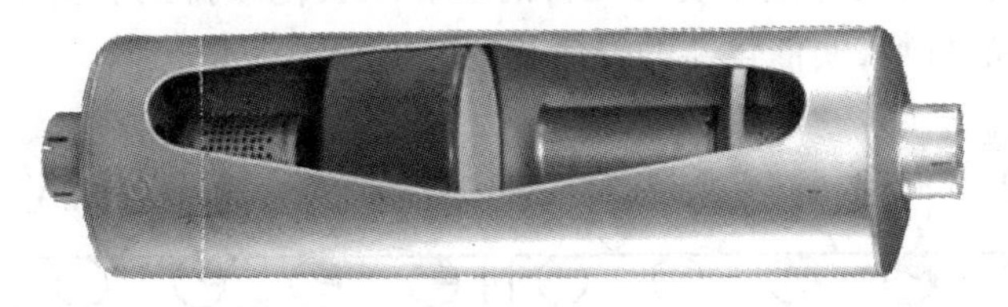

图 2-15　Donaldson 公司的消声式 DOC 结构剖面图[39]

三、DOC 的催化剂

1. 前置 DOC 的催化剂

柴油机用氧化催化剂与汽油机的基本相同,常见的 DOC 催化剂有贵金属 Pt、Pd 和 Rh 等,贵金属催化剂的负载量一般为 1.77~3.18g/L[30]。催化剂被均匀分散在载体上的耐高温氧化物 Al_2O_3、CeO_2、TiO_2 和 SiO_2 等涂层的表面[31]。氧化催化剂的主要作用是促使排气中 PM、HC 和 CO 发生氧化反应,将有害物质氧化为水和二氧化碳排出,并净化其他有害成分(如乙醛等),以及减轻柴油机排气臭味。但柴油机排气温度低,排气中 PM、HC 和 CO 等难以氧化，故需要增加催化剂反应活性。Pd 的催化活性尽管不如 Pt，但产生的硫酸盐要少得多，同时价格也便宜，因此 Pd 就成为柴油机氧化催化剂的活性成分重要选择之一。

当使用 Pt 系催化剂时，燃烧产物中的 SO_2 将被催化氧化为 SO_3 并产生大量的硫酸盐，使微粒排放总量比未使用催化剂时增大。但如果使用 Pd 系催化剂，则 SOF 排放明显降低，硫酸盐的生成量也不大，微粒排放总量可降低约 1/3。另外，用氧化硅代替氧化铝作为涂层材料也可以减少硫酸的生成。

丰田汽车公司 1993 年开始在欧洲市场的花冠车上采用了如图 2-16 所示的带有吸附功能的氧化净化器，该 DOC 的特点是由两段组成，前段的涂层为 Al_2O_3、催化剂为 Pt，具有较强的 SOF 吸附能力，后段的涂层为 SiO_2 和 Al_2O_3、催化剂为 Pd 和 Rh，对硫酸盐的吸附能力较弱，因而催化剂不易中毒。

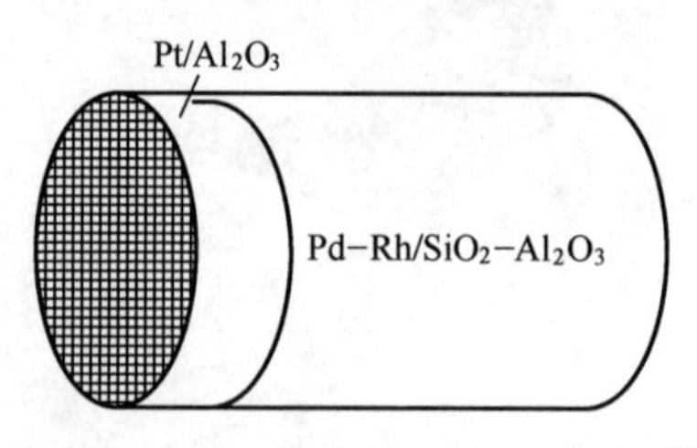

图 2-16　两段 DOC 的组成示意图[40]

该 DOC 于 1997 年开始应用于日本市场，其吸附、催化功能净化原理示意图如图 2-17 所示。在发动机刚启动后的催化剂活性很低的低温阶段，排气中的未燃成分 HC 和 PM 中的 SOF 被 HC 吸附材料吸附；当温度升高后，催化剂的活性提高，吸附材料的吸附能力降低，于是未燃 HC 和 SOF 脱离吸附材料，在氧化催化剂的作用下变为无害的水和二氧化碳排出。由于采用了难以与 SO_2 反应的材料，使催化器的寿命和效率得到了提高。

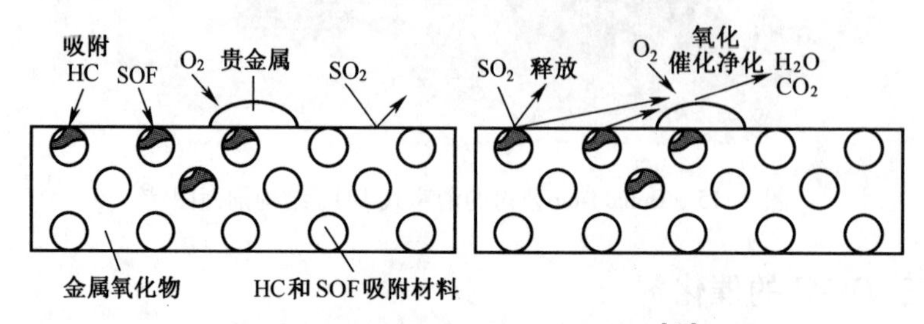

图 2-17　氧化催化净化器的原理图[40]

前置 DOC 对排气中多环芳烃排放量的降低具有明显作用。满足美国 2007 年排放标准的 6.6L 柴油机和满足日本 2007 年排放标准的 3.0L 柴油机上的试验表明，采用 Pt 催化剂的 DOC 可以使低负荷和大负荷运行条件下排气中具有致癌嫌疑的苯并[a]蒽(BaA)、1,2-苯并菲或䓛(CHR)、苯并[a]芘(BaP)、苯并[b]荧蒽(BbF)、苯并[k]荧蒽(BkF)、二苯并[a,h]蒽(DahA)、茚并[1,2,3 cd]芘(IcdP)和苯并[ghi]苝(BghiP)八种多环芳烃的排放量分别降低 82%和 75%[41]。

2. 后置 DOC 的催化剂

作为 USCR 的后置催化器使用的 DOC,其主要功能是将剩余(常称为泄漏或溢出)的 NH_3转换为无害的成分。将剩余的 NH_3转换为无害成分的途径有 NH_3的分解和氧化两条途径。NH_3直接分解的化学反应方程为[42]

$$2NH_3 = N_2 + 3H_2 \tag{2-6}$$

由于需要 400℃以上的高温才能保证 NH_3按上述化学反应完全分解,故在常用工况下无法实现上述分解反应。因而现在普遍使用的将剩余 NH_3转换为无害成分的方法是 NH_3的氧化方法。NH_3氧化的化学反应方程式为

$$4NH_3 + 3O_2 = 2N_2 + 6H_2O \tag{2-7}$$

$$2NH_3 + 2O_2 = N_2O + 3H_2O \tag{2-8}$$

$$4NH_3 + 5O_2 = 4NO + 6H_2O \tag{2-9}$$

$$4NH_3 + 7O_2 = 4NO_2 + 6H_2O \tag{2-10}$$

上述化学反应中反应方程式(2-8)~式(2-10)是我们不希望发生的,按照反应方程式(2-7)将 SCR 溢出的 NH_3转换为无害的 N_2和 H_2O 这一反应是我们所期望的反应。因此,人们期望 USCR 的后置催化器 DOC 催化剂的作用是促进反应方程式(2-7)进行,并抑制其他反应进行。也就是说,进入 ASC 的 NH_3中按照式(2-7)进行反应的比例越高越好。Johnson Matthey[43]公司开发的 ASC 可以使 90%以上的 NH_3转换为无害的 N_2和 H_2O,即使在发动机负荷迅速变化的条件下,也可以把排气中泄漏的 NH_3体积分数控制在 5×10^{-6}以下,从而在提高了尿素 SCR 系统整体的 NO_x 还原效率的同时,有效防止了 NH_3溢出。

最常用的氨氧化催化剂为铂系贵金属,如 Pt/Al_2O_3等,与普通 DOC 相同。Ag/Al_2O_3作为氨氧化催化剂使用效果明显,特别是添加适量的铈后,Ag/Al_2O_3 催化剂表面吸附和活化 O_2的能力提高,Ag/Al_2O_3催化剂低温氨氧化活性增大[44]。ASC 的氨氧化活性与 Pt 负载量成正,Pt 的负载量 0.09g/L 被认为是活性和成本之间的一个很好的折中方案[45]。对 ASC 性能的主要要求有:氧化活性高、NO_x 和 N_2O 生成少、PGM 负载量少和热阻小等。

四、DOC 催化剂的中毒机理

DOC 或 SCR 前置 DOC 催化剂中毒主要原因是排气中存在 HC、S、P 的化合物及金属元素等。DOC 在使用过程中,挥发性差的 HC 成分、燃料中的 S 及润滑油添加剂中的 S、P 等元素的化合物会吸附在催化剂表面形成表面沉积物等,导致催化剂活性降低,这种现象常称为催化剂中毒,把 HC、S 和 P 引起的中毒现象分别称为 HC 中毒、S 中毒和 P 中毒。

图 2-18 为恢复运行前、后 DOC 表面的沉积物测量结果，可见，使用后直接测量，DOC 表面的沉积物主要是 S、P 等元素的化合物，CaO 和 ZnO 含量比例不大。但若将使用后的 DOC 进行一定时间的高温运行（恢复运行）之后，则可减少 DOC 表面的沉积物中的 S 和 P 化合物含量。试验表明，在 600℃左右的高温下运行 30min 即可除去 DOC 表面沉积物中的部分硫化物和磷化物，在 700℃左右的高温下运行 6h 可除去 DOC 表面的沉积物中的大部分 S、P 化合物[46,47]。

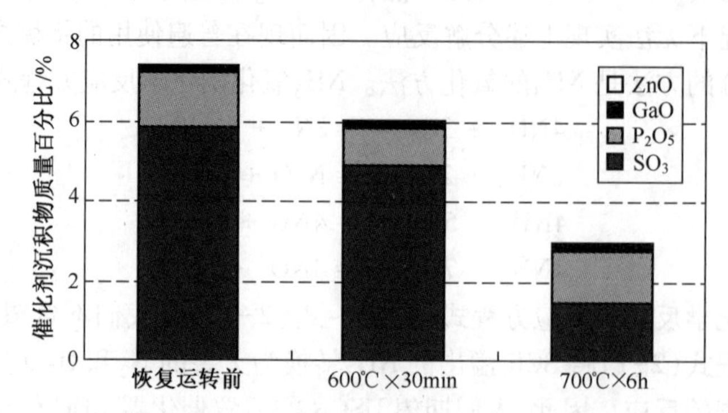

图 2-18 恢复运转前、后 DOC 表面的沉积物测量结果[47]

电子显微镜的观察和上述的催化剂表面附着物分析结果表明：排气中的硫化物是引起 SCR 前置 DOC 的催化剂中毒主要因素。S 可以与排气中的其他产物及催化剂表面附着物生成催化剂表面附着物 $Al_2(SO_4)_3$，致使贵金属催化剂无法接触到需要催化的气体，从而降低了催化剂的活性。SCR 前置 DOC 的催化剂 S 中毒机理已经初步解明，DOC 催化剂的 S 中毒过程分为三步进行，其机理可以通过方程式（2-11）~式（2-13）三个化学反应予以说明[14]。

$$2SO_2 + O_2 \longrightarrow 2SO_3 \tag{2-11}$$

$$SO_3 + H_2O \longrightarrow H_2SO_4 \tag{2-12}$$

$$3H_2SO_4 + Al_2O_3 \longrightarrow Al_2(SO_4)_3 + 3H_2O \tag{2-13}$$

第一步是排气中 SO_2和 O_2在催化剂的作用下生成 SO_3，当排气温度达到 150℃以上时，SO_2开始向 SO_3转化，当温度达到 250℃以上 SO_2几乎全部转化为 SO_3；第二步是排气中 H_2O 和第一步反应生成的 SO_3之间的反应，该反应的产物是 H_2SO_4，该反应进行的温度条件是排气温度 150~350℃之间，当排气温度达到 300℃以上时，该反应速度变慢；当温度超过 350℃时，该反应完全停止；第三步是第二步反应生成的 H_2SO_4与催化剂载体 Al_2O_3之间的反应，该反应的产物是 $Al_2(SO_4)_3$，温度条件是排气温度在 150~350℃之间，其中在200~300℃之间反应速度显著增加。

第三节　DOC 的主要技术指标

一、DOC 的主要性能指标及其检测方法

1. DOC 的主要性能指标

DOC 主要技术指标有总碳氢(THC)、CO 的转化率、颗粒物过滤效率、起燃温度、老化后劣化率、贵金属含量、有效寿命、空间速率(SV)、力学性能等。THC、CO 的转化率指试验车辆或发动机按照指定的工况运行时,DOC 入口和出口的污染物 THC、CO 排放量的变化率,常用 DOC 前、后污染物 THC、CO 排放量之差占催化转化器前污染物 THC、CO 排放量的百分比表示,转化率也称净化效率或净化率。DOC 的颗粒物过滤效率指试验车辆或发动机按照指定的工况运行时,单位时间 DOC 颗粒物捕集量与 DOC 入口中气体所含颗粒物量的比值,颗粒物过滤效率也称颗粒净化效率或颗粒净化率等。DOC 的起燃温度 T_{50} 指催化转化器 DOC 对气相组分的 CO、THC 的转化率达到 50%时所对应的 DOC 入口的气体温度。老化后劣化率指后处理装置老化劣化前、后对某种污染物转化率(或过滤效率)的变化率。即劣化前、后装置的转化率(或过滤效率)之差与劣化前装置的转化率(或过滤效率)之比[48]。贵金属含量通常用催化器的贵金属催化剂用量与其载体体积之比表示,该值越小,催化器的成本越低。有效寿命指保证汽车(发动机)的排放控制系统的正常运转并符合有关气态污染物、颗粒物和烟度排放限值,且已在型式核准时给予确认的行驶距离或使用时间。空速 SV 指在温度为 25℃和压力为 100kPa 的标准状态下,单位时间进入催化转化器气体容积与催化转化器的容积之比,单位为 h^{-1},其倒数为空时(停留时间),SV 越小,进入催化转化器的待净化气体在催化转化器中的停留时间越长,待净化气体与催化剂的接触时间越长,其净化效果越好。对于净化率相同的催化转化器而言,SV 越大,催化剂活性越好,单位时间内净化的气体越多。

力学性能指标主要有催化剂载体的抗压强度、密封性、水急冷、热振动指标和轴向推力等。抗压强度是指在无侧束状态下载体所能承受的最大压力,通常采用载体轴向和侧向两个方向的抗压强度衡量载体的强度。载体热振动指按照规范推荐试验方法把载体固定在实验装置上后,在给定温度的气流冲刷、给定加速度和振动频率的机械振动下不发生破坏的能力。

中华人民共和国工业和信息化部 2010 年 5 月 26 日发布的《汽车产业技术进步和技术改造投资方向(2010 年)》中对我国 2010 年新增生产 DOC 的主要技术指标做了如下规定[49]:①对 THC、CO 的最高转化率≥90%;②颗粒物

过滤效率≥25%;③起燃温度 T_{50} ≤200℃;④老化后劣化率≤10%;⑤贵金属含量<2g/L。

从该处给出的 DOC 的性能指标,既可以初步看出 DOC 关键指标,又可以明确指标的水平高低。

2. DOC 主要技术指标的检测方法

DOC 主要技术指标的检测方法—— HJ 451—2008《环境保护产品技术要求 柴油车排气后处理装置》中进行了详细说明,需要详细了解,请查阅该标准。该标准中规定的检测过程分三步进行。

第一步是 DOC 的预处理,预处理时使 DOC 样品的入口温度在 450℃以上,并持续 2h。

第二步是力学性能检测,主要包括密封性(按照 GB/T 18377《汽油车用催化转化器的技术要求和试验方法》中的有关方法)、水急冷(按照 GB/T 18377 中的有关方法试验)、纵置热振动试验(按照 GB/T 18377 中的有关方法试验)和轴向推力检测等。轴向推力检测时,需要将 DOC 放入(220±5)℃的烘箱中烘烤 2h,冷却至室温后施加 1500N 的轴向推力,通过直径 30mm 的推杆均匀施加在载体上,检测轴向位移情况。

第三步是 DOC 性能检测,包括转化率、颗粒物过滤效率和起燃温度以及老化后劣化率检测等检测项目。进行转化率、颗粒物过滤效率和起燃温度检测时,首先在 DOC 样品安装于柴油机试验台并布置温度测量点。装在轻型柴油机上的样品测量入口温度的热电偶应安装在距样品前端面上游 25mm 的中心线上;装在重型柴油机上的样品,测量入口温度的热电偶应安装在距样品前端面上游 100mm 的中心线上。测量床温的热电偶应安装在样品载体几何中心点。其次是柴油机工况设定,通过发动机工况调整,使 DOC 空速为(40000±400)h^{-1},DOC 的入口温度在 200~500℃范围内,并以不大于 20℃的间隔逐步改变入口温度。最后是检测试验,当试验工况的发动机排气稳定超过 5min 后进行采样。测量记录的参数有:DOC 入口和出口的气态 CO、气态 THC 浓度和 PM 质量、DOC 入口温度和床温。根据各个试验工况的测量数据即可求出 DOC 对气态 CO 和气态 THC 的起燃温度 T_{50},以及 THC、CO 的最高转化率和颗粒物过滤效率。

检测老化后劣化率时,首先需要对 DOC 进行快速老化试验,快速老化试验在发动机台架上进行,试验循环如表 2-4 所列,快速老化试验工况由工况 1 和工况 2 组成。快速老化试验完成后再进行一次上述的转化率、颗粒物过滤效率和起燃温度检测,由快速老化试验前后试验结果即可计算出 DOC 老化后的劣化率。

表 2-4　DOC 快速老化试验循环

工况	床温/℃	时间/min①	老化持续时间/h
1	250±10	45	100
2	650±10	15	
①工况 1 与工况 2 之间的过渡时间不超过 3min。			

二、DOC 产品的净化率及其影响因素

为了了解 DOC 产品的净化率及其影响因素，下面以有关文献的试验结果给予说明。图 2-19 为 Cummins 公司给出的该公司氧化催化净化器产品的最低净化率，PM 的最低净化率在 20%以上、HC（包括有毒 HC）和 CO 的最低净化率均在 50%以上。图 2-19 所示结果是对 DOC 产品净化率的保守估计，随着使用条件的不同，实际的净化率在此之上。值得关注的是，随着技术的进步，DOC 的性能已有大幅度提高，如 Johnson Matthey 公司的 DOC 产品 PM 的净化率已达到 20%~40%，HC 和 CO 的净化率均达到 90%以上[50]。

图 2-16 的丰田汽车公司 1997 年开始生产带有吸附功能的氧化净化器的净化效果如图 2-20 所示。试验按照日本 10·15 工况进行，这种带有吸附功能的氧化催化器可使排气中的 SOF、HC 和 CO 的净化率分别达到 55%、70%和 90%以上。这种 DOC 的缺点不能除去 PM 中的炭粒部分。

氧化催化器应用的主要困难为柴油中含有较高的硫，硫燃烧后会生成 SO_2，而 SO_2经催化器氧化后会变为 SO_3，SO_3与排气中的水分结合后会生成硫酸盐等。氧化催化效果越好，硫酸盐生成越多，甚至达平时的 8~9 倍。这无疑会抵消 SOF 的减少所带来的环境效益，甚至反而使微粒排放上升。同时，硫也是催化剂中毒劣化的原因之一。由于氧化催化净化器仅能对排气中的 SOF、HC 和 CO 有净化作用，又会导致微粒物中硫酸盐增多，因此氧化催化净化器应用于使用无硫或低硫柴油机汽车上。

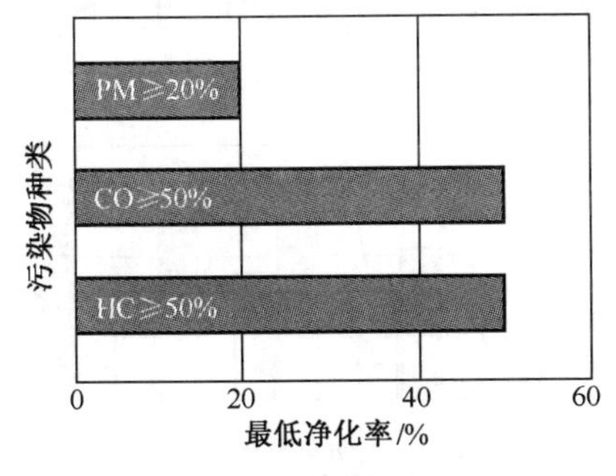

图 2-19　DOC 的最低净化率[6]

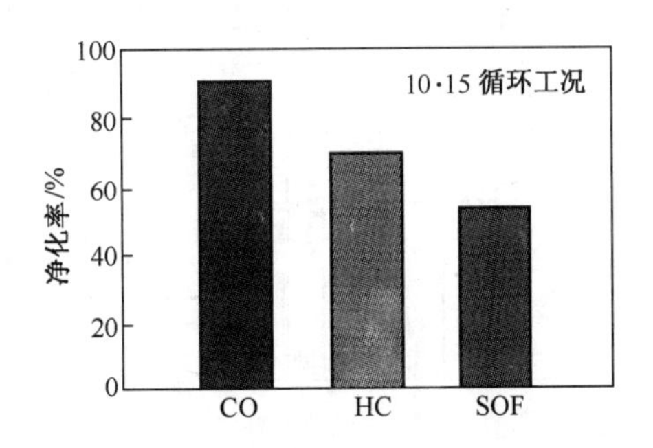

图 2-20　氧化催化净化器的净化效果

图 2-21 为催化剂容量和贵金属含量不同的四种 DOC 和其对 PM、HC、CO 和 NO_x的净化率测试结果。测试时使用的催化剂种类有 A 和 B 两种，催化剂容量、贵金属量有大和小两类，由此组合而成的图 2-21(a)所示的编号为#1～#4 的四个 DOC，试验工况为 NRTC(Non-Road Transient Cycle)循环工况。该结果表明，四个 DOC 的 NO_x的净化率为负值，这说明使用了这些 DOC 后，最终 DOC 出口的 NO_x的排放量增多；DOC 对 HC 和 CO 净化效果明显，对 PM 净化效果较差。催化剂容量和贵金属量越大，PM 净化率越高；#4 DOC 的 PM 净化率最高，可达 40%左右。催化剂容量对 HC 净化率的影响大，大容量催化剂条件下，HC 的净化率可达 60%～80%；CO 的净化率均较高，可达 90%～98%。

DOC编号	催化剂种类代号	催化剂容量	贵金属添加量
#1	A	小	小
#2	A	大	小
#3	A	大	大
#4	B	大	大

(a) DOC的催化剂容量和贵金属含量

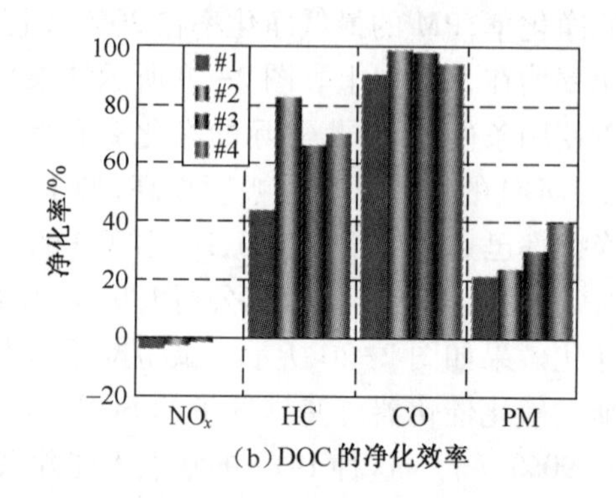

(b) DOC的净化效率

图 2-21 NRTC 循环下四种 DOC 的净化率[51]

图 2-22 为柴油机负荷对 DOC 的净化率影响的一个试验结果，图中 EC 和 OC 分别为元素碳和有机碳的英文缩写。图 2-22(a)为 2000 年卡特皮勒(Caterpillar)公司生产的 3406C 型柴油机的实验结果，试验用油为硫含量(质量分数)为 350×10^{-6}的柴油，在 10%～100%负荷范围内，DOC 对 PM 的质量净化率为 16%～23%，对 PM 的有机组分的质量净化率为 50%～75%，PM 的元素碳基本上不受影响。图 2-22(b)为 1985 底特律柴油机公司(DDC)生产的 V92

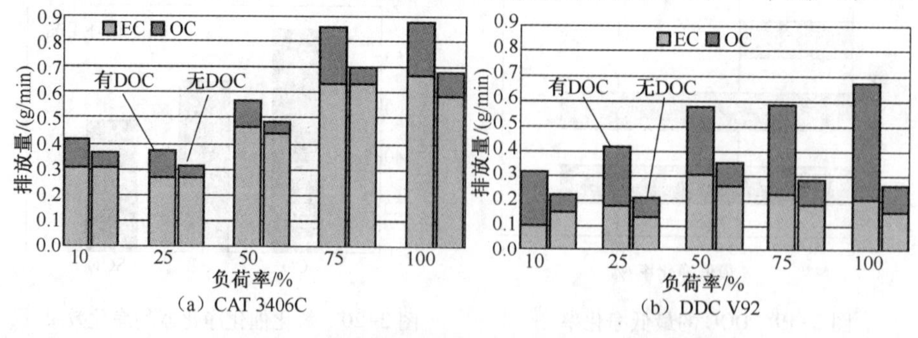

(a) CAT 3406C (b) DDC V92

图 2-22 柴油机负荷对 DOC 的净化率的影响[52]

型柴油机的试验结果，试验用油硫含量（质量分数）为 150×10^{-6} 的柴油，在10%～100%负荷范围内，DOC 对 PM 的质量净化率为 30%～63%，对 PM 的有机组分的质量净化率为 75%，PM 的元素碳有轻微减少。该结果表明 DOC 对于旧型号发动机效果更为明显。

当柴油机使用添加了活性成分的燃料后，其燃烧生成的 PM 活性会增加，因而 DOC 的净化率也会不同。图 2-23 为铂/铈型燃料添加剂对 DOC 的污染物净化率影响的试验结果，图 2-23 中条形带顶部的数字表示该污染物相对于柴油机使用 No. 2D 柴油时同一污染物的减少百分比；No. 2D 表示硫含量（质量分数）小于 350×10^{-6} 的柴油，ULSD 表示硫含量（质量分数）小于 15×10^{-6} 的柴油，FBC 表示铂/铈型燃料添加剂。可见，在 No. 2D 和 ULSD 中添加了铂/铈型燃料添加剂后，DOC 的污染物净化率效率均有提高，特别是在使用低硫燃油 ULSD 时，CO、HC 和 PM 的减少率大幅度提高。

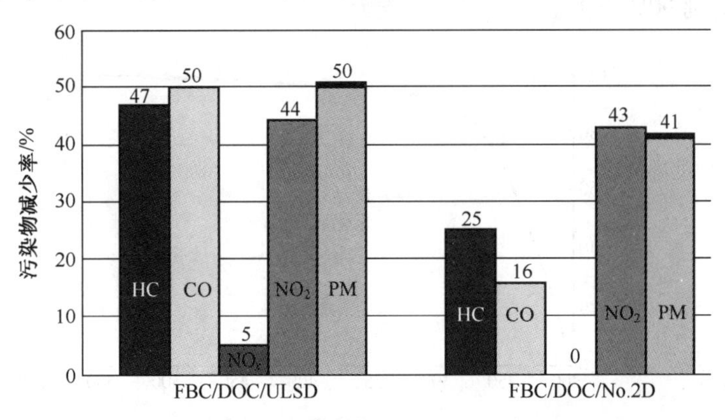

图 2-23　铂/铈型燃料添加剂对 DOC 的污染物净化率的影响[52]

图 2-24（a）和（b）分别为装备与没有装备 DOC 后处理装置柴油车的 NO_2/NO_x 的测量结果。图 2-24（a）和（b）中横坐标 1～10 和 1～12 分别表示没有装备和装备 DOC 后处理装置柴油车的车辆编号，试验工况为东京运行工况模式。可见，图 2-24（a）所示没有装备 DOC 后处理装置柴油车的 NO_2 排放量比例为 10%～33%；图 2-24（b）所示装备 DOC 后处理装置的柴油车 NO_2 排放量比例呈现较大波动，NO_2 排放量比例明显超过没有装备 DOC 后处理系统的车辆有编号为 5~9 及 12 号车辆。其中 9 号柴油车 NO_2 的排放量比例高达 66%。值得注意的是这些车辆均安装了 PM 后处理装置，编号为 5～8 的车辆是满足日本新短期排放标准的低排放车辆；编号为 9 和 10 的车辆是满足新长期排放标准的车辆，即满足更严格排放标准的车辆。该结果表明，同时安装了 PM 后处理装置柴油车的 NO_2 排放量比例偏高，由于 NO_2 的毒性远高于 NO，因此应避免排气中 NO_2 比例增加。

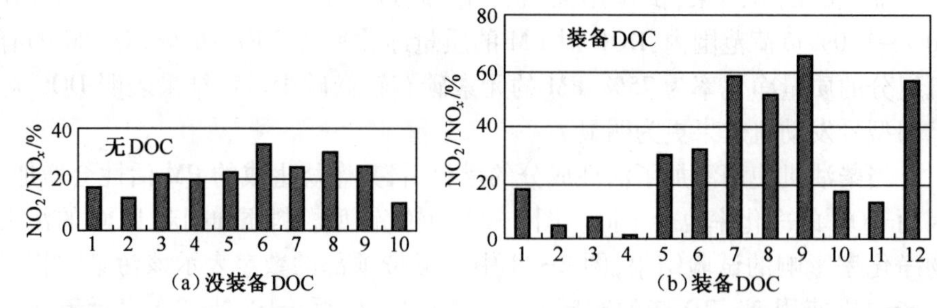

图 2-24　装备与没有装备 DOC 后处理装置柴油车排气中 NO_2/NO_x的比例[53]

图 2-25 表示气体温度对 ASC 的 NH_3转换率影响,测试用 ASC 的催化剂为贵金属 Pt,其负载量 0.09g/L。该结果表明,经过在温度 550℃下 16h 老化后的 ASC 几乎对 NH_3的转换率没有影响。温度超过 300℃,ASC 的 NH_3转换率可以达到 90%以上。

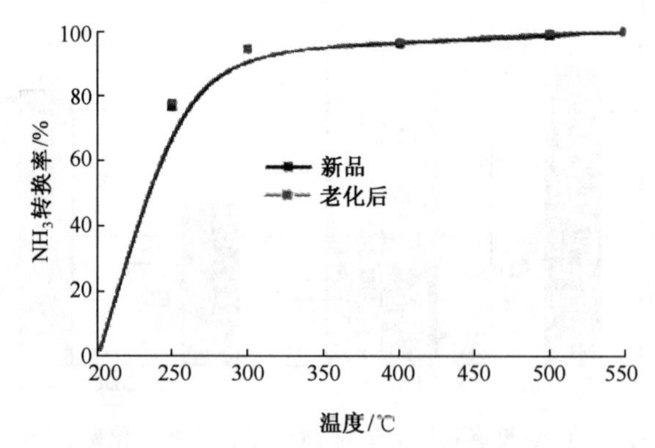

图 2-25　气体温度对 ASC NH_3转换率的影响[45]

第四节　DOC 的结构设计

一、DOC 的主要设计要求

DOC 的主要功用是降低排气中 THC、CO 和颗粒物的 SOF,因此 DOC 的首要设计要求是要有高的 THC、CO 的转化率和颗粒物的净化率,其次是起燃温度低、老化后劣化率小、贵金属使用量少或不使用贵金属等。从使用性能和车辆结构的要求来看,DOC 应易于安装、不需维护、无监控要求、适用于硫含量(质量分数)为 500×10^{-6}或 15×10^{-6}的燃油、可制成多种形状和尺寸、应用范围广、并且在减少排放的同时可降低噪声。

二、DOC 催化剂载体的结构设计

催化剂载体体积大小与发动机的排放水平及要求的净化率等密切相关，一般需要经过模拟计算和匹配试验完成。高田圭等在其研究中将一个载体体积为 1. 86L(直径 130mm、长 140mm)的 Pt/Al_2O_3催化器用于排量 2. 231L 的 Toyota 2AD-FHV 柴油机[54]。有关石川岛芝浦机械株式会社生产的 N844L 型柴油机(四缸、涡流式自然吸气,缸径×冲程:84mm×100mm,工作容积:2. 216L)的 DPF 前置 DOC 匹配研究中,使用的 Pt 催化器的载体体积为 2. 47L (直径为 144mm、长为 152mm、孔密度为 47 个/cm^2)[51]。Toddd 等在其试验中使用的 DOC 载体为陶瓷材料,直径为 266. 7mm、长为 152. 4mm、孔密度为 62 个/cm^2,载体体积为 8. 44L,催化剂的涂覆采用标准工艺。该 DOC 被装备于表 2-5 所列的两台不同排量的柴油机上,试验用燃油为含硫量小于 15×10^{-6} 的美国低硫柴油(ULSD)。试验前使生产的 DOC 在世界汽车组织 OICA 规定的循环工况下运行 24h。试验时,循环工况采用 FTP 工况,试验测量的参数有试验循环的平均温度及排气中 HC、CO 和颗粒物排放量。结果表明,在 3 个热 FTP 循环中,1989 年的 Cummins N14 型和 1991 年的 Cummins 6CTA8. 3 型柴油机 40%试验循环的平均排气温度分别高于 230℃和 270℃。DOC 对排气中 HC、CO 和颗粒物排放量的降低量及净化率如表 2-6 所列,该结果表明 DOC 的载体体积大小对柴油机颗粒物排放量的降低量及净化率影响最大。当 8. 44L 的 DOC 装备于 14L 的 1989 年的 Cummins N14 型柴油机时,PM 的减少量为 0. 056g/(HP · h),而当 8. 44L 的 DOC 装备于 8. 3L 的 1991 年的 Cummins 6CTA8. 3 型柴油机时,PM 的减少量为 0. 09g/(HP · h),为 14L Cummins N14 型柴油机净化量的 1. 61 倍。由于 1989 年的 Cummins N14 型柴油机的 PM 排放水平低于 1991 年的 Cummins 6CTA8. 3 型柴油机,故该 DOC 用于 Cummins N14 型柴油机时的 PM 净化率反而高。上述的几个实例中,催化剂载体体积与发动机排量的比值,既有大于 1 的,也有小于 1 的。在对发动机匹配 DOC 时,DOC 催化剂体积的选择是面临的首要问题,对于高活性催化剂的 DOC 而言,DOC 催化剂体积可以选小一点;反之,应大一点。但当降低 PM 排放量的比例要求高时,应选用较大体积的 DOC 载体。

表 2-5　试验用柴油机主要特征参数[55]

柴油机型号	排量/L	额定功率/HP	控制系统	结构特点
Cummins N14	14	350	电子	六缸四冲程涡轮增压
Cummins 6CTA8. 3	8. 3	240	机械	六缸四冲程涡轮增压

表 2-6　DOC 进口/出口的 PM、CO 和 HC 排放量及其净化率[55]

柴油机型号	进口/出口的 PM 排放量 /(g/(HP·h))	进口/出口的 CO 排放量 /(g/(HP·h))	进口/出口的 HC 排放量 /(g/(HP·h))	PM 净化率/%	CO 净化率/%	HC 净化率/%
Cummins N14	0.149/0.093	1.85/0.13	0.3/0.02	38	93	93
Cummins 6CTA8.3	0.36/0.27	1.21/0.04	0.53/0.02	24	97	96
注:1HP = 0.746kW。						

DOC 设计的关键是载体尺寸及体积的确定。DOC 载体体积大小可根据经验确定,或直接由催化器 DOC 的空间速度 SV 和额定工况下发动机排气流量按下列公式确定。

催化器载体体积 V_d(m^3)= 额定工况下发动机排气流量(m^3/h)/SV(h^{-1})

DOC 的空间速度 SV 比较典型的数值范围为 150000~250000h^{-1},将选定的 SV 代入上式即可得到 V_d。也可根据经验确定 V_d,由于 V_d正比于发动机排量 V_h,故可利用二者之间的比值确定 V_d的数值[30],经验表明,V_d可按下式近似选取。

$$V_d/V_h = 0.6 \sim 0.8$$

额定工况下发动机排气流量可根据发动机汽缸工作容积、转速和节气门开度等估算,根据 HJ 451—2008《环境保护产品技术要求　柴油车排气后处理装置》中对 DOC 的主要技术指标的检测方法可知,DOC 的空速应为(40000 ±400)h^{-1}以上[56]。根据上述公式得到的 DOC 载体体积误差偏大,应根据催化剂的转换率等试验数据进行修正。

当 V_d初步确定后,即可确定 DOC 载体的主要结构参数。DOC 的截面形状有圆形、长方形和跑道形等,下面仅以圆形方孔载体为例予以说明。

确定正方形孔 DOC 载体直径 D 和长度 L 的主要依据 V_d和发动机安装空间等,V_d固定不变时,D 越小、流动阻力越小、气体与涂覆催化剂的表面接触时间越长。有利于 DOC 净化性能提高,但 L 过大,则布置困难,散热面积过大,达到起燃温度所需时间增长,导致低温时污染物排放量增加。

当 DOC 载体直径 D 和长度 L 确定后,即可设计或选择载体。DOC 载体的结构参数有效孔数、孔形状、孔间距及壁面厚度等。进行 DOC 载体结构设计时,首先需要确定孔的形状,常见的有正方形孔、正六角形和正三角形等,其中正方形孔较为常见。其次是孔间距 d(载体相邻孔中心之间的距离)和载体壁厚 h_w(载体相邻孔之间载体壁面的厚度)的确定。再次是载体结构特征参数孔密度 N、水力直径 d_h、开口率 δ、几何表面积 S_G、有效孔数百分比 θ 等的计算。下面以图 2-26 所示的方形孔 DOC 载体为例说明这些特征参数的计算方法。

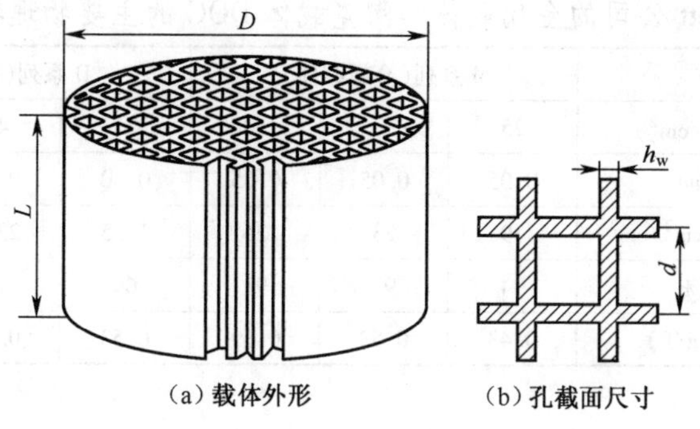

(a) 载体外形　　(b) 孔截面尺寸

图 2-26　方形孔 DOC 载体结构示意图

(1) 孔密度 N:指载体单位横截面积上的孔数,常用单位为个/cm^2,工程上也常用每平方英寸上的孔数表示,其计算式为 $N=1/d^2$。一般为 47~93 个/cm^2(300~600 个/in^2)即可。

(2) 水力直径 d_h:指载体孔道的四倍湿横截面面积与湿圆周长度之比。其计算式为

$$d_h = [4(d-h_w)^2]/[4(d-h_w)] = d - h_w \tag{2-14}$$

(3) 开口率 δ:指载体截面上的孔面积占整个截面积的比例,开口率越大,意味着气体通过的表面积越大,气体经过时的压降及局部损失越小。δ 的计算式为

$$\delta = (d-h_w)^2/d^2 = d_h^2 \cdot N = d_h^2/(d_h+h_w)^2 = \beta^2/(\beta+1)^2 \tag{2-15}$$

(4) 几何表面积 S_G:单位体积 DOC 载体所能提供的孔道上催化剂涂层的表面面积。S_G越大,载体催化剂涂层面积越大。化学反应越容易进行,DOC 性能越好。其计算式为

$$\begin{aligned} S_G &= [4L\cdot(d-h_w)]/(d^2\cdot L) = 4d_hN = 4d_h/(d_h+h_w)^2 \\ &= 4\beta/[h_w\cdot(1+\beta)^2] \end{aligned} \tag{2-16}$$

(5) 有效孔数百分比:指载体实际有效孔数与理论孔数($N\cdot\pi D^2/4$)之比,该数值越接近 100%,说明 D 和 d 的选择越合理。

(6) 体积密度:也称容积密度,它指单位体积载体的质量,单位 kg/L,体积密度越小,DOC 的总质量越小,因而,应尽量选择低体积密度的载体材料。

为了了解不同材料载体的 DOC 特征参数的差别,表 2-7 列出了 Nett 公司的金属载体和陶瓷载体 DOC 的主要特征参数。M 系列金属载体由一个耐高温不锈钢箔片和波纹箔制成,孔形状为近似人字形;Nett 公司 D 系列陶瓷载体为圆形截面、方形孔。可见,金属载体的壁厚较薄,开孔率高;几何表面积随着孔密度的增加而增加。

表 2-7　Nett 公司的金属载体和陶瓷载体 DOC 的主要物理特性比较[8]

性能参数	M 系列(金属载体)			D 系列(陶瓷载体)		
孔密度 N/(个/cm^2)	25	37	50	31	47	62
壁厚 h_w/mm	0.05	0.05	0.05	0.30	0.21	0.18
几何表面积 S_G/(cm^2/cm^3)	19	23	26	18.5	23.6	27.2
开口率 δ/%	94	92	91	69	74	74
体积密度/(kg/L)	0.43	0.53	0.59	0.53	0.45	0.45

三、DOC 总体设计

常见的 DOC 外形有图 2-27 所示的插接式、收缩型法兰盘连接式、法兰盘直接连接式三种。因此在进行 DOC 总体设计时,首先应根据车辆的排气系统特点,确定 DOC 外形结构。图 2-27(a)和(b)所示结构的特点是先将催化剂载体和衬垫放入中间段外壳圆筒内并固定好,然后将外壳扩张管和收缩管焊接到中间段圆筒外壳上;汽油车三效催化器常采用这种结构,特点是结构简单,多为一次性使用,使用过程中一般不再拆装催化剂载体。图 2-27(c)所示结构的特点是便于催化剂载体拆装,但需要在外壳连接断面截面上加工法兰盘,使用螺栓和密封垫连接。

(a) 插接式[57]

(b) 收缩型法兰盘连接式[20]

(c) 法兰盘直接连接式[58]

图 2-27　DOC 的外形结构

进行 DOC 结构的总体设计的步骤是先确定 DOC 催化剂载体结构尺寸,再选定 DOC 外形结构型式。图 2-28 为插接式圆形截面 DOC 的总体结构示意图,主要由外壳、载体和衬垫三部分组成。因此,总体设计的主要任务就是确定载体的外壳尺寸、形状和衬垫材料及厚度等。扩张管、收缩管与中间段催化剂载体的连接方式。考虑到安装及加工方便性,图 2-28 所示 DOC 的扩张管和收缩管一般尽量采用完全相同的结构。总体结构参数主要有图 2-28 所示的连接管直径 d、锥角 θ、载体外壳直径 D_1、载体直径 D_2、DOC 总长 L 及扩张管和收缩管的尺寸 L_1、L_2载体长度 L_3和载体安装尺寸 L_4等,这些参数可根据经验或模拟计算得到。

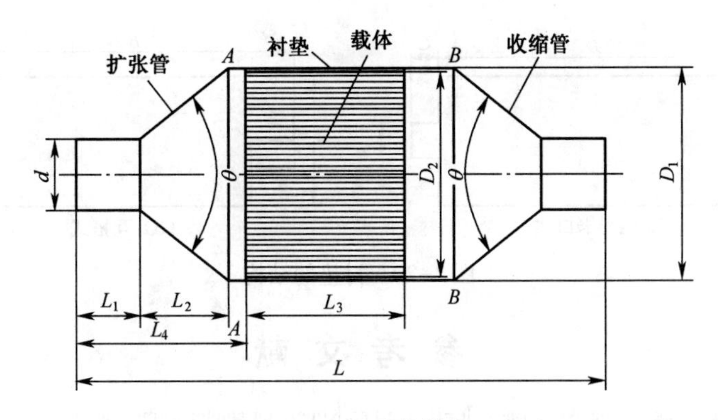

图 2-28　DOC 的总体结构示意图

由于壳体的结构形状以及材料对 DOC 的催化转化率、起燃温度和寿命等有重要的影响。DOC 的壳体材料应选用膨胀系数低、耐腐蚀、热容量小、耐高温(1000℃以上)的不锈钢材料。锥角 θ 是一个重要的结构形状参数，θ 主要影响气体流动均匀性和压力损失大小等。随着扩张管角 θ 增加，气体在扩张管壁面分离的现象会越来越明显，形成的滞留区域也会越来越大，当扩张管增大到一定角度(60°)以上时，壁面附近形成涡流，致使压力损失增大，速度分布也越来越不均匀。因此，在空间布置许可的条件下，宜选用较小的锥角 θ。

衬垫是 DOC 中关键部件之一，它位于金属外壳与陶瓷载体之间，当壳体受冲击时，位于壳体和载体之间衬垫就会起缓冲作用，减少陶瓷载体被冲击粉碎的可能。另外衬垫还可防止排气从载体与外壳之间的空隙泄漏、减少热量散失速率、减少噪声传播等。即具有缓冲、密封、隔热、保温和隔音等作用。因此，衬垫的设计及选用是 DOC 设计的重要内容之一。总之，密封衬垫所起的作用非常多，要求衬垫不仅能够提供足够的固定催化剂载体的紧固力，适应多变的外部环境，具有良好的抗腐蚀性能，还必须在陶瓷载体老化寿命内有良好的稳定结构和耐久性。另外，汽车排气温度变化较大，高温可能超过 800℃，因此衬垫也必须具有很好的耐高温能力。

衬垫主要有钢丝网衬垫和陶瓷衬垫两种形式。陶瓷衬垫一般由陶瓷纤维(硅酸铝)、蛭石和有机黏结剂等材料组合加工而成。陶瓷纤维具有重量轻、耐高温、热稳定性好、导热率低、比热小及耐机械振动等优点，陶瓷纤维的直径为 2~5μm[59]，工作温度可达 1400℃，能承受 DOC 中较为恶劣的高温环境，满足 DOC 的工作要求。钢丝网衬垫通常由防锈的铬镍钢丝织成，其隔热性、抗冲击性、密封性和高低温下钢丝网衬垫对陶瓷载体的固定力等不如陶瓷衬垫，因此陶瓷衬垫应用较广。衬垫的垫片的结构形式通常有图 2-29 所示的卡口式和互搭式两种形式。尺寸 A、B、C 和 D 可根据载体直径和长度确定。

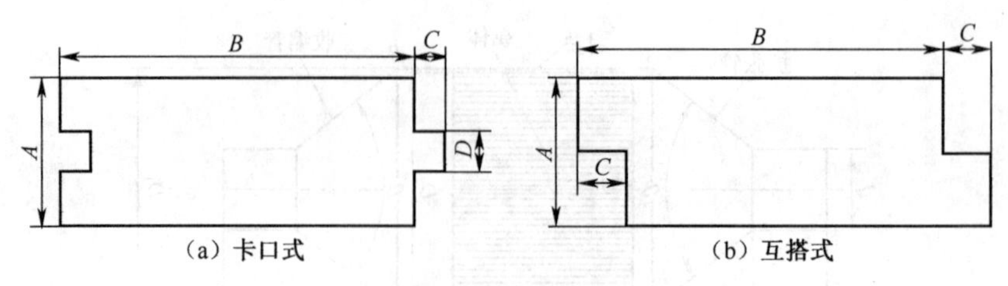

图 2-29 衬垫的结构

参 考 文 献

[1] Tae Joong Wang, Seung Wook Baek, Je-Hyung Lee. Kinetic parameter estimation of a diesel oxidation catalyst under actual vehicle operating conditions. Ind Eng Chem Res, 2008, 47(8): 2528-2537.

[2] Centre for Research and Technology Hellas, Chemical Process Engineering Research Institute, Particle Technology Laboratory. D6.1.1 State of the Art Study Report of Low Emission Diesel Engines and After-Treatment Technologies in Rail Applications. (2013-09-28). http://www.transport-research.info/Upload/Documents/201203/20120330_184637_76105_CLD-D-DAP-058-04_D1%205.pdf.

[3] DieselNet. Cellular Monolithic Substrates. (2011-02) [2014-11-11]. https://www.dieselnet.com/tech/cat_substrate.php.

[4] PSA Peugeot Citroën. QUALITE DE L'AIR-pour un moteur diesel toujours plus respectueux de i'environnement. [2013-09-28]. http://www.psa-peugeot-citroen.com/sites/default/files/content_files/press-kit_diesel-ii-blue-hdi_fr_0.pdf.

[5] 東京都環境局. 東京都のディーゼル車対策(本編). (2013-09-28). http://www.kankyo.metro.tokyo.jp/vehicle/attachement/all.pdf.

[6] Cummins Inc. Retrofit Solution-diesel oxidation catalyst. (2006) [2010-09-28]. http://vendornet.state.wi.us/vendornet/wais/bulldocs/3012_2.PDF.

[7] Assessment & Standards Division and Compliance & Innovative Strategies Division, Office of Transportation and Air Quality, U.S. Environmental Protection Agency. An Analysis of the Cost-Effectiveness of Reducing Particulate Matter Emissions from Heavy-Duty Diesel Engines Through Retrofits. (2006-03) [2010-09-28]. http://www.epa.gov/diesel/documents/420s06002.pdf. Tim Rogers. Low-cost EPA-Verified Systems for Diesel Retrofit on Heavy Duty Vehicles. Clean Diesel Technologies, Inc.

[8] Nett Technologies Inc. Diesel Exhaust Catalytic Converters. [2010-09-28]. http://www.nettinc.com/docs/nett_factsheet_diesel_oxidation_catalyst.pdf.

[9] Tim Johnson. Review of Emerging Diesel Emissions and Control. DEER Conference Dearborn. (2009-08-04) [2014-12-28]. http://energy.gov/sites/prod/files/2014/03/f8/deer09_johnson.pdf.

[10] 柏倉桐子,佐々木 左宇介,中島徹.ディーゼル重量車からの規制未規制大気汚染物質排出量と排出傾向.大気環境学会誌,2008,43(1):67-68.

[11] 河合英直,後藤雄一,小高 松男.エンジン排気管内におけるナノ粒子の挙動に関する研究.交通安全環境研究所報告. (2005) [2016-01-04]. http://iss.ndl.go.jp/books/R100000002-I000000408486-00.

[12] Tim Johnson. Diesel Emission Control in Review. [2010-09-28]. /www.corning.com/WorkArea/downloadasset.aspx? id=30725.

[13] 杨正军,王建海,钟祥麟.国Ⅳ柴油车 NO_2排放特性研究.汽车技术,2011:(6):27-29.

[14] 排出ガス後処理装置検討会.最終報告.(平成26-03-28)[2014-08-21]. http://www.mlit.go.jp/common/001046134.pdf.

[15] Prakash Sardesai.Technology Trends for Fuel Efficiency & Emission Control in Transport Sector. PCRA Conference. (2007 - 10 - 31) [2016 - 01 - 04] http://www. pcra. org/english/transport/prakashsardesai.pdf.

[16] STRATUS DIESEL PARTICULATE FILTERS. Exhaust Gas Aftertreatment Technologies. [2014-11-11].http://www.spinnerii.com/files/comm_id_30/Complete_Stratus_Presentation1.pdf.

[17] 株式会社 ACR. ACR Excat 製品情報.[2010-09-28]. http://www.acr-ltd.jp/acr-excat.html.

[18] Beihai Xiaoming International Import and Export Trading Co.,Ltd. CarsおよびMotorcycleのための金属 Honeycomb Substrate Catalyst Used. [2014 - 11 - 07]. http://jp. made - in - china. com/co_xiaomingdxy/image_Metal-Honeycomb-Substrate-Catalyst-Used-for-Cars-and-Motorcycle_hrnrongoy_fvmtFqCMlygI.html.

[19] Johnson Matthey.30 Years in the Development of Autocatalysts. (2004)[2016-01-04] http://www.platinum.matthey.com/documents/market-review/2004/special-report/special-report-30-years-in-the-development-of-autocatalysts.pdf.

[20] 株式会社 ACR. ACR EXCAT(八都県市指定 066-C)搭載及び製品選定要領書.(2010-09-28). http://www.acr-ltd.jp/download/cata-choice-point.pdf.

[21] 江苏省宜兴非金属化工机械厂有限公司蜂窝陶瓷分厂.柴油机尾气净化用 DOC、SCR 陶瓷载体.[2014-08-28].http://www.yxfwt.com/product_detail/typeid/0/id/8.html.

[22] Beihai Xiaoming International Import and Export Trading Co.,Ltd.ARtoのためのThermalの産業記憶装置 Ceramics Honeycomb Heater.[2014-11-07].http://jp.made-in-china.com/co_xiaomingdxy/image_Industrial-Thermal-Store-Ceramics-Honeycomb-Heater-for-Rto_eiehengug_vSwaRTnqZMkE.html.

[23] Nanning Elaiter Environmental Technologies Co.,Ltd.触媒コンバーターの中心のための菫青石の蜜蜂の巣の陶磁器の基質.[2014-11-07].http://japanese.alibaba.com/product-gs/cordierite-honeycomb-ceramic-substrate-for-catalytic-converter-core-599178475.html.

[24] Shenzhen Rising Technology Co.,Ltd.菫青石の蜜蜂の巣の陶磁器の版、多孔性の触媒サポート媒体.[2014-11-07].http://japanese.reformingcatalyst.com/sale-1915323-cordierite-honeycomb-ceramic-plates-porous-catalyst-support-media.html.

[25] Pingxiang Fxsino Petrochemical Packing Co.,Ltd.触媒の基質のために陶磁器菫青石の蜜蜂の巣.[2014-11-07].http://japanese.alibaba.com/product-gs/cordierite-honeycomb-ceramic-for-catalyst-substrate-602259360.html.

[26] 李兴虎.汽车环境保护技术.北京:北京航空航天大学出版社,2004.

[27] Petroleum Energy Center.高温型触媒燃焼技術の研究開発.[2014-11-07].http://www.pecj.or.jp/japanese/report/1999report/99F.2.2.1.pdf.

[28] Christos K Dardiotis, Onoufrios A Haralampous, Grigorios C Koltsakis. Catalytic Oxidation Performance of Wall-Flow versus Flow-Through Monoliths for Diesel Emissions Control. Ind. Eng. Chem. Res. 2006, 45:3520-3530.

[29] Aleksandar Bugarski. Exhaust Aftertreatment Technologies for Curtailment of Diesel Particulate Matter and Gaseous Emissions. (2012 - 06 - 17) [2014 - 09 - 28]. http://www. cdc. gov/niosh/mining/

userfiles/workshops/dieselaerosols2012/bugarskimvs2012curtailment.pdf.

[30] İbrahim Aslan Resitoğlu, Kemal Altinisikik, Ali Keskin. The pollutant emissions from diesel-engine vehicles and exhaust aftertreatment systems. Clean Techn Environ Policy. [2013-06-01]. http://download.springer.com/static/pdf/569/art%253A10.1007%252Fs10098-014-0793-9.pdf? auth66=1408692759_6efa53f4a511716e8eba319aa9809d3c&ext=.pdf.

[31] 英樹阿部.自動車排出ガス触媒の現状と将来.2010 年 12 月号 - 科学技術政策研究所.(2010-12)[2016-01-04].http://www.nistep.go.jp/achiev/ftx/jpn/stfc/stt117j/menu.pdf.

[32] Prasad R, Venkateswara Rao Bella. A Review on Diesel Soot Emission, its Effect and Control. Bulletin of Chemical Reaction Engineering & Catalysis, 2010, 5 (2): 69-86.

[33] 兵庫県農政環境部環境管理局水大気課交通公害係.兵庫県の大型ディーゼル自動車等運行規制.[2010-09-28].http://www.kankyo.pref.hyogo.jp/JPN/apr/keikaku/diesel/diesel_index.htm.

[34] 環境農林水産部,環境管理室交通環境課.自動車排ガス規制・指導グループ.入車対策.[2010-09-28].http://www.pref.osaka.lg.jp/kotsukankyo/ryuunyuu/.

[35] 日野自動車株式会社.アニュアルレポート.[2010-09-28].http://www.hino-global.com/j/pdf/hino_report/7205j.pdf.

[36] 株式会社小林運輸.整備点検マニュアル.http://www.kobayashi-un.co.jp/pdf/seibitenkenmanyuaru.pdf.

[37] 日産ディーゼル工業株式会社.環境報告書 2004 - UD Trucks.[2010-09-28].http://cdn.udtrucks.com/media.axd/Documents/Japan/About_us/Environmental%20reports/2004.pdf? v=Yjp-tI8E5AAA.

[38] 株式会社小林運輸.PMクリーナ(粒子状物質減少装置)整備点検マニュアル -.[2010-09-28].http://www.kobayashi-un.co.jp/pdf/seibitenkenmanyuaru.pdf.

[39] Donaldson DOC Products for Emission Retrofit. A Cost-Effective Emissions Retrofit Solution with No Maintenance-Diesel Oxidation Catalyst.[2013-09-28].http://www.donaldson.com/en/exhaust/support/datalibrary/002422.pdf.

[40] トヨタ自動車.ディーゼル酸化触媒(トヨタ自動車75年史-技術開発-材料).[2013-09-28].https://www.toyota.co.jp/jpn/company/history/75years/data/automotive_business/products_technology/technology_development/materials/details_window.html.

[41] 柴田慶子,柳沢伸浩,田代欣久,など.ディーゼル排気粒子中多環芳香族炭化水素の排出特性—酸化触媒の効果—.大気環境学会誌,2010,45(3):144-152.

[42] 末松孝章,田中明雄,林田俊光,など.Ag/TiO_2触媒を用いたアンモニアの酸化分解処理.[2014-03-19]http://library.jsce.or.jp/jsce/open/00517/1997/34-0037.pdf.

[43] Johnson Mattheyl. Johnson Matthey's ammonia slip catalysts are designed to prevent ammonia breakthrough, while providing at the same time high NO_x reduction efficiency in our urea-based SCR systems. [2014-10-03].http://jmsec.com/cm/Products/Ammonia-Slip-Catalysts.html.

[44] 张丽,刘福东,余运波,等.CeO_2添加对 Ag/Al_2O_3催化剂低温氨氧化性能的影响.催化学,2011,32(5):727-735.

[45] Milica Folić, Lived Lemus, Ioannis Gekas, et al. Selective ammonia slip catalyst enabling highly efficient NO_x removal requirements of the future. http://energy.gov/sites/prod/files/2014/03/f8/deer10_folic.pdf.

[46] Amon B, Keefe G. On-Road Demonstration of NO_x Emission Control for Heavy- Duty Diesel Trucks using SINOX Urea. SCR Technology-Long-Term Experience and Measurement Results. SAE Parper 2001-

01-1931,2001.

[47] オフサイクルにおける排出ガス低減対策検討会.ディーゼル重量車関係.[2014-03-19].http://www.env.go.jp/council/former2013/07air/y071-51/mat03-3.pdf.

[48] 中华人民共和国国家环境保护标准.HJ 451—2008 环境保护产品技术要求 柴油车排气后处理装置.

[49] 中华人民共和国工业和信息化部规划司.汽车产业技术进步和技术改造投资方向(2010年),(2010-05-26)[2016-01-04].http://www.miit.gov.cn/n11293472/n11293832/n12843956/13227851.html.

[50] Johnson Matthey.Diesel Engine Emissions Control.[2013-09-28].http://jmsec.com/Library/Brochures/Diesel_Engine_Products_Summary-jm_sec_data_diesel_emissions_033012m.pdf.

[51] 日本陸用内燃機関協会.平成18年度環境対応型ディーゼルエンジンの基盤技術開発補助事業報告書.(2007-03)[2014-03-19].http://www.lema.or.jp/library/pdf/h18_report.pdf.

[52] Tim Johnson.Diesel Emission Control in Review.Corning Incorporated.[2014-03-19].http://www.corning.com/WorkArea/downloadasset.aspx? id=30725.

[53] 木下輝昭,小谷野眞司,岡村整,など.大型ディーゼル車への酸化触媒装着によるNO_2排出量比率の変化について.[2014-01-04]http://www.tokyokankyo.jp/kankyoken_contents/report-news/2007/Jidosha-1.pdf.

[54] 高田圭.燃焼制御によるディーゼル排出ガス中のNO_x組成の制御法とその活用に関する研究.東京:早稲田大学博士学位論文,2009.

[55] Todd Jacobs,Sougato Chatterjee,Ray Conway,et al.Development of Partial Filter Technology for HDD Retrofit.SAE Parper 2006-01-0213,2006.

[56] 中华人民共和国国家环境保护标准,HJ 438—2008 车用压燃式、气体燃料点燃式发动机与汽车排放控制系统耐久性技术要求.

[57] Johnson Matthey.DOC Diesel Oxidation Catalyst.[2013-09-28].http://jmsec.com/Library/Brochures/jm_sec_data_doc_033012m.pdf.

[58] 王燕军.我国柴油车颗粒物排放现状与控制对策建议.The 1st International Chinese Exhaust Gas and Particulate Emission Forum.Shanghai,2012.

[59] 百度百科.陶瓷纤维.[2013-09-28].http://baike.baidu.com/view/1066135.htm.

第三章　NO_x 的催化还原净化技术

第一节　NO_x 催化还原方法的种类

一、NO_x 的净化方法

柴油机(车)的 NO_x 排放污染物主要指排气中的 NO 和 NO_2 两种污染物[1]。NO 在标准状况下为无色气体,液态和固态的 NO 呈蓝色。NO 带有自由基,化学性质非常活泼,与氧反应后,可形成具有腐蚀性的气体 NO_2。NO_2 常称为过氧化氮,在常温常压下为红棕色,气味具有刺激性,易溶于水、有毒、易液化;NO_2 吸入后对肺组织具有强烈的刺激性和腐蚀性。

由于组成 NO_x 的是空气中两种主要无害成分 N_2 和 O_2 的元素,因此,NO_x 净化的最理想的方法就是设法将 NO_x 分解为无害的 N_2 和 O_2。但由于这种方法能耗大和成本高,故采用最多的 NO_x 净化方法是在一定的温度下利用催化剂的催化作用,使 NO_x 与不同的还原剂(如 NH_3、HC、H_2 和 CO 等)反应,将 NO_x 还原为无害的 N_2 和 H_2O、CO_2 等的 NO_x 催化还原法。

相对常规(理论空燃比控制方式)汽油机而言,柴油机工作时缸内混合气的平均空燃比高于理论空燃比,即采用的是稀混合气燃烧,特点是高温条件下燃烧区域中 N_2 和 O_2 反应生成的 NO_x 数量多,排气中 HC、CO 和 H_2 等的数量少,故柴油机排气中没有足够的还原剂还原排气中的 NO_x。因此,广泛应用于汽油机的、以排气中 HC、CO 和 H_2 等作为还原剂的三效催化技术无法应用于柴油机排气中 NO_x 还原净化。另外,柴油机使用的混合气稀,排气温度低,故将 NO_x 还原为无害成分的化学反应速度低。因而,柴油机排气中 NO_x 的催化净化难度远高于汽油机。

二、NO_x 催化还原方法的种类

常见的 NO_x 的还原净化法有:选择性非催化还原(SNCR)、选择性催化还原(SCR)、非选择性催化还原(NSCR)和 NO_x 的吸附催化还原(NSR)四种[1]。前三种方法 SNCR、SCR 和 NSCR 已在发电厂锅炉的 NO_x 排放控制中得到了成功应用,在固定工况大型柴油机上也有不少应用实例。汽油车的三效催化器

也是典型的还原净化 NO_x 的 NSCR 系统，NSR 也已在缸内直喷稀燃汽油机上获得成功应用[1]。因此，可以说 NSCR 和 NSR 技术其实早已应用于汽油车的排气净化系统。由于柴油机缸内混合气为稀混合气，排气中没有足够的还原剂，并且排气温度低，因此 SNCR 和 NSCR 不适合于柴油机排气中 NO_x 的还原净化。

三、柴油车 NO_x 的催化还原方法及效果

目前常见的柴油机 NO_x 还原净化方法有 NSR 和采用 NH_3、HC、H_2 和 CO 等还原剂的 SCR 两类。已开发的 NO_x 的吸附催化还原净化可分为吸附 NO_x 的 NO_x 催化还原净化方法（常称为 NO_x 吸附催化还原净化方法）和吸附 NO_x 的同时也吸附 HC 的 NO_x 净化方法两种。其中 NO_x 吸附催化还原净化技术应用广泛，其英文名称有 NSR、NAC 和 NSC 等。NSR 方法已成功地用于缸内直喷稀燃汽油机，与车载尿素 SCR 净化系统相比，结构紧凑的 NSR 净化器，制造成本低，比较适宜于结构紧凑、空间布置难度大的排量小于 2.0~2.5L 的柴油车。已经实用化的 SCR 有以 NH_3 和 HC（产物中的 HC 及燃料）作为还原剂的两种技术。还原剂 NH_3 的来源常采用尿素水溶液，故此种 SCR 常称为 USCR，USCR 较适用于大型车辆。以 HC 作为还原剂的 SCR 常称为 HC-SCR，由于 HC 主要来自使用稀混合气燃烧的柴油机排气，因此也将此种 SCR 称为稀 NO_x 催化技术（LNC）。LNC 更适合于小型柴油车。

处于研发阶段的柴油车 NO_x 净化技术有非热等离子体后处理技术等，非热等离子体主要作为催化净化器的辅助技术使用，其原理是利用等离子体将产物中 NO 转化为 NO_2、提高还原剂 HC 的活性，加速 NO_x 还原反应的进行。

柴油机降低 NO_x 排放后处理技术的效果随着车辆类型、使用燃料种类和测试规范等的不同而不同。实现低排放的方法应该是多种技术相结合的方法，如采用清洁燃料、先进的发动机结构和先进的排放控制技术相结合的方法等。表 3-1 列出了四种降低 NO_x 的排气后处理技术在重型柴油车上的应用效

表 3-1　降低 NO_x 排放的重型柴油车后处理技术

控制技术	NO_x 降低率	示范机构、机型或地点
稀 NO_x 催化器 LNC	25%~50% （新品可达 80%）	卡特彼勒、3116 发动机 Ceryx 公司、QuadCat 型 LNC
选择性催化还原净化器 SCR	75%~90%	排放控制制造商协会/西南研究院 西门子汽车 清洁柴油技术/RJM 庄信万丰（Johnson Matthey）公司 美国休斯顿市

（续）

控制技术	NO_x降低率	示范机构、机型或地点
NO_x吸附净化器 NAC	80%~90%	美国能源部 发动机制造商协会 排放控制制造商协会
非热等离子体	50%	德尔福汽车系统 西南研究所/卡特彼勒公司

果[2]。可见，稀 NO_x 催化器和非热等离子体后处理技术的效果不够理想，SCR 和 NAC 的 NO_x 净化效果较好。

第二节 NO_x 吸附催化还原净化技术

一、NO_x 吸附催化还原净化技术

1. NSR 的催化剂及其吸附原理

NO_x 的 NSR 净化技术，主要应用于电控柴油机上，一般采用燃烧过程后期向缸内二次喷油或向排气（道）管喷油的方法产生还原 NO_x 所需的还原剂（通常为柴油）。NSR 净化技术是控制车用柴油机 NO_x 排放的重要后处理方法之一，其主要不足是增加了燃油消耗量，并需要足够精确的 NO_x 传感器和降低燃油中的硫含量。NSR 净化技术的优点是可以直接使用燃料作为还原剂，不需要提供还原剂的专门车载容器和其供应基础设施，特别适用于结构紧凑型柴油车排气污染的控制。这种方法的主要不足有两个：①燃料消耗率会增加几个百分点；②当柴油机使用硫含量（质量分数）大于 0.001% 的柴油时，催化剂易发生硫化物中毒，净化性能下降；要恢复中毒后的催化剂的性能，则需要供给催化剂一定时间的 650~700℃ 高温排气，才能使毒物挥发分解，催化剂性能恢复如初，故必须制订催化剂性能恢复控制策略，这既额外增加了油耗，又增加了控制难度和成本。

柴油机吸附催化净化系统的催化剂一般由 Pt 和 Rh 等组成，吸附剂采用 $BaCO_3$ 等，担体使用 Al_2O_3 等。NSR 系统在满负荷可以显著减少 NO_x 排放，NO_x 转换率达到 75%~80%，但需要增加 1.2%~2% 的燃料消耗[3]。

为了提高 NSR 催化剂的运行性能，NSR 催化剂中通常还添加了一些改善其转化率和耐热性等性能的添加剂。表 3-2 列出了几种添加剂的优点与不足[4]。可见，添加剂对基于 Pt、Rh 和 Ba 的 NAC 性能的影响是两方面的，因此，在研制催化剂配方时应权衡各种添加剂的优缺点。

表 3-2　基于 Pt、Rh 和 Ba NAC 的添加剂的优点与不足

添加剂	优　点	缺　点
碱金属	增加存储容量,改善高温转换率	耐久性低 低温度下 NO_x转化率下降 HC 转换率减少
添加氧化铈、二氧化钛涂层	改善 NO_x转化 提高耐硫和硫解吸性能	更难以去除硫化物 燃料消耗增加 高温储存性变差

图 3-1 为吸附催化剂的组成及工作原理示意图。柴油机在稀混合气运行时,NO_2与 Ba 反应生成 $Ba(NO_3)_2$,并置换 $BaCO_3$中的 CO_3^{2-},释放出 CO_2气体。NO 则在 Pt 催化作用下,先氧化为 NO_2,再与 $BaCO_3$发生置换反应生成 $Ba(NO_3)_2$,并释放出 CO_2气体。于是,NO_x被全部储存在碱性金属上,NO_x吸附过程的化学反应方程为

$$2NO + O_2 = 2NO_2 \quad (3-1)$$

$$2NO_2 + BaCO_3 + 1/2O_2 = Ba(NO_3)_2 + CO_2 \quad (3-2)$$

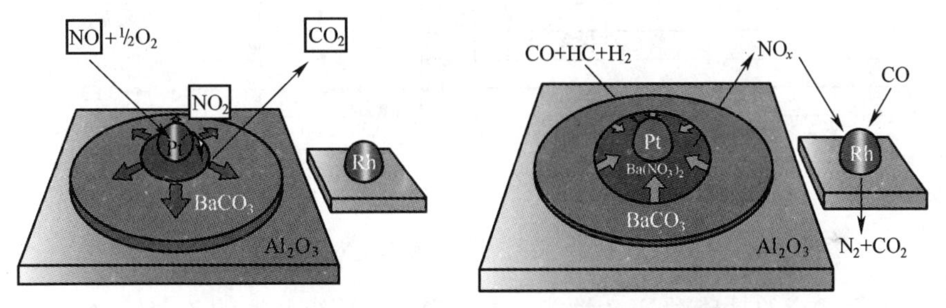

图 3-1　吸附催化剂的组成及工作原理示意图[5]

当超过 NO_x吸附上限时,吸附催化净化系统将无法吸附排气中的 NO_x,排气中的 NO_x将会超标。因此,当 NO_x吸附达到饱和后,通常采用向排气管喷射燃油的方法形成浓混合气,将排气中 NO_x直接还原,并在吸附催化剂的周围形成大量的 HC、CO 和 CO_2等,使 CO_2置换出 $Ba(NO_3)_2$中的 NO_2,浓混合气氛围延续到 CO_2置换出全部 NO_2为止。NO_x解吸过程的化学反应方程为

$$Ba(NO_3)_2 + 2CO = BaCO_3 + NO + NO_2 + CO_2 \quad (3-3)$$

在 Rh 的催化作用下,催化剂释放出的 NO 和 NO_2与 CO、HC 和 H_2等反应生成无害的 CO_2、N_2、H_2O 等。其化学反应方程为

$$NO_2 + CO = NO + CO_2 \quad (3-4)$$

$$NO + CO = 1/2N_2 + CO_2 \quad (3-5)$$

$$2NO + H_2 = N_2 + H_2O \quad (3-6)$$

$$NO + HC \longrightarrow N_2 + H_2O + CO_2 \tag{3-7}$$

这种净化系统的 NO_x 转化率主要受到贵金属催化剂含量、吸附剂种类和温度等影响。图 3-2 为贵金属催化剂 Pt 含量、吸附剂种类和温度对 NO_x 转化率影响的实验结果。图 3-2(a)表明吸附剂种类不同,NO_x 转化率随催化剂温度变化曲线差别较大[4]。含 Ba 催化剂在常见的低温工况条件下较高,但在高温工况条件下低于含 K 催化剂。图 3-2(b)表明 Pt 催化剂的涂覆量不同时,NO_x 转化率随温度变化曲线差别明显[6]。温度小于 350℃,Pt 的理想负载量约 2.65g/L。目前催化剂及其配方并不理想,未来需要对贵金属的分散性进行改进,降低使用量和改进的催化性能,还应添加抑制硫酸反应生成和降低脱硫温度的组分,使脱硫温度由 700~750℃ 回落至 600℃ 以内,并且不影响高温性能。

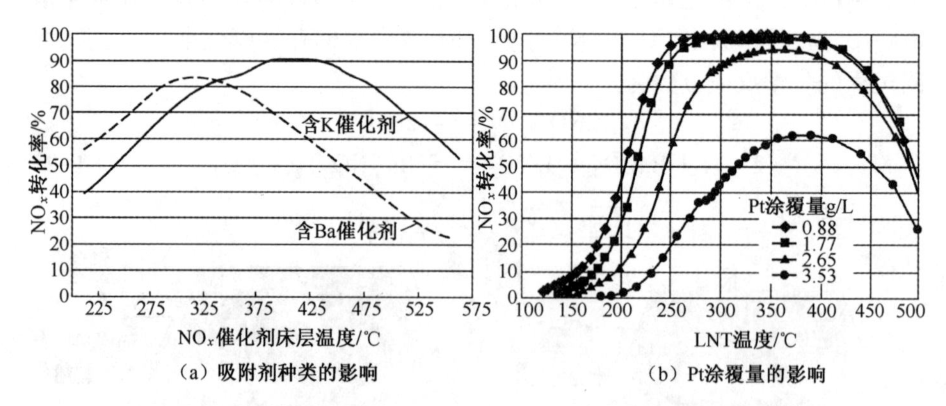

图 3-2 催化剂 Pt 含量、吸附剂种类和温度对 NO_x 转化率影响[4]

值得注意的是硫对 NSR 性能有重要影响。传统柴油的硫含量比汽油多,柴油中的硫在燃烧过程中生成 SO_2,SO_2 可以通过一个类似于 NO_2 吸附形成硝酸盐,并被存储在吸附剂中。SO_2 按照方程(3-8)和(3-9)所示的反应形成硫酸盐被吸附在吸附剂上。

$$2SO_2 + O_2 = 2SO_3 \tag{3-8}$$

$$SO_3 + BaO = BaSO_4 \tag{3-9}$$

与硝酸盐相比,硫酸盐热力学稳定性好。与 NO_2 相比,SO_3 被优先吸附并形成硫酸盐。硫酸盐与硝酸盐的再生条件不同,硫酸盐需要较高的温度才能分解,随着被吸附硫酸盐增多,NSR 的 NO_x 储存能力会逐渐下降。因此,必需定期去除 NSR 吸附剂中的硫,除去催化剂中硫酸盐反应条件比 NO_x 解吸再生条件更苛刻,去除硝酸盐需要浓混合气条件下,温度甚至应超过 600℃,且需要持续相当长的一段时间,因此,要求催化剂及其载体的热耐久性高。

为了促进硫酸钡颗粒的分解和硫的解吸,可以在催化剂中添加铁、钴、镍和铜等过渡金属。试验表明,当吸附硫酸盐暴露在还原性气体中,催化剂中添加铁后,可以脱硫。常用的脱硫方法如表 3-3 所列[4]。采取这些方法后,可能会带来 H_2S 污染物、催化剂热退化和燃料消耗增大等问题,使用这些方法时应充分考虑解决这些新问题的办法。

表 3-3　常用脱硫方法的影响

脱硫方法	除 SO_x 效果
增加再生温度,更改配方,在再生过程中产生 H_2	脱硫时可能产生 H_2S,催化剂热退化,耐久性降低
增加脱硫频率	燃料消耗增大
硫捕集器	再生时硫被解吸,但可能会重新吸附氮氧化物
应用低温清除硫材料	脱硫时可能产生 H_2S
通过发动机管理周期性再生	燃料消耗增大

2. 车用 NSR 的催化器的组成及性能

基于上述吸附原理的柴油机吸附催化还原净化系统的组成示意图如图 3-3 (a)所示[1],该净化系统工作过程排气中 NO_x 随时间的变化及其与燃油喷射的关系如图 3-3(b)所示。在柴油机稀混合气运行时,NO_x 被储存在碱性金属上,当 NO_x 超过碱性金属储存上限时,NO_x 传感器将超标信号传送至发动机控制模块 ECU,ECU 发出排气管喷嘴喷油指令,在排气管形成浓混合气氛围,使 NO_x 还原为无害的 N_2 和 H_2O 等。

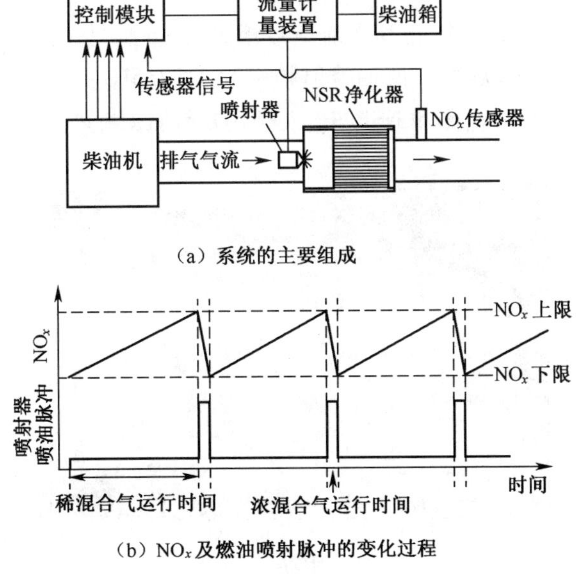

(a) 系统的主要组成

(b) NO_x 及燃油喷射脉冲的变化过程

图 3-3　排气管喷油的吸附催化还原净化系统示意图

丰田汽车公司开发的新 NSR(NO_x 捕集净化或吸附还原)催化净化系统的实物照片如图 3-4 所示[7]。新 NSR 催化净化系统预定 2017 年开始装备于柴油机汽车,主要目的是应对欧洲 2016 年即将施行的最新柴油车排放法规。新 NSR 催化净化系统燃油喷射装置直接安装在排气管,直接喷射柴油把 NO_x 还原为氮气、水和二氧化碳。由于该系统喷射的是柴油,故省去了尿素 SCR 的尿素溶液罐,实现了车辆轻量化,减少了排气管柴油喷射带来的比油耗恶化,装备新 NSR 催化净化系统的车辆比油耗仅增加约 2%。

图 3-4　丰田公司新 NSR 催化净化系统的实物照片

新 NSR 催化净化系统与其之前型号相比,其特点是燃油喷射装置直接安装在排气管,采用间歇喷射,燃油喷射频率为 1~2.5Hz。图 3-5 为 NSR 喷射燃油后,排气温度、空燃比和 NSR 出、入口 NO_x 和 THC 的变化曲线,试验用 NSR

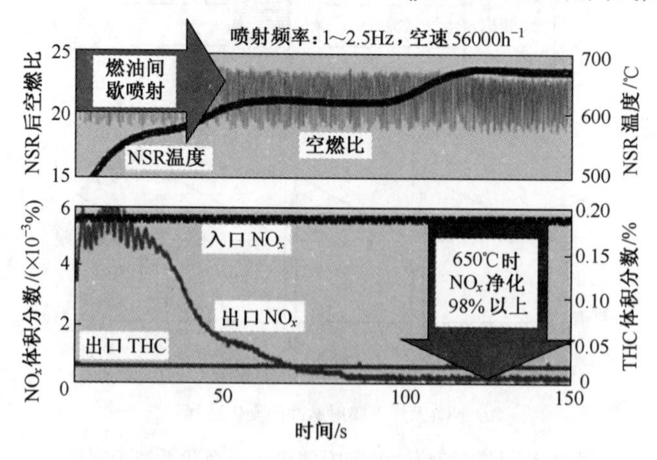

图 3-5　NSR 温度、空燃比、THC 和 NSR 出、入口 NO_x 的变化曲线

为经过老化试验后的、体积为 0.8L 的 NSR，试验时的空速为 $56000h^{-1}$。可见，新 NSR 催化净化系统可以在 NSR 出口 THC 几乎不变的情况下，在排气温度升高到 650℃时，实现 NO_x 排放 98%以上的净化目标。

燃油中的硫燃烧后生成的 SO_2 在 Pt 催化作用下可以氧化为 SO_3，并与 Ba 反应直接生成 $BaSO_4$ 等[4,8]，由于 CO_2 很难置换出 $BaSO_3$ 或 $BaSO_4$ 中的 SO_3 或 SO_4，因此随着使用时间增长，吸附催化还原净化系统的吸附性能将大大降低。为了恢复吸附催化还原净化系统的吸附性能，通常需要额外喷油，保证排气温度达到 700℃以上，使 CO_2 置换出 $BaSO_3$ 或 $BaSO_4$ 中的 SO_3 或 SO_4，把这一过程称为 NSR 性能的恢复控制。显然硫含量越高，恢复控制次数越多。

图 3-6 为燃料中硫含量对 NSR 性能恢复控制次数的影响[9]，可见含硫质量分数为 5×10^{-3}%的燃油需要恢复控制喷油的次数为含硫量 1×10^{-3}%燃油的 5 倍。因此燃料中含硫量越多，燃油消耗量增加也就越多。燃料中硫含量对装备 NSR 车辆油耗影响的一个试验结果如表 3-4 所列。

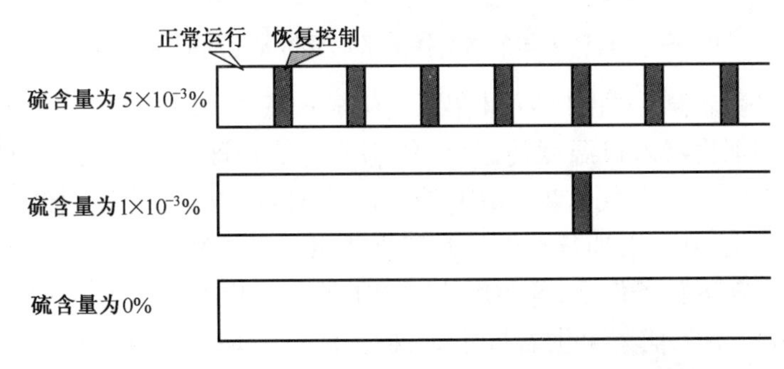

图 3-6　燃料中硫含量对 NSR 性能恢复控制次数的影响

表 3-4　燃料中硫含量对装备 NSR 车辆油耗的影响

名称	排量/L	后处理系统	运行工况	行驶距离/km	油耗变化率/%		
					硫含量为 5×10^{-3}% 的柴油	硫含量为 1×10^{-3}% 的柴油	硫含量为 0%的柴油
发动机 A	3.8	NSR	修正 11 工况	10000	−3.9	基准	1.2
发动机 D	4.0	NSR+DPF	修正 11 工况	50000	−4.6	基准	1.1
车辆 B	2.0	NSR+DPF	11 工况	30000	−4.9	基准	0.7
车辆 C	3.0	NSR+DPF	11 工况	80000	−9.1	基准	2.0

表 3-4 中同时给出了试验发动机和车辆的排量、后处理系统及行驶里程等。采用日本 11 工况的试验结果表明，使用无硫燃油时的油耗较含硫量为 1×10^{-3}%燃油的油耗减少 0.7%～1.2%，使用含硫量为 5×10^{-3}%燃油的油耗

较含硫量为 $1\times10^{-3}\%$燃油的油耗增加 3.9%~9.1% 。

3. 雷诺(Renault)公司的 NO_x捕集系统

雷诺公司是提出稀 NO_x 捕集系统概念 NSC 的公司之一。雷诺公司的 NO_x捕集系统吸附催化剂的组成如图 3-7 所示,与图 3-1 所示吸附催化剂的不同是增加了助催化剂 Ce,通过 Ce_2O_3和 CeO_2之间的转化实现了氧气的调节。当 150℃<排气温度<450℃时,进行 NO_x 吸附;当 200℃<排气温度<500℃,且混合气浓度高时进行 NO_x释放。

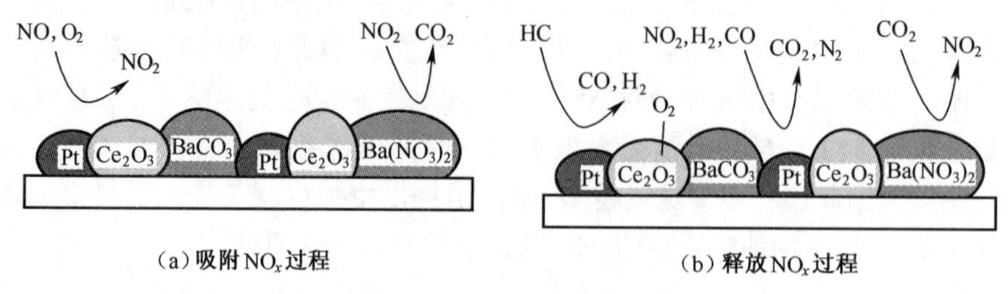

(a) 吸附 NO_x过程　　(b) 释放 NO_x过程

图 3-7　雷诺公司的 NO_x捕集系统吸附催化剂的组成[10]

图 3-8 为雷诺公司的 NO_x捕集系统组成示意图。NO_x捕集系统安装了氧气传感器和催化器入口温度传感器,传感器的信号被送入发动机 ECU,以控制发动机工作的混合气浓度。NO_x 捕集净化器具有传统的氧化催化转化器(HC/CO 氧化)和 NO_x捕集功能。其氧化功能是连续的,NO_x捕集功能是不连续的。在正常运转条件下,稀薄燃烧时 NO_x捕集净化器能捕集氮氧化物,但不能净化排气。NO_x捕集净化器再生时,稀薄燃烧发动机必须工作在浓混合气燃烧条件,使进入 NO_x捕集净化器的排气中含有足够的未燃碳氢和一氧化碳,以减少存储的 NO_x。释放时刻由发动机 ECU 确定,ECU 根据 NO_x捕集净化器上、下游安装的氧传感器信息等,确定喷射时刻及喷射量等。NO_x捕集器释放阶段的浓混合气通过发动的浓混合气工作模式获得。为了优化各污染物的净化效果,必须精确地管理 NO_x捕集净化器的存储和再生过程。因此,控制系统的核心是 NO_x捕集模型和管理策略。NO_x捕集净化器的存储能力高度依赖于温度,因此,催化器入口安装了温度传感器,并根据稀薄燃烧条件下 NO_x存储模型和浓混合气条件下 NO_x的释放模型对催化转换器的所有热量进行评估。控制系统基于上游和下游浓度传感器信号的分析结果,检测释放结束(空 NO_x捕集)时刻。雷诺公司 NO_x捕集系统的再生间隔小于 10s,平均行驶距离 5km。另外,雷诺公司的 NO_x捕集系统还具有脱硫功能,硫氧化物(SO_x)的脱除方法是借助发动机对 NO_x 捕集净化器内部进行高强度加热。因此,应用 NO_x捕集器时需要改进燃烧方法,满足 SO_x的脱除所需的热量。NO_x捕集净化器的 SO_x脱除间隔小于 15min,平均行驶距离 500km。NO_x捕集净化器与其他

所有污染控制系统相同，具有立法需要的随车诊断功能。NO_x捕集净化器的车载诊断（On Board Diagnostics，OBD）系统是基于 NO_x捕集能力的监测。

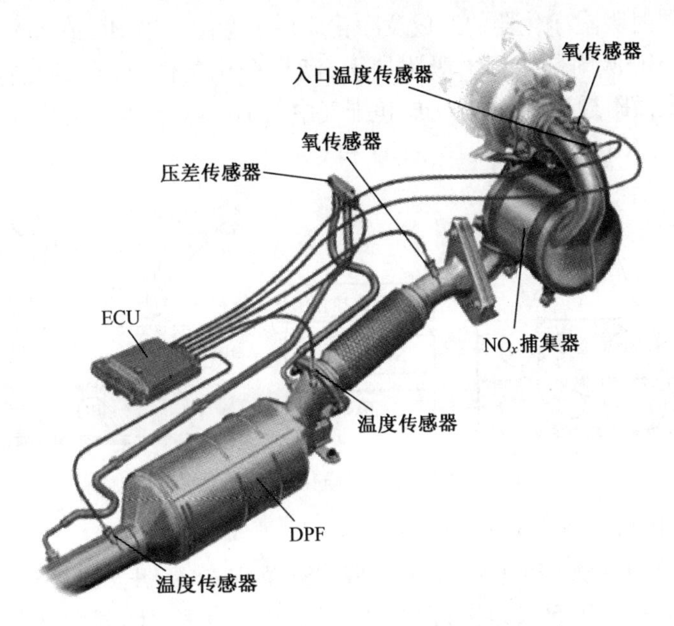

图 3-8　雷诺公司的 NO_x捕集系统的组成[10]

二、NSR 与其他催化器的组合净化技术

1. NSR 与 HC 吸附净化器的组合净化技术

NSR 与 HC 吸附净化器的组合净化装置中值得介绍的是日产公司的柴油机 HC-NO_x同时吸附净化技术。图 3-9 为 HC-NO_x同时吸附净化器原理示意图，HC-NO_x吸附净化器位于氧化催化器和 DPF 之间。日产公司 2007 年展出了其 HC-NO_x捕集催化技术，并宣布装备该技术的清洁柴油车符合美国当年的排放标准，HC-NO_x 捕集催化技术有望将 HC 和 NO_x 进一步减少 90% 和 70%，满足严格的 SULEV 标准。

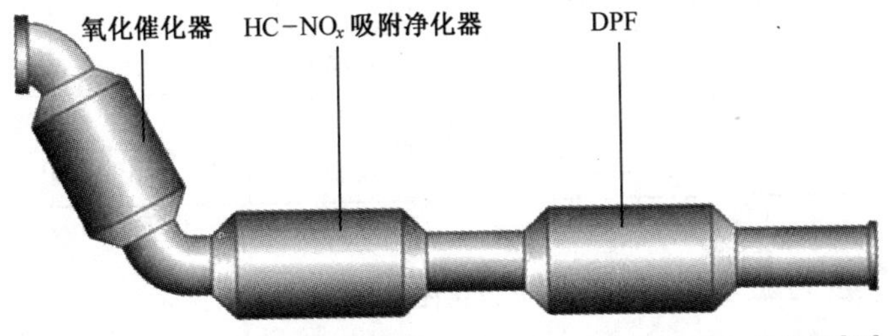

图 3-9　柴油机排放后处理系统中的 HC-NO_x同时吸附净化器[11]

该吸附净化装置可以实现同时吸附净化 HC 和 NO_x 的功能,吸附净化器的催化剂由 HC 吸附层、NO_x 吸附层和 NO_x 还原净化层三层组成。图 3-10 为 HC-NO_x 同时吸附净化器的组成及净化原理示意图。当 HC 或 NO_x 过剩时,则被吸附在 HC 吸附层或 NO_x 吸附层上,满足净化条件时,在 NO_x 还原净化层(催化剂表面附近)中吸附的 HC 和排气中的 HC 均与 O_2 反应生成 H_2 和 CO,H_2 和 CO 与 NO_x 反应,生成 N_2、H_2O 和 CO_2。

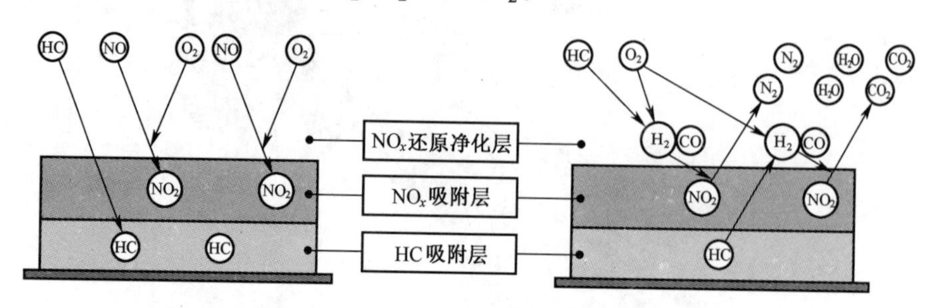

图 3-10 HC-NO_x 同时吸附净化器的净化原理示意图[11]

2. NSR 与 DPF 的组合净化技术

在后处理系统 DPF 的下游中配置 NSR 的研究表明,PM 减少 90%,且可同时减少氮氧化物 50%以上,但柴油车的 HC、CO 和 CO_2 排放较仅装备氧化催化器 DOC 的车辆略有增加。表 3-5 为一个总质量 1550kg 的车辆配置不同后处理系统时,在 FTP-75 工况下的排放测试结果。可见,NSR 与 DPF 组合可以获得满意的 NO_x 和 PM 净化效果,但由于 NSR 需要额外喷入附加燃料形成浓混合气脉冲以实现再生,故 NSR 与 DPF 组合系统的燃油经济性降低。由于 DPF 与 NSR 串联连接,不利于排气系统布置,因此以把 NSR 催化剂直接涂覆于颗粒过滤器,形成 NSR-DPF 净化器的方案已经被提出。NSR-DPF 系统能够减少 80%的 NO_x 和 PM,2002 年在 1400kg 轿车上试验表明,系统 NO_x 和 PM 分别达到了 0.13g/km 和 0.005g/km。可见,采用 NSR-DPF 净化器满足未来的排放法规的前景非常广阔[4]。

表 3-5 配置不同后处理系统的 FTP-75 工况排放测试结果

后处理系统	HC/(g/km)	CO/(g/km)	NO_x/(g/km)	PM/(g/km)	CO_2/(g/km)
DOC	0.03	0.05	0.67	0.04	182
NAC	0.62	0.23	0.23	0.05	189
NAC+DPF	0.59	0.20	0.24	<0.01	190

三、冷启动工况用 NO_x 吸附净化器

Johnson Matthey 公司开发了一个冷启动概念(Cold Start Concept,CSC)的

催化剂。CSC 与日产公司的柴油机 HC-NO_x同时吸附净化技术原理相同,但 CSC 主要用于解决冷启动时的 NO_x和 HC 排放问题[12]。在车辆冷启动阶段(低温),CSC 吸附并存储排气中的 NO_x和 HC。图 3-11 为温度 80℃,100s 内 CSC 的 NO_x瞬时捕集效率随其吸附的 NO_2存储量的变化,图 3-11 中 1、2 和 3 表示三种不同催化剂的测试结果,可见这种催化剂可以有效吸附车辆冷启动阶段排气中的 NO_x。随着车辆运行时间增长,排气温度逐渐升高,当排放温度足够高时,CSC 即会释放出吸附的 NO_x和 HC,并通过下游催化器将其进一步转换为无害的 N_2、H_2O 和 CO_2。

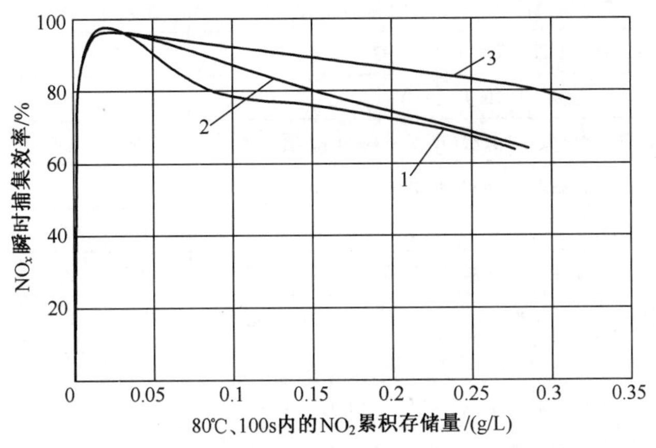

图 3-11　NO_x瞬时捕集效率随吸附的 NO_2存储量变化[13]

四、车用 LNT 的成本估算

LNT 的价格是限制其应用的重要原因之一,在制订车辆排气后处理方案时,面临的首要问题是成本估算,故下面简要介绍 LNT 成本估算的基本方法。LNT(NSR)载体越大,NO_x转换率越高,但体积增加受到成本和车辆空间结构等的限制,因此,较小 LNT 载体的体积仅为发动机排量的 0.94 倍,较大 LNT 载体的体积则可以为发动机排量的 1.4 倍以上[3]。轻型车用堇青石载体 LNT 的体积一般宜选为发动机排量 V_d 的 1.0~1.5 倍。

在进行 LNT 成本估计时,一般假定催化剂载体积为 1.25 倍的发动机排量[14]。LNT 的成本包括硬件成本(贵金属氧化还原催化剂、载体、涂层、壳体和劳动力)和保修成本等[15],有时为了提高 LNT 的再生性能,在 LNT 的上游会使用 DOC,由于不是所有系统都带有 DOC,故 LNT 成本一般不包括 DOC 成本在内。表 3-6 为 LNT 的成本估算表,LNT 的成本主要受到载体体积的影响,故表 3-6 中给出了载体体积为 1.5、2.0、2.5 和 3.0 倍发动机排量四种条件下的 LNT 成本估算结果。可见 3.0 倍发动机排量的载体的基本成本为 1.5

倍发动机排量载体的 1.88 倍，因此在为发动机选用 LNT 时应尽量选择小体积载体。

表 3-6　发动机 LNT 的成本估算

编号	成本项目				
1 项	平均发动机排量 V_d/L	1.50	2.00	2.50	3.00
2 项	载体体积 CV(SVR=1.25)/L	1.88	2.50	3.13	3.75
3 项	Pt 成本(即 2.0g/L×CV×43 美元/g)/美元	161	215	269	323
4 项	Rh 成本(即 0.5g/L×CV×135 美元/g)/美元	127	169	211	253
5 项	贵金属总成本(即 3 项+4 项)/美元	288	384	480	576
6 项	载体(即 6 美元×CV+1.92)/美元	13	17	21	24
7 项	涂层(即 15 美元×CV)/美元	28	38	47	56
8 项	贵金属总成本+载体+涂层(即 5 项+6 项+7 项)/美元	329	439	548	656
9 项	过滤器外壳(即 5 美元×CV)/美元	9	13	16	19
10 项	装饰/美元	5	5	10	10
11 项	宽域氧传感器(UEGO)/美元	33	33	33	33
12 项	制造总成本(即 8 项+9 项+10 项+11 项)/美元	376	490	607	718
13 项	劳动力成本/美元	12	12	12	12
14 项	生产商的总直接成本(即 12 项+13 项)/美元	388	502	619	730
15 项	保修成本(3%索赔率)/美元	12	15	19	22
16 项	基本成本(即 14 项+15 项)/美元	400	517	638	752
17 项	长期成本(即 0.8×基本成本)/美元	320	413	509	602

第三节　非选择性催化还原(NSCR)技术

一、NSCR 的主要优势及不足

非选择性催化还原通常选用氢气、天然气、氨气、柴油和石脑油等可燃气体作还原剂。因而具有还原剂选择面宽，可以直接使用发动机燃料等优势。

在 NSCR 催化器中还原剂与污染气体中的 NO_x 和 O_2 不加选择地发生化学反应，而将它们同时除去。由于柴油机采用稀混合气工作，故除去污染气体中的 NO_x 时，还原剂将被排气中大量的 O_2 所消耗，导致 NSCR 法的经济性难以接受。

非选择性还原剂由于对 NO_x 和 O_2 无选择性，还原剂消耗量大，致使还原反应温度较高，还会产生 CO 等新污染物，因而已逐渐被选择性还原法所取代。

二、NSCR 催化器的 NO_x 净化机理

此处以甲烷作为还原剂的 NSCR 为例说明非选择性催化还原 NO_x 的机理。甲烷作为还原剂时，NSCR 中还原 NO_x 的主要化学反应为

$$CH_4 + 4NO_2 = 4NO + CO_2 + 2H_2O \tag{3-10}$$

$$CH_4 + 4NO = 2N_2 + CO_2 + 2H_2O \tag{3-11}$$

$$CH_4 + 2O_2 = CO_2 + 2H_2O \tag{3-12}$$

$$CH_4 + 2NO_2 = N_2 + CO_2 + 2H_2O \tag{3-13}$$

$$5CH_4 + 8NO + 2H_2O = 5CO_2 + 8NH_3 \tag{3-14}$$

式(3-10)~式(3-12)所示的反应称为主反应，式(3-13)和式(3-14)所示反应称为副反应。从主、副两组反应方程式可以看出，在三个主反应中，首先是红棕色的 NO_2 被还原为 NO，该反应通常称为脱色反应；脱色反应生成的 NO 在第二步反应中完全被还原为 N_2，该反应则称为脱除反应。主反应的第三个反应为还原剂的氧化反应。脱除反应比脱色反应和还原剂的氧化反应慢得多，因而必须用足够的燃料，才能保证 NO_x 还原反应完全进行。

为了保证有足够的还原剂用以分解排气中 NO_x，因此，在非选择性催化还原法中，应严格控制还原剂与排气的化学配比。当还原剂不足时，脱色反应优先进行，只能将 NO_2 转化为 NO(脱色)。如果把还原剂的实际用量与理论计算量的比值(又称燃料比)控制在 1.10~1.20 的范围内，相应的净化率可达 90%以上。

非选择性催化还原用催化剂有钯或铂系，活性组分的质量含量通常为 0.1%~1%，载体多用氧化铝。钯催化剂的活性较高，起燃温度低，价格又相对便宜，因而它多用于 NO_x 的净化，而对烟气等含硫化物气体的净化，则需安装前置脱硫装置。

第四节　NO_x 的选择催化还原技术

一、SCR 的原理、特点及种类

SCR 是以碳氢或含氧碳氢燃料(甲烷、二甲醚、甲醇、乙醇和柴油等)、氢气、CO、NH_3 及可释放 NH_3 类的物质(尿素水溶液、氨基甲酸铵等)为还原剂，在催化剂的作用下，还原剂"有选择性"地与排气中的 NO_x 反应并生成 N_2 和 CO_2、H_2O 等的 NO_x 净化方法。其特点是还原剂基本上不与氧反应，避免了还原剂的额外消耗，大大减少了反应热；降低了催化反应器温度，使反应器控制

变得更容易、寿命及可靠性提高;因而各种 SCR 的开发受到广泛关注。

根据 SCR 还原剂的不同,可以把 SCR 分成不同的种类。从已有文献来看,SCR 的种类主要有尿素水溶液 SCR(Urea-SCR 或 USCR)、氨 SCR(NH_3-SCR)、碳氢燃料 SCR(HC-SCR)、一氧化碳 SCR(CO-SCR)、二甲醚 SCR(DME-SCR)、氨基甲酸铵 SCR 等 6 种。其中氨基甲酸铵 SCR 的还原剂氨基甲酸铵为固体,故该种 SCR 常称为固体 SCR(Solid SCR,SSCR)。

USCR 的应用最为广泛,相关开发、研究内容及产品最多,是目前车用柴油机使用最广泛、技术最成熟的 NO_x 的选择催化还原技术。最早应用 USCR 的是船舶,根据国际船舶大气排放催化器管制协会 IACCSEA 的统计[16],到 2012 年,该组织成员 90%以上的较大型船舶具有使用 SCR 的知识和经验,SCR 在船舶上的使用始于 1987 年,到 2013 年安装 SCR 系统的海洋船舶已经超过了 519 个,有的 SCR 系统已运转超过 10 年,累计工作 80000h 以上。由于 USCR 部分内容过多,又可以自成体系,故将 USCR 的原理、特点、种类及工程应用现状等作为专门一章(本书第四章)予以介绍,此处不再赘述。

SCR 催化剂随着还原剂的不同而略有差异,常见的 SCR 催化剂除贵金属铂和钯等外,还有钒、铁、锰、铜和铬等金属氧化物和沸石等催化剂,如:V_2O_5-TiO_2、Ag-Al_2O_3以及 Cu-沸石等。

二、SCR 还原剂的种类

由于 SCR 还原剂种类繁多,故此处仅对其中的尿素水溶液、氨、二甲醚、氨基甲酸铵等进行简要介绍。

1. 氨

氨(亦称氨气、阿摩尼亚或无水氨),分子式为 NH_3,是一种无色气体,具有强烈的刺激气味和腐蚀性,氨进入人体后会阻碍三羧酸循环,降低细胞色素氧化酶的作用;致使脑氨增加,可产生神经毒作用,高浓度氨可引起组织溶解坏死作用。氨对人体的危害通过呼吸道吸入和直接接触两种途径产生。氨对上呼吸道黏膜及眼有强烈刺激,轻度中毒引起眼睛红,咽痛、咳嗽;中度中毒时声音嘶哑、胸闷、呼吸频速、甚至憋气,呼吸困难;重度中毒时剧烈咳嗽、咯大量粉红色泡沫痰、气急胸闷,呼吸困难、明显发绀。皮肤与含有氨的液体直接接触时,可引起碱烧伤、局部红肿和水泡;眼睛直接接触高浓度的氨气或溶液时,会导致眼烧伤甚至失明。

氨极易溶于水,常温常压下水溶解氨的体积比可达 1∶700。氨用途广泛,它是所有肥料的重要成分和很多药物、商业清洁用品的直接或间接组成成分。氨可采用哈伯法合成,即在压力 20MPa 和温度 500℃的条件下,以氧化铁为催化剂,通过加热氮气和氢气生产 NH_3,其反应方式为

$$N_2 + 3H_2 \rightleftharpoons 2NH_3 \tag{3-15}$$

氨的自燃温度651℃、摩尔质量17.0306g·mol^{-1},25℃、100kPa时的密度为0.6942kg·m^{-3},熔点-77.73℃,沸点-33.34℃。

氨的水溶液氨水也称氢氧化铵,为碱性溶液,其反应式为

$$NH_3 + H_2O \rightleftharpoons NH_3 \cdot H_2O \rightleftharpoons NH_4^+ + OH^- \tag{3-16}$$

由于氨气易挥发和生成铵盐,具有强烈的刺激气味和腐蚀性,且储存及携带安全性差,因而,很少见到直接使用气态氨作为还原剂的SCR系统,NH_3-SCR使用的还原剂多为可释放NH_3的物质,如尿素水溶液、氨基甲酸铵等。

2. 尿素

尿素是由C、H、O和N四种元素组成的有机化合物,又称脲。其化学分子式有多种写法,如CON_2H_4、$(NH_2)_2CO$、$CO(NH_2)_2$和CN_2H_4O[17]。尿素外观是白色晶体或粉末。它是动物蛋白质代谢后的产物,通常用作植物的氮肥,尿素结晶无臭无味。熔点132.7℃,沸点196.6℃,含氮量约为46.67%,密度1.335kg/L。尿素呈微碱性,尿素易溶于水和液氨、甲醇、乙醇和甘油等中,不溶于乙醚和氯仿。尿素几乎能与所有直链的有机化合物(如烃、醇、酸、醛类等)发生反应,与酸作用生成有水解作用的盐,尿素被加热至160℃时发生分解反应,生成氨气和氰酸。尿素在高温下可进行缩合反应,在380~400℃温度下发生沸腾反应分解生成氰酸,并进一步缩合生成缩二脲、缩脲和三聚氰酸、三聚氰酸一酰胺、三聚氰酸二酰胺和三聚氰酸三酰胺(三聚氰胺)[18]。

尿素的生产采用合成法。常见的合成尿素的化学反应分两步进行。

第一步是用过量的液氨与干冰反应生产氨基甲酸铵。该反应为可逆放热反应,反应需要冷却装置,其化学反应为

$$2NH_3 + CO_2 \longleftrightarrow H_2N\text{—}COONH_4 + 117.15\text{kJ} \tag{3-17}$$

第二步是加热氨基甲酸铵生产尿素($CO(NH_2)_2$)的反应。该反应为可逆的吸热反应,其化学反应为

$$H_2N\text{—}COONH_4 \longleftrightarrow (NH_2)_2CO + H_2O - 15.06\text{kJ} \tag{3-18}$$

综合上列两步反应,可以得到生产尿素的总反应方程式:

$$2NH_3 + CO_2 \longrightarrow CO(NH_2)_2 + H_2O + 102.09\text{kJ} \tag{3-19}$$

式(3-19)表明,生产尿素的反应总体上为一个可逆的放热反应。

从尿素的上述性质看,对尿素进行水解、加热分解即可由尿素得到NH_3-SCR还原所需的NH_3,因而采用尿素水溶液作为NH_3-SCR还原剂的方法就成为了一个理想方法。

3. 尿素水溶液

从尿素的上述性质看,以尿素水溶液作为SCR的还原剂非常理想,然而尿素水溶液中尿素的浓度不同,尿素溶液的凝固(结晶)温度不同,由于汽车

经常在低温条件下使用,应该采用结晶温度低、尿素溶解量适当的尿素溶液作为柴油机的 SCR 还原剂。为了保证 SCR 催化剂的耐久性和转换率等,各国对 SCR 的还原剂尿素水溶液均制定了相关标准。目前最常见的 SCR 用尿素水溶液的尿素质量百分比为 32.5%,该浓度的尿素溶液是各种浓度尿素溶液中凝固温度最低的一种(见图 3-12),其凝固温度为-11℃。这种特定浓度的尿素水溶液在欧盟和日本通常称为 AdBlue,美国称为 DEF,国内称其为柴油机排气处理液、汽车尿素、车用尿素、添蓝溶液、汽车环保尿素等,GB 29518—2013 则采用与 DIN 70070—2005 相同的称呼,把这种特定质量百分比的尿素水溶液称为 AUS 32。

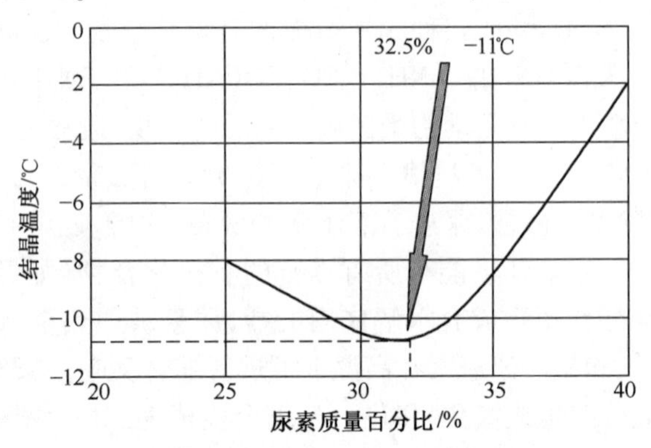

图 3-12　AUS 32 的结晶温度随尿素含量的变化[19]

为了保证 USCR 系统添加了 AdBlue 后,能高效工作、催化剂不毒害和不被金属氧化物覆盖而失去活性等,国内外对 SCR 用还原剂尿素水溶液的密度、折射率、碱度以及尿素质量、碳酸盐、缩二脲、不溶物磷酸盐(PO_4)、钙、铁、铜、锌、铬等的含量均有具体规定。表 3-7 为 ISO 22241-1:2006、DIN 70070—2005、JIS K 2247—2009、DB11/552—2008 四个车用尿素溶液的标准比较。其中仅有我国的地方标准 DB11/552—2008 要求限制氯化物含量,仅有 DB11/552—2008 和 JIS K 2247—2005 要求限制碳酸盐含量,仅有 JIS K 2247—2009 一个标准对铝的含量无要求。值得注意的是 2009 年修订的日本车用尿素溶液标准 JIS K 2247—2009 和 DB11/552—2008 中容许醛的含量分别为 10mg/kg 和 9mg/kg,明显高于 ISO 22241-1:2006 和 DIN 70070—2005 两个标准 5mg/kg 的限值;ISO 22241-1:2006 和 DIN 70070—2005 与 JIS K 2247—2009 和 DB11/552—2008 的 20℃时的密度和折射率的要求范围也略有不同[19]。

我国现行标准为 GB 29518—2013《柴油发动机氮氧化物还原剂尿素水溶液(AUS 32)》,该标准采用 ISO 22241-1:2006、ISO 22241-2:2006 和 ISO 22241-3:2006,实施日期为 2013 年 7 月 1 日。

表 3-7　车用尿素溶液特性参数限值比较[20,21]

特性参数	ISO 22241-1	DIN 70070	JIS K 2247	DB11/552
尿素(质量分数)/%	31.8~33.2	31.8~33.2	31.8~33.3	31.8~33.3
20℃时密度/(kg/L)	1.087~1.093	1.087~1.093	1.087~1.092	1.087~1.092
20℃时折射率	1.3817~1.3843	1.3817~1.3843	1.3817~1.3840	1.3817~1.3840
缩二脲(质量分数)/%	≤0.3	≤0.3	≤0.3	≤0.3
不溶物含量/(mg/kg)	≤20	≤20	≤20	≤20
磷酸盐(PO_4)含量/(mg/kg)	≤0.5	≤0.5	≤0.5	≤0.5
铝含量/(mg/kg)	≤0.5	≤0.5	—	≤0.5
钙含量/(mg/kg)	≤0.5	≤0.5	≤0.5	≤0.5
铁含量/(mg/kg)	≤0.5	≤0.5	≤0.5	≤0.5
钾含量/(mg/kg)	≤0.5	≤0.5	≤0.5	≤0.5
镁含量/(mg/kg)	≤0.5	≤0.5	≤0.5	≤0.5
钠含量/(mg/kg)	≤0.5	≤0.5	≤0.5	≤0.5
铬含量/(mg/kg)	≤0.2	≤0.2	≤0.2	≤0.2
镍含量/(mg/kg)	≤0.2	≤0.2	≤0.2	≤0.2
锌含量/(mg/kg)	≤0.2	≤0.2	≤0.2	≤0.2
铜含量/(mg/kg)	≤0.2	≤0.2	≤0.2	≤0.2
醛含量/(mg/kg)	≤5	≤5	≤10	≤9
碳酸盐(以 CO_2 计)/%	—	—	≤0.2	≤0.2
碱度(以 NH_3 计)/%	≤0.2	≤0.2	≤0.2	≤0.2
氯化物含量/(mg/kg)	—	—	—	≤0.2

4. 氨基甲酸铵

氨基甲酸铵,简称甲铵,是一种白色的晶体,晶体结构为正方晶系。化学分子式为 NH_2COONH_4,摩尔质量为 78.07g·mol^{-1},25℃、100kPa 下的密度为 1.6kg·L^{-1},在 35℃开始分解,并会在 59℃时完全分解成氨气和二氧化碳,即熔点为 59℃。水溶性较好,100g 水可溶解 66.6g 氨基甲酸铵。氨基甲酸铵主要危害是对眼睛有刺激性。

氨基甲酸铵是化学工业上尿素生产过程的中间生成物,在密封管中加热至 120~140℃时,则失去水变为尿素。氨基甲酸铵是尿素生产过程中的前体物,可以很容易地制造。在较低温度加压条件下,气体 NH_3 和 CO_2 在压力 8MPa 和温度 230℃的条件下,可以反应直接生成固体氨基甲酸铵,其反应方程式如下[22]：

$$2NH_3 + CO_2 \longequal NH_2COONH_4 \tag{3-20}$$

可见，氨基甲酸铵虽然是一种易于生产的还原剂，但其存在对眼睛有刺激性危害等不足，在使用中存在安全风险。

氨基甲酸铵被选择作为还原剂的主要原因之一是其升华率比较高，升华温度仅为60℃；并且其升华过程是可逆的，即在一个封闭的系统中的气相氨基甲酸铵冷却后会形成固体氨基甲酸铵。此过程可确保被暂时存储在封闭系统内氨的量是非常低的。

5. 金属氯化氨

常见的金属氯化氨储存材料有 $Mg(NH_3)_6Cl_2$ 和 $Sr(NH_3)_xCl_2$ 等[23]。$Mg(NH_3)_6Cl_2$的摩尔质量为 197.3941g/mol，分子中 NH_3 的质量百分比为 51.7%，每升 $Mg(NH_3)_6Cl_2$ 中 NH_3 含量 600g，NH_3 容量是 AdBlue 的 3 倍，其生产的化学反应方程式为

$$MgCl_{2(s)} + 6NH_{3(g)} = Mg(NH_3)_6Cl_{2(s)}$$

$Mg(NH_3)_6Cl_2$的分解反应分三个步骤进行：

$$Mg(NH_3)_6Cl_2 = Mg(NH_3)_2Cl_2 + 4NH_3$$

$$Mg(NH_3)_2Cl_2 = MgNH_3Cl_2 + NH_3$$

$$MgNH_3Cl_2 = MgCl_2 + NH_3$$

Amminex 公司生产商标为 AdAmmine™ 的 $Sr(NH_3)_xCl_2$，其生产采用 $SrCl_2$、NH_3 和添加剂合成。$Sr(NH_3)_xCl_2$ 加热后通过下列反应释放出 NH_3。

$$Sr(NH_3)_xCl_2 \longleftrightarrow Sr(NH_3)_{x-1} + Cl_2 + NH_3$$

$Sr(NH_3)_8Cl_2$ 是 $Sr(NH_3)_xCl_2$ 中的一种，其摩尔质量为 294.77g/mol，分子中 NH_3 的质量百分比为 46.2%，每升 $Sr(NH_3)_8Cl_2$ 的 NH_3 含量为 562g；体积容量是 AdBlue 的 2.8 倍，但其分子中 8 个 NH_3 结合紧密，在实际应用中 NH_3 的释放困难。

6. 二甲醚

二甲醚，亦称甲醚等，分子式为 CH_3OCH_3，英文缩写为 DME，是最简单的脂肪醚。它是二分子甲醇脱水缩合的衍生物。室温下为无色、无毒、有轻微醚香味的气体或压缩液体，DME 的摩尔质量为 46.07g·mol^{-1}，25℃和 100kPa 下的气态密度为 1.97g·L^{-1}，液态为 668kg/m^3，熔点为 −138.5℃，沸点 −23℃[24]。

DME 是一种重要的有机化工产品和化学中间体。二甲醚在空气中十分稳定，无腐蚀性，微毒，无致癌嫌疑。DME 混溶性很好，可以与大多数极性和非极性有机溶剂混溶。二甲醚的生产方法主要有两步法（甲醇脱水）和一步法（合成气直接合成）。两步法先由合成气制成甲醇，再在催化剂存在下，通

过甲醇液相脱水或气相脱水生成二甲醚。这种方法操作简单,产品纯度高。其热化学方程式如下[25]:

$$CO(g) + 2H_2(g) \xlongequal{} CH_3OH(g) \qquad \Delta H = -90.8kJ/mol$$

$$2CH_3OH(g) \xlongequal{} CH_3OCH_3(g) + H_2O(g) \qquad \Delta H = -23.5kJ/mol$$

两步法反应的优点是条件温和,副反应少,二甲醚选择性高,反应器简单,产品纯度高。主要不足是:如果从合成气开始制备,生产流程长,成本高;直接购买甲醇合成时,容易受到甲醇价格的影响。

一步法指在一定温度、压力和双功能催化剂作用下,通过合成气直接合成DME的方法。该方法可分为两相法和三相法两种。两相法通过气固相反应器,合成气在固体催化剂表面进行反应。三相法则引入惰性溶剂,使合成气在悬浮于惰性溶剂中的催化剂表面反应,一般称为浆态床法[26]。一步法的化学反应式如下:

$$3CO(g) + 3H_2(g) \longrightarrow CH_3OCH_3(g) + CO_2(g) \qquad \Delta H = -246.4kJ/mol$$

相比于两步法,这种方法的主要不足是化学反应放热量大、反应器的设计要求高、产物后处理过程比较复杂、产品纯度比较低。其优势是流程简单,成本低,适合大规模生产。

三、HC-SCR 技术

1. HC-SCR 的定义

HC-SCR 技术是指以 HC 燃料为还原剂的选择性催化还原技术,在催化剂的作用下 NO_x与 HC 发生还原反应生成 N_2、H_2O 和 CO_2等。HC-SCR 技术的 HC 的来源有三个:①柴油机排气中未完全燃烧或未燃的 HC;②喷入排气中的柴油直接蒸发形成的 HC;③柴油经部分催化重整、氧化裂解等后形成的小分子 HC。由于 HC-SCR 可以直接使用发动机的燃料(如柴油机发动机使用的柴油,天然气发动机使用的天然气等),故可以减少基础设施的投资,因而装备 HC-SCR 系统的车辆,可以在不携带额外还原剂源(如尿素等)的情况,达到净化 NO_x的目的,大大简化车载 NO_x净化系统,因此可以说 HC-SCR 技术是柴油机 NO_x净化技术终极目标。然而,由于这 HC-SCR 系统的 NO_x净化效果普遍低于 NH_3-SCR 系统,并且还存在活性温度窗口窄、易于积炭、耐硫性能差等缺陷,因而其应用范围受到影响。

2. HC-SCR 的催化剂

HC-SCR 反应的催化剂可分为 3 大类[27]。第一类是金属离子交换的分子筛催化剂,包括 ZSM 系列、镁碱沸石、丝光沸石、磷酸硅铝沸石(SAPO)、Y 型沸石和 L 型沸石等。第二类是非贵金属氧化物型催化剂,包括以 $A1_2O_3$、TiO_2、SiO_2、ZrO_2等为载体的负载型金属氧化物,以及 Al_2O_3、TiO_2、SiO_2、ZrO_2、

Cr_2O_3、Fe_2O_3、Co_3O_4、CuO、V_2O_5、Bi_2O_3、MgO 等相互构成的双金属氧化物，$LaAlO_3$等稀土钙钛矿型复合金属氧化物。第三类是贵金属催化剂，Pt、Pd、Rh 和 Au 等以原子状态形式，或交换在沸石上，或负载在 Al_2O_3、SiO_2、TiO_2、ZrO_2上。

3. HC-SCR 的催化反应

在 HC 作为还原剂的 SCR 反应中，烃类的部分氧化对反应尤为重要，不饱和烃和多碳烃容易部分氧化，不饱和烃类的不饱和程度越高，活性越高，对于高碳烃，活性随着碳数的增加而增加。如 C_2H_2、C_3H_6、C_4H_8、C_8H_{16}等比饱和烃在中温条件下更容易部分氧化为中间产物，因而具有较高活性。一般认为烃类选择性催化还原 NO_x的活性由低到高的顺序为：异构烷烃→芳香烃→正烷烃→烯烃[27]。

不同燃料还原 NO_x的化学反应路径不同，HC-SCR 中发生的总化学反应可以记为

$$HC + NO_x \longrightarrow N_2 + CO_2 + H_2O \tag{3-21}$$

已有研究表明，含贵金属分子筛（Ag 除外）催化的 HC-SCR 反应中，NO 达到最大转化率的温度低于含非贵金属分子筛。含 Pt 分子筛的抗 H_2O 和 SO_2毒化性强，但生成相当量的 N_2O。含 Pd 分子筛主要应用于 CH_4-SCR 反应，其对 H_2O 和 SO_2很敏感，但可以通过添加其他组分的方法，提高其在 H_2O 和 SO_2存在时催化剂的活性。

CH_4是天然气的主要成分，CH_4-SCR 的开发受到重视。SCR 的甲烷催化活性温度较高，且作为脱硝反应的中间产物（部分氧化产物）不容易得到，故是低碳烃中最不易活化的。天然气发动机用 CH_4-SCR 系统中的主要化学反应为[28]

$$CH_4 + 2NO + O_2 = N_2 + CO_2 + 2H_2O \tag{3-22}$$

$$CH_4 + 2NO_2 = N_2 + CO_2 + 2H_2O \tag{3-23}$$

$$2NO + O_2 = 2NO_2 \tag{3-24}$$

$$CH_4 + O_2 = CO_2 + 2H_2O \tag{3-25}$$

沸石载体钯催化剂对甲烷催化还原 NO_x具有较高活性，可以促进反应（3-22）~式（3-24）的进行，但存在沸石负载型催化剂的失活问题。甲烷是最不活泼的烷烃，对 CH_4-SCR 的选择性是一个挑战。对于排气中氧气浓度非常高的稀混合气天然气发动机而言，如果像三效催化剂（TWC）那样使用金属氧化物负载贵金属催化剂，则催化器中的化学反应主要是甲烷氧化，NO_x难以被还原。另外，燃气发动机的排气温度范围仅为 350~500℃，没有达到 NO_x和 CH_4之间还原催化反应的理想温度，故 CH_4-SCR 应用于稀混合气天然气发动机时难以达到理想的净化效果。因此，CH_4-SCR 更适用于采用化学计量混合

比工作的天然气发动机。

图 3-13 为排气组成对 NO_x和 CH_4转化率的影响,试验用催化剂为 RE-Pd-MOR,温度 390℃。图 3-13 中 R、A、B 和 C 分别表示表 3-8 所列的四种不同组成的试验气体,R 为参考气体,A、B 和 C 为荷兰在用燃气发动机的三种典型排气组成。该结果显示,实际使用条件下气体的 NO_x转化率高于参考气体条件的;A 和 B 的 CH_4/NO_x比率较高,NO_x转化率也较为理想。但是 CH_4的净化率在所有条件下仍然非常低。

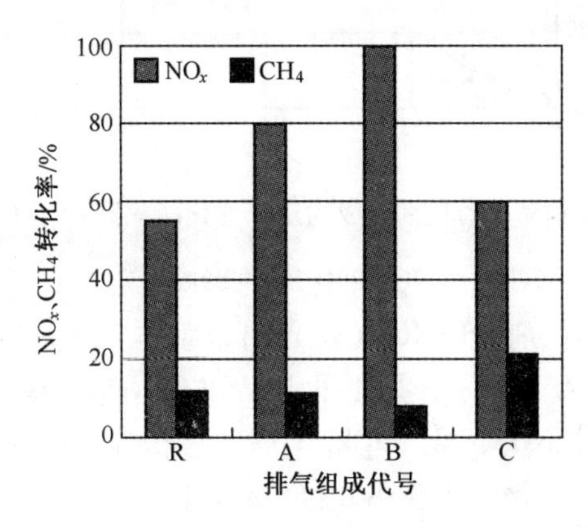

图 3-13　排气组成对 NO_x和 CH_4转化率的影响[28]

表 3-8　使用不同类型燃气 A、B 和 C 时的发动机排气体积分数

燃气发动机	R	A	B	C
NO_x	0.05%	0.0239%	0.0117%	0.0234%
CH_4	0.25%	0.1713%	0.2259%	0.881%
H_2O	5%	10.9%	10.6%	12.8%
O_2	5%	8.5%	8.8%	6.4%
CO_2	0%	5.7%	5.6%	6.7%

从图 3-13 所示结果可以看出,CH_4-SCR 催化器虽然具有较高的 NO_x转化率,但 CH_4的转化率偏低。因此,应在 CH_4-SCR 上增加氧化催化功能。最简单的方法就是在 CH_4-SCR 的后部串联一个氧化催化器。图 3-14 为不同温度下 CH_4-SCR 和氧化催化剂组成的双床催化净化器的 NO_x和 CH_4转化率的试验结果。试验时,CH_4-SCR 的催化剂为 RE-Pd-MOR,氧化催化剂为 Pd-REO_x-ZrO_2。试验用气体的组成:NO_x、CH_4、O_2和 H_2O 的体积分数依次是 0.05%、0.25%、5%和 5%。该结果表明,净化器的点燃温度在 370℃左右,温度高于 400℃时,NO_x、CH_4转化率均超过 70%。温度高于 470℃,NO_x、CH_4转

化率超过90%。

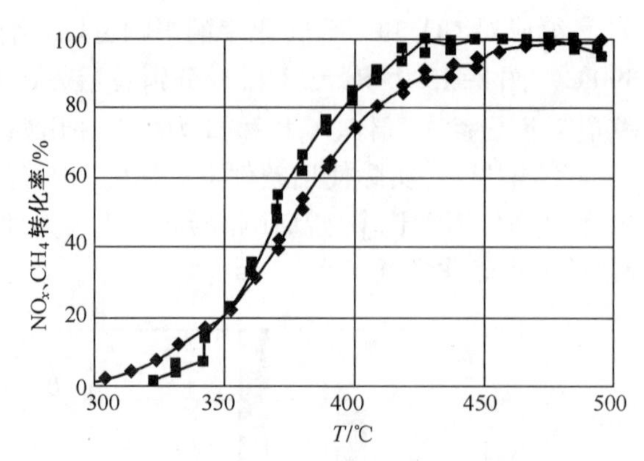

图 3-14 温度对 SCR 和氧化催化剂组成的双床催化净化器 NO_x、CH_4转化率的影响[28]

4. 催化剂对 HC-SCR 的 NO_x净化率的影响

图 3-15 为在催化剂 Pd-MOR(丝光沸石载体),RE-Pd-MOR(丝光沸石载体)和 Pd-REO_x-ZrO_2分别作用下的 NO_x和 CH_4转换率随温度变化的曲线。进入催化器的气体中 NO_x、CH_4、O_2和 H_2O 的体积分数依次为 0.05%、0.25%、5%和 5%,其余为 N_2。该结果表明,由金属氧化物为载体的催化剂 Pd-REO_x-ZrO_2的作用主要是促使氧化甲烷,基本上未转化 NO_x。MOR 载体的催化剂,NO_x转化率较高。RE-Pd-MOR 在 300~500℃范围净化效率最高,但只有在400℃以上的温度下才可获得 80%以上的 NO_x转化率,也就是说这类催化剂在发动机低排气温度工况不会起到 NO_x净化作用。

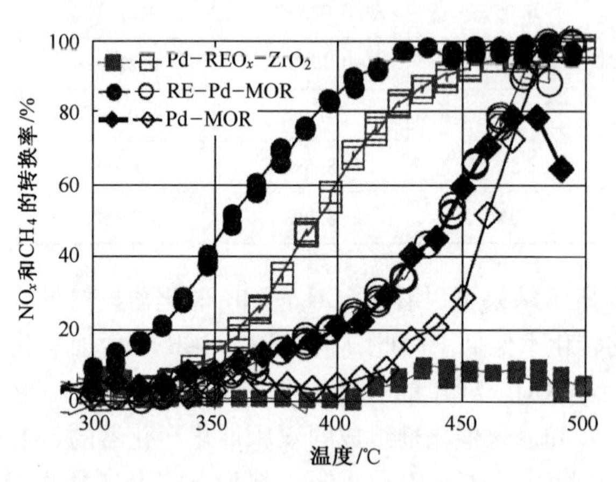

图 3-15 NO_x(实心符号)和甲烷(空心符号)的转换率[28]

如何解决发动机低排气温度工况 NO_x的净化问题是 HC-SCR 开发的难点之一,采用两种具有不同的操作温度窗口的催化剂是解决高、低温净化效率的方案之一。图 3-16 为 Johnson Matthey 公司给出的两种催化剂的组合转化率曲线,该组合方案可以提高低温工况下 NO_x 净化率。

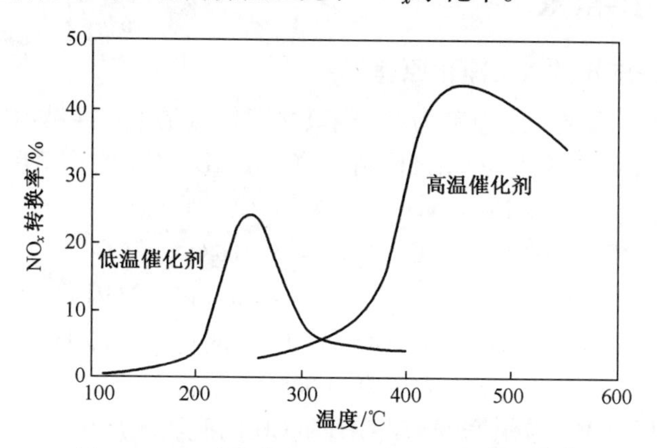

图 3-16　组合催化剂对 NO_x 转化率的影响[29]

四、等离子体辅助催化的 HC-SCR 净化器

由上述的 HC-SCR 的有关研究可知,HC-SCR 的 NO_x 转化率并不理想。因此如何提高 HC-SCR 的 NO_x 转化率就成为 HC-SCR 技术能否推广应用的关键问题之一。等离子体辅助催化的 HC-SCR 技术被认为是提高HC-SCR 净化效率的途径之一。

等离子体辅助催化的 HC-SCR 净化器一般由在 HC-SCR 和其上游串联的非热等离子体反应器组成。在非热等离子体反应器的非热等离子区域,排气中 H_2O 和 O_2 等与电子碰撞,便会离解产生 O 和 OH 自由基,O 和 OH 可以进一步转化为自由基 HO_2,O 和 OH 自由基可以与 HC 生成 ROO 和 HO_2 等,促使排气中的 NO 发生选择性氧化转换为 NO_2。在烃类存在时 NO 氧化为 NO_2 的主要反应为[30]

$$NO + HO_2 = NO_2 + OH$$

$$NO + ROO = NO_2 + RO$$

式中:R 代表烃基,NO 被 HO_2 氧化为 NO_2,同时产生一个 OH 自由基,OH 又会转化为上述反应所需的自由基 HO_2,于是可将更多的 NO 转化为 NO_2。

从式(3-22)~式(3-24)所示的 CH_4-SCR 系统中的主要化学反应方程可知,排气中 NO_2 增大,NO_2 的转化率将会提高。因此,等离子体辅助催化的 HC-SCR 的净化效率将会提高。

Itoh 等进行了利用等离子体辅助催化(Plasma Assisted Catalysis,PAC)提高柴油发动机稀混合气燃烧条件下排气后处理装置 HC-SCR 性能的研究。结果表明,集成 PAC 的 3 段式催化器在瞬态温度条件下拓宽了温度窗口、提

高了 NO_x、HC 和 CO 转化率[31]。

五、DME-SCR

1. DME-SCR 的 NO_x净化原理

DME-SCR 系统的还原剂为 DME，其主要优点是不存在结冰问题、容易获得、毒性小等，主要不足是催化剂易中毒等。DME-SCR 的化学反应式为

$$DME + NO_x \longrightarrow N_2 + CO_2 + H_2O \quad (3-26)$$

$$DME + NO + NO_2 + 3/2O_2 \longrightarrow N_2 + 3H_2O + 2CO_2 \quad (3-27)$$

由于 200℃左右二甲醚开始分解为 H_2、CH_4和 CO，因此 DME-SCR 还原 NO_x的化学反应实际在 H_2、CH_4、CO 和 NO_x之间进行。即 DME-SCR 系统净化类似于以 H_2、CH_4和 CO 作为还原剂的 SCR 系统。

试验表明，DME 分解产物 H_2、CH_4和 CO 的脱离温度随催化剂种类而异，H_2开始脱附温度越低的催化剂，其在低温范围（200~250℃）下 NO_x的转化率越高。

2. DME-SCR 的 NO 净化效果

图 3-17 为不同催化剂作用下，NO 转化率随温度的变化曲线。其中 γ 氧化铝负载银的催化剂较为理想，实验室试验条件下，活化温度在 250℃左右。但在实际发动机系统中，由于水蒸气等的影响，活化温度在 300~400℃之间。Pd 的活化温度在 220℃左右，并且在低温区域具有相对较高的净化效率。无催化剂时，则需要 350℃以上的温度，才可获得较高的净化效率。

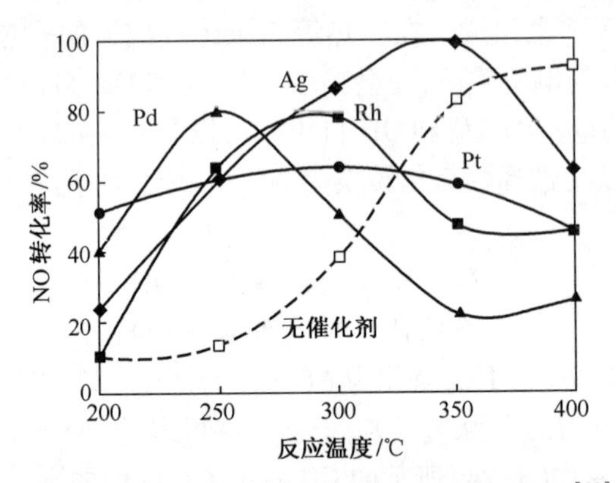

图 3-17 DME-SCR 反应中催化剂的活性比较[32]

试验研究表明，在空速 SV 为 10000h^{-1}、温度范围为 250~400℃、氧气浓度范围为 6%~16%的条件下，DME-SCR 系统的 NO 转化率已达到 80%以上；较为理想的催化剂配方为载体由摩尔百分比 90%的 Al_2O_3和 10%的 Ga_2O_3组成、催化剂配伍为 Ag 和 Ba 涂覆质量百分比分别为 1%和 0.2%。如果进一步

改良,有望在空速 SV 为 $30000h^{-1}$、温度范围为 200~500℃、氧气浓度范围为 6%~16%的条件下,使 DME-SCR 的 NO 转化率达到 80%以上。

3. DME-SCR 的主要问题

DME-SCR 的主要问题是 NO 转化率不够理想;当还原剂 DME 供给量过大时,排气中还会增加 CH_4和 CO 等新污染物的排放量。

图 3-18 为 CH_4、N_2O 和 CO 等排放量随 DME 供给量变化的一个试验结果,图 3-18 中 AS、BS、EO 表示不同的排气取样位置,AS 为 SCR 后 0.1m、BS 为 SCR 前 0.1m、EO 为发动机后 1.1m,详见图 3-19。该结果表明供给 SCR 的 DME/NO_x越大,SCR 出口 CH_4、N_2O 和 CO 等排放量增加越多。

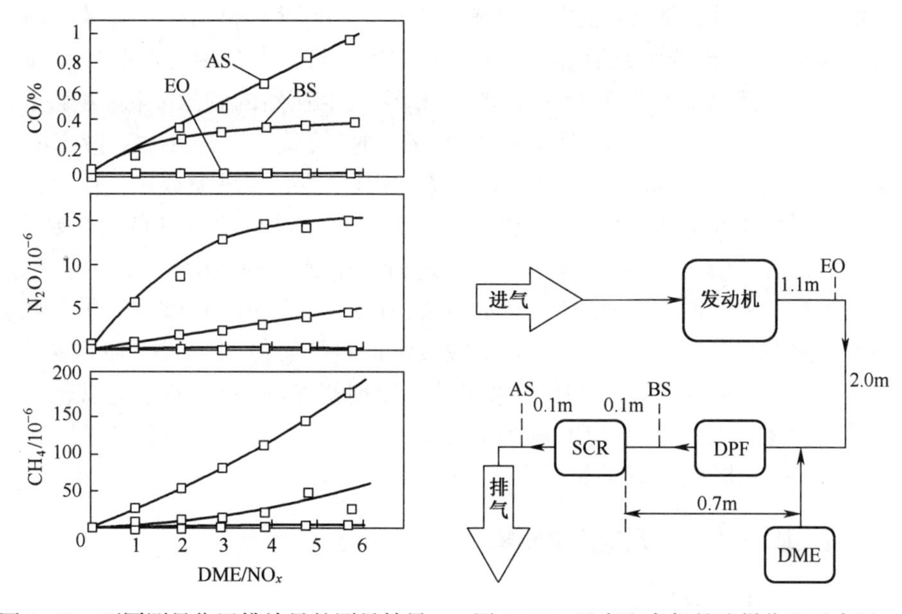

图 3-18　不同测量位置排放量的测量结果　　图 3-19　温度和废气的取样位置示意图

六、NH_3-SCR

1. NH_3-SCR 的概念

NH_3-SCR 指直接以 NH_3作为还原剂的 NO_x选择性催化还原技术。NH_3-SCR 由 Engelhard 公司发现,并于 1957 年申请专利,20 世纪 60 年代初美国和日本开展了 NH_3-SCR 的应用研究,于 1977 年和 1979 年在燃油和燃煤锅炉上成功投入商业运用。Rajashekharam 等在 Caterpillar 3306 型发电用四缸水冷柴油机(额定转速 1800r/min、250kW、10.5L)上安装了孔密度 46 个/cm^2、载体体积 40L 的 NH_3-SCR 催化器,采用专门的喷射器将无水氨罐中的 NH_3喷入 SCR 催化器之前的排气之中,进行了 NH_3-SCR 的转化性能试验,结果表明，空速 10^5h^{-1}、NH_3/NO_x 摩尔分数为 80%左右、发动机负荷率为 90%时，NO_x 的转化率达到 70%～80%[33]。

NH_3-SCR 的主要特点是：氨选择催化还原 NO_x 技术具有起燃温度较低（220℃左右）、催化剂寿命长和对反应器材质的要求低等优点，NH_3-SCR 是一种理想的 NO_x 选择催化还原技术。

2. NH_3-SCR 的 NH_3 的来源

NH_3-SCR 的 NH_3 的来源可以为压缩氨气、液氨、尿素、氨基甲酸铵和金属氯化氨等。NH_3 为无色气体、有刺激性恶臭味。相对分子质量 17.03、相对密度 0.7714g/L、熔点-77.7℃、沸点-33.35℃、自燃点 651.11℃。NH_3 蒸气与空气混合物的爆炸极限体积浓度为 16%～25%。NH_3 对黏膜和皮肤有碱性刺激及腐蚀作用，可造成组织溶解性坏死。高浓度时可引起反射性呼吸停止和心脏停搏。人接触浓度为 $553mg/m^3$ 的空气，会发生强烈的刺激症状，可耐受时间 1.25min；氨气浓度达到 $3500～7000mg/m^3$ 时，可致人立即死亡。液态氨对某些塑料制品、橡胶和涂层具有侵蚀作用。因此，直接以液氨或氨气作为还原剂的 NO_x 选择性催化还原技术难以满足柴油车或柴油机的 SCR 的安全要求。

从已有的研究来看，已经实用的或进行示范运行的 NH_3-SCR 的氨还原剂的来源主要有两个，一个是尿素水溶液，另外一个是氨基甲酸铵。尿素水溶液经水解及热分解得到 NH_3，氨基甲酸铵经加热分解得到 NH_3。为了便于区分 NH_3-SCR 使用还原剂 NH_3 的来源及还原剂特点的差异，通常把以尿素水溶液作为还原剂的 NH_3-SCR 称为 USCR（或 Urea-SCR），把以氨基甲酸铵（常温、常压为固体）作为还原剂的 NH_3-SCR 称为 SSCR。

七、固体 SCR 系统（SSCR）

1. SSCR 的种类

SSCR 系统主要有两种，一种是 Amminex 公司开发金属氯化氨系统，Amminex 公司将其称为固体的氨储存和供给系统（ASDS），ASDS 结构紧凑，采用车载金属氯化氨固体材料储氨，通过电热器或发动机冷却液加热金属氯化氨储存罐得到 SCR 系统所需的氨[34]。另一种系统是 FEV/Tenneco 公司开发的氨基甲酸铵 SSCR 系统。下面仅以氨基甲酸铵 SSCR 系统为例，对 SSCR 系统做一简要介绍。

2. 氨基甲酸铵 SSCR 系统的组成

氨基甲酸铵 SSCR 的喷射系统与市场上的尿素水溶液 SCR 基本原理相同，也是利用氨与废气中的 NO_x 反应生成氮气和水的原理，其不同之处是氨的来源。USCR 系统喷入到废气流中是尿素水溶液，SSCR 系统采用的还原剂是大家熟知的固体化肥生产的副产品氨基甲酸铵热分解后产生的氨气。

氨基甲酸铵 SSCR 尿素喷射系统的组成如图 3-20 所示。主要由 SCR 催化器、反应器、供给泵、计量阀、喷气嘴、输气管、压力和温度传感器等组成。氨基甲酸铵储存于类似机油过滤器的储存罐内,由供给泵泵入反应器,反应器内的柴油把氨基甲酸铵加热到 60℃,使氨基甲酸铵直接升华成气态氨,再通过油气分离器,使气态氨和柴油分离,气态氨经计量阀、输气管和喷气嘴进入 SCR 催化器。图 3-21 为市区、公路和高速路三种不同运行模式下,FEV 第 2 代 SSCR 示范运行车辆的 NO_x 转换率随排放试验时间百分比变化的测试结果,为了便于了解示范运行车辆在三种不同运行模式下某个 NO_x 转换率水平占整个排放试验时间的百分比,图 3-21 中横坐标采用了时间占比(循环时间 t 除以循环总时间 $t_{总}$)表示。该测试结果表明示范运行车辆 NO_x 转换率达到 30%以上的时间不高于试验时间的 40%,而三种不同运行模式下 NO_x 转

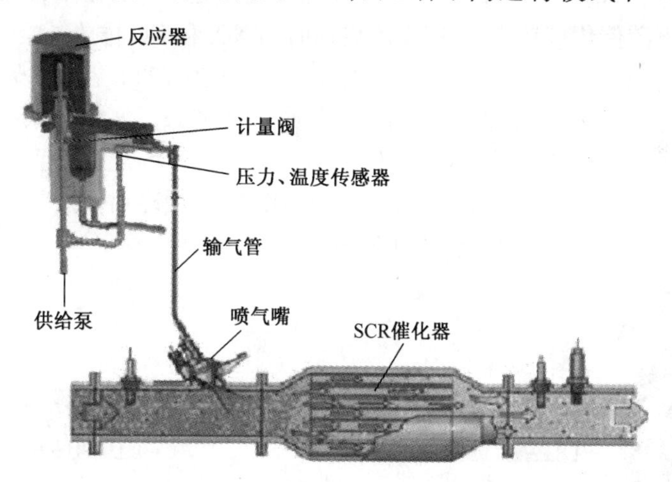

图 3-20　氨基甲酸铵 SSCR 尿素喷射系统[10]

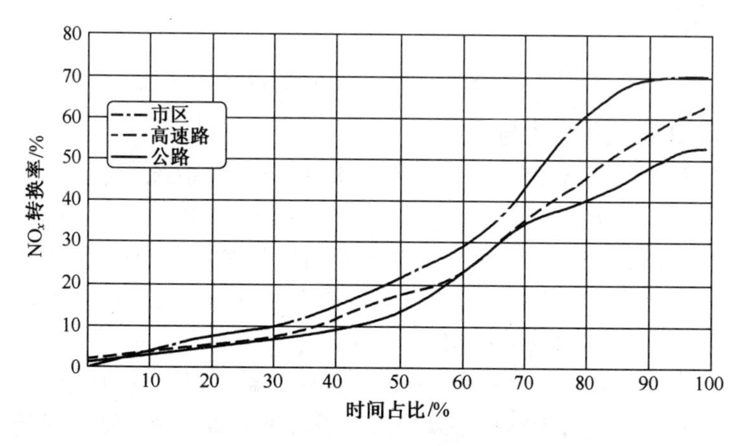

图 3-21　FEV 第 2 代 SSCR 示范运行车辆的 NO_x 转换率测试结果[35]

换效率达到 50%以上的时间约为试验时间的 26%、16%和 6%，即 NO_x转换率偏低，不够理想。

3. 金属氯化氨 SSCR 系统的组成

图 3-22 为采用金属氯化氨的发动机排气后处理 SSCR 系统示意图。图中 NO_x和 T 分别表示 NO_x传感器和温度传感器的安装位置，NH_3表示氨气的喷射位置。该排气系统是康明斯公司面向美国 Tier 2 Bin 2 标准开发的柴油机后处理系统，故采用了涂覆了 SCR 催化剂的过滤器 SCR-F 及两个小型 SCR 催化器。为了实现催化器的快速起燃，把 SCR 的功能与 DPF 进行了紧密耦合，并采用了 Johnson Matthey 公司的冷启动概念催化器（CSC），CSC 催化器快速起燃的热量由一个大负荷运转的小型发动机提供。CSC 在低温下存储 HC 和 NO_x，并将所存储的 HC 和 NO_x在催化剂升温后释放出来，释放的 HC 和 NO_x通过下游催化剂转换，以减少冷启动时的 NO_x和 HC 排放。康明斯的新型 2.8L 铝柴油机包括其排气控制系统的总质量为 233kg，其中柴油机质量 164kg，基于汽油发动机的排气控制系统质量为 69kg。氨供给系统采用 Amminex 公司的直接氨气供给系统（DADS）。由于 DADS 允许设置多个 NH_3的供给位置，便于附加的底盘式 SCR 元件集成，减少了冷启动后导入 NH_3的时间延迟，进一步提高了 NO_x转化性能[23]。

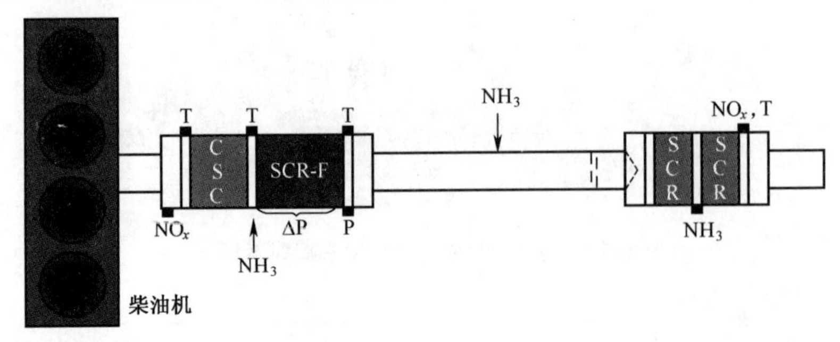

图 3-22 金属氯化氨 SSCR 系统发动机排气后处理系统示意图[13]

4. SSCR 系统的优势与不足

SSCR 系统没有 AdBlue 供给系统的保温和加热系统，且还原剂密度高。如氨基甲酸铵 SSCR 系统的体积大约为尿素系统的 30%。这由表 3-9 所列的氨基甲酸铵与液氨、固体尿素及尿素溶液的体积和质量比较可以说明，还原 1g NO 所需 AdBlue 的质量约 2.9g、体积约 3.0cm^3，若用氨基甲酸铵替代，则其质量仅为 1.3g、体积仅为 0.81cm^3。

另外，由于 SSCR 系统不需要对还原剂储存罐进行加热和保温处理，SSCR 系统布置和安装方便，无需担心寒冷天气条件下尿素溶液冻结等问题；由于结构简化，系统的可靠也得到了提高。由于喷嘴喷射的是气态氨，因而对喷嘴的要求不高，也不需要 USCR 系统必需的辅助喷射用空气，并且 SCR 反应所需的 NH_3 与 NO_x 的混合非常均匀，故其转换率显著提高。图 3-23 为气态氨与尿素溶液 SCR 的 NO_x 转换率的比较。该结果表明，车辆在市区工况（中、低负荷）行驶时，喷射气态氨的 SSCR 的 NO_x 转换率高于尿素溶液 SCR 系统。FTP75 试验工况的结果表明，采用 SSCR 柴油车 NO_x 的排放仅为 0.48g/km，远低于采用尿素溶液 SCR 1.08g/km 的 NO_x 排放量[23]。因此，SSCR 在控制车辆市区工况（中、低负荷）行驶及 FTP75 试验工况下的 NO_x 排放上均具有明显优势。

表 3-9　氨基甲酸铵与纯氨（液相）、固体尿素及尿素溶液的体积和质量比较

参数	尿素溶液（34.4%尿素）	纯氨（液相）	固体尿素	氨基甲酸铵
1g NO 所需还原剂质量/g	2.9	0.57	1	1.3
体积/cm^3	3.0	0.93	0.75	0.81

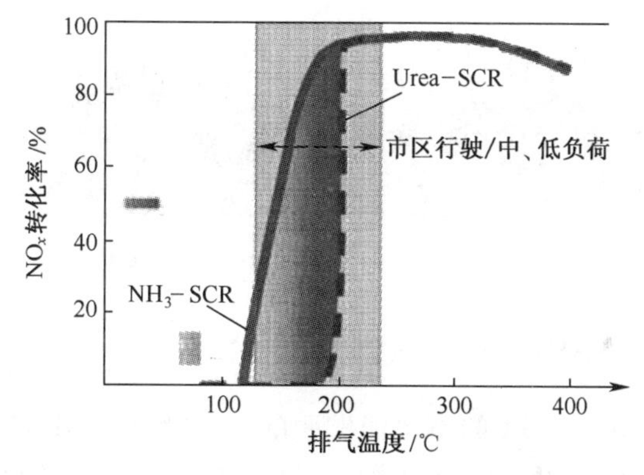

图 3-23　气态氨与尿素溶液 SCR 的 NO_x 转换率比较[23]

FEV 认为 SSCR 系统是一种可行的液体尿素喷射系统替代方案，其在 2009 年 SAE 世界大会（底特律）展出了一辆安装的 SSCR 系统的道奇公羊 2500 涡轮增压柴油卡车。SSCR 系统的体积约减少 70%，但其 NO_x 净化性能却达到或超过了液体尿素系统的性能。SSCR 扩展性强，可适应于轻型和重型非公路车辆等。SSCR 不需要基于大规模的尿素液体基础设施，且加装后的工作时间比同样大小的液体尿素系统长 3 倍，SSCR 系统还省去了昂贵的加热系统及其电源线等。FEV 认为柴油机后处理需要 SSCR，并呼吁消费者和制造商应尽快接受 SSCR 技术。2009 款宝马 BMW 335D 柴油轿车也安装了 SSCR，替代了传统的尿素水溶液 SCR 系统，延长了 SCR 系统的维护周期，降低了 SCR 系统的成本[36]。SSCR 系统的开发目前还处于示范工程阶段，如何

发挥成本和 NO_x 的转换率等方面的竞争优势，其技术途径还不明确。

八、CO-SCR 及 H_2-SCR

CO-SCR 及 H_2-SCR 分别指以 CO 及 H_2 作为还原剂的 NO_x 选择催化还原技术。由于采用了具有选择性的催化剂，故可以使排气中的 CO 及 H_2 与 NO_x 直接发生氧化还原反应。这样，既净化了排气中的 CO 和 H_2，又净化了 NO_x。避免了排气中原有还原剂 CO 和 H_2 的无谓浪费。当然 CO-SCR 及 H_2-SCR 的还原剂 CO 及 H_2 也可以采用专门装置提供，但会增加系统的成本和开发难度。

H_2-SCR 的催化剂常采用 Pt 和 Pd 等贵金属，CO-SCR 的催化剂常采用 Ir 等贵金属[37]，载体为掺入了 WO_3 的 SiO_2。图 3-24 为 CO-SCR 催化剂活性侧模型[38]，研究表明，WO_3 的加入极大的提高了 CO-SCR 催化剂 Ir/SiO_2 的活性。该催化剂的特点是在 SO_2 存在下，仍具有较好的还原净化效果，即 CO-SCR 适用于含硫柴油。

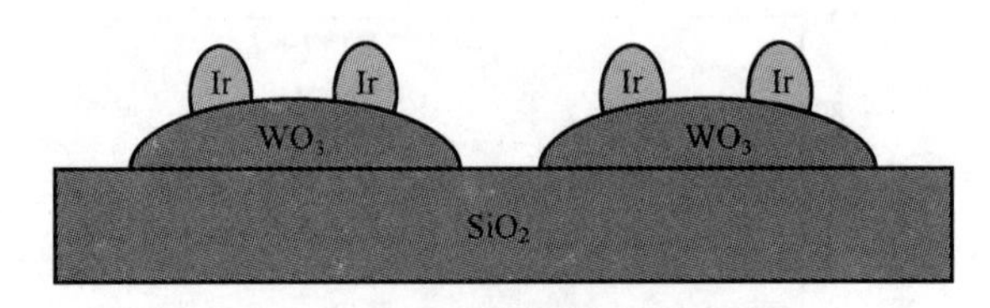

图 3-24　CO-SCR 催化剂活性侧模型

九、SCR 与 NSR 的组合式净化技术

为了克服 SCR 和 NSR 的不足而发明的 NSR 和 SCR 组成的复合式催化器受到人们关注。图 3-25 为 NO_x 吸附、SCR 组成的复合式催化器原理示意图。图 3-25 中 OSC 代表吸附储氧能力，ad. 表示吸附，上层为 SCR 催化剂固体酸，下层为 NO_x 吸附催化剂，由于复合式催化器采用了双层催化剂，故也称此类催化器为双层催化器。在复合式催化器中，浓混合气条件下生成并吸附于催化剂的氨，与浓混合气或稀混合气条件下泄漏的 NO_x 反应，从而提高了系统效率，降低了贵金属涂覆量和系统成本。

稀混合气条件下，当固体酸中无吸附的 NH_3 时，NO_x 被吸附于下层催化剂上；当固体酸中有吸附的 NH_3 时，NO_x 便与吸附的 NH_3 发生还原反应，生成无害的 N_2 和 H_2O。浓混合气条件下，在催化剂的作用下，排气中的 CO 和 H_2O 反应生成 CO_2 和 H_2，吸附于下层 NO_x 与排气生成的还原剂 H_2 发生反应生成的 NH_3 并被吸附于上层催化剂上。当稀混合气条件来临时，NO_x 首先与浓混合气条件下吸附于上层催化剂上的 NH_3 反应；多余的 NO_x 被吸附于下层催化剂上。该复合式催化器系统在200℃范围内，表现出优异的低温NO_x的转化率，但温度超过350℃时效率不理想。另一个特点是脱硫反应发生在500℃，远低于传统NSR系统所需的700~750℃脱硫反应温度。

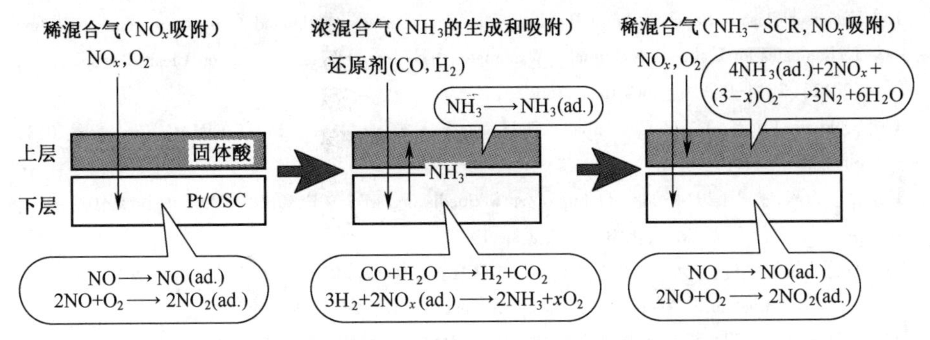

图3-25 NO_x吸附/SCR复合式催化器原理示意图[38]

参 考 文 献

[1] 李兴虎.汽车环境污染与控制.北京：国防工业出版社，2011.

[2] Melanie L Sattler.Technologies for Reducing NO_x Emissions from Non-Road Diesel Vehicles: An Overview.[2014-08-28].http://www.nctcog.dst.tx.us/trans/air/sip/previous/ Tech_for_Red_NO$_x$_Emissions.pdf.

[3] Tim Johnson.Diesel Engine Emissions and Their Control-An Overview. Platinum metals review,2008,52(1):23-37.

[4] Louise J Gill,Philip G Blakeman,Martyn V Twigg,et al. The use of NO_x adsorber catalysts on diesel engines. Topics in Catalysis ,2004,28(1-4):157-164.

[5] Dirk Bosteels,Robert A Searle. Exhaust Emission Catalyst Technology.Platinum metals review,2002,46(1),27-36.

[6] Timothy V Johnson.Diesel Emission Control in Review. SAE Parper 2009-01-0121,2009.

[7] 日刊自動車新聞.トヨタ、ディーゼル用触媒で新技術~2017年に実用化へ.(2012-09-27)[2014-08-28].http://www.njd.jp/topNews/dt/4326.

[8] Zafer Say,Evgeny I Vovk ,Valerii I Bukhtiyarov,et al.Enhanced Sulfur Tolerance of Ceria-Promoted NO_x Storage Reduction (NSR) Catalysts: Sulfur Uptake,Thermal Regeneration and Reduction with $H_2(g)$. Topics in Catalysis,2013,56(590):950-957.

[9] JCAP第5回成果発表会.ディーゼル車WG報告.[2014-08-28].http://www.env.go.jp/council/former2013/07air/y071-03/03.pdf.

[10] Jonathan Zhang. Diesel Emission Technology-Part II of Automotive After-treatment System.[2014-08-28].www.docin.com/p-737678003.html.

[11] Nissan Motor Co.,Ltd.Nissan Develops Advanced Sulev-Standard Clean Diesel.(2007-08-06)[2014-08-28].http://www.nissan-global.com/EN/NEWS/2007/_STORY/070806-01-e.html.

[12] Chen H Y,Mulla S,Weigert E,et al.Cold Start Concept (CSC™): A Novel Catalyst for Cold Start Emission Control.SAE Parper 2013-01-0535,2013.

[13] Michael J Ruth.ATP-LD; Cummins Next Generation Tier 2 Bin 2 Diesel Engine.(2013-05-17)[2016-01-19].www.doc88.com/p-7798262733590.html.

[14] Xu L,McCabe R,Dearth M,et al.Laboratory and Vehicle Demonstration of "2nd-Generation" LNT + In-Situ SCR Diesel NO_x Emission Control Systems. SAE Paper 2010-01-0305,2010.

[15] Francisco Posada Sanchez, Anup Bandivadekar, John German. Estimated Cost of Emission Reduction Technologies for Light-Duty Vehicles. Washington: The International Council on Clean Transportation. (2012)[2014-08-28].www.theicct.org.

[16] Johnny Briggs, Joseph McCarney. Field experience of Marine SCR. CIMAC Congress 2013, Shanghai,2013.

[17] 维基百科.尿素.(2014-08-28).http://zh.wikipedia.org/wiki/%E5%B0%BF%E7%B4%A0.

[18] 袁一,王文善.尿素.北京:化学工业出版社,1997.

[19] 原動機技術委員会.ディーゼルエンジンのSCR技術について.(平成23-06-06)[2014-08-28].http://jcma.heteml.jp/bunken-search/wp-content/uploads/2011/09/099.pdf.

[20] 中华人民共和国国家质量监督检验检疫总局、中国国家标准化管理委员会.GB 29518—2013 柴油发动机氮氧化物还原剂 尿素水溶液(AUS 32).北京:中国标准出版社,2013.

[21] AUS32 (AdBlue) Specifications as per DIN70070.(2010-07-28).http://www.adblueonline.co.uk/downloads/papers/DIN_70070.pdf.

[22] Demonstr Tatur,Dean Tomazic,Figen Lacin,et al.Solid SCR Demonstration Truck Application.(2014-08-28).http://www1.eere.energy.gov/vehiclesandfuels /pdfs/deer_2009/session8/deer09_tatur.pdf.

[23] Tue Johannessen.3rd Generation SCR System Using Solid Ammonia Storage and Direct Gas Dosing:Expanding the SCR window for RDE.(2014-12-28). http://energy.gov/sites/prod/ files/2014/03/f8/deer12_johannessen.pdf.

[24] 维基百科.二甲醚.[2014-08-28].http://zh.wikipedia.org/wiki/%E4%BA%8C%E7%94%B2%E9%86%9A.

[25] Takashi Ogawa,Norio Inoue,Tutomu Shikada,et al. Direct Dimethyl Ether Synthesis. Journal of Natural Gas Chemistry,2003,12(4):219-227.

[26] 李晨佳,常俊石.二甲醚生产工艺及其催化剂研究进展. 工业催化,2009,17(10):12-16.

[27] 李月丽,尹华强,楚英豪,等.烟气 HC-SCR 脱硝技术的研究进展.电力环境保护,2009,25(6):29-33.

[28] Pieterse J A Z,Top H,Vollink F,et al.Selective catalytic reduction of NO_x in real exhaust gas of gas engines using unburned gas Catalyst deactivation and advances toward long-term stability. Chemical Engineering Journal,2006,120(1-2):17-23.

[29] Johnson Matthey. hydrocarbon-SCR (lean NO_x reduction).[2014-08-28]. http://ect.jmcatalysts.com/emission-control-technologies-hydrocarbon-selective-catalytic-reduction-SCR.

[30] Penetrante B M.Exhaust Aftertreatment Using Plasma-Assisted Catalysis.(2000-01-20)[2015-03-28]. https://e-reports-ext.llnl.gov/pdf/237443.pdf.

[31] Yoshihiko Itoh, Matsuei Ueda, Hirofumi Shinjoh, et al. NO_x Reduction under Oxidizing Conditions by Plasma-assisted.Catalysis R&D Review of Toyota CRDL,2006,(41)2:49-62.

[32] 下川部雅英,小川英之.ディーゼルエンジン排気の浄化装置に関する基礎的研究(ジメチルエーテルによるNO_x還元とバリア放電を利用した粒子状物質の捕集と低温酸化).(2009-04)[2014-08-28]. www.jrtt.go.jp/02Business/Research/pdf/Brief/2009-04b.pdf.

[33] Rajashekharam V Malyala, Stephen J Golden, Jim Lefeld, et al. Evaluation of NH_3-SCR Catalyst Technology on a 250 kW Stationary Diesel Genset. DEER 2005. Chicago, 2005.

[34] Amminex Emissions Technology A/S-history. [2014-08-28]. http://www.Amminex.com/about-us/history.aspx.

[35] Marek Tatur, Dean Tomazic, Figen Lacin, et al. Solid SCR Demonstration Truck Application Demonstration Truck Application. DEER 2009, 2009.

[36] Green Car Congress. FEV, Inc. to Show Full-Sized Pickup Truck with Solid SCR System for NO_x Reduction. (2009-04-15) [2014-08-28]. http://www.greencarcongress.com/2009/04/fev-sscr-20090415.html.

[37] Haneda M, Yoshinari T, Sato K, et al. Ir/SiO_2 as a highly active catalyst for the selective reduction of NO with CO in the presence of O_2 and SO_2. Chem. Commun., 2003(22): 2814-2815.

[38] Hideaki Hamada. Novel Catalytic Technologies for Car Emission Reduction. OECD Conference on Potential Environmental Benefits of Nanotechnology. (2009-07-17) [2014-07-28]. http://www.oecd.org/ science/nanosafety/44022244.pdf.

第四章　NO_x 的尿素选择催化还原净化技术

第一节　柴油机 USCR 系统的组成

一、USCR 系统的组成及其功用

以尿素作为还原剂的选择催化还原（Urea Selective Catalytic Reduction，USCR）系统的主要组成零部件及其功用可用图 4-1 予以说明。USCR 系统主要由尿素水溶液罐、供给泵、喷射器及控制模块 ECU、SCR 催化器、混合器、尿素水解器、前置及后置氧化催化器（DOC）、氨传感器、温度传感器、NO_x 传感器等组成。一般情况下 DOC 作为单独的后处理装置（详见第二章）使用，也可以作为 SCR 或 DPF 的辅助装置使用。USCR 的前置和后置 DOC 也称上游和下游 DOC，前置 DOC 的主要功能是把 NO 催化氧化为 NO_2，后置 DOC 的主要功能是催化氧化泄漏的氨气，故也称氨捕集器（Ammonia Slip Catalyst，ASC）等。

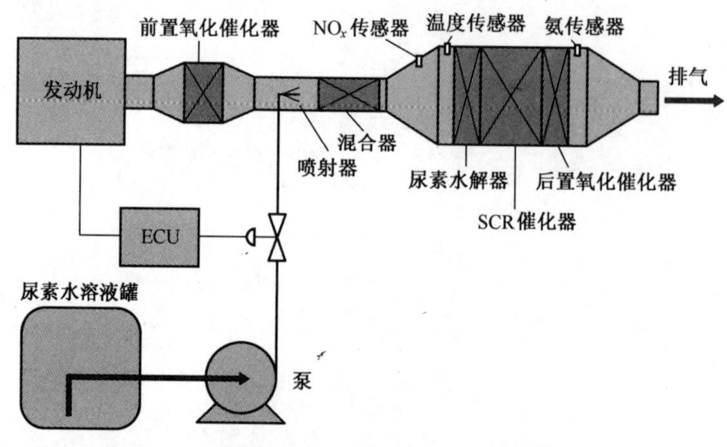

图 4-1　尿素选择催化还原系统的组成示意图[1]

尿素水溶液供给及控制系统的作用是根据事先存储在 ECU 中 NO_x 的 MAP 图（开环控制）或 NO_x 传感器和氨传感器的实时检测信号（闭环反馈控制）、以及排气流量和排气温度等，通过喷射器向排气管中喷入适量的尿素水

溶液。常见的尿素溶液喷射器有两种:一种是空气辅助式喷射器,利用还原剂供给量与柱塞运动的频率成正比这一原理进行尿素溶液喷射量的计量与控制;另一种是无空气辅助的电磁阀喷嘴,利用还原剂喷射速率和电磁阀开启时间成正比这一原理进行尿素溶液喷射量的计量与控制。

混合器的作用是促使喷入排气管的尿素水溶液及其蒸气尽快地与排气均匀混合。混合器的主要评价指标有尿素溶液还原剂分布均匀性、系统 NO_x 转化率的提高幅度、压力损失、耐久性、热应力、结构紧凑性、安装及加工方便性和材料耐腐蚀性等[2]。

SCR 催化器、尿素水解器(HY)、前置氧化催化器前置(DOC)及后置氧化催化器(ASC)中发生的主要化学反应如图 4-2 所示。前置氧化催化器的作用除了净化 CO、HC 之外,还担负着将 NO 氧化为 NO_2 的任务。固体尿素在 133℃融化,加热后可热分解成 NH_3 与 CO_2,但在低温条件下,发生热分解的速度非常缓慢,大约 400℃时才具有高的反应速率[3]。而典型的内燃机排气温度为 150~450℃,故使用尿素作为还原剂的 SCR 必须使用高活性的尿素分解催化器,使尿素在 180℃或更低温度开始快速分解以及形成中间体异氰酸(HNCO),并最终水解成 NH_3 与 CO_2。HY 的作用就是将尿素水溶液水解释放出还原 NO_2 及 NO 所需的 NH_3。后置氧化催化器的作用是把没有参与还原反应的 NH_3 氧化,使其变为无害的 H_2O 和 N_2。

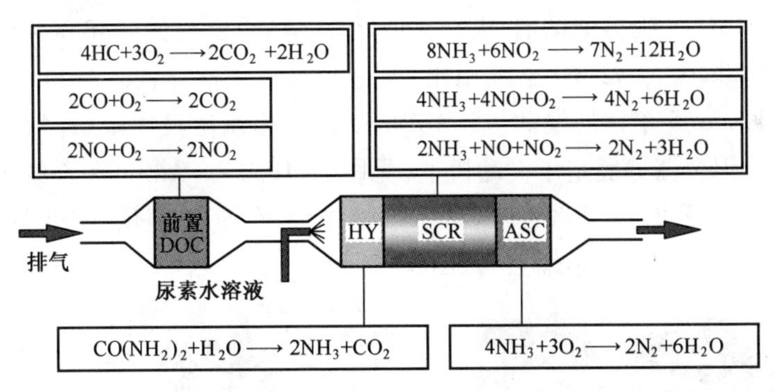

图 4-2　尿素选择性催化还原系统中主要总成的作用[4]

图 4-2 所示的由前置氧化催化器、尿素水解器、SCR 催化器及后置氧化催化器串联而成的 SCR 净化系统,其长度过长,占用空间过大,不适用于空间结构有限、排气系统布置紧凑的车辆,特别是小型轿车。因此,现代车辆实际采用的 SCR 净化系统多为紧凑的模块化结构。

图 4-3 为被命名为"VHRO 系统"的尿素选择性催化还原系统结构示意图,图 4-3 中 V、H、R 和 O 的含义依次为前置氧化催化器、尿素分解催化器、选择还原催化器和后置氧化催化器。改进后的 VHRO 系统(2006 年型)的特

点是 V 和 H、R 和 O 催化器并联，二者再串联成一个紧凑式催化器，使 SCR 净化系统长度缩短、体积减少。1998 年型、2000 年型和 2006 年型 VHRO 系统的体积分别为 33L、27L 和 19L。与 1998 年型相比，2000 和 2006 年型经过了改进设计，实现了 V 和 H 催化器的并联。2006 年改型设计较 1998 年设计体积减少 40%，采用金属载体 SCR 替代了蜂窝陶瓷载体催化剂，并通过了商用车辆发动机台架试验。

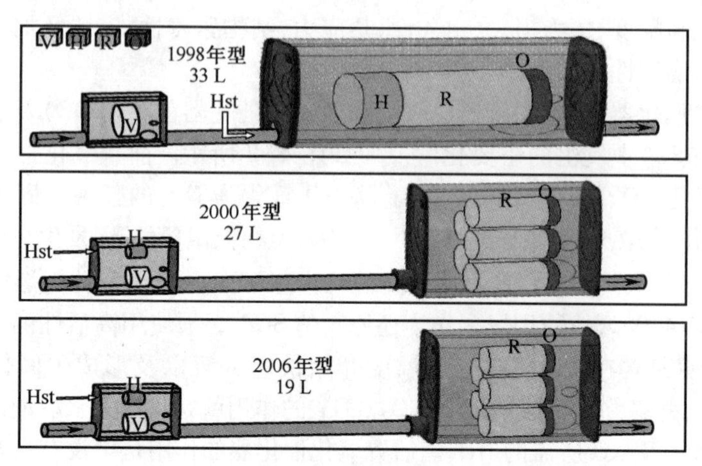

图 4-3　VHRO 系统的组成及改进历程[3]

与 VHRO 系统类似的有图 4-4 所示的 MAN 公司的 AdBlue®SCR 系统等[5]。AdBlue®与 VHRO 系统相比，没有前置氧化催化器。AdBlue®主要装备于满足 Euro 5 车辆的发动机。AdBlue®的尿素水溶液喷嘴、计量模块和温度传感器、混合器等固定于发动机上(见图 4-4(a))。AdBlue®系统的尿素水溶液罐、供给模块、加热水管、尿素水溶液过滤器、SCR 催化器与消声器集成模块、电磁阀等固定于车架上(见图 4-4(b))。

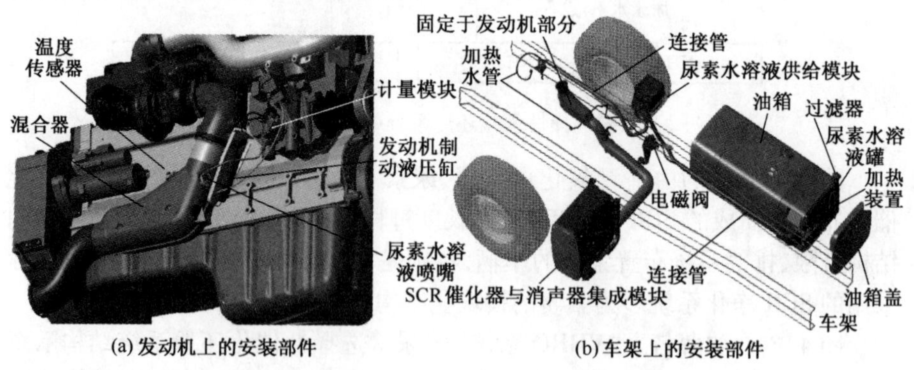

图 4-4　MAN 公司的 AdBlue®系统安装示意图

由于排放标准的不断提高，车辆后处理越来越复杂，尿素选择性催化还原系统在车辆上单独布置变得越来越困难。因此，对 SCR 系统与颗粒过滤系统进行集成设计的方法已被普遍采用。图 4-5 为 MAN 公司的 SCR（AdBlue®）系统和 MAN 公司的颗粒过滤系统（PM-KAT®）组合而成的称为 V/H-PR 催化器的组合式后处理系统结构示意图[6]。图 4-5 中 H 表示尿素分解催化器，V 表示预氧化型催化器（即前置 DOC）、P 表示 PM-KAT®过滤器、R 表示 SCR 催化器。PM-KAT®模块长 145mm，SCR 催化器的体积为 13.2L。这种颗粒过滤器模块和还原催化器组合安装在 MAN-TGA 的消声器空间内，以满足更为严格排放标准车辆的需求。

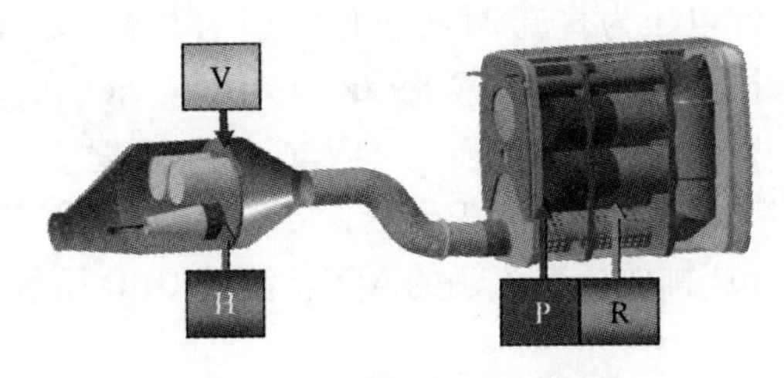

图 4-5　AdBlue®和 PM-KAT®的组合系统 V/H-PR 的组成示意图

庄信万丰（Johnson Matthey）公司也进行了类似的开发工作。图 4-6 为其设计的紧凑型 SCR™系统结构示意图[7]。SCRT™系统于 2003 年在底特律举办的 SAE 世界大会上展出，SCRT™系统由尿素 SCR 系统和 CRT DPF 系统集合而成。系统首先使发动机排气流过 DOC，对排气中的 CO、HC 和颗粒物的可溶性有机组分进行净化，再使排气经过 CRT DPF 装置，把排气中颗粒物的不可溶性组分过滤掉。然后，使排气中的 NO_x 与经过计量的、喷入到排气中的尿素水溶液一起进入 SCR 催化剂模块。之后，尿素热解为氨，在 SCR 催化剂作用下，与排气中的 NO_x 反应生成无害的 N_2、H_2O 等，该系统排放性能和耐久性均通过了相关测试。

二、USCR 的尿素水溶液供给系统

图 4-7 为玉柴机器集团股份有限公司（下简称玉柴公司）开发的 USCR 的尿素水溶液供给系统的组成示意图[8]，尿素水溶液供给系统包括尿素水溶液罐（添蓝罐）、喷射计量泵、尿素水溶液输送管（添蓝管）、喷嘴、加热水管、压缩空气供给装置等。该 USCR 的尿素水溶液供给系统防止寒冷条件下尿素溶液结晶的方法是采用了发动机的冷却液作为热源的加热系统，尿素水溶液喷射采用压缩空气辅助喷射。

目前，玉柴公司、潍柴动力股份公司、一汽锡柴公司和康明斯公司等生产的 Euro4、Euro5 排放标准发动机的 SCR 系统多采用依米泰克（Emitec GmbH）公司的尿素溶液泵 UDA 7.5-OA-24，该泵为空气辅助型尿素溶液泵，外形尺寸为 247mm×144mm×184mm，工作环境温度-40～80℃，喷射量程 0～7.5L/h，

工作电压为直流24V,工作气压为0.6~0.8MPa。SCR系统的NO_x传感器有德国大陆电子的5WK9 6614I/H等,NO_x传感器的NO_x体积分数测量范围为0~0.15%,使用电压为24V或12V,数据接口符合SAE-J-1939通讯协议。该传感器在康明斯、玉柴、潍柴动力股份、一汽锡柴、沃尔沃等公司的国4及Euro4排放标准车辆的NO_x检测及OBD系统上均有应用[9]。

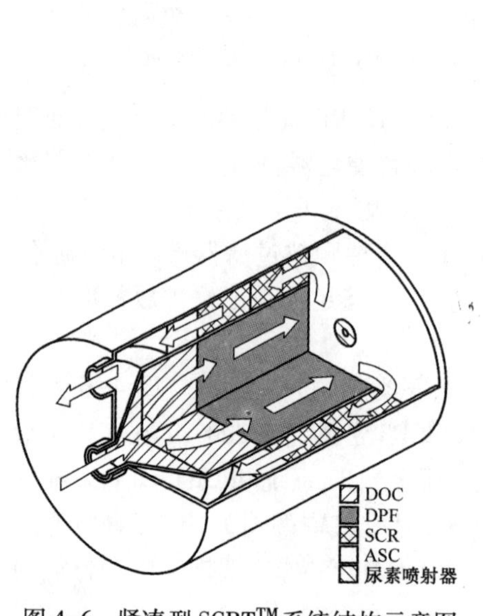

图4-6 紧凑型SCRT™系统结构示意图

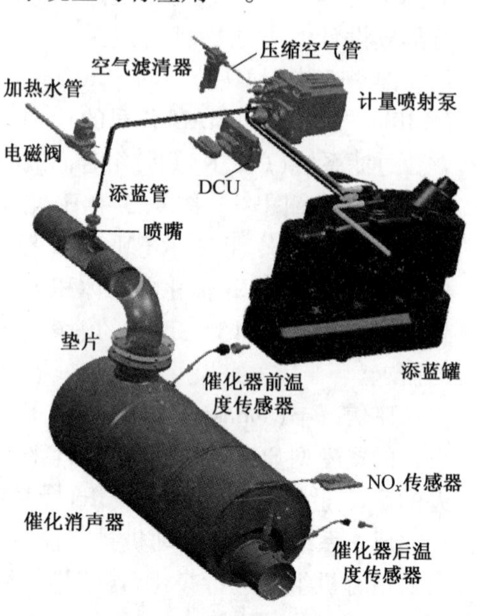

图4-7 玉柴公司的USCR的尿素水溶液供给系统组成示意图(压缩空气辅助喷射版)

有关研究表明,-7℃的尿素水溶液在-18℃的环境下放置72h,即可完全冻结。在-18℃的环境下解冻需要怠速运转约20min[10]。因此,为了保障USCR的尿素水溶液供给系统在低温下正常工作,USCR系统必须具备防止尿素溶液结晶和尿素溶液解冻的功能,以及实时监测尿素水溶液温度和剩余量等信息的功能。图4-8为尿素水溶液储存罐的结构示意图[11],储存罐内尿素溶液采用发动机的冷却液进行加热,尿素水溶液温度和剩余量采用温度传感器和液位传感器分别进行监测。USCR的控制系统根据监测的温度和剩余量等信息,对储存罐进行加热。另外,为了使车辆携带的尿素水溶液质量能满足USCR系统的需求,尿素水溶液储存罐的容积应达到车辆燃油箱容积的5%以上,但也不宜过大,一般应小于车辆燃油箱容积的10%。

为了便于尿素水溶液储存罐在车辆上的安装与布置,将尿素水溶液储存罐与燃油箱进行集成是一种较为理想的方案。图4-9为MAN公司燃油箱与尿素水溶液储存罐的一体化结构组成示意图，由于尿素水溶液储存罐的容积仅有燃油箱容积的5%或更小，因此，降低了安装SCR系统车辆的改装与设计难度。

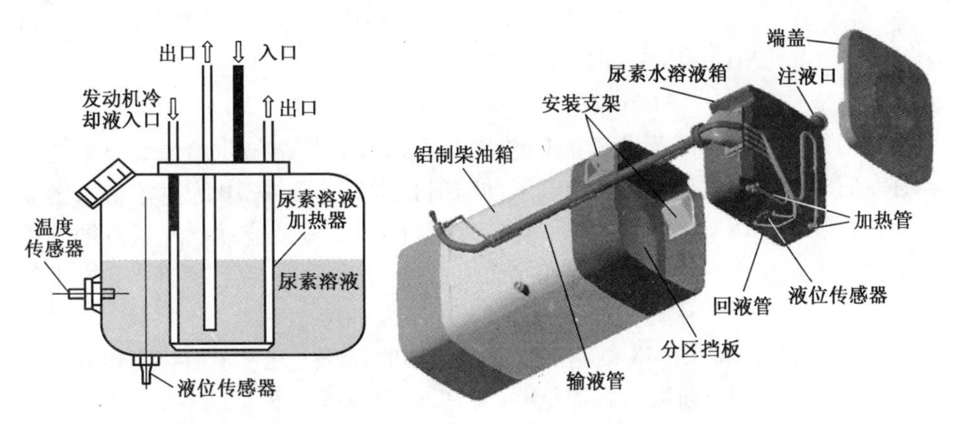

图4-8　尿素水溶液储存罐的结构示意图

图4-9　燃油箱与尿素水溶液储存罐的一体化结构示意图[5]

尿素水溶液喷入热的排气后，水和尿素便蒸发，尿素分子不稳定，迅速分解形成异氰酸(HNCO)和氨。研究表明，大小为70μm的液滴仅依靠排气流动和温度完全蒸发，需要经过3.5~6m的距离[12]。这是因为尿素水溶液分解为SCR反应中所需的NH_3的化学过程十分复杂。反应式(4-1)~(4-14)为TiO_2催化剂作用下，尿素分解反应体系中副产物的形成和分解反应[13]。可见尿素分解反应体系中副产物种类多，且路径复杂。因此需要专门装置加速该过程的进行。

$$CO(NH_2)_2(\text{尿素}) \longrightarrow NH_3 + HNCO \tag{4-1}$$

$$HNCO + H_2O \longrightarrow NH_3 + CO_2 \tag{4-2}$$

$$CO(NH_2)_2 + H_2O \longrightarrow 2NH_3 + CO_2 \tag{4-3}$$

$$CO(NH_2)_2 + HNCO \longrightarrow NH_2—CO—NH—CO—NH_2(\text{缩二脲}) \tag{4-4}$$

$$NH_2—CO—NH—CO—NH_2 + HNCO \longrightarrow C_3N_3(OH)_3(\text{三聚氰酸}) + NH_3 \tag{4-5a}$$

$$NH_2—CO—NH—CO—NH_2 + CO(NH_2)_2 \longrightarrow C_3N_3(OH)_3 + 2NH_3 \tag{4-5b}$$

$$2NH_2—CO—NH—CO—NH_2 \longrightarrow C_3N_3(OH)_3 + HNCO + 2NH_3 \tag{4-5c}$$

$$NH_2—CO—NH—CO—NH_2 + HNCO \longrightarrow C_3H_4N_4O(\text{氰尿酰胺}) + H_2O \tag{4-6}$$

$$NH_2—CO—NH—CO—NH_2 + H_2O \longrightarrow CO(NH_2)_2 + NH_3 + CO_2 \tag{4-7}$$

$$C_3H_6N_6(\text{三聚氰胺}) + H_2O \longrightarrow C_3H_5N_5O(\text{氰尿二酰胺}) + NH_3 \tag{4-8}$$

$$C_3H_5N_5O + H_2O \longrightarrow C_3H_4N_4O_2 + NH_3 \quad (4-9)$$

$$C_3H_4N_4O_2 + H_2O \longrightarrow C_3N_3(OH)_3 + NH_3 \quad (4-10)$$

$$C_3N_3(OH)_3 + 3H_2O \longrightarrow 3NH_3 + 3CO_2 \quad (4-11)$$

$$C_3N_3(OH)_3 \longrightarrow 3HNCO \quad (4-12)$$

$$NH_2—CO—NH—CO—NH_2 + HNCO \longrightarrow C_3H_6N_4O_3 \quad (4-13)$$

$$C_3H_6N_4O_3 \longrightarrow C_3N_3(OH)_3 + NH_3 \quad (4-14)$$

为了加快液滴的蒸发和 NH_3 的快速生成,尿素水溶液供给系统中常安装有专门的水解催化器和采用空气辅助喷射技术等。图 4-10 为德国依米泰克公司开发的"MX 结构"的水解催化器外形、内部结构及流动状况示意图。该水解器由瓦楞箔和穿孔平面箔卷制而成,气体从入口进入后,通过小孔产生偏转流动,流通面积不断扩大,液滴碰撞瓦楞蒸发加速。

依米泰克公司在 MX 结构的水解催化器的基础还开发了由 MX 和 LS/PE 两种结构组成的两阶段水解催化器(见图 4-11),第一阶段为在 200/400 LS/PE 载体消除大液滴尿素的过程,第二阶段为在水解催化剂的作用下实现水解的过程,试验表明这种水解催化器使更多的尿素完全转化成 NH_3。

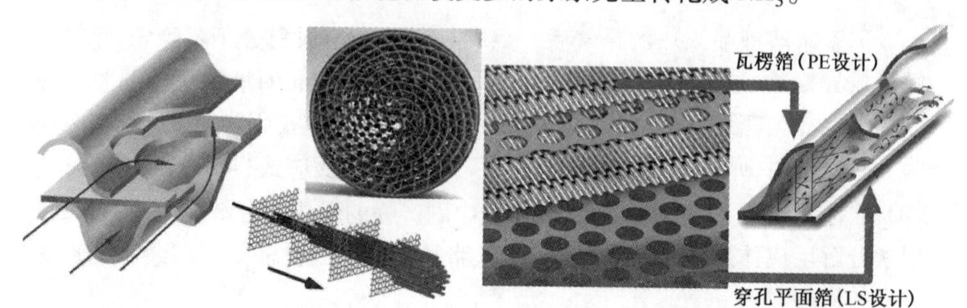

图 4-10　MX 结构的水解催化器的外形、内部结构及流动[3]

图 4-11　带有反向波纹和穿孔平面箔的 LS/PE 结构[14]

图 4-12 为空气辅助喷射对尿素水溶液液滴粒径的影响。可见,无论是内部混合式空气辅助喷射系统还是外部混合方式空气辅助喷射系统的尿素水溶液液滴粒径都明显小于无空气辅助喷射式的,因此,空气辅助式喷射系统成为常见的尿素水溶液喷射系统,既可以减少尿素水解所需时间,又可以省去水解催化器或简化水解催化器的结构,但需要高压空气气源[15]。

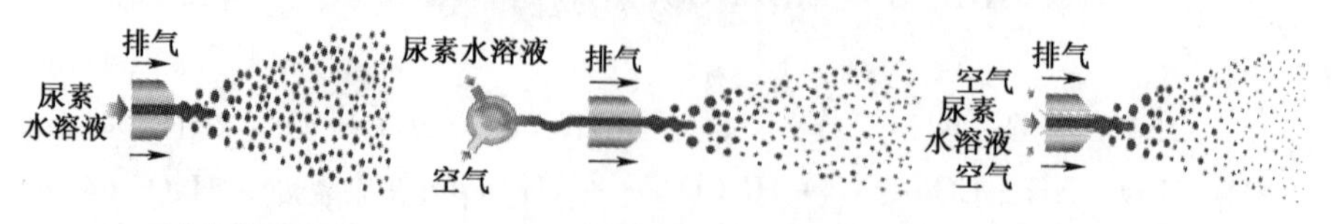

(a) 无空气辅助喷射　(b) 内部混合式空气辅助喷射　(c) 外部混合式空气辅助喷射

图 4-12　空气辅助喷射对液滴粒径的影响

三、USCR 的控制系统

图 4-13 为 SCR 的前馈控制系统示意图,根据 SCR 的 Eley-Rideal 反应机理,在低温时 SCR 的反应速率依赖于催化剂表面的 NH_3 覆盖度,但当 NH_3 覆盖度大于 NH_3 的"临界"覆盖度时,反应速率则与 NH_3 覆盖度无关。因此"NH_3 覆盖目标"和"NH_3 覆盖观察器" 是控制器的核心。NH_3 覆盖度由柴油机运转条件和 SCR 催化剂温度确定;NH_3 覆盖观察器由一个基于 NH_3 覆盖情况和影响 NO_x 转化的现象学化学模型组成,模型的主要参数有空间速度、催化剂温度、排气中 NO_2/NO_x 比等。ECU 再根据 NH_3 覆盖目标和 NH_3 覆盖观察器的数值确定 SCR 尿素水溶液喷射量,尿素水溶液喷射系统通过喷射器向 SCR 中喷入尿素水溶液。

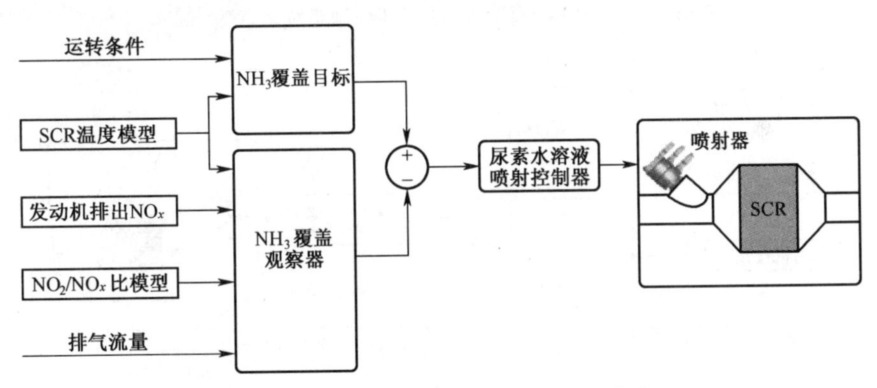

图 4-13　SCR 的前馈控制系统示意图[16]

对于要求控制精度高和响应时间短的 SCR 而言,可采用图 4-14 所示的基于 NH_3 传感器的闭环控制系统或图 4-15 所示的基于 NO_x 传感器的闭环控制系统。与图 4-13 所示系统相比,图 4-14 所示的闭环控制系统的特点是增加了 NH_3 传感器和闭环控制器。控制器通过 NH_3 传感器和 NH_3 覆盖观察器的 NH_3 溢出量比较,算出 SCR 尿素水溶液喷射量,并反馈给 SCR 尿素水溶液控制器。当 SCR 出口的 NH_3 浓度增加时,控制系统就减少尿素水溶液的供给,反之亦然。但在尿素水溶液不足或 SCR 催化剂退化的情况下,即使在 SCR 出口的 NH_3 浓度增加,控制系统也应增加尿素水溶液的供给。

图 4-15 所示闭环控制系统的特点是根据 NO_x 传感器的输出信号算出 NH_3 的溢出量和 NO_x 的转换率,并利用算出的 NH_3 溢出量和 NO_x 的转换率校正催化剂模型输出和尿素水溶液供给量。校正的催化剂模型输出和尿素水溶液供给量分别作为尿素水溶液喷射控制器和 NH_3 覆盖观察器的输入信号使用。ECU 再根据这些信号确定最终的 SCR 尿素水溶液喷射量。由于该闭环

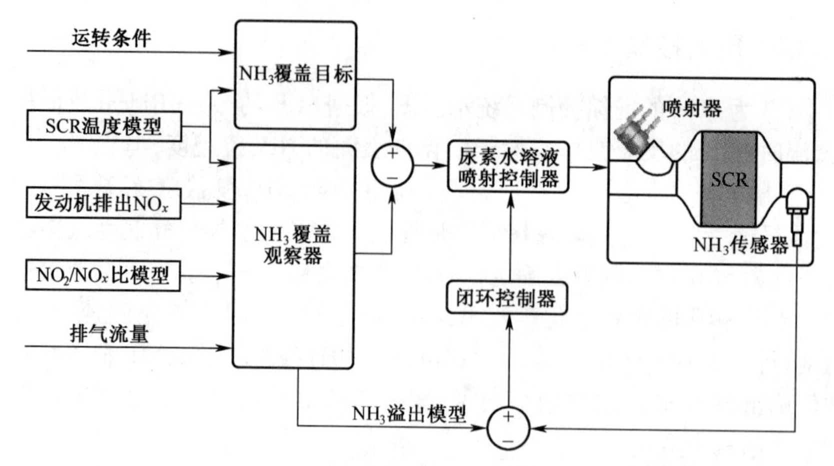

图 4-14　基于 NH_3 传感器的闭环控制系统示意图[16]

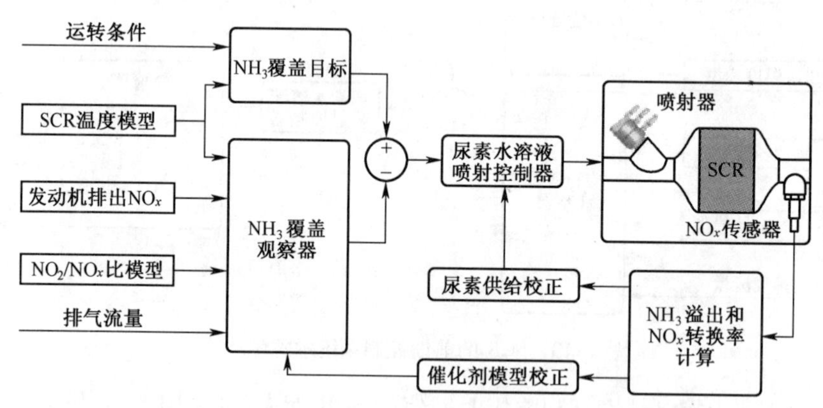

图 4-15　基于 NO_x 传感器的闭环控制系统示意图[16]

控制系统使用了 NO_x 传感器，因此，在催化剂退化情况下，可以根据出口的 NO_x 浓度确定尿素水溶液需求量。

图 4-16 为德国博世公司开发的 USCR(Denoxtronic 2.2)的控制系统示意图，该系统是一个典型的基于 NO_x 传感器的闭环控制系统。为了便于了解该 USCR 的特点，图 4-16 中同时给出了尿素水溶液供给系统的主要组成。USCR 的控制系统主要包括计量控制模块(DCU)、向 DCU 输入信号的各种传感器和执行 DCU 指令的执行元件等。DCU 和发动机控制器 ECU 间通过 CAN 网络交换信息，DCU 综合尿素溶液温度、尿素罐液位、供给泵转速、SCR 前后排气温度、NO_x 传感器以及发动机工况等信息，对当前发动机及后处理系统的工作状态做出判断，并发布指令，对尿素溶液或管路先加热，或直接将尿素溶液中抽出、加压、过滤后送到喷射器电磁阀，从而得到 SCR 催化器所需的尿素

水溶液量[17]。

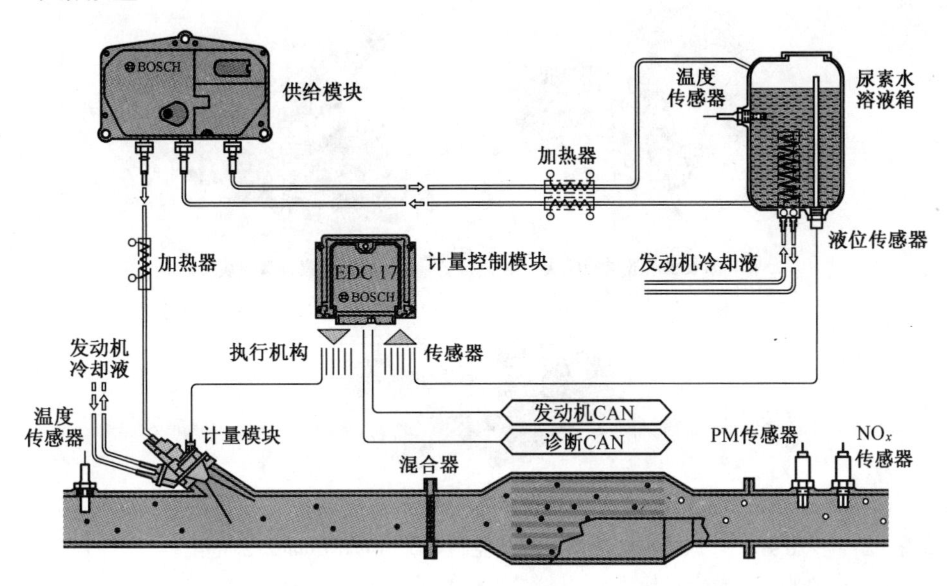

图 4-16　尿素水溶液供给及其控制系统(Denoxtronic 2.2)的组成示意图[17]

Denoxtronic 2.2 是博世公司第二代选择性催化还原系统 Denoxtronic 2.1 的升级版本,针对商用柴油车及非道路工程机械开发,尿素喷射控制单元可集成于博世 EDC17CV 电控单元中,该系统可以减少氮氧化物排放量高达 95%,提高柴油发动机效率约 3%,还可简化或省略发动机本体的污染物监测装置或净化装置。该 USCR 的尿素水溶液供给系统与图 4-7 所示的尿素水溶液供给略有不同,一是少了空气辅助喷射嘴用的压缩空气供给装置,二是多了电加热装置。

图 4-17 为图 4-16 中所示 Denoxtronic2.2 系统中的 3 个主要组件的实物照片。尿素计量模块也可称为尿素喷射模块、定量配给模块等,它向膜片泵发出指令,从尿素溶液箱中泵出尿素溶液,并将其压缩到雾化所需的 0.9MPa 的系统压力,通过调整电动机的速度,可以精确地保持此压力,控制喷射所需尿素溶液的质量。DCU 控制供给系统的加热、喷射量的确定以及对系统状况进行实时诊断。DCU 依据检测的 NO_x 排放量、发动机负荷等信号对存储于 MAP 中的喷射量进行修正,并向喷射模块提供一个脉冲宽度调制信号,使其喷射出适量的尿素水溶液。该系统有一个闭环控制回路。当尿素水溶液在-11℃冻结时,此时该系统将开启加热器,对尿素水溶液进行解冻,确保系统处于无冰状态,避免霜冻损害,以实现正常工作的功能。

Denoxtronic2.2 系统的特点是采用模块化设计,供给模块和喷射模块元器件可以分开,尿素喷射控制单元为选装件,可以进行较为灵活的配置和装配。

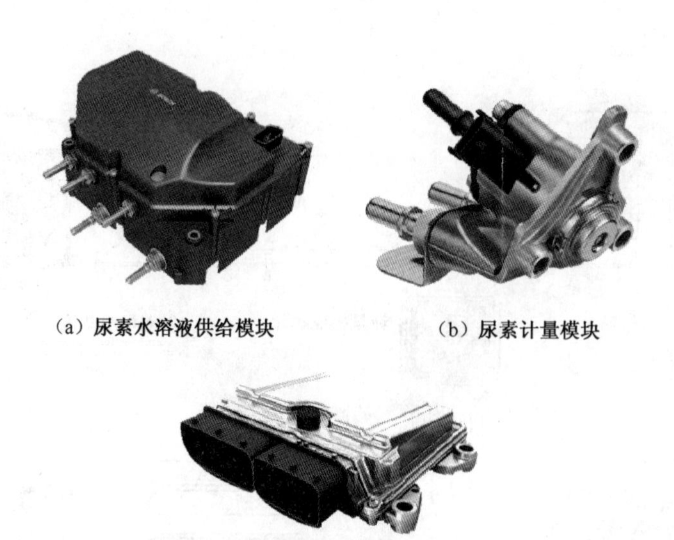

（a）尿素水溶液供给模块　　（b）尿素计量模块

（c）尿素计量控制模块

图 4-17　尿素水溶液供给及其控制系统(Denoxtronic2.2)的组件

尿素喷射控制单元可集成于博世 EDC17CV 电控单元中,简化和降低系统成本,尿素喷射控制采用基于最多两个 NO_x 传感器测量的闭路反馈控制系统。当 Denoxtronic2.2 和 Departronic(微粒过滤器再生系统)共同使用时,可以采用一个 DCU 进行控制实现高精度的喷射和良好的尿素溶液雾化。系统的加热有电加热或发动机冷却液加热两种模块。喷射模块的加热采用发动机冷却液。

博世公司开发了多种与 Denoxtronic 2 类似的、可用于不同市场需求和类别车辆的控制系统,如用于矿山机械、农用机械及建筑机械的 Denoxtronic 6-5 等[18]。Denoxtronic 6-5 与 Denoxtronic 2.2 的主要特性参数如表 4-1 所列。表 4-1 中排放控制目标一栏的 CN IV&V、JPNLT 和 BS IV&V 依次表示中国国 4 和国 5 排放标准、日本后新长期排放标准、印度新的排放标准 BS IV 和 BS V;适用车辆一栏的 MD,HD 和 OHW 依次表示中型、重型载重车和非道路车辆。可见,用于道路车辆柴油机的 Denoxtronic 2.2 系统的特点是尿素水溶液供给量的范围大、工作压力高、液滴索特平均直径小、寿命更长等。

表 4-1　Denoxtronic 2.2 与 Denoxtronic 6-5 的主要特性参数比较[17,18]

特性参数名称	Denoxtronic 2.2	Denoxtronic 6-5
供给量:最小/最大 可选供给量	36/7200g/h 60/12000g/h	100/5400g/h 200/9200g/h
工作压力	0.9MPa	0.5MPa

（续）

<table>
<tr><th colspan="2">特性参数名称</th><th>Denoxtronic 2.2</th><th>Denoxtronic 6-5</th></tr>
<tr><td colspan="2">液滴索特平均直径 SMD</td><td>75μm</td><td>120μm</td></tr>
<tr><td rowspan="3">使用寿命/h</td><td>供给模块</td><td>30000</td><td rowspan="3">12000</td></tr>
<tr><td>计量模块</td><td>24000</td></tr>
<tr><td>计量控制模块 DCU</td><td>30000</td></tr>
<tr><td colspan="2">起动/停止循环数</td><td>100000</td><td>50000</td></tr>
<tr><td colspan="2">供给模块的冷却系统</td><td>电加热或发动机冷却液</td><td>电加热或发动机冷却液</td></tr>
<tr><td colspan="2">工作电压</td><td>12V/24V</td><td>12V/24V</td></tr>
<tr><td colspan="2">喷射模块尺寸，长×宽×高（约）：</td><td>100mm×60mm×110mm</td><td>100mm×60mm×110mm</td></tr>
<tr><td colspan="2">供给模块尺寸，长×宽×高（约）：</td><td>220mm×209mm×134mm</td><td>165mm×136mm×136mm</td></tr>
<tr><td colspan="2">连接管路最大长度
内径</td><td>10m
3～6mm</td><td>10m
3～6mm</td></tr>
<tr><td colspan="2">适用车辆</td><td>MD，HD，OHW</td><td>MD，HD，OHW</td></tr>
<tr><td colspan="2">排放控制目标</td><td>JPNLT，US13，Euro 6，
Tier 4 /Euro Stage 4</td><td>CN IV&V，BS IV&V，
JPNLT，US13，Euro 6，
Tier 4 /Euro Stage 4</td></tr>
</table>

尿素水溶液供给系统常见的传感器有 O_2传感器、NO_x传感器和尿素质量传感器、氨气传感器以及温度传感器等（图 4-18）。温度传感器选用普通排气温度传感器即可。用于检测排气中 O_2和 NO_x浓度的 O_2传感器和 NO_x传感器常采用图 4-18(a)所示的一体式结构；尿素质量传感器和氨气传感器的实物外形分别如图 4-18(b)和(c)所示，其用途是尿素水溶液质量和排气中逃逸氨气浓度的检测。

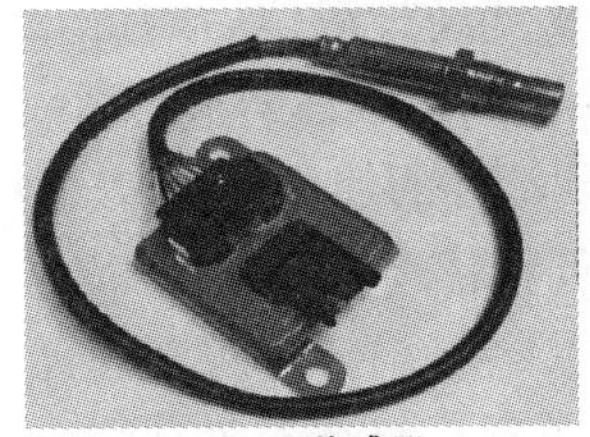
(a) O_2/NO_x传感器

(b)尿素质量传感器

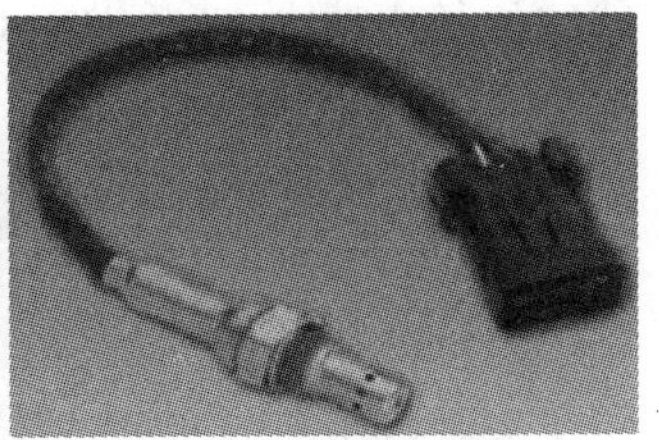
(c)氨气传感器

图 4-18　尿素水溶液供给系统常见的部分传感器照片[19]

四、SCR 催化器的结构及设计流程

SCR 催化器的结构类似于前述的 DOC。SCR 催化器主要由壳体、减振层（衬垫）、载体及催化剂四部分构成，相同部分此处不予赘述。设计 SCR 催化

器时第一步是其载体的确定,包括载体材料及体积、主要尺寸(长度、直径或长宽比)、孔密度和截面形状等几何参数的确定;第二步是衬垫材料种类、密封形式及密封垫尺寸等的选择;第三步是根据载体的外形尺寸、衬垫厚度及车辆排气管结构特点初步确定催化器壳体材料、几何结构参数及形状,与车辆排气系统的连接式法等。由上面三步即可得到 SCR 催化器设计的初步结构参数。初步结构参数经过进一步优化及流场、温度场力仿真分析后,即可进行样品试制;试制的 SCR 催化器样品经过性能测试、流动阻力及流速分布测量、装车试验等后才可初步定型生产。

图 4-19 为圆形催化器外部结构示意图[20]。载体先装入外壳中,再采用焊接方法将两头的扩张管和收缩连接管把载体封装在壳体内部。与 DOC 的主要区别是需要考虑尿素水溶液喷射器安装位置。尿素喷嘴位置会影响到尿素液滴在空间的分布均匀性及尿素水溶液蒸发时间,进一步影响到 NH_3 在 SCR 催化器入口的均匀性以及 NO_x 的转换率。还原剂 NH_3 与柴油机排气混合越充分,NO_x 的转换率越高。喷嘴的位置以及从喷嘴到催化剂载体入口处连接管路的形状和长度等对 NH_3 在 SCR 催化器入口处的分布均匀性具有重要影响。一般要求从喷嘴到催化剂载体入口处连接管长度应大于等于 6 倍的喷嘴处的管道直径,扩张管及喷嘴的布置应尽量避免产生回流,减少因回流形成的尿素结晶。

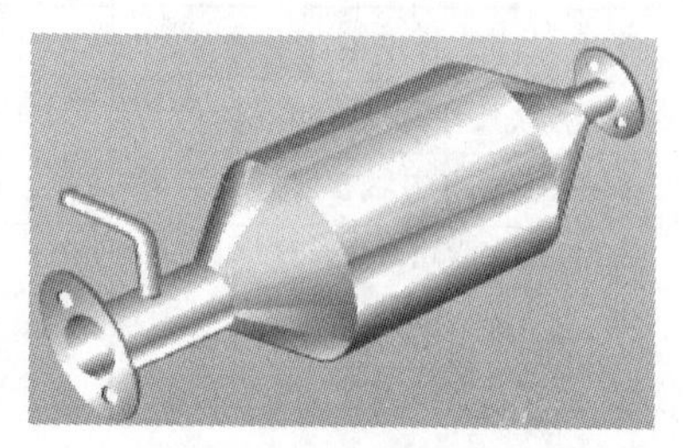

图 4-19　焊接式 SCR 壳体

载体容积大小及长径比对催化器的净化性能及发动机油耗均有影响。载体长径比与车辆的结构密切相关,受到发动机排气管直径和管路布置的影响。载体长径比越小,意味着对相同容积 SCR 载体而言,排气经过载体后的压降越小,对发动机性能越有利,但受到车辆结构空间的限制。载体容积越小,NH_3 和 NO_x 在催化器中的滞留时间(空时)越短,对相同活性的催化器而言,意味着 NO_x 的转换率越低;反之亦然,这同样也会受到车辆结构空间的限制。

SCR 催化剂载体最常见的材料是陶瓷蜂窝载体及金属载体。陶瓷蜂窝载体主要材质为堇青石。天然的堇青石极少,大部分堇青石都是人工高温合成的。堇青石材料的优点就是热膨胀系数低(在 20~800℃ 内热膨胀系数为 $1.6\sim2.0\times10^{-6}$/℃),抗热冲击性能优良,耐酸、碱及腐蚀性能好,具有较高的机械强度(抗压强度≥14MPa)。蜂窝陶瓷载体的孔密度常用每平方英寸(in^2)或每平方厘米(cm^2)上的气孔数量表示($1in^2=6.452cm^2$),工程上常将每平方英寸(in^2)的孔数称为目数,如把每平方英寸 300 孔的载体称为 300 目的载体。陶瓷蜂窝载体的截面形状有圆形、跑道形、椭圆形等。堇青石材质的蜂窝陶瓷载体的主要性能参数有吸水率（20% ～ 30%）、壁厚（(0.2±0.02)mm）、孔密度（200～600 孔/in^2）、体积密度（(0.50±0.05)g/cm^3）、软化温度（≥1360℃）、孔隙率、外形几何尺寸、几何表面积、开孔率、催化剂涂覆量等。为了了解该类载体的主要规格参数，表 4-2 给出了北海市辉煌化工陶瓷有限公司的 BHHT-HC-1 型载体的主要规格参数，供设计及研究参考。

表 4-2　陶瓷蜂窝型 SCR 载体的主要规格参数示例[21]

孔密度/(孔/cm^2)	62	孔隙率	0.757	壁厚 h/mm	0.165
几何表面积/(m^2/m^3)	2740	直径/mm	100～300	孔径 d/mm	1.105
催化剂涂覆量/(g/L)	140	高度/mm	50～150	开口率/%	72.4

图 4-20 是多孔的长方体催化器载体的横截面示意图，气体通道孔常见的有三角和正方形两种，与正方形孔相比，三角形气体通道催化器的体积表面积大，但加工难度大。

图 4-20　正方形及三角形气孔蜂窝陶瓷催化器载体的截面图[22]

金属载体的材质主要为不锈钢。具有起燃快（所需加热时间短）、体积小、强度高、耐热性好、寿命长、综合力学性能优异、可靠性高和抗振动性能好等优点。金属载体表面需要进行预处理，使金属载体与活性涂层之间生成过渡层，以负载活性组分和解决金属材料与活性涂层间的热膨胀匹配梯度过渡。金属载体结构一般由波纹箔材和平板箔材卷制而制，金属载体的孔形状决定于波纹箔材的形状，常见的形式为近似梯形或三角形，壁厚取决于箔材的厚度。

图 4-21 为一个 SCR 催化器的金属载体结构示意图。该金属载体由 30 层厚度 30μm 的平板箔材和 29 层厚度 30μm 的波纹箔材卷制而成。载体直径 80mm、高度 100mm、孔密度为 62 孔/cm^2、外壳壁厚 1.5mm、波纹高度 1.25mm、波纹宽度 2.5mm。

利用气体湍流可以增大金属载体中反应气体的混合速率及其与催化剂的接触概率，加快还原反应的进行。图 4-22 为“湍流”催化器载体及其载体内

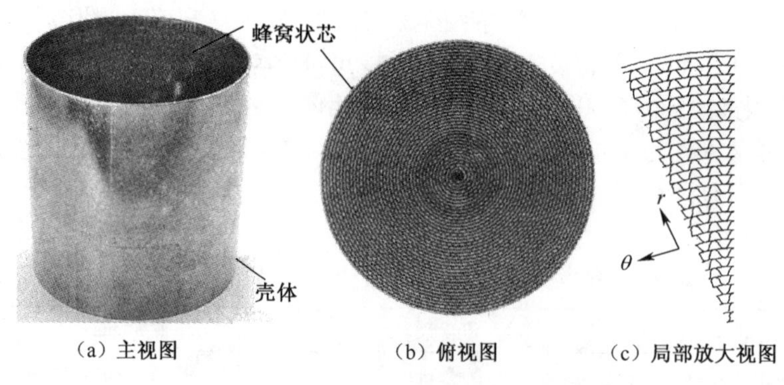

图 4-21　SCR 催化器的金属载体结构示例[23]

部结构示意图。图 4-22(a)所示载体由波纹箔材和平板箔组成,具有 PE、LS/PE 和 MX 的三种形式的结构。由于气流不断地分流与合流,使这种金属载体中的反应气体流动在流动过程产生湍流,加快尿素溶液的蒸发及与排气的混合。AdBlue®SCR 系统使用了 LS/PE 型湍流载体,NO_x催化剂载体体积减少 30%,更易满足 SCR 系统在狭小空间安装的要求,同时还降低了 SCR 系统的 NH_3泄漏量。

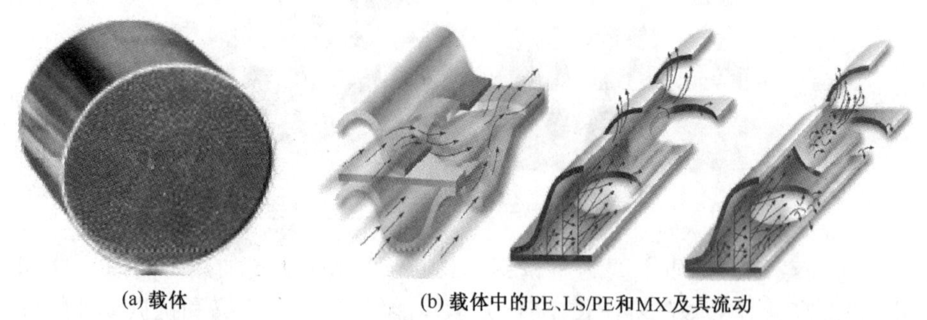

图 4-22　"湍流"催化器载体及其载体内部结构示意图[6]

催化器载体容积大小常用其与发动机排量的比值表示。当柴油机排量相同时,额定转速越高,其 SCR 载体体积与其排量的比值应该越大,反之亦然。在催化器体积表面积相同的条件下,该比值越小,表明催化剂的活性越强。由于发动机排放特性及催化剂活性的不同,不同研究者使用的催化器的载体容积与发动机排量的比值不同,甚至差别巨大。

Johnson Matthey 公司在其发动机台架试验中,把 17L 的 SCR 催化器用于 10L 柴油机上,即 SCR 载体体积与其排量的比值为 1.7。在欧洲稳态循环(ESC)工况下,NO_x的转化率达到 88.4%,柴油机的 NO_x排放量低于 Euro5 限值 2g/(kW·h)的一半。使用优化的前置氧化催化器时,NO_x转化率提高到 95.7%,NO_x的排放约为建议限值的 1/6[7]。

高田在其研究中,对四冲程、直列六缸、涡轮增压柴油机(缸径×冲程:115mm×125mm、排量 7.8L)匹配了一个 62 孔/cm^2、体积为 22.6L 的 SCR,SCR 载体体积为发动机排量的 2.8 倍[24]。高田在其研究中,还对一个四冲程、直列六缸、涡轮增压柴油机(缸径×冲程:89mm×96 mm、排量 2.23L,额定转速 3600r/min,额定功率 130kW)匹配了一个体积为 2.92L(ϕ150mm×165mm)、46.5 孔/cm^2的钒基 SCR 催化器,SCR 载体体积为发动机排量的 1.3 倍[24]。

赵彦光等在其试验研究中,在玉柴 YC6L240-40 型柴油机(排量 8.4L、缸径×冲程:113mm×140 mm、额定功率 177kW/(2200r/min))上使用了总体积为 17L 的两块钒基催化器(单块规格为直径 266.7mm、长 152.4mm,孔密度为 40 孔/cm^2),即试验中使用的 SCR 催化器载体体积与其排量的比值为 2.02[25]。

佟德辉等在其研究中[26],在排量 12L 的柴油机上安装了 30L 钒基(V_2O_5-WO_3/TiO_2)SCR 催化器(载体长度 58mm,孔高度 1.105mm、孔密度为 62 孔/cm^2,壁厚 0.165mm,催化剂涂覆量 140g/L),即试验中使用的 SCR 载体体积与发动机排量的比值为 2.5。

目前,欧洲应用于 LDV 的 SCR 系统催化剂载体体积接近发动机排量[27,28],在测试循环工况和排放控制系统耐久性要求与欧洲不同的美国,用于 Tier 2-Bin 5 标准的 SCR 系统催化剂载体体积接近发动机排量 2.0 倍。

从上述几例车用柴油机研究中使用的 SCR 载体体积与发动机排量的比值或文献的推荐值来看,SCR 载体体积约为发动机排量的比值为 1~2.8 倍,SCR 载体的孔密度范围大约为 40~62 孔/cm^2。

对于大功率船用柴油机而言,由于其转速相对车用柴油机而言极低,故其 SCR 载体体积则会远小于其发动机排量,如 WärtsiläVasa 4R32 两冲程四缸柴油机(缸径×冲程:320mm×350 mm,固定转速 750r/min、1640 kW、排量 0.112595m^3)匹配的孔密度 5.4 孔/cm^2的 SCR 其体积仅为 40.5L,SCR 载体体积与其排量的比值仅为 0.4,但却在发动机负荷为 100%、75%和 50%三个运转工况下,获得了依次为 78.1%、93.6%和 99.3%以上的 NO_x转化率[29]。

中速船用四冲程六缸柴油机(缸径×冲程:190mm×260 mm,额定转速 1000r/min、连续最大功率 750kW、排量 44.23L),匹配的 SCR(5.4 孔/cm^2)体积仅为 210.9L,SCR 载体体积与其排量的比值为 4.8,全负荷时催化器的空速为 19000h^{-1},在发动机负荷为 25%、50%、75%和 100%四个运转工况下,获得了依次为 82.2%、81.9%、78.2%和 77.7%的 NO_x转化率[30]。

从上述两例船用柴油机研究中使用的 SCR 载体体积与其排量的比值来看,船用柴油机与车用柴油机差别巨大,其 SCR 载体体积与发动机排量的比值约为 0.4~4.8 倍。

第二节　USCR 中的吸附净化机理与主要化学反应

一、USCR 中的吸附与净化机理

1. V 基催化剂的吸附与净化机理

USCR 中的吸附与净化过程与催化剂及其载体种类等密切相关。TiO_2负载 V_2O_5基催化剂的催化器是常见的一种 USCR 催化器，故下面重点以此类催化剂为例，说明 USCR 中发生的吸附与净化现象。关于 TiO_2为载体的 V_2O_5基催化剂作用下 NH_3的 SCR 反应机理的大量研究表明[31]，NH_3多相催化反应一般都遵循 Eley-Rideal 和 Langmuir-Hinshelwood 两种机理。温度高于 200℃时，Eley-Rideal 机理起主导作用；温度低于 200℃时，Langmuir-Hinshelwood 机理起主导作用。Eley-Rideal 机理认为：NH_3还原 NO_x的化学反应是吸附在催化剂活性中心上的 NH_3与气相或微弱吸附的 NO（非相邻活性中心位吸附物种）之间的化学反应。Langmuir-Hinshelwood 机理则认为 NH_3还原 NO_x的化学反应是吸附在催化剂表面相邻的活性中心上的 NH_3和 NO_x之间的化学反应。

可见，以 TiO_2为载体的 V_2O_5基催化剂（包括 V_2O_5/TiO_2，V_2O_5/TiO_2-SiO_2，$V_2O_5-WO_3/TiO_2$和 $V_2O_5-MoO_3/TiO_2$）对 NH_3的单独吸附或 NO_x和 NH_3的共同吸附是 NH_3选择还原 NO_x化学反应能否进行的关键。影响 NH_3吸附与活化的主要操作参数是反应温度。反应温度对 NH_3吸附量的影响如图 4-23 所示，NH_3吸附量随着温度升高迅速减少。反应温度过高易造成 NH_3吸附量减少，而且会加速和加大 NH_3脱氢速率，形成 NH 或 N 吸附，从而导致 SCR 的活性和 N_2选择性降低；温度过低，虽然 NH_3吸附量增加，但 NH_3难以被活化形成吸附物 NH_2，导致 NO_x的净化率较低。

根据 NH_3在 V 基催化剂上吸附位的不同，NH_3的吸附形态有 B 酸吸附和 L 酸吸附两种。TiO_2载体仅呈现 L 酸性；V_2O_5本身也只有 L 酸性位，但吸附水后可转变成 B 酸性位，所以 NH_3通常以两种形态吸附在 V_2O_5/TiO_2催化剂表面，形成 L 酸性位上的 NH_3分子和 B 酸性位上的 NH_4^+离子。图 4-24 为这两种吸附的分子结构示意图，在进行 NH_3选择还原 NO_x化学反应的催化剂表面上，NH_3发生这种吸附之后，随即与气相或吸附的 NO_x发生化学反应，使催化剂表面重新发生吸附及吸附后的化学反应，这种现象不断重复进行，使进入催化剂吸附区域的 NO_x不断被净化。

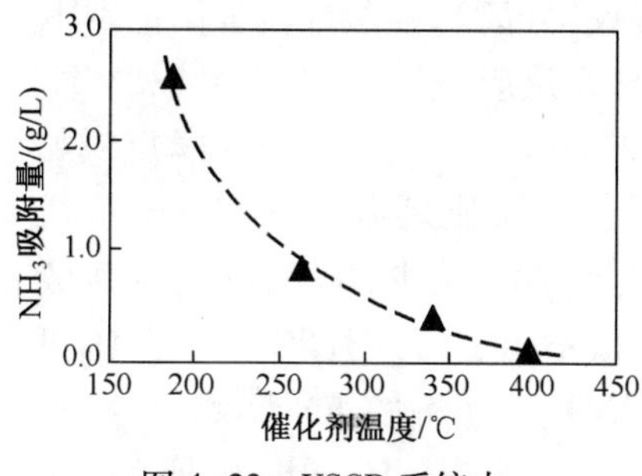

图 4-23　USCR 系统中温度对氨吸附量的影响[32]

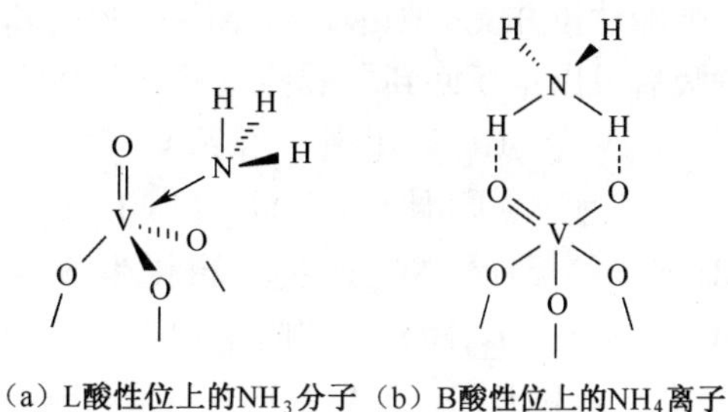

图 4-24　NH_3的 B 酸吸附和 L 酸吸分子结构示意图

Topsoe 等基于 Eley-Rideal 机理，总结出了图 4-25 所示的 V/Ti 催化剂作用下 SCR 反应中的氧化还原循环过程图，首先是反应气中的 NH_3被吸附到催化剂上的酸性位 V^{5+}—O—H 上，并形成 V^{5+}—O^-…H—N^+H_3；其次是 V^{5+}—O^-…H—N^+H_3上的—NH_4^+被邻近的 O ═ V^{5+}氧化，生成 V^{5+}—O^-…^+H_3N…H—O—V^{4+}，V^{5+}—O^-…^+H_3N…H—O—V^{4+}与气相中的 NO 结合生成 V^{5+}—O^-…^+H_3N—N ═ O…H—O—V^{4+}，然后是 V^{5+}—O^-…^+H_3N-N ═ O…H—O—V^{4+}生成极易分解的 H—O—V^{4+}和 V^{5+}—O^-…^+H_3N—N ═ O，V^{5+}—O^-…^+H_3N—N ═ O分解成 N_2、H_2O 和 V^{5+}—O—H，H—O—V^{4+}则在 O_2的氧化作用下重新形成 V^{5+}═ O。于是又得到了反应开始所需要的 V^{5+}—O—H 和 V^{5+}═O，SCR 反应重新开始。

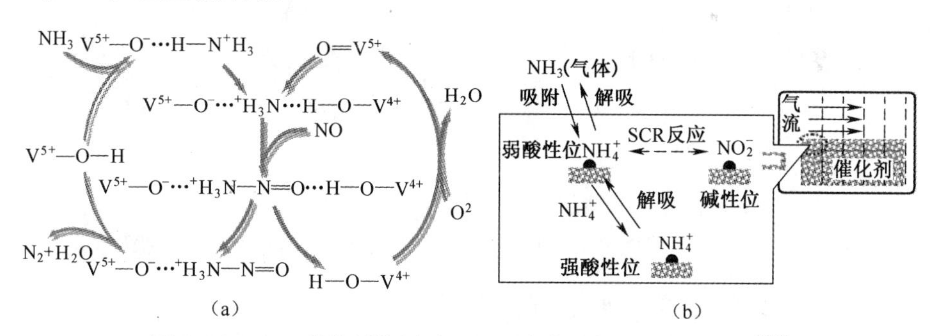

图 4-25　V/Ti 催化剂作用下 SCR 反应中的氧化还原循环图[33]

山内等对 NH_3-SCR 催化剂反应模型进行了改进，提出了图 4-25(b)所示的 SCR 反应机理模型[34]。该模型认为 NH_3的吸附催化剂中存在碱性位、弱酸性位和强酸性位。NH_3-SCR 反应在碱性位上的 NO_2^-与弱酸性位上的 NH_4^+之间进行。强酸性位吸附的 NH_3是化学稳定的，不参与催化剂上 NH_3^- SCR 反应，弱酸性位与气相 NH_3无相互作用，弱酸性位吸附的 NH_3可以迁移到强酸性位并支配强酸性位 NH_3的吸附和解吸(分离),强酸性位吸附的 NH_3解吸后可以重新回到弱酸性位并参与 NH_3-SCR 反应。

在 V 基 SCR 催化剂作用下 NH_3-NO/NO_2混合物之间的主要化学反应如图 4-26 所示。具体地说,NO_2和 NH_3之间的反应实质是 HONO 与 NH_3生成 NH_4NO_3的反应。NO_2通过二聚化生成 N_2O_4使 NO_2减少,N_2O_4则与水生成 HONO 和 HNO_3,HONO 与吸附的 NH_3反应生成不稳定的 NH_4NO_2,NH_4NO_2可分解为 N_2和 H_2O。NO_2和 NH_3反应生成的 HNO_3则与吸附的 NH_3反应生成不稳定的 NH_4NO_3,NH_4NO_3可分解为 NH_3和 HNO_3。当 NH_3同时遇到 NO 和 NO_2时,直接生成无害的 N_2和 H_2O,HNO_3则与 NO 反应生成 HONO 和 NO_2,HONO 与 NO_2分别重复上述反应,最终应生成 N_2和 H_2O。当无合适的还原剂时,硝酸铵将成为最终反应产物,但在较高温度下(185~200℃)会热分解为 N_2O(NH_4NO_3 ═══ N_2O+2H_2O+127kJ)。

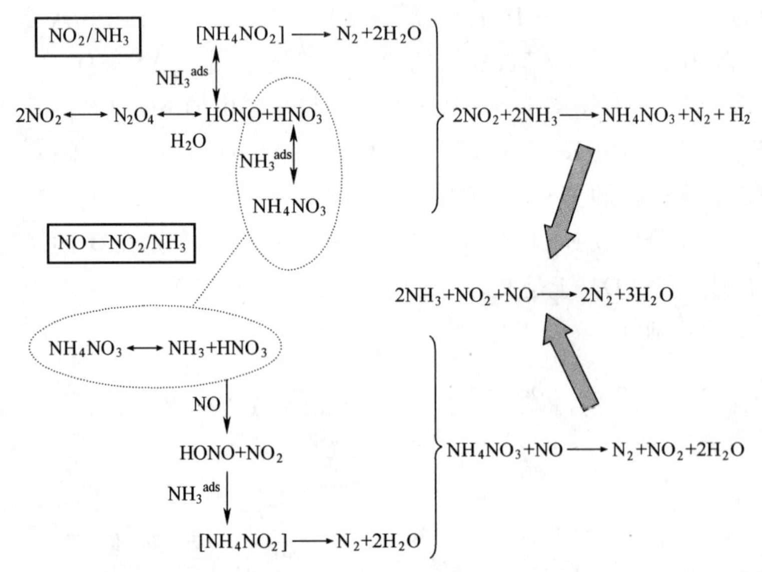

图 4-26 V 基 SCR 催化剂作用下 NH_3-NO/NO_2混合物的化学反应示意图[35]

2. Fe 基及 Cu 基催化剂的吸附与净化机理

由于 V 基催化剂性能不够理想,因此 Cu、Fe 和 Mn 等催化剂的开发也受到了高度重视。催化剂种类的不同,其吸附与净化机理不同,为了了解不同催化剂之间的差异。图 4-27 给出了一种 Cu 基及一种 Fe 基 NH_3-SCR 催化剂的吸附及净化机理示意图,图 4-27(a)为 Klukowski 等提出的 Fe/HBEA 催化剂的 NH_3-SCR 吸附及反应机理[73],NH_3-SCR 反应发生在 Fe/HBEA 催化剂上两个 Fe^{3+}活性位点上,一个 Fe^{3+}活性位点吸附 NH_3并促使脱氢过程进行,生成 NH_2,把 Fe^{3+}还原成 Fe^{2+};Fe^{2+}则在随后的反应中氧化生成 Fe^{3+},完成氧化还原循环。另一个 Fe^{3+} 活性位点则吸附 NO，促进 NO 与 NH_2 之间发生反应，生成最终产物 N_2 和 H_2O。图 4-27(b)为 Komatsu 等提出的 Cu 基分子筛催化剂中 NH_3-SCR 的吸附及反应机理[74]，反应活性位点是 Cu^{2+} 的二聚体，NH_3 与 H_2O 一起被相邻的两个活性位点上共同吸附形成一个聚合物，该聚合物再通过吸附 NO 及 O_2 等形成新聚合物，新聚合物则与 NO 反应在两个活性位点上生成两个不稳定聚合物；不稳定聚合物通过发生分解反应，最终将 NO_x 还原为 N_2 和 H_2O，活性位点同时恢复初始状态，进入新一轮的还原反应。

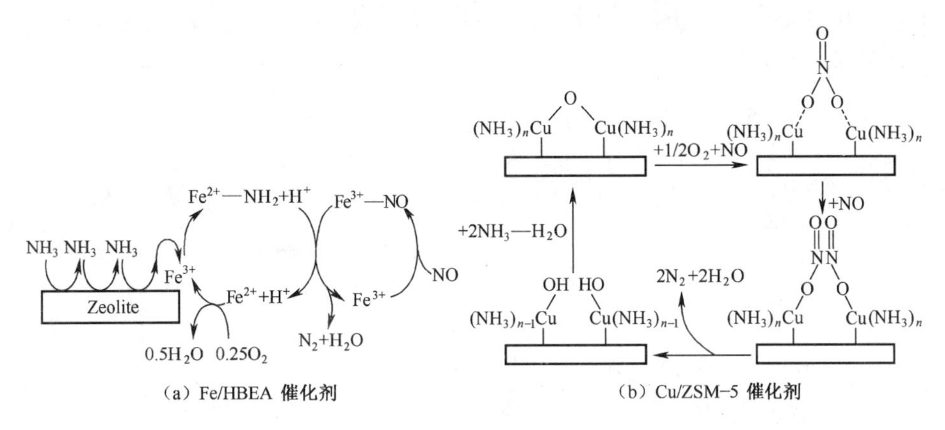

（a）Fe/HBEA 催化剂　　（b）Cu/ZSM-5 催化剂

图 4-27　Cu 及 Fe 基 NH_3-SCR 催化剂的吸附及净化机理示意图

二、USCR 中的主要化学反应

USCR 的原理是利用催化剂的作用，在一定的温度范围内，使 NH_3 优先与 NO_x 反应，而不与氧反应。USCR 的常见方案是向排气管内直接喷射尿素水溶液，尿素水溶液在水解器中发生水解反应，使尿素（CN_2H_4O）水溶液水解产生 NH_3。因此，USCR 中的化学反应至少应包括 NH_3 的生成与 NO_x 的净化两部分。尿素水溶液生成 NH_3 的化学过程包括热分解和水解两个，NO_x 的净化反应包括尿素水溶液生成的 NH_3 与 NO_x 反应生成 N_2 和 H_2O 的相关反应。在有催化剂条件下，NH_3 与 NO_x 反应的工作温度为 200～400℃，反应温度低，柴油机排气温度极易达到。由于无法保证所有水解 NH_3 都能与 NO_x 发生化学反应，故一般还需要在 USCR 装置的后面安装氧化催化器，以除去多余的 NH_3。另外，为了保证尿素水溶液热分解和水解两个生成 NH_3 的化学反应顺利进行以及 NO_x 与 NH_3 之间化学反应的快速进行，USCR 系统的组成中有时会增加水解催化器和氧化催化器。

USCR 系统的化学反应除了 SCR 中的反应外，还应包括其前置氧化催化器、水解催化器和后置氧化催化器等中发生的化学反应。

表4-3为作者根据相关文献中所列化学反应方程归纳得到USCR系统中各组成部分的功用及化学反应的反应方程式列表。由于后置氧化催化器和SCR催化器中部分化学反应的反应方程式相同,故表4-3中最后一列的部分化学反应方程式编号与其前面的相同。

表4-3 USCR系统中各组成部分的功用及化学反应方程[1,6,36]

组成	功用	化学反应式
前置氧化催化器	HC、CO、NO氧化,生成快速SCR反应方程式(8)所需的NO_2	$2CO+O_2=2CO_2$ (1) $2NO+O_2=2NO_2$ (2) $4HC+3O_2=2CO_2+2H_2O$ (3)
水解催化器	尿素水溶液蒸发、尿素热分解和水解,生成反应所需的NH_3	$\{(NH_2)_2CO\cdot 7H_2O\}=(NH_2)_2CO+7H_2O$ (4) $CN_2H_4O=NH_3+HCNO$ (5) $HCNO+H_2O=NH_3+CO_2$ (6)
SCR催化器	NH_3的吸附、NO_x的还原以及NH_3的氧化	NO标准SCR反应:$4NH_3+4NO+O_2=4N_2+6H_2O$ (7) 快速SCR反应: $2NH_3+NO+NO_2=2N_2+3H_2O$ (8) 慢SCR反应: $8NH_3+6NO_2=7N_2+12H_2O$ (9) 其他反应: $4NH_3+3O_2=2N_2+6H_2O$ (10) $4NH_3+5O_2=4NO+6H_2O$ (11) $2NH_3+2NO_2=NH_4NO_3+N_2+H_2O$ (12) $NH_4NO_3+NO=N_2+NO_2+H_2O$ (13)
后置氧化催化器	NH_3及NO的吸附、NH_3的选择氧化NO及N_2O生成、NO还原	$4NH_3+3O_2=2N_2+6H_2O$ (10) $4NH_3+5O_2=4NO+6H_2O$ (11) $4NH_3+4NO+O_2=4N_2+6H_2O$ (7) $4NH_3+4NO+3O_2=4N_2O+6H_2O$ (14)

由于一般工况下,NO占柴油机排气中NO_x的体积(摩尔)比例在70%以上,因此反应(7)被称为是标准SCR反应。NO_2的存在可以提高反应速率,当NO_2与NO_x的摩尔比等于50%时,反应速率最快,因此反应(8)被称作快速SCR反应。相关研究成果表明,在$V_2O_5-WO_3/TiO_2$催化剂作用下,当气体中NO_2占NO_x的40%~50%时,即使在温度低至200℃的条件下也会发生快速SCR反应。

当气体中NO_2与NO_x的摩尔比例增大到NO_2/NO_x大于50%时,反应方程(9)所示的慢SCR反应发生,并使NO_x的总体转化率降低。该反应消耗的还原剂比"快速SCR反应"和"标准SCR反应"均多33%,且反应速率比"快速SCR反应"和"标准SCR反应"都慢,因此,应尽量避免发生该SCR反应。

在 $V_2O_5-WO_3/TiO_2$ 催化剂作用下，当温度<200℃，并且气体中 NO_2 占 NO_x 的 50%以上时，在催化剂的表面上 NH_3 和 NO_2 之间会发生表 4-3 中式(12)所示的形成硝酸铵的化学反应；当温度>200℃，化学吸附在 V 上的硝酸铵又会与 $V_2O_5-WO_3/TiO_2$ 催化剂表面上的 NO 发生如表 4-3 中式(13)所示的分解反应。综合化学反应方程(12)和(13)可知，化学反应方程(12)和(13)组合的结果是式(8)所示的独立快速 SCR 反应[6]。因此，在商用车应用 $V_2O_5-WO_3/TiO_2$ 催化剂(VWT 催化剂)应避免 NO_2 含量>50%，抑制方程(12)和(13)所示化学反应的发生。

从方程(7)可知，O_2 是 NH_3 还原 NO 的化学反应方程中一种不可缺少的成分。另外，与汽油机相比柴油机排气中 NO_2 与 NO_x 的摩尔比大，更有利于快速 SCR 反应(式(8))的进行。因此，从方程(7)和(8)的反应条件来看，SCR 催化还原反应 NO_x 技术更适合于燃烧富氧混合气的柴油机。

从后置氧化催化器中的化学反应可知，后置氧化催化器虽然可将 NH_3 氧化为 N_2 和 H_2O 等无害成分，但也会生成有害成分 N_2O 和 NO 等。特别是 N_2O，其温室系数是 CO_2 的 310 倍，故应尽量避免 N_2O 的生成。

低负荷工况下应采用氧化活性大的催化剂，促进 NO 被氧化为 NO_2；中、高负荷时，生成的 NO_2 过剩，应采用设置旁通管路等方法抑制的 NO_2 生成。试验表明，该方法可以使快速 SCR 反应的范围扩大，如在催化剂温度 177℃的条件下，可使 NO_x 排放量比原来降低约 1/5，其他温度范围净化率也可得到提高[24]。

第三节　USCR 的催化剂

一、USCR 催化剂的种类

车用 SCR 催化剂通常被涂覆在挤压成 46.5 孔/cm^2~62 孔/cm^2 的多孔蜂窝陶瓷载体或金属载体的壁面上，催化剂涂层位于载体表面[3]，常见的 SCR 催化剂载体有 Al_2O_3、TiO_2、SiO_2 和分子筛等，作为 NH_3-SCR 催化剂载体的分子筛主要有 ZSM-5、FAU、HBEA、MOR 和 USY，其中以 ZSM-5 的应用最为广泛。根据车用催化器的使用特点，一般要求 SCR 催化剂活性高、工作温度窗口宽、寿命长、成本低、抗硫及磷等毒害能力强。

由本章第二节可知，尿素的热分解和水解反应是 USCR 中化学反应顺利进行的前提。为了保证尿素的热分解和水解反应的顺利进行，在尿素水解器中经常会涂覆 Al_2O_3、TiO_2、SiO_2 和分子筛等催化剂。催化剂的筛选表明[13]，平稳条件下尿素水解催化剂的活性由大到小的顺序为 $ZrO_2>TiO_2>Al_2O_3>$H-ZSM-5>SiO_2;平稳条件下尿素热解催化剂的活性由大到小的顺序为 $TiO_2>$H-ZSM-5$\approx Al_2O_3>ZrO_2>SiO_2$。

Pt、Rh、Pd 等贵金属催化剂是早期研究 NH_3-SCR 时采用的一类催化剂,这类催化剂的低温段 SCR 活性较高,但由于 NH_3非选择性氧化的发生,使得 N_2选择性非常低,且操作温度窗口极窄,SO_2的存在也会使催化剂失活;加上贵金属价格昂贵,因而逐渐被氧化物类催化剂所取代。

一般来说,V、Ni、Mn、Cu、Fe、Cr、Co 等过渡金属均可作为低温 SCR 的催化剂。根据 SCR 催化剂的活性成分,常见 SCR 催化剂可分为 V 基、Fe 基、Cu 基和 Mn 基等的氧化物催化剂;市场上常见的 USCR 催化剂的主要有下列四种[37,38]。

(1) V 基催化剂:活性组分为 V_2O_5或 V_2O_5和其他金属氧化物的混合物,载体为 TiO_2或 TiO_2与其他金属氧化物的混合物。V_2O_5基催化剂包括 V_2O_5/TiO_2,V_2O_5/TiO_2-SiO_2,$V_2O_5-WO_3/TiO_2$和 $V_2O_5-MoO_3/TiO_2$等。$V_2O_5-WO_3/TiO_2$(有时缩写为 V-W-Ti 或 VWT)是常见的一种 SCR 催化剂,其活性成分为 V_2O_5和 WO_3,V-W-Ti 中的 V_2O_5和 WO_3的含量随生产商的不同略有差异。如托普索 A/S 提供的 V 基催化剂的 V_2O_5和 WO_3的质量组成比例大约是 1.2%~3%和 7%,V_2O_5和 WO_3被分散在纤维增强的 TiO_2载体上,纤维材料的组成主要是 SiO_2、Al_2O_3和少量 Ca。V 基催化剂的主要不足是低温活性差和高温热稳定性差、操作温度窗口较窄、高温时大量生成 N_2O,致使 N_2选择性下降;另外,V_2O_5具有生物毒性,若使用过程中发生 V_2O_5脱落,则会产生环境危害。

(2) Cu 基催化剂:Cu 基催化剂以 CuO 为主要活性组分,其载体有Al_2O_3、TiO_2、SiO_2和分子筛。有关 CuO 基催化剂的研究相当多,但作为 SCR 催化剂的工业应用较少。Cu 交换的分子筛催化剂(Cu/ZSM-5)对于 NO 分解和 HC-SCR反应具有很好的催化性能,Cu 基分子筛催化剂中、低温 SCR 活性较高,但 N_2选择性较差,且水热稳定性不好。

(3) Fe 基催化剂:Fe 基催化剂以 Fe_2O_3为活性组分,其载体有 Al_2O_3、TiO_2、SiO_2和分子筛(ZSM-5)。Fe 基催化剂在中、高温段具有高的 SCR 活性和 N_2选择性,但低温活性较差,还会在水热老化后出现失活。往往需要快速 SCR 反应条件的配合以提高低温 NO_x的转换率。

(4) Mn 基催化剂:Mn 基氧化物催化剂通常以 MnO_2为活性组分,以 Fe_2O_3为助剂,载体有 ZrO_2-TiO_2等;Mn 基分子筛催化剂有 Mn 交换的分子筛催化剂(Mn/ZSM-5)等[39];Mn 基分子筛催化剂和 Mn 基氧化物催化剂的低温 SCR 性能优良,但存在 N_2选择性不高以及抗 H_2O 和 SO_2中毒性能差等问题。

上述四种催化剂中的V基、Fe基、Cu基已在市场应用。表4-4对这三种常见的USCR用普通金属氧化物和沸石(ZEO)等催化剂的主要特性进行了比较。其中Cu-ZEO的最佳工作温度范围最宽、冷启动性能和热稳定性好,但成本最高、容许燃料中的硫含量低、抗中毒性能差,在低温时对气体中NO_2/NO_x的比例敏感,致使其应用受到限制。V基催化剂的突出优势是成本低、容许燃料中的硫含量高和抗中毒性能好,因此其应用广泛。

表4-4　USCR用普通金属氧化物和沸石等催化剂的转换率比较[40]

特性	催化剂材料		
	V基	Cu-ZEO	Fe-ZEO
主要市场	欧洲Euro4标准	美国2010年后标准	日本2005年后标准
降NO_x最佳工作温度/℃	300~450	250~500	300~500
冷启动性能	差	良好	差
容许燃料硫质量含量/($\times10^{-4}$%)	2000	50	50①
成本/美元	约2200	约3200	约2700
抗中毒性	强	弱	—
热稳定性	差②	良好	—
其他问题	与主动再生DPF组合困难	低温性能对NO_2/NO_x比例敏感	—

①使用低硫燃料时,催化剂可进行定期再生;
②可能产生V_2O_5,脱硝效率降低。

二、USCR催化剂及其系统的主要评价指标

USCR催化剂及其系统的主要评价指标包括力学性能指标和工艺性能(催化性能)指标等。力学性能指标有密封性、水急冷、纵置热振动性能、轴向机械强度、横向机械强度和磨耗率等,它反映了催化器抵抗气流产生的冲击力、摩擦力、耐受上层催化剂的负荷作用、温度变化作用及相变应力作用等的能力。工艺性能指标主要有NO_x转换率、起燃温度、NH_3逃逸率以及压降等。

NO_x转换率(亦称还原效率、转换率、净化率等)指试验车辆或发动机按照指定的工况运行时,SCR入口和出口的污染物NO_x排放量的变化率,即SCR前、后NO_x浓度之差占SCR前NO_x浓度的百分比。

老化后劣化率指SCR老化劣化前、后NO_x的转化率的变化率,即劣化前、后SCR的NO_x转化率之差与劣化前SCR的NO_x转化率之比。

起燃温度指NO_x转换率达到50%时对应的SCR入口气体温度。

NH_3逃逸率(亦称泄漏率、溢出率等)指SCR入口气流中的NH_3的体积分

数与出口排气中 NH_3的体积分数之比,该值越小越好;该值越小,反映了未参加反应 NH_3的比例越少。

压降(亦称压力损失等)指排气经过催化器后的压力损失,压降越小越好,合理选择催化器结构形式和尺寸,是降低催化器压降的重要手段。

USCR 的这些性能指标中最被关注的指标有 NO_x转换率、NH_3逃逸率和起燃温度等。工信部发布的《汽车产业技术进步和技术改造投资方向(2010年)》中,对 USCR 系统的如下 5 个性能指标的范围提出了明确要求[41]。

(1) 起燃温度<220℃;

(2) 尿素喷射量控制误差<1%;

(3) ESC 循环工况下的 NO_x还原效率>90%;

(4) ETC 循环工况下的 NO_x还原效率>80%;

(5) NH_3溢出体积分数,平均<0.0005%,瞬态<0.001%。

可见,USCR 的 NO_x转换率应满足工况法的要求,还应在低温条件下(<220℃)具备不低于50%的转换率。NH_3溢出浓度(体积分数)的平均值应小于0.0005%,并且不能超过0.001%。为了达到 SCR 系统 NH_3溢出浓度的要求,一般还需要在 SCR 催化器下游安装一个称为 ASC 的 DOC,该 DOC 的主要作用是净化排气中的氨气。

三、USCR 催化剂的 NO_x净化效率

贵金属(Pt)、普通金属氧化物(V_2O_5/TiO_2)和沸石等催化剂的转换率随温度变化的曲线如图 4-28(a)所示。贵金属(Pt)、普通金属氧化物(V_2O_5/TiO_2)和沸石三种催化剂虽然都能达到较为理想的 NO_x选择催化还原转化率,但其工作温度窗口的宽度差别巨大,难以适用排气温度变化范围宽广的车用柴油机的使用要求。

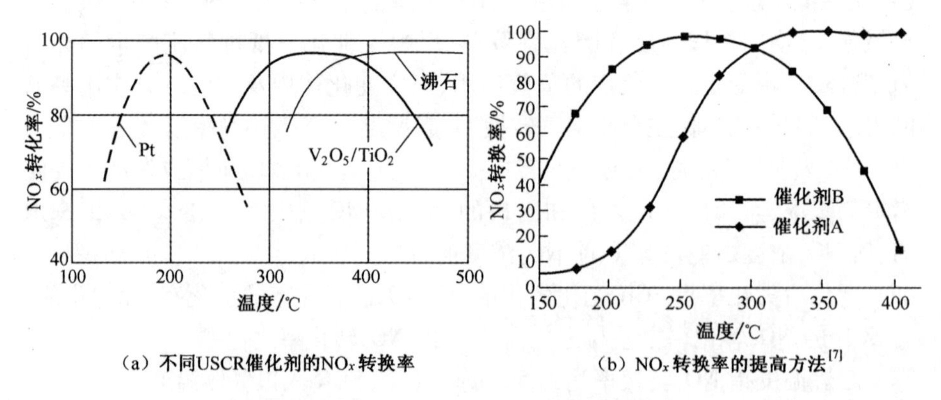

(a) 不同USCR催化剂的NO_x转换率 (b) NO_x转换率的提高方法[7]

图 4-28 USCR 催化剂的 NO_x转换率及其提高方法

研究表明，已有催化剂中没有一个能够在柴油机的典型温度范围150~450℃内实现较高的NO_x选择催化还原转化率，这就使得USCR的催化剂的选择更为困难[42]。贵金属(Pt)成本高，仅在低温部分有效，因而，贵金属(Pt)很少作为USCR的催化剂使用。

根据催化剂工作窗口温度的不同，通常将其分为低温(≤200℃)、中温(200~400℃)和高温(≥350℃)催化剂三类。为了能够在柴油机典型温度范围150~450℃内实现较高的NO_x选择催化还原转化率，一个可行的方法是采用不同工作温度窗口的催化剂组合成复合催化剂或采用吸附催化剂与工作温度窗口较高的催化剂进行组合。Johnson Matthey开发了一个能够在高、低排气温度下提供高活性的V基催化剂替代组合式催化剂。图4-28(b)为A和B两个催化剂的温度特性曲线，可见A和B两个催化剂组合的温度窗口(高转换率)明显扩大。一般低温高活性的催化剂采用小体积催化剂载体，高温高活性催化剂采用大体积催化剂载体。

采用吸附催化剂与Cu基催化剂的组合方式，也可以得到宽广的工作温度窗口。图4-29为被动的NO_x吸附器(PNA)与尿素SCR协同控制NO_x的一个方案。PNA安装于尿素SCR上游，当温度低于150℃时，排气中的NO_x被吸附，使低温条件下的NO_x排放减少；温度高于150℃时，PNA释放出低温条件下吸附的NO_x，由于此时下游的Cu基催化剂具有较高的NO_x转化率，因而，该组合可实现较高的综合NO_x转化率。

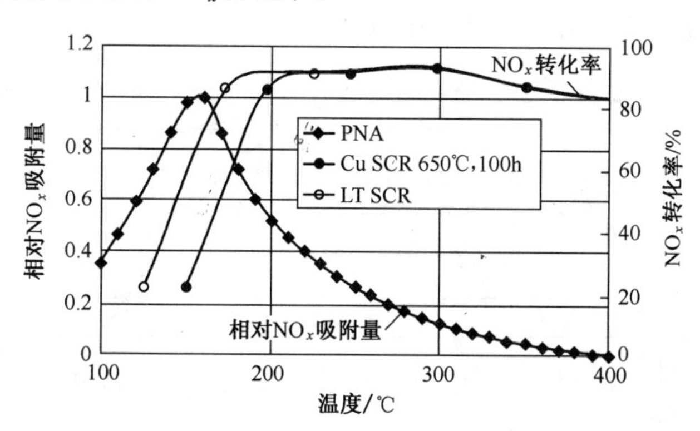

图4-29 PNA与尿素SCR协同方案[43,44]

Johnson Matthey公司也开展了类似的研究工作，开发了NAC+SCR的组合式排放控制系统[45]。NAC+SCR组合式催化器的SCR催化剂载体采用高孔隙率的堇青石或SiC材料，孔密度为46.5孔/cm^2，壁厚为0.3048mm，先涂覆量为0.71g/L的催化剂Pt，再涂覆铜沸石(Cu/ZSM Ⅱ型)SCR催化剂。NAC的催化剂涂覆量为2.97g/L，Pt、Pd、Rh的质量比例为10∶8∶3。NAC+SCR

被装配到 2007 年型 3.0L 奔驰 E320 BLUETEC 柴油轿车上，并进行了催化剂的性能评估试验，试验时采用的涂覆 SCR 催化剂的载体体积为柴油机排量 2 倍。NAC+SCR 组合式催化器装配前，先对 NAC 和 SCR 分别进行了台架老化试验。在 NAC 催化剂台架老化试验时，气体空速 $30000h^{-1}$，采用浓、稀交替进行循环工况运转，每个循环先用浓混合气运转 60s 后，再用稀混合气运转 5s。达到稳定状态时，对每个温度进行 25 个循环工况试验，并测量后面 5 个循环的 NO_x 平均还原转换率。NAC+SCR 组合式催化器的老化试验条件与 NAC 相同，老化结束后，需要在 600℃ 下进行 12h 由 15s 浓混合气和 5s 稀混合气运行组成的循环试验。

进行 NAC+SCR 系统的性能试验时，先进行 1 个冷启动 FTP-75 测试和两个热启动 FTP-72 测试预处理，再测试经过老化后的催化剂净化性能，组合式催化器 NAC 和 SCR 出口的 NO_x 转化率和 NH_3 浓度的测试结果表明，NAC 的 NO_x 转化率可达 76%，未被 NAC 转化的其余 24% 的 NO_x 中的 73% 被 SCR 催化剂转化，并且，NAC 产生的 NH_3 满足 SCR 催化剂的 NH_3 存储容量需要。这说明 NAC+SCR 组合系统的 NO_x 转化率达到 93% 以上，并且 NH_3 泄漏量很低。

采用 Fe-ZEO 与 Cu-ZEO 组成的复合催化剂（FFA-1），也可以获得良好的高、低温老化性能、起燃性能和宽广的工作温度窗口。图 4-30 为 FFA-1 与 Cu 催化剂的 NO_x 转化率和 NH_3 泄漏体积分数随温度变化的实验结果，可见，FFA-1 催化剂可以提高 SCR 催化器在高、低温条件下的 NO_x 转化率，但 NH_3 泄漏体积分数在 340~590℃ 的范围较高。

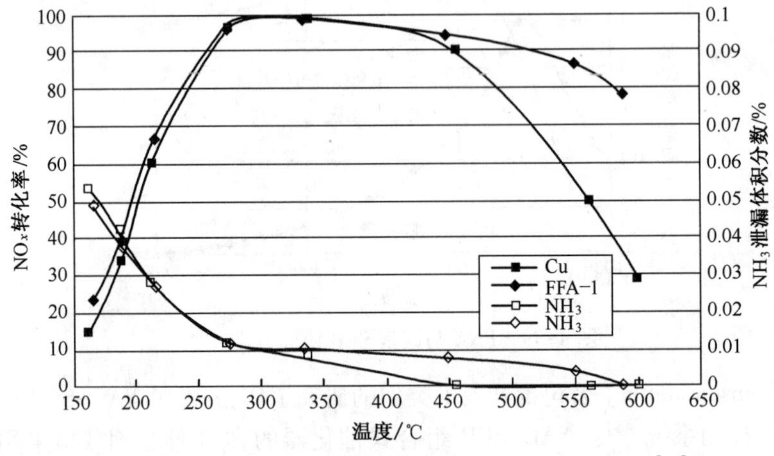

图 4-30 NO_x 转化率和 NH_3 泄漏体积分数随温度的变化[46]

图 4-31 为 Cu-沸石（Cu-ZEO）、Fe-沸石（Fe-ZEO）与 V 基催化剂（V-SCR）作用下的 NO_x 转化率随温度的变化曲线。图 4-31 表明 Cu-ZEO 催化剂

的低温转化特性好,Fe-ZEO 的低温转化特性最差,V 基催化剂的低温转化特性居中。但 Fe-沸石催化剂在 500℃时才达到峰值效率,高温特性好。而 V 基催化剂在温度超过 400℃后,NO_x转化率开始下降。可见,沸石基 Cu、Fe 催化剂比传统的 V 催化剂具有更好的高温转换特性。

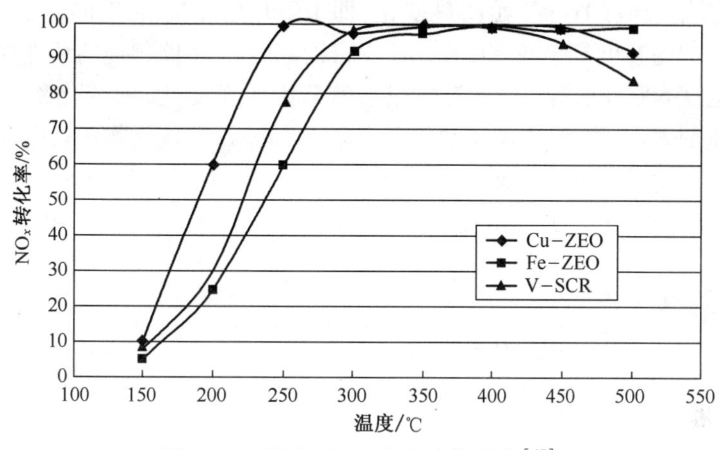

图 4-31　温度对 NO_x转化率的影响[47]

四、USCR 催化剂的失活

USCR 催化剂的失活是其使用过程中的常见问题之一。SCR 催化剂的失活指 SCR 催化剂经过一段时间使用后,催化剂活性和 NO_x 转换率降低的现象。SCR 催化剂失活的原因与汽车 DOC 和 TWC 等的类似,主要有催化剂中毒、热失活(高温失活、热震及热疲劳失活)及多种原因导致的活性表面减少等。

1. 催化剂的中毒

由于柴油、润滑油和尿素水溶液中可能含有 S、P 以及 K、Na、Ca、Fe、Cu 等元素,因此,进入 SCR 的排气中常含有这些元素及其化合物。其中 K、Na 能与氧化物催化剂直接反应,吸附在催化剂表面,阻止气体与催化剂的接触。Ca、Fe、Cu 等元素的氧化物易与 SO_2等反应生成硫酸盐,覆盖在催化剂表面。另外,排气中的水蒸气在低温情况下易凝结于催化剂表面,这一方面会加剧 K、Na 和 Ca 等元素的中毒,另一方面还会在汽化膨胀时损害催化剂的微观结构,甚至导致催化剂破裂,即出现水毒化现象。因此,好的 USCR 催化剂应不与这些元素及其化合物发生化学反应,在这种氛围中不出现氨吸附能力降低,还应具有良好的抗水毒化性能,即应有较强的抗中毒性能。

研究表明,易引起 SCR 及其前置 DOC 催化剂中毒的因素主要有排气中的 HC、S、P 的化合物及金属元素等,这些因素引起的催化剂中毒多为可逆中毒。可采用高温运行等方法恢复催化剂的活性。低温时 SCR 及其前置 DOC 的催化剂易吸附排气中的 HC 及 S、P 的化合物等，或与其发生反应，致使催化剂中毒，催化剂活性及 NO_x 转化率降低。图 4-32 为中毒后的 SCR 催化剂的 TG/MS(热重/质谱分析)分析结果。从图 4-32 可以看出，温度在 350℃左右时，CO_2的热重值(TG)开始明显变化，即 HC 开始脱离 SCR 催化剂表面；当 SCR 催化剂的温度高于 500℃后，HC 中毒引起的 SCR 催化剂的活性降低逐步恢复。温度 600℃左右，SO、SO_2的热重值开始明显变化，即硫化物开始脱离 SCR 催化剂表面；当 SCR 催化剂的温度高于 750℃后，硫化物中毒引起的 SCR 催化剂的活性降低逐步恢复。一般认为，恢复 HC 中毒引起的 SCR 催化剂的活性降低的方法是使 SCR 催化剂的温度保持 400～500℃，车辆运行大约 40min。

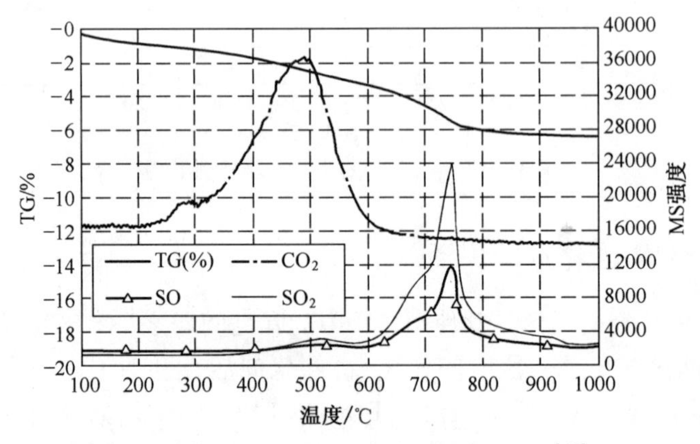

图 4-32　SCR 催化剂的 TG/MS 分析结果[48]

图 4-33 为中毒后的 SCR 前置 DOC 催化剂的 TG/MS 分析结果。从图 4-33可以看出，温度超过 600℃后，SO、SO_2的热重值开始明显变化，当 SCR 前置 DOC 催化剂的温度高于 750℃后，硫化物中毒引起的 SCR 前置 DOC 催化剂的活性降低逐步恢复。这个结果表明，恢复 HC 中毒引起的 SCR 前置 DOC 催化剂的活性降低的方法是使 SCR 前置 DOC 催化剂在温度 600～750℃条件下运行一段时间。

2. 催化剂的热失活

催化剂的热失活指由于催化剂工作过程受热引起的失活。它包括高温失活、热震及热疲劳失活等。高温失活较为复杂，其产生原因有烧结、相变及相分离、生成新合金和包埋等。烧结指催化剂在高温条件下，由高度分散的状态经重结晶或挥发凝聚，聚集生长成大颗粒的现象，这种现象最终导致催化剂表面积减少，活性降低。催化剂金属出现烧结后，活性表面减少的现象可用

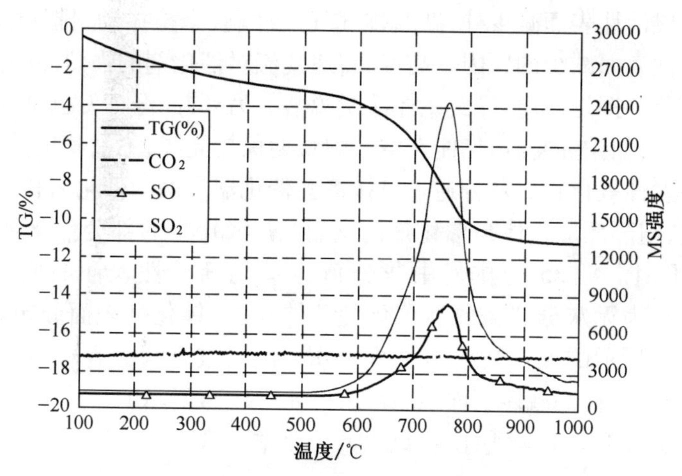

图 4-33　SCR 前置 DOC 催化剂的 TG/MS 分析结果[48]

图 4-34予以说明。分散均匀的 NO* 吸附组分，在烧结后变成了块状，使原本可吸附四个 NO* 的活性组分变成了仅能一个吸附 NO* 的结块。因而，SCR 催化剂烧结后，其 NO_x 转化率降低及 NH_3 泄漏量增加[49]。

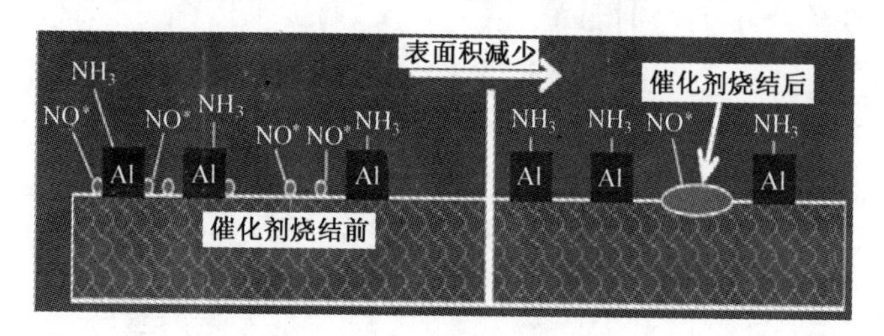

图 4-34　催化剂的烧结现象[3]

另外，当 USCR 的催化剂受到高温和剧烈温度变化的作用时，也会导致相变及相分离、生成新合金和包埋现象的发生。催化剂中的活性相、助剂、载体应保持一定的结构才有催化活性；在高温及交替的氧化-还原气氛中，催化剂可能与金属氧化物助剂或其他单质形成新的化合物或合金；当催化剂的表面能大于相应的催化剂/载体的界面能时，高温下会发生催化剂被包埋的现象，以降低体系的总自由能，维持体系平衡。相变及相分离、生成新合金和包埋现象导致活性下降的原因是破坏了催化剂的原有结构。

从上述的催化剂失效原因来看，SCR 催化剂应具有良好热稳定性，经过长时间的高温作用后，应不会烧结；在排气温度剧烈变化产生的热应力作用下，催化剂也不会剥落。

3. SCR 催化剂表面面积损失

除了催化剂高温烧结和排气温度剧烈变化产生的热应力造成的催化剂剥

落等会造成活性表面减少外,高温排气气流冲刷、摩擦振动、排气中灰分覆盖等也是活性表面减少的原因。高温、高速气流对催化剂的强烈冲刷作用,可加速活性组分的挥发、甚至导致载体涂层脱落。另外,高温挥发也是催化剂流失的途径之一,如铂和铑,虽然能在空气中长期保持光泽,不被氧化,但在高温下会生成挥发性氧化物。灰分通过直接覆盖催化器表面的催化剂和堵塞毛细孔两种方式,阻隔反应气体与催化剂的接触,使 SCR 中的部分催化剂无法发挥催化作用。图 4-35 为排气中灰分覆盖催化剂活性表面的原理示意图。图 4-35(a)为无灰分覆盖的新催化剂载体表面,催化剂表面分布着活性层;图 4-35(b)所示的催化剂载体表面部分活性层被小灰分颗粒覆盖。随着使用时间增长,催化剂载体表面逐步形成图 4-35(c)所示的灰分覆盖层,催化剂表面活性层大部分失去活性,导致 NO_x 转化率降低。

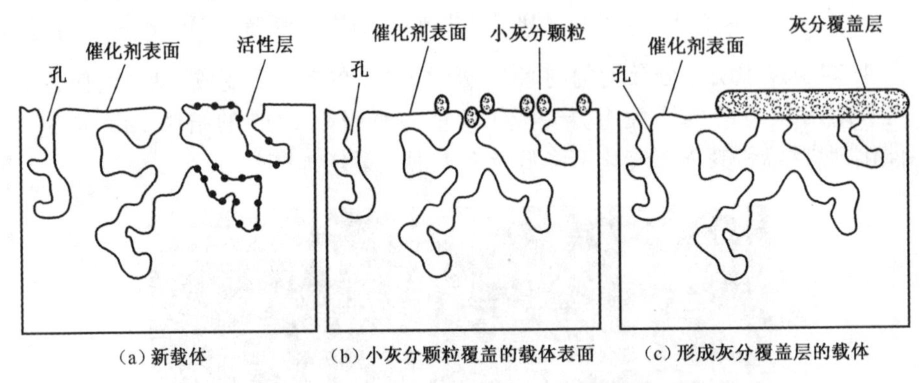

图 4-35 排气中灰分覆盖催化剂活性表面的原理示意图

第四节 USCR 系统性能指标的检测方法与影响因素

一、USCR 系统主要评价指标的检测方法

在 USCR 的性能指标中,USCR 的 NO_x 转化率、NH_3 溢出量、起燃温度和老化后的劣化率是目前最被关注的指标。因此,下面对 USCR 的这些性能指标的检测方法予以介绍。NO_x 转化率、起燃温度和 NH_3 溢出量的检测方法可以分为发动机台架试验和整车试验两类。在相关标准中对检测的程序均有详细规定。

在对 USCR 系统性能指标进行检测前,通常需要对 USCR 进行预处理,根据 HJ 451—2008《环境保护产品技术要求柴油车排气后处理装置》的规定,SCR 预处理时,需要使 SCR 样品入口温度保持在(450±25)℃内,持续 2h。

检测 SCR 性能试验包括 NO_x/NH_3 比例试验、NO_x 转化率和起燃温度以及老化后劣化率试验等。进行 NO_x/NH_3 比例试验、NO_x 转化率和起燃温度检测时，首先把 SCR 样品安装于柴油机试验台，并布置测量点。装在轻型柴油机上的样品，测量入口温度的热电偶应安装在距样品前端面上游 25mm 的中心线上；装在重型柴油机上的样品，测量入口温度的热电偶应安装在距样品前端面上游 75mm 的中心线上。测量床温的热电偶应安装在样品载体前端面下游 20mm 的中心线上。其次是柴油机工况设定，发动机工况的调整规定为：SCR 空速为(50000±400)h^{-1}、SCR 入口温度在 200～500℃ 范围内、温度改变间隔 20℃左右。最后是检测试验，当试验工况下 SCR 入口温度稳定后，即可对 NO_x 与 NH_3 浓度等进行采样。试验时，通过调整尿素喷射量，使 SCR 入口的 NO_x 与 NH_3 浓度比在 0.8～1.2 内，以步长 0.1 变化。测量记录的参数有：SCR 入口和出口的气态 NO_x 浓度、SCR 入口温度和床温、每个温度点工况的 NO_x 与 NH_3 比例、SCR 排气出口处 NH_3 浓度等。根据各个试验工况的测量数据即可求出 SCR 对 NO_x 的转化率、NH_3 泄漏浓度以及起燃温度等。

为了保证 SCR 产品的耐高温性能，HJ 451—2008 对 SCR 快速老化试验的工况条件进行了规定，具体如表 4-5 所列的规定。即要求催化剂能在入口温度为 500℃、空速为 50000h^{-1} 的条件下，持续工作 100h。快速老化试验完成后再进行一次上述的 NO_x/NH_3 比例试验、NO_x 转化率和起燃温度检测，由快速老化试验前、后的测试结果即可计算出 SCR 老化后的劣化率。工信部发布的《汽车产业技术进步和技术改造投资方向(2010 年)》的要求是经过这种快速老化试验后，SCR 对 NO_x 转化率的劣化率≤10%。

表 4-5 SCR 快速老化循环试验工况[50]

工况	入口温度/℃	空速/h^{-1}	老化持续时间/h
1	500	50000	100

图 4-36 为采用发动机台架进行 NO_x 转化率和 NH_3 溢出量检测的一个结果。试验时使用的 SCR 系统为 V/H-PR 催化器系统(详见图 4-5)，对催化器入口(R 催化器前)和出口(R 催化器后)的 NO_x 排放量和 NH_3 溢出量等进行了检测。在 ESC 运行模式的 100%工况点时，催化剂的空速 SV 为 90000h^{-1}，测试系统没有 NH_3 捕集器(后置 DOC)或在相应区域涂覆催化剂(RO-催化剂)。在 ESC 和 ETC 工况下，NO_x 排放量分别减少了 82%和 81%。控制系统不使用任何优化的尿素供给算法时，排气中泄漏 NH_3 的体积分数平均低于 0.001% ～ 0.002%。在 ESC 工况下，催化器后的 NO_x 排放量只有 0.35g/(kW·h)。通过改进尿素供给和基于发动机温度的管理策略，可以进一步降低 NO_x 排放，满足 US 2010 标准 0.3g/(kW·h)的要求。

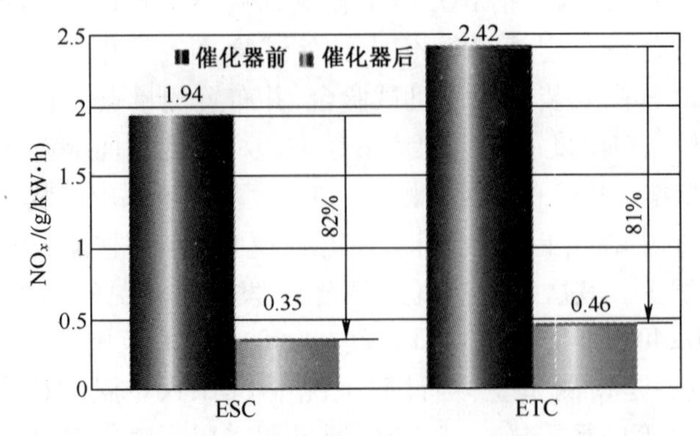

图 4-36　ESC 和 ETC 工况下催化器前后 NO_x 排放量比较[6]

图 4-37 表示采用 FTP 规范的整车 NO_x 排放试验结果的实例。试验时安装了庄信万丰(Johnson Matthey)SCRT®系统的车辆按照 FTP-75 工况运行,检测的运行过程排放参数为 NO_x 的累计排放量。图 4-37 中标有发动机的曲线表示进入 SCR 之前的 NO_x 累计排放量,标有 SCR 的曲线表示 SCR 出口的 NO_x 累计排放量,标有 SCR+DOC 的曲线表示安装前置 DOC 的 SCR 催化器(SCRT®)出口的 NO_x 累计排放量。该结果表明 SCRT®系统在循环工况工作温度下 NO_x 转化率最好。测试开始大约 250s,SCR 即开始起作用,快速达到了催化剂起燃温度。总体结果表明,SCRT®系统适合于轿车和轻型货车;安装庄信万丰 SCRT®系统的车辆可以满足相关标准要求。

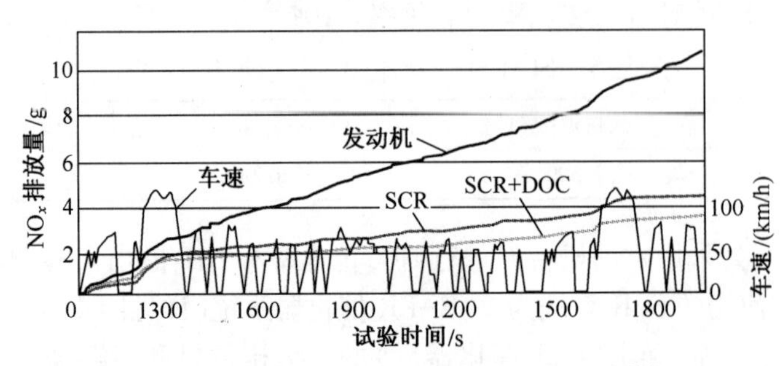

图 4-37　FTP-75 工况下 NO_x 的净化效果[7]

二、USCR 系统 NO_x 转换率的影响因素

发动机排气系统安装 USCR 系统的目的是为了降低 NO_x 排放,因此 NO_x 转换率是 USCR 系统最重要的评价指标。只有充分了解 USCR 系统 NO_x 转换率的影响因素,才能设计出高 NO_x 转换率的催化器和利用车辆运行特点获得低的 NO_x 排放。故下面对 NO_x 转换率的主要影响因素予以分析。

1. SCR 催化器入口气体温度对 SCR NO_x转换率的影响

从本章第二节中 USCR 系统净化 NO_x的化学反应方程式及其机理可知，入口气体温度越高，越有利于 SCR 系统的 NO_x转换。图 4-38 为入口气体温度对 SCR 的 NO_x转换率的影响的一个测试结果。试验中使用的 USCR 催化器分别经过了入口温度为 550℃、2000h 的老化试验和入口温度为 670℃、64h 的快速老化试验。该结果表明，入口温度在 100~300℃范围内，USCR 系统 NO_x转换率随着入口温度增加迅速提高；入口温度在 300~500℃范围内，USCR 系统 NO_x转换率随着入口温度缓慢增加；入口温度超过大约 500℃后，USCR 系统 NO_x转换率随着入口温度增加略有减少。

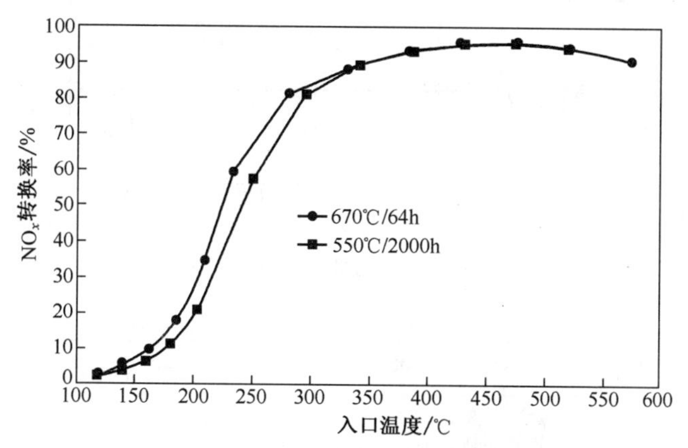

图 4-38　入口气体温度对 SCR NO_x转换率的影响[51]

应该注意的是对于不同的催化剂该变化趋势相近，但变化率及温度范围会有差异。图 4-39 为两种不同 SCR 系统的 NO_x转换率随入口气体温度变化的试验结果。图 4-39 中高 NO_x SCR 系统是为装备无 EGR 发动机的车辆开发的 SCR 系统，低 NO_x SCR 系统是为装备 EGR 发动机的车辆开发的 SCR 系统。图 4-39 表明，入口气体温度低于 400℃时，低 NO_x SCR 系统的净化效果比高 NO_x SCR 系统的好。特别是在低温条件下，低 NO_x SCR 系统需要的还原剂少、NO 转换率高、催化活性高。在 200℃左右的转换速率，高 NO_x SCR 系统对 NO 浓度(体积分数)为 0.1%气体的净化率只有 22%，而低 NO_x SCR 系统对 NO 浓度(体积分数)为 0.1%的气体的净化率达到 40%。这表明低 NO_x SCR 系统中的低温活性明显高于高 NO_x SCR 系统。

高 NO_x SCR 和低 NO_x SCR 系统适用的车辆种类及排放标准等如图 4-40 所示。高 NO_x SCR 系统需要转换的 NO_x排放量多，主要用于满足 Euro 4 排放标准的载重车，低 NO_x SCR 系统需要转换的 NO_x排放量少，主要用于满足需要转换 NO_x排放量少的美国 Tier Ⅱ 中 Bin 5 排放标准的轿车。对于满足

Euro 5和美国 2010 标准的载重车既可选用高 NO_x SCR 系统,也可选用低 NO_x SCR 系统。

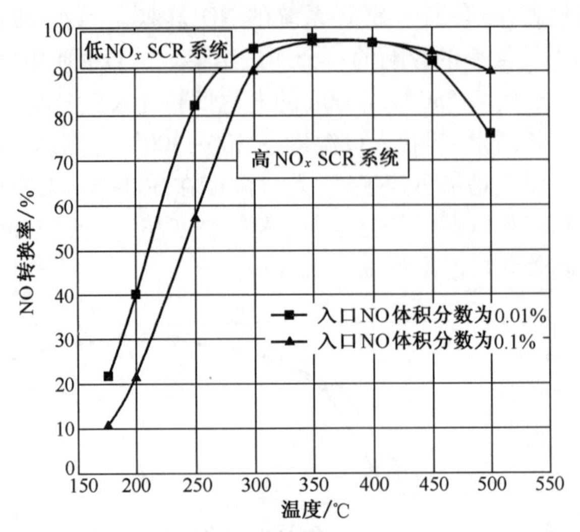

图 4-39　高 NO_x SCR 系统与低 NO_x SCR 系统的活性比较[6]

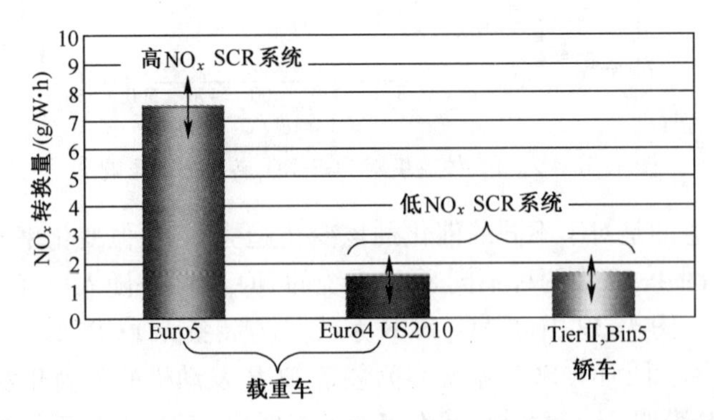

图 4-40　高 NO_x SCR 系统和低 NO_x SCR 系统适用车辆种类及排放标准

2. SCR 安装位置对 NO_x净化率的影响

由于排气温度随排气管到发动机排气歧管出口距离的增大而降低。因此 SCR 应安装于试验循环下 NO_x净化效果最好的位置,但由于车辆空间位置的限制,SCR 经常被安装于车辆的消声器空间,并与消声器集成为一体。

SCR 位置对 NO_x净化效果影响的一个试验结果如图 4-41 所示,试验采用的工况为 JE05 循环工况,SCR 在车辆上的两个不同安装位置 A 和 B 如图 4-41(a)所示,两个不同安装位置下的 NO_x排放量测量结果如图 4-41(b)所示,安装位置 B 的 NO_x排放量接近安装位置 A 的 5 倍。该结果表明 SCR 系

统的安装位置对 NO_x 净化效果的影响非常明显，对 SCR 系统安装位置确定应采用试验方法仔细选择。

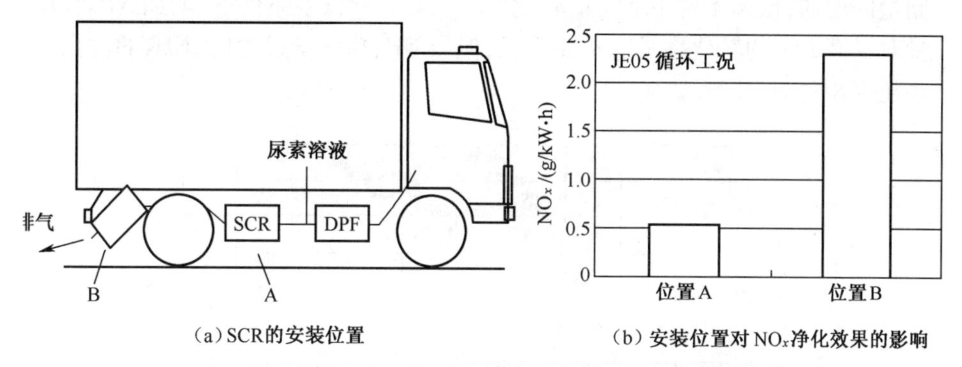

图 4-41 SCR 的安装位置对车辆 NO_x 净化效果的影响[32]

3. 尿素供给系数及氨存储量对 SCR 的 NO_x 转化率的影响

从 USCR 中 NH_3 的吸附机理与 NH_3 选择还原 NO_x 化学反应可知(参见本章第二节)，喷入 USCR 催化器排气中的尿素溶液量是影响 NO_x 转化率的一个重要因素。为了便于研究尿素供给系数对 SCR 的 NO_x 转化率的影响，经常采用尿素供给系数 c(实际供给尿素溶液量/NO_x 完全转化所需尿素溶液量)或 NH_3 存储量表示实际供给尿素溶液量的多少。尿素供给系数 c 对 SCR 的 NO_x 转化率影响的一个测量结果如图 4-42 所示[52]。NO_x 净化率(转化率) η 和空速 SV 的定义为：净化率 η = 转化的 NO_x 量/净化器入口处的 NO_x 量、空速 SV = 排气流量(m^3/h)/SCR 催化器体积(m^3)。为了避免 NH_3 溢出，试验中尿素供给系数 c 的最大值应小于 1。可见，随着尿素供给系数 c 的增加，NO_x 的转化率增大。并且随着温度增大，NO_x 的转化率增加的幅度呈现出增大的趋势。

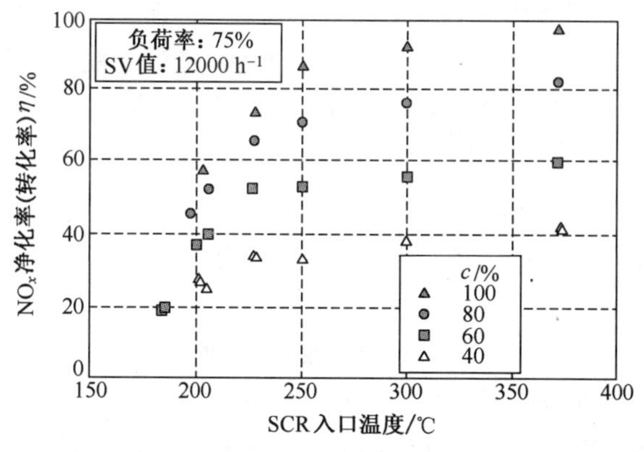

图 4-42 尿素供给系数 c 对 SCR 的 NO_x 转化率的影响

NH_3存储量对 SCR 的 NO_x 转化率影响的一个测量结果如图 4-43 所示[53]。图 4-43 中箭头所示方向为 NH_3存储量增加方向。可见，随着 NH_3存储量的增加，低温条件下 NO_x的转化率增大。因此低温条件下，增加 NH_3存储量对提高 NO_x的转化率具有重要意义，但当 NH_3存储量过大时，NH_3的溢出量会超出相关规定。

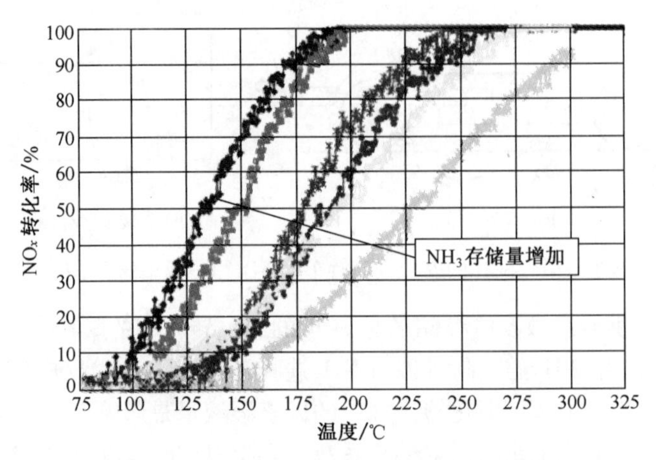

图 4-43　NH_3存储量对 SCR 的 NO_x转化率影响

4. 前置 DOC 对尿素 SCR 转化率的影响

从 USCR 中 NH_3与 NO_x之间的化学反应（参见本章第二节）可知，进入 USCR 催化器的排气中NO_2与 NO_x的比值对 NH_3与 NO_x之间的化学反应速率具有重要影响[54]。图 4-44 为不同催化剂和不同温度条件下，排气中 NO_2/NO_x 的比例对 NO_x转化率的影响[47,76]。图 4-44(a)表明，当 $NO_2/NO_x \leqslant 50\%$时，NO_x转化率随着排气中 NO_2/NO_x 的比例的增大迅速增加。但当 $NO_2/NO_x>50\%$时，Fe-ZEO 和 V-SCR 催化剂的 NO_x转化率随排气中 NO_2/NO_x的比例的增加而下降，V-SCR 催化剂下降幅度大，对 NO_2浓度的变化比较敏感。而Cu-ZEO 催化剂的 NO_x转化率则随排气中 NO_2/NO_x 比例的增加缓慢增加，直到 $NO_2/NO_x>80\%$时才出现下降。图 4-44(b)表明，在温度 150～300℃的范围内，NO_2/NO_x比值对 NO_x转化率影响非常明显，随着温度升高，NO_2/NO_x 比值对 NO_x转化率的影响变小，在试验温度范围内，NO_2/NO_x比值为 50%时，NO_x转化率均最高。

由于柴油机排气中的 NO_2/NO_x值较低，因而 SCR 系统中通常会设置一个前置 DOC，用以增加排气中 NO_2与 NO_x的比值，加速 NH_3与 NO_x之间的化学反应，提高 NO_x转化率。前置 DOC 对尿素 SCR NO_x转化率影响的一个试验结果如图 4-45 所示[55]。对进入 USCR 催化器的气体温度低于 300℃的运行条

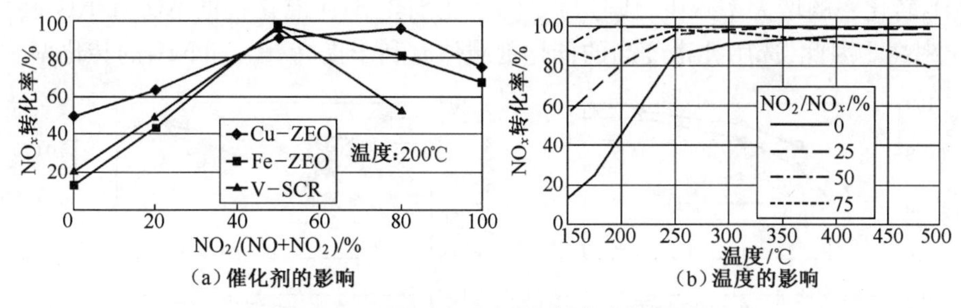

图 4-44　NO_2/NO_x对NO_x转化率的影响

件,前置 DOC 可以明显改善 SCR 的NO_x转化率,即在常用低温工况NO_x的净化率大幅度提高;对高于 300℃ 的运行条件,SCR 的NO_x转化率几乎没有改善。

5. 催化剂载体体积对NO_x转化率的影响

图 4-46 为沸石基催化剂和 V 基催化剂作用下的NO_x转化率与催化剂容量的关系[55]。可见随着催化剂载体体积减少,NO_x转化率呈现出降低趋势。V 基催化剂的降低趋势更为明显,但降低幅度不大。因此,沸石基催化器更适合于要求催化器结构紧凑的车辆。

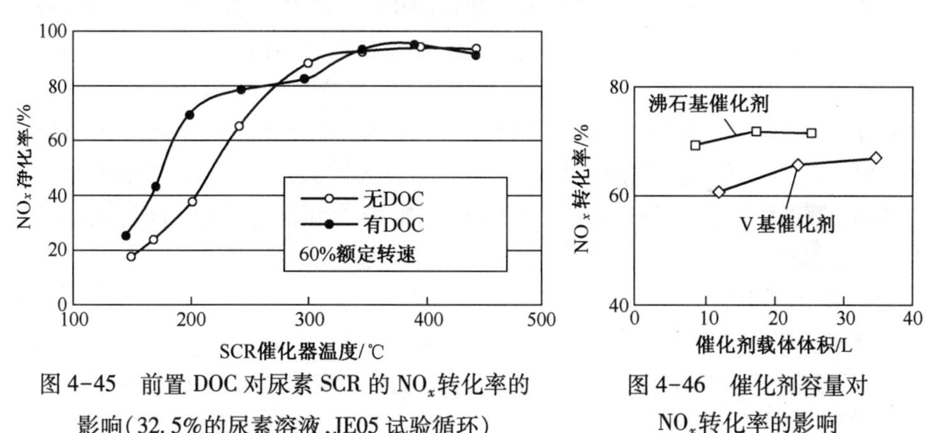

图 4-45　前置 DOC 对尿素 SCR 的NO_x转化率的影响(32.5%的尿素溶液,JE05 试验循环)

图 4-46　催化剂容量对NO_x转化率的影响

6. 催化剂载体孔密度对NO_x和NH_3转化率的影响

图 4-47 表示空速为 $60000h^{-1}$ 和 $90000h^{-1}$ 时,催化剂载体孔密度对 SCR 的NO_x和NH_3转化率影响的模拟计算结果[56]。计算时假定催化剂载体体积不变,催化剂有代号为 STD 和 C 的两种,催化剂温度为 200℃,进入催化器的气体中 NO、NO_2、NH_3、O_2 和 H_2O 的体积分数依次为 0.025%、0.025%、0.05%、10%和 10%,其余为 N_2。可见随着催化剂载体孔密度增加,NO_x和NH_3转化率呈现出明显的增大趋势,并且随着催化剂载体孔密度增加,NO_x和

NH_3转化率的增大率减少，代号为C的催化剂较STD催化剂的NO_x和NH_3转化率高。因此，选用孔密度高的催化剂载体有利于提高NO_x和NH_3的转化率。

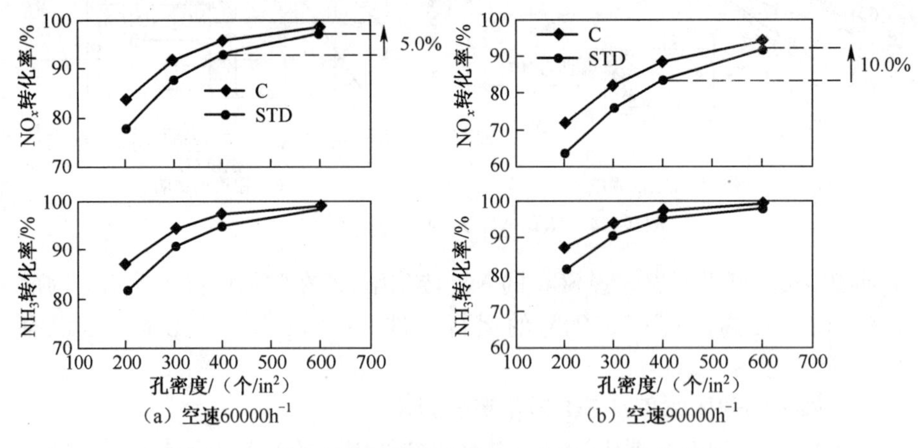

图4-47 催化剂载体孔密度对NO_x和NH_3转化率的影响

7. 前置DPF对NO_x转化率的影响

如果排放后处理控制系统需要安装DPF，可采用前置DPF的方法减少SCR催化剂中颗粒物沉积。图4-48为前置DPF对SCR系统的NO_x净化率随时间变化的一个测试结果[57]。该结果表明，装备前置DPF的SCR系统NO_x净化率高、且随工作时间的增加下降幅度较小，保持在90%以上。SCR经过20h的耐久试验后，没有装备前置DPF的SCR系统的NO_x净化率从80%下降至40%。出现这种现象的原因是经过20h的耐久试验后，没有装备前置DPF的SCR的载体上沉积了厚度大约100μm的颗粒物和油雾，致使催化剂的活性位点被覆盖。

8. 催化剂HC中毒对NO_x转化率的影响

SCR长时间使用后，低温时附着于SCR催化剂表面的HC会不断累积，逐步引起催化剂HC中毒。虽然可以采用高温运行恢复HC中毒后的催化剂活性，但由于实际使用工况很难达到恢复中毒催化剂活性所需条件，实际运行中SCR催化剂存在不同程度的HC中毒现象。图4-49为SCR催化剂表面中毒前、后NO_x排放量的比较[58]。图4-49中①表示车辆正常使用后的直接测量结果；②表示车辆正常使用后，使车辆经过420℃高温运行30min后，再进行测量得到的结果；③表示在②的基础上更换SCR上游DOC后的测量的结果；④表示置换新品SCR后的测量结果。可见，正常使用后直接测量的NO_x排放量远高于新品SCR，即低温运行时附着于SCR催化剂表面的HC引起催化剂活性降低，将大幅度增加NO_x的排放量；采取措施③或与置换新品SCR后NO_x排放量的大幅度降低。

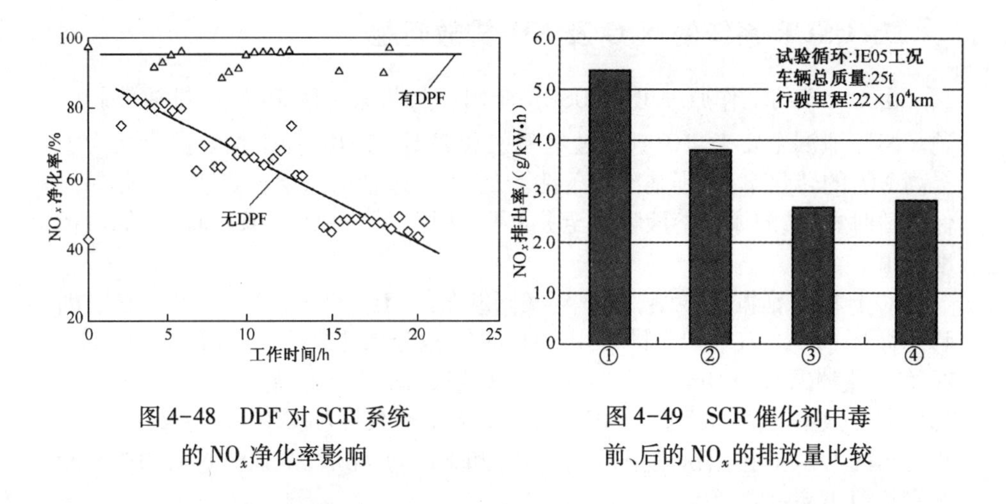

图 4-48 DPF 对 SCR 系统的 NO_x 净化率影响

图 4-49 SCR 催化剂中毒前、后的 NO_x 的排放量比较

9. 排气中水蒸气对 NO_x 转化率的影响

水蒸气是内燃机排气主要成分之一,在低温下易于凝结于催化剂表面,进入催化剂毛细孔中。当温度升高后会汽化膨胀重新形成水蒸气,这种现象的发生,致使催化剂与反应气体接触的概率减少,严重时还会损害催化剂涂层微观结构;另外,催化剂表面存在水分时,会加速碱金属盐的形成,缩短催化剂中毒失效的时间。发生上述两种现象的最终结果,都是导致 NO_x 转化率降低。

第五节 USCR 的应用中存在的主要问题

一、概述

USCR 具有 NO_x 净化效果好、起燃温度低、抗硫性好、耐热性好、催化剂价格低(可以不使用贵金属 Pt 等)、燃油经济性好(行车中燃油和尿素费用之和与传统车型的燃油费用相当)等优势,因而在 NO_x 净化方面得到广泛应用。随着人们对 USCR 认识的逐步深入,对其应用中存在的问题及带来的新问题的认识也不断提高。USCR 应用中存在的主要问题是实际行驶中的 NO_x 净化效果不理想,并且随着使用时间增长,NO_x 净化率下降明显;有时也会出现 SCR 催化剂载体、喷嘴等堵塞,导致车辆故障等。USCR 应用中带来的新问题主要有增加了车辆排气中的 NH_3 和 N_2O 排放等。USCR 还存在系统质量大(自重约 150~300kg)、成本高(达 8000~10000 元)、结构复杂,以及用于乘用车时布置困难等问题。

二、USCR 系统的 N_2O 及 NH_3 排放问题

由 USCR 的工作原理可知，USCR 应用中将带来 NH_3 和 N_2O 排放等新问题。NH_3 泄漏主要来自于氨的过量喷射和 NH_3 与 NO_x 的不均匀混合。为了提高 NO_x 的转化率，特别是冷车条件下，会喷入过量的尿素水溶液。因此如何保证适时、适量的尿素溶液喷射至关重要，否则，无法保证 NH_3 泄漏量低于标准限值。

对于 NH_3 泄漏的限制，2008 年我国颁布的 HJ 437—2008 中规定：在欧洲瞬态循环（ETC）工况下，排气中 NH_3 的体积分数平均值不超过 0.0025%。2005 年欧洲颁布的 Directive 2005/55/EC 规定，所有测试循环下，排气中 NH_3 的体积分数平均值不超过 0.0025%，并增加了耐久性和 OBD 的要求，而 2009 年提出的 Euro 6 排放法规中，要求 ESC 和 ETC 工况下，排气中 NH_3 的体积分数平均值不超过 0.001%。

表 4-6 为日本装备 USCR 系统的 5 辆在用车辆的常规污染物、N_2O、NH_3、油耗以及试验时车辆的功率等的测量结果。表中编号 A、B、C、D 和 E 代表的车辆的主要参数如表 4-7 所列[32]。该结果表明，5 辆在用车辆 NH_3 排放量都远超过 NMHC 的排放量，A、B、C 和 D 四辆车的 NH_3 排放量也同时超过 CO 的排放量。因此，装备 USCR 系统在用车辆的 NH_3 排放问题引起了高度重视。

表 4-6　装备 USCR 系统在用车辆的常规污染物、N_2O、NH_3 和油耗等的测量结果

车辆编号	试验编号	CO /(g/kW·h)	NMHC /(g/kW·h)	NO_x /(g/kW·h)	PM /(g/kW·h)	CO_2 /(g/kW·h)	油耗 /(g/kW·h)	NH_3 /(g/kW·h)	N_2O /(g/kW·h)	$310\times N_2O/CO_2$/%	功率 /kW·h
A	1	0.09	0.05	5.72	0.031	664.9	210.5	1.346	0.736	34.3	16.8
	2	0.08	0.05	5.83	0.029	671.3	212.6	1.344	0.707	32.7	16.7
B	1	0.08	0.03	3.87	0.031	649.4	205.6	0.650	1.280	61.1	17.0
	2	0.06	0.03	3.98	0.036	646.9	204.8	0.660	1.189	57.0	17.0
C	1	0.14	0.06	6.22	0.023	668.1	211.6	0.959	0.646	30.0	16.1
	2	0.15	0.07	6.13	0.026	657.7	208.3	0.978	0.604	28.5	16.2
D	1	0.80	0.05	6.70	0.200	840.8	266.6	0.878	1.528	56.3	11.2
	2	0.76	0.13	6.49	0.185	837.8	265.7	0.786	1.702	63.0	11.3
E	1	0.49	0.06	6.36	0.027	622.5	197.4	0.304	0.260	12.9	18.4
	2	0.48	0.07	6.39	0.026	632.4	200.5	0.182	0.207	10.2	18.4

表 4-7　试验车辆的主要参数

代号	A	B	C	D	E
发动机型号	GE13	GE13	GE13	MD92	6M70
排量/L	13.07	13.07	13.07	9.02	12.88
最高功率/kW	279	279	279	220	279
车辆质量/kg	10830	11020	11170	11000	13780
车辆总质量/kg	24985	24930	24980	14905	24990
注册时间/年 . 月	2005.8	2009.11	2008.11	2005.11	2008.4
行驶距离/km	319791	151636	595670	248118	308873

由于 N_2O 温室系数是 CO_2 的 310 倍，故表 4-6 中单独把 $310×N_2O/CO_2$ 作为一列，该值越大，说明车辆的温室气体排放量中 N_2O 的 CO_2 当量值越大。如 E 车第 2 次试验对应的 $310×N_2O/CO_2$ 一列的数值为 63.0%，这说明由于采用 SCR 技术后车辆在该工况下的温室气体排放量（CO_2 当量）为不安装 SCR 时的 1.63 倍。

NH_3 溢出量主要受到 SCR 催化器入口气体温度、尿素供给系数 c（或 NH_3/NO_x 比）、空速等的影响。图 4-50 为 SCR 入口温度对 NH_3 泄漏影响的一个试验结果[52]，图中列出了试验时发动机的负荷、催化器空速 SV 及尿素供给系数 c 等。可见在尿素供给系数 c 相同的条件下，SCR 入口气体温度越低，NH_3 泄漏量越大。在 SCR 入口气体温度相同的条件下，尿素供给系数 c 越大，NH_3 泄漏量越大，在低温状况时尤为明显。

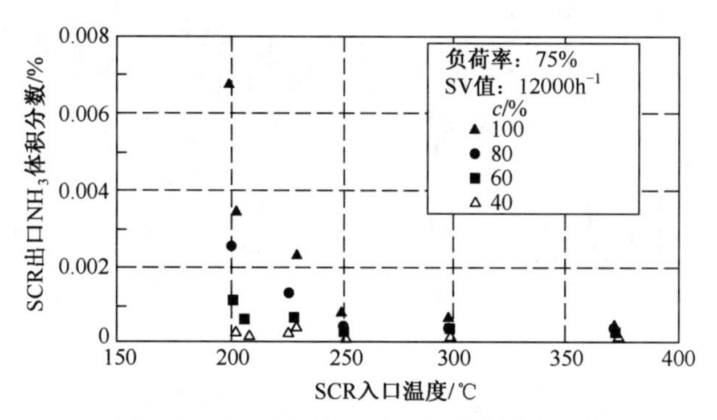

图 4-50　SCR 入口温度对 NH_3 泄漏的影响

空速对 NH_3 溢出及转化率 NO_x 的影响因素如图 4-51 所示[59]，该试验中使用的催化剂为钒钛催化剂。从空间速度 $SV=5000h^{-1}$ 和 $10000h^{-1}$ 两个条件下的 NO_x 转化率和 NH_3 泄漏的测试结果可以看出，空间速度增大，NH_3 泄漏量增大、NO_x 转化率降低。当 NH_3/NO_x 比超过 1 后，NO_x 净化率虽然可以达到

95%以上,但 NH_3泄漏急剧增加。因此可以说 SCR 所允许的最大 NH_3泄漏决定了 SCR 的最大尿素供给系数。另外流量分配不均和 NH_3混合不均匀,也可能导致大量 NH_3泄漏产生。

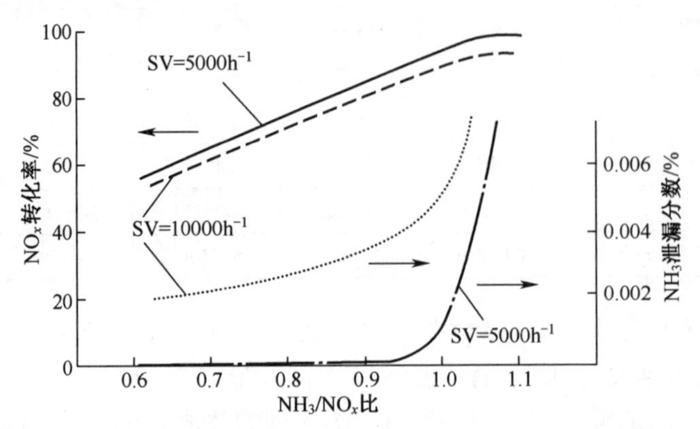

图 4-51　NH_3/NO_x比对 NO_x转化率和 NH_3泄漏的影响

研究表明,在 SCR 系统中 N_2O 可能形成于前置 DOC、SCR 及 ASC 之中,其净化主要发生在 SCR 及 ASC 之中,催化剂对 N_2O 的形成和消亡有重要影响。图 4-52 为循环工况下 SCR 系统 N_2O 生成量随时间的变化[60],试验用发动机为面向美国 2010 年排放标准的康明斯 ISX 系列柴油机。从图 4-52 中 N_2O 体积分数的变化曲线可以看出,N_2O 形成于循环工况的不同测试阶段,而不仅是冷启动过程,N_2O 的变化过程存在多个峰值。

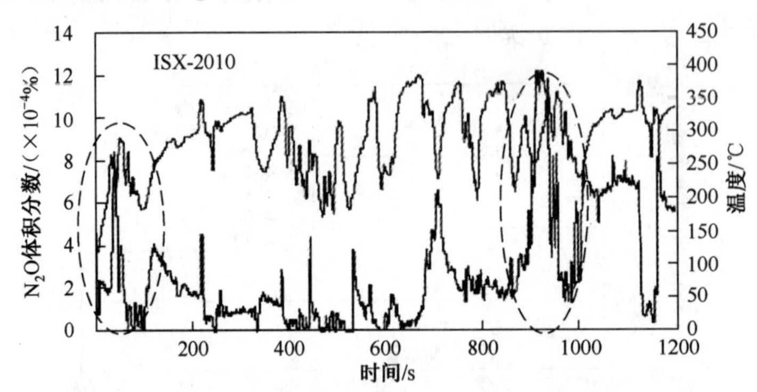

图 4-52　循环工况下 SCR 系统 N_2O 生成量随时间的变化

由本章第三节可知,在 SCR 的后置氧化催化器中,NH_3与 SCR 中未净化的 NO 及排气中的 O_2会反应生成 N_2O。表 4-8 为表示有、无 ASC 时 SCR 系统出口气体中 NO_x、NH_3和 N_2O 的排放测试结果,试验循环为世界统一瞬态循环 WHTC,发动机为 12L、Euro 4 排放标准的斯堪尼亚重型柴油机。可见,安装 ASC 后系统的 NH_3溢出大大降低,但 NO_x和 N_2O 的排放明显增加。

表 4-8　ASC 对 SCR 系统出口气体中 NO_x、NH_3和 N_2O 排放的影响

排放量 / 系统组成	发动机	系统出口		
	NO_x/(g/(kW·h))	NO_x/(g/(kW·h))	NH_3体积分数/($\times10^{-4}$%)	N_2O 体积分数/($\times10^{-4}$%)
34L SCR + 12L ASC	12.0	0.3	2.5	6.0
34L SCR	12.0	0.2	117.0	0

从表 4-8 的数据看[61]，与仅安装 34L SCR 系统相比，安装 34L SCR+12L ASC 系统后的 NO_x 排放率增加，转化率降低。NO_x 转化率降低的原因是后者喷入过量的尿素水溶液。实际上，在 NH_3 溢出浓度相同的条件下，安装 ASC 后的 SCR 系统的 NO_x 转化率大幅度提高。图 4-53 为在 NH_3 溢出体积分数为 0.001%的条件下，有 ASC 和无 ASC 的 SCR 系统的 NO_x 转化率比较[61]。试验工况为 ETC 循环，安装 ASC 的 SCR 系统（ASC+SCR）在 NH_3 溢出体积分数低于 0.001%的条件下，NO_x 转化率达到了 92%，比无 ASC 的 SCR 系统提高了 10%。

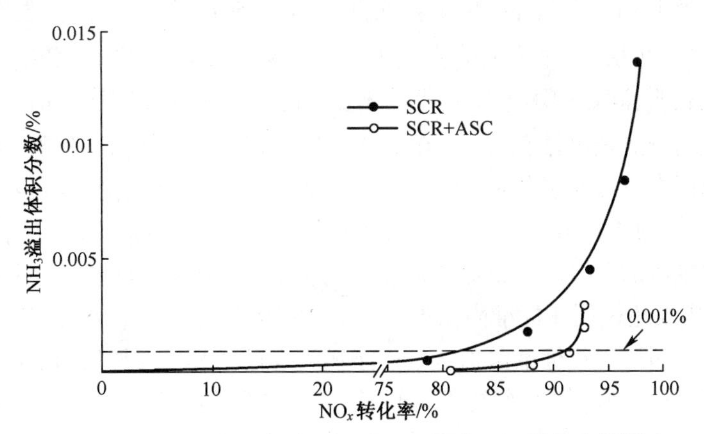

图 4-53　NH_3 溢出一定时 ASC 对 SCR 系统 NO_x 转化率的影响

为了便于分析进入 SCR 后置 DOC 中的 NH_3 转化生成 N_2O 的比例，常采用 N_2O 生成率（SCR 后置 DOC 中生成 N_2O 摩尔数与其中 NH_3 减少的摩尔数之比）评价 NH_3 转化成 N_2O 数量。N_2O 由 SCR 中未净化的 NO 及排气中的 O_2 反应所生成，N_2O 的排放量主要受到 SCR 系统后置 DOC 入口气体温度及 NH_3/NO_x 比值等的影响。图 4-54 为安装 SCR 催化净化系统内燃机排气中 N_2O 的生成量随 SCR 催化器入口气体温度及 NO/NH_3 比值的变化情况[43]。可见，在 200℃以下，后置 DOC 中 NO/NH_3 的比值是 N_2O 生成的主要因素，故采用废气再循环降低 NO 排放量的方法可以减少 N_2O 生成。氨气泄漏主要发

生在200℃以上。为了减少 N_2O 的生成及氨气泄漏，则需通过尿素喷射量控制低温条件下 NO/NH_3 的比值。在200℃以下的低温条件下 NO/NH_3 的比值越小，NH_3 转化生成 N_2O 的比例越少。

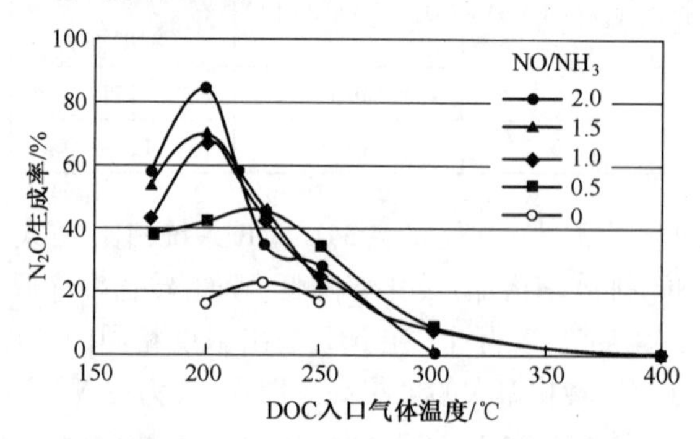

图 4-54　N_2O 生成量随 NO/NH_3 比值的变化

三、实际行驶中柴油车 SCR 的 NO_x 净化效果

国内外的相关研究表明，车辆实际运行中 SCR 的 NO_x 净化效果并不理想[32,62,63]。北京、上海等提前实施国4排放标准城市中装备 SCR 系统公交车的调查表明，满足中国第Ⅳ阶段排放要求的公交车辆实际运行时的 NO_x 排放远远超出型式核准限值[63]。在一些低速低温工况下 SCR 几乎不起作用、出现车用尿素溶液结晶等问题。图 4-55 为采用车载排放测试系统（PEMS）测量的22辆国4排放标准车辆在北京市实际行驶时的排放情况，从北京市实际行驶时排放的 PEMS 测量结果看，实际排放远高于标准规定 NO_x 排放限值，NO_x 实际排放超过国4标准限值的车辆为19辆，超过国4标准限值2倍的车辆为15辆，超过国4标准限值3倍的车辆为6辆。其主要原因有：①USCR 系统的低温转换率低，如工作温度低于280℃时，NO_x 的转化率就大幅度降低；②车辆实际行驶的低温（低速、低负荷）工况多，尿素 SCR 工作于低效或无效区域；③当温度低于200℃时，尿素水溶液无法热解出氨气，其结果相当于尿素水溶液无法喷射[64]。出现上述问题的重要原因是新车型式核准试验工况与车辆实际运行工况相差太大，现行的核准试验工况不能代表城市公交车（或城市车辆）运行的实际情况（低温低速工况多），使得企业开发机型时基本没有考虑低速、低负荷的城市工况，导致城市车辆实际运行时 NO_x 排放超标。因此，北京市于2013年3月出台了新的地方标准 DB11/964—2013《车用压燃式、气体燃料点燃式发动机与汽车排气污染物限值及测量方法（台架工况法）》[65]，该标准是对 GB 17691—2005《车用压燃式、气体燃料点燃式发动机与汽车排气污染物排放限值及测量方法（中国Ⅲ、Ⅳ、Ⅴ阶段）》的补充，虽然

没有改变 GB 17691—2005 的发动机认证的排放水平要求，但增加了 WHTC 循环，目的是考核车辆道路行驶时发动机的实际排放情况，要求车辆使用过程排放达标；引导发动机和整车企业开发满足符合实际排放控制要求的排放控制系统。

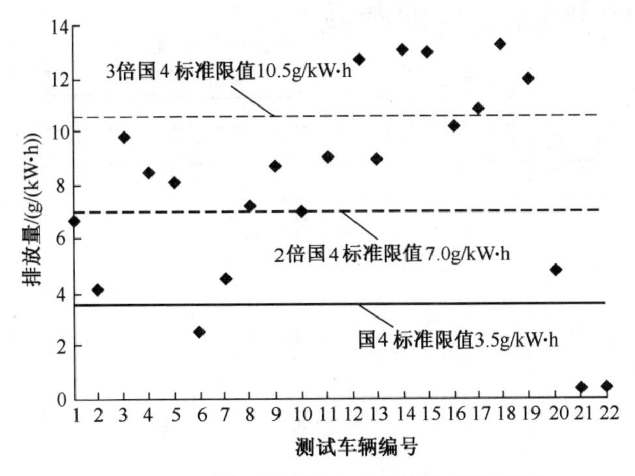

图 4-55 车辆实际行驶时的排放情况示例

表 4-9 为日本环保部门对符合日本排放标准的 5 辆柴油车进行的台架测试结果[32]。该结果表明：NO_x 排放值在 3.87~6.39g/(kW·h)之间，大大超过日本新长期标准限值 2.7g/(kW·h)的限值。这两个实例表明目前采用 SCR 系统的在用车辆 NO_x 排放并不尽人意，需要进一步改进。

表 4-9 柴油车 SCR 净化器后的排放测量结果举例

催化器特征	试验工况	污染物/(g/(kW·h))				
	JE05	NO_x	CO	NMHC	THC	PM
在用车催化器	NO. 1	5. 72	0. 087	0. 049	0. 054	0. 031
	NO. 2	5. 83	0. 085	0. 051	0. 057	0. 029
	平均	5. 87	0. 086	0. 050	0. 055	0. 030
在用车催化器经 30min 性能恢复运行	NO. 1	3. 51	0. 082	0. 017	0. 024	0. 022
	NO. 2	3. 65	0. 066	0. 019	0. 026	0. 022
	平均	3. 58	0. 074	0. 018	0. 025	0. 022
在用车催化器经 60min 性能恢复运行	NO. 1	3. 39	0. 072	0. 014	0. 024	0. 020
新车催化器经老化运行	NO. 1	2. 35	0. 045	0. 009	0. 014	0. 023
	NO. 2	2. 69	0. 041	0. 006	0. 012	0. 024
	NO. 3	2. 41	0. 039	0. 007	0. 013	0. 021
	平均	2. 48	0. 041	0. 007	0. 013	0. 023
新长期法规车辆催化器	平均	2. 0	2. 22	0. 17	—	0. 027
新长期法规排放标准	限值	2. 7	2. 95	0. 23	—	0. 036

图 4-56 为符合 Euro 4 标准、安装 SCR 的柴油车 NO_x 排放浓度测量结果[62]，试验时车辆负荷率为 50%和 100%。车速 70km/h 左右时，NO_x 浓度排放值略高于 ETC 工况限值；车速在城市工况中最常用的 20~30km/h 之间时，NO_x 排放浓度则大大超过 NO_x 的 ETC 工况排放限值。这个结果，进一步说明了在用车的 NO_x 排放难以达到标准的原因。

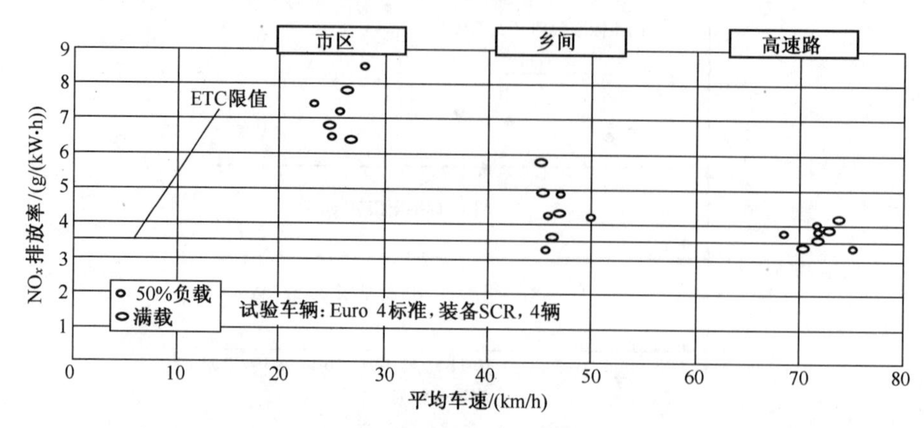

图 4-56　安装 SCR 的 Euro 4 柴油车 NO_x 排放浓度的实车测量结果

实际行驶过程中 NO_x 排放浓度大大超过产品认证值的一个重要原因是进入 SCR 的排气温度过低，因此，采用电加热、SCR 催化器前移等提高进入 SCR 排气的温度被认为是一条重要途径。图 4-57 为一个 3L 轻型柴油车用电加热式 SCR 的柴油机排气系统示意图。电加热器位于 SCR 催化器水解催化剂上游，功率 1.9kW；电加热催化器、DEF 喷射器、水解催化器采用集成设计。在排气温度低于 180℃的条件下，可实现 65%~70%的 NO_x 转化率。可见，提高进入 SCR 排气的温度对减少 NO_x 排放非常有效。

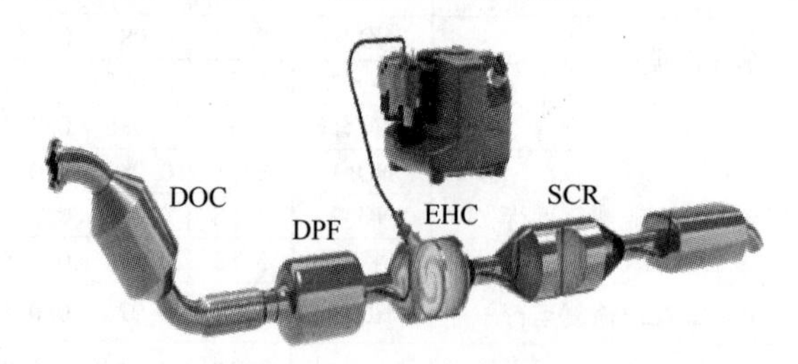

图 4-57　3L 轻型乘用车发动机用电加热式 SCR 系统[75]

四、SCR 系统中的沉积物及催化剂载体堵塞问题

SCR 系统中的沉积物及催化剂载体堵塞问题被认为是影响车辆稳定运行的主要因素之一[66,67]。装配 SCR 系统的柴油车在低负荷条件下运行时容

易生成尿素结晶和结石等沉积物。车辆运行过程中尿素雾化不良、混合不均匀或者分解不充分，会导致喷射的尿素液滴不能实时转化为 NH_3，而是生成副产物，导致还原反应不稳定，从而影响到 NO_x 排放的转化率和系统的可靠性。根据形成过程不同，尿素沉积物可分为尿素结晶和尿素结石两类。尿素结晶产生的原因是尿素溶液中的水分流失，使尿素溶液过饱和，进而析出尿素所致，但随着温度的升高尿素结晶可以继续分解；尿素结石产生的原因是尿素分解过程中副反应产生的副产物所致，尿素结石属于化学反应产物，只有在较高的温度下才能分解。

当柴油中含硫量较高时，其燃烧产物中 SO_2 浓度增大，这些 SO_2 在 SCR 系统的前置 DOC 中将被氧化为 SO_3，如果温度较低，则 SO_3 会与 SCR 中的 NH_3 和 H_2O 发生如下方程式所示的形成硫酸铵和硫酸氢铵的化学反应[68]。

$$2NH_3+SO_3+H_2O \longrightarrow (NH_4)_2SO_4$$

$$NH_3+SO_3+H_2O \longrightarrow NH_4HSO_4$$

SO_3 与 NH_3 和 H_2O 在 SCR 催化剂上生成产物是硫酸铵还是硫酸氢铵，取决于排气中 SO_3 与 NH_3 的摩尔比及温度等。图 4-58 表示 SCR 催化剂上硫酸铵盐随 SO_3 与 NH_3 的摩尔比及温度变化[71]。可见，温度越高，生成硫酸铵盐所需的排气中 SO_3 与 NH_3 的体积分数越大。当 SO_3 与 NH_3 的摩尔比 $\leqslant 1$ 时，其生成产物为硫酸氢铵；当 SO_3 与 NH_3 的摩尔比 $\geqslant 2$，其生成产物为硫酸铵；当 SO_3 与 NH_3 的摩尔比在 1 和 2 之间时，生成产物为硫酸铵和硫酸氢铵的混合物。

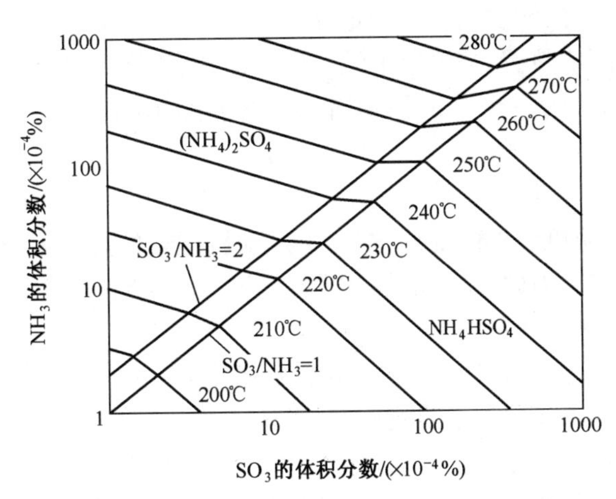

图 4-58　SCR 催化剂上硫酸铵盐的生成条件

硫酸铵易吸潮结块，它是一种强酸弱碱盐，具有一定酸性。硫酸氢氨也是一种黏酸弱碱盐，硫酸氢铵受热后会发生分解反应，在 200℃ 时，分解为 NH_3

和 H_2SO_4，若温度超过 400℃以上，则分解为 NH_3、SO_3 和 H_2O。ABS 是一种黏稠的物质，它将污染催化器本身和下游设备。如果 ABS 在催化器催化剂涂覆孔道表面形成，它将覆盖催化剂表面，阻隔反应气体与催化剂的接触，使 SCR 中的催化反应无法进行。另外，ABS 这种黏性物质，容易与排气中的炭烟及灰分等形成沉积物，堵塞催化器中的气体通道。研究表明，当二冲程柴油机使用含硫量大于 3%（质量分数）的燃料，催化剂温度低于 300℃时，便会形成 ABS，堵塞催化器孔道。

尿素沉积物的试验研究结果表明，在 300℃以下，SCR 系统经过一段时间使用后会产生沉积物，其主要成分是三聚氰酸和尿素等，而在 350℃时则不会产生沉积物。最容易生成沉积物的条件是低排气温度、低环境温度，并且尿素水溶液喷射量比较大和排气流量比较小的行驶条件。影响沉积物生成的因素主要有 SCR 系统中喷嘴安装位置处排气管的形状、混合器、壁面温度、尿素水溶液喷射速率等。

当尿素起喷温度较低及温度剧烈变化时，可能导致 SCR 系统在使用过程中出现“结晶体（主要为尿素及三聚氰酸）”等不正常现象。一辆安装 SCR 后处理系统的国 4 标准柴油车，在北京进行示范运行时，排气管中曾出现过大块的“结晶体”，导致排气管被堵塞，车辆无法正常使用[69]。这说明尿素的不当使用和质量不好也是造成堵塞的原因之一。

由于尿素液滴质量比气体大得多，如果不能及时完全分解，则会在气流流动滞止区形成的尿素沉积物凝聚核，随着凝聚核的逐步生长，最终将会形成尿素沉积物，当尿素沉积物累积到一定程度，就可能堵塞尿素流动通道。尿素沉积最易发生在喷嘴位置、喷嘴座下端、排气管内壁和催化剂前端面等处。

图 4-59 所示为一个被沉积物堵塞了的船舶用柴油机 SCR 载体断面照片[70]，造成这种现象的原因除了 SCR 工作过程（高硫燃料、排气温度低）产生的上述黏性物质外，尿素质量不好也可能是原因之一。载体堵塞将导致较高的排气背压，发动机经济性变差，增加了发动机运转的潜在安全风险，甚至导致无法正常工作。因此，应采取控制排气温度、降低燃料硫含量和提高尿素质量等措施，避免这种现象发生。

为了避免 SCR 系统中供给系统管路及催化剂载体等的堵塞问题，除了保证车辆的正确使用和尿素水溶液质量外，还应该从结构设计上避免尿素水溶液干燥后产生结晶和结石等现象。图 4-60 为 BMW 柴油车 SCR 系统的入口堵塞解决方法[71]，由于 SCR 系统的尿素水溶液喷入处采用了锥形嵌入管，当锥形嵌入管被排气气体加热到高温时，其上的尿素沉积将会分解。既控制了尿素水溶液流动，又防止尿素水溶液沉积在排气系统管壁上。另外，在喷嘴下游安装的混合器，通过叶片的旋转，确保了尿素水溶液与排气的完全混合及尿

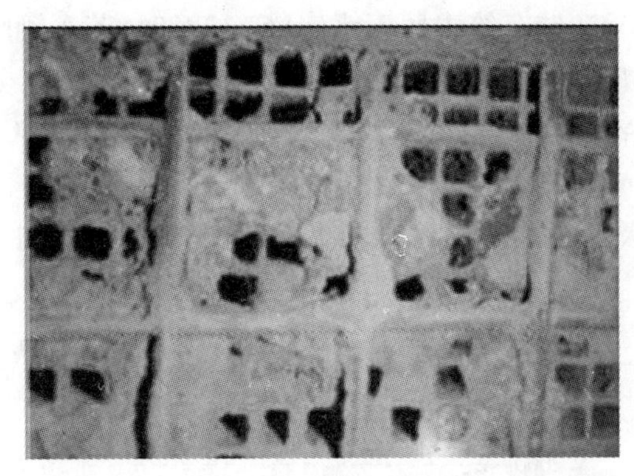

图 4-59　柴油机 SCR 催化器载体的堵塞照片

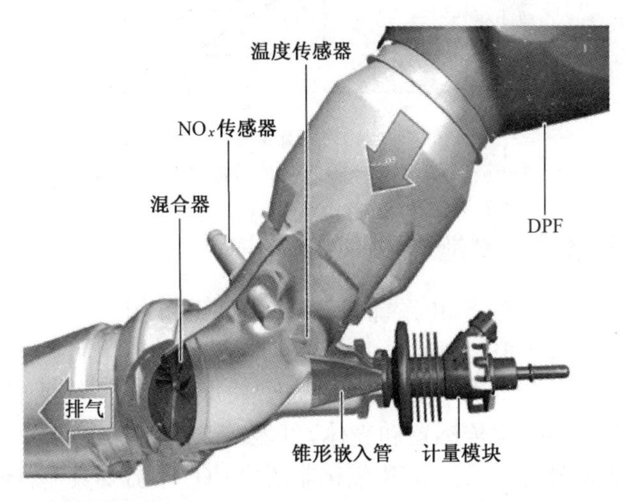

图 4-60　BMW 柴油车 SCR 系统的入口堵塞解决方法

素完全转化为氨,从而避免了尿素的沉积及堵塞现象发生。

五、低温下 SCR 系统启动延迟及 NO_x 排放问题

延迟时间定义为从 SCR 系统启动到允许建立压力经历的时间,显然在延迟时间内,SCR 系统无法正常工作,即在此段时间内车辆的 NO_x 排放没有得到控制。图 4-61 为延迟时间 t 随温度传感器信号 T 的变化[71]。曲线 A 表示储存箱(主动溶液箱)中尿素水溶液引起的延迟时间,曲线 B 表示环境温度所引起的延迟时间。当储存箱中尿素水溶液及环境温度高于-9℃时,延迟时间低于 3min,当储存箱中尿素水溶液温度在-9~-16.5℃范围内,延迟时间设定为 18min,因为此时无法得知尿素水溶液被冻结的程度。储存箱中尿素水溶液及环境温度低于-9℃时,延迟时间取决于曲线 A 和曲线 B 较长的一个。例如,

当环境温度为-30℃，储存箱中尿素水溶液-12℃时，若车辆临时停车30min；当车辆再次启动时，由曲线 *A* 和曲线 *B* 得到的延迟时间分别是25min和18min（假定主动溶液箱温度仍为-12℃）；则此次启动后，USCR系统工作所需延迟时间应为25min以上，主动溶液箱的加热需要两个循环，因此会需要延迟时间36min。在极严寒地区延迟时间更长，这意味着在此种条件下车辆排放严重超标。

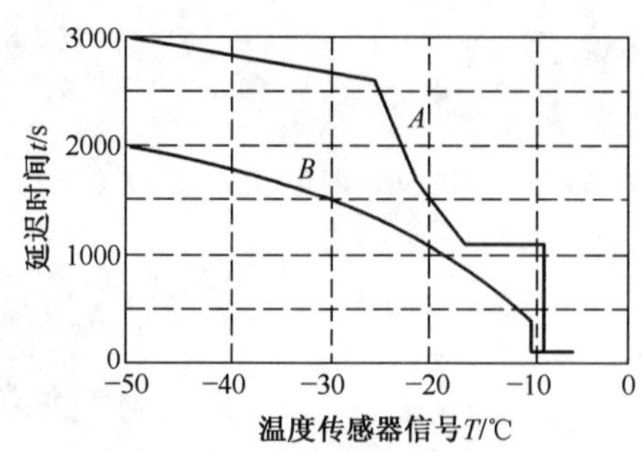

图4-61　延迟时间 t 随温度传感器信号 T 的变化

六、SCR系统的制造成本高

由本章第一节可知，SCR系统与DOC及DPF等相比，其一个重要特点是结构复杂，零部件多，控制精度要求高，因而也导致其使用和制造成本增大。

SCR系统的硬件包括控制系统、催化剂、尿素罐、尿素泵、喷射器、混合器、温度传感器、尿素位传感器和壳体，可能需要的装置还有前置DOC、后置DOC和 NO_x 传感器等。虽然SCR催化器还原 NO_x 不需要贵金属催化剂，使用钒、铁、铜和沸石等催化剂即可，催化剂成本低。但在SCR下游安装的控制 NH_3 泄漏的催化器和上游安装的DOC，则需要贵金属催化剂。前置DOC、后置DOC和SCR载体的体积如何确定是SCR系统设计的首要问题。有关文献显示，控制 NH_3 泄漏的催化器的载体体积可以选为发动机排量的0.6倍左右甚至0.2左右即可，贵金属Pt等的涂覆量约1g/L，前置DOC的体积可以选为发动机排量的0.9倍左右或者更低[9,72]。

SCR系统的制造成本随着其组成的不同而异，前置DOC、后置DOC和 NO_x 传感器对其成本有较大影响。表4-10为基于发动机的排量SCR成本估算列表[9]。估算时，假定应用于柴油车的SCR系统催化剂体积与发动机排量相等，SCR系统仅由SCR催化器、后置DOC及其尿素水溶液供给系统组成。从表4-10可以看出，柴油机排量越大，SCR系统的SCR催化器、后置DOC及其尿素水溶液供给系统的成本越高，并且其绝对价格达到了柴油车制造商及其用户难以接受的程度。因此可以说，其高昂的成本也是SCR系统推广使用中的重要问题之一。

表 4-10 基于发动机的排量 V_d 及催化剂载体体积 CV 的 SCR 成本估算

编号	成本项目	V_d = CV = 1.5L	V_d = CV = 2L	V_d = CV = 2.5L	V_d = CV = 3.0L
1 项	Pt、Pd 和 Rh 非必需/美元	0	0	0	0
2 项	NH_3 泄漏净化器(体积为 $0.2V_d$,贵金属涂覆量、价格分别为 2g/L,43 美元/g)/美元	13	17	22	26
3 项	贵金属总成本(即 1 项+2 项)/美元	13	17	22	26
4 项	载体和涂层成本(即 20 美元/L×CV)/美元	30	40	50	60
5 项	封装(即 15 美元×CV)/美元	23	30	38	45
6 项	SCR 催化器总成本:贵金属总和+涂层+载体(即 3 项+4 项+5 项)/美元	66	87	110	131
7 项	尿素溶液灌体积(即 $8×V_d$)/L	12	16	20	24
8 项	尿素溶液箱成本/美元	94	114	132	149
9 项	尿素溶液液位传感器(即 60 商业价格(美元)/2.5)/美元	24	24	24	24
10 项	尿素溶液灌附件(架子、螺栓、垫片)/美元	15	15	20	20
11 项	尿素溶液泵(即 130 商业价格(美元)/2.5)/美元	52	52	52	52
12 项	尿素喷射器(即 86 商业价格(美元)/2.5)/美元	52	52	52	52
13 项	不锈钢连接管(即 35 商业价格(美元)/2.5)/美元	14	14	14	14
14 项	尿素喷射管 D2.5"×38cm(即 35 普通价格(美元)/2.5)/美元	14	14	14	14
15 项	尿素溶液喷射器安装附件(托架,螺栓,垫圈,垫片,管接头)/美元	15	15	20	20
16 项	尿素加热系统(200W,12V,DC)	40	40	40	40
17 项	温度传感器(2 个)((即 2.5 热电偶+50 变送器)的商业价格(美元)/2.5)/美元	42	42	42	42
18 项	尿素混合器(即 125/2.5)/美元	50	50	50	50
19 项	尿素系统总成本(即 7 项+8 项+…+18 项)/美元	394	414	442	459
20 项	SCR 催化器和尿素系统成本(即 6 项+9 项)/美元	460	501	552	590
21 项	间接劳动力成本/美元	48	48	48	48
22 项	直接生产总成本(即 20 项+21 项)/美元	508	549	600	638
23 项	保修成本(即 3%索赔率)/美元	15	16	18	19
24 项	基本成本/美元	523	565	618	657
25 项	长期成本(即 0.8×基本成本)/美元	418	453	494	526

参考文献

[1] Deutsche Wissenschaftliche Gesellschaft für Erdöl,Erdgas und Kohle e. V.. AdBlue as a Reducing Agent for the Decrease of NO_x Emissions from Diesel Engines of Commercial Vehicles. DGMK Research Report 616-1. (2014-07-28)[2016-01-04]. http://www.dgmk.de/downstream/publikationen/im_netz/report_616-1_e.pdf.

[2] 赵彦光,胡静,帅石金,等. 混合器对车用柴油机尿素 SCR 系统性能影响的试验研究. 汽车工程,2011,33(4):303-308.

[3] Eberhard Jacob,Raimund Müller,Andreas S cheeder,et al. High Performance SCR Catalyst System:Elements to Guarantee the Lowest Emission of NO_x. Internationales Wiener Motoren symposium 2006. (2014-07-28)[2016-01-04]. http://www.emitec.com/fileadmin/user_upload/Bibliothek/Vortraege/080606_Wien_SCR_Kat_ueberarbeitet.pdf.

[4] The most promising technology to comply with the imminent Euro IV and Euro V emission standards for HD engines-Selective Catalytic Reduction(Final Report). ACEA(Association des Constructeurs Europeens Automobiles). (2003-07-23)[2010-07-28]. http://www.scf.co.uk/SCRpaperfinal(ACEA).pdf.

[5] Schaller. EmissionsfromHeavy-DutyVehicles, MAN Nutzfahrzeuge Group. (2014-07-28)[2016-01-04]. http://www.eurochamp.org/datapool/page/28/Schaller_MAN.pdf.

[6] Held W,Emmerling G,Döring A,et al. Catalyst Technologies for Heavy-Duty Commercial Vehicles Following theIntroduction of EU VI and US2010;The Challenges of Nitrogen Oxide and ParticulateMatter Reduction for Future Engines. (2014-07-28)[2016-01-04]. http://www.emitec.com/fileadmin/user_upload/Bibliothek/Vortraege/070306_WieNO7_MAN_Emitec_engl.pdf.

[7] Johnson Matthey. Global Emissions Management - Focus on Selective CatalyticReduction (SCR) Technology. (2012-02)[2013-07-28]. http://ect.jmcatalysts.com/pdfs-library/Focus%20on%20SCR%20Technology.pdf.

[8] 广西玉柴机器股份有限公司. 玉柴 SCR 国 4、国 5 发动机简介. [2013-07-28]. http://www.yuchai.com/gf/download/files/1312483579599182-1312483579600445.pdf.

[9] 上海携丰流体设备有限公司. 玉柴 Emitec 依米泰克尿素泵 UDA7.5-OA-24. [2013-07-28]. http://detail.1688.com/offer/1245593394.html.

[10] 原動機技術委員会. ディーゼルエンジンのSCR 技術について. [平成 23-06-06)[2014-08-28]. http://jcma.heteml.jp/bunken-search/wp-content/uploads/2011/09/099.pdf.

[11] Solla A, Westerholm M,Söderström C,et al. Effect of Ammonium Formate and Mixtures of Urea and Ammonium Formate on Low-Temperature Activity of SCR Systems. SAE Paper 2005-01-1856,2005.

[12] Kö03M. Koebel, E. O. Strutz. Thermal and Hydrolytic Decomposition of Urea for Automotive Selective Catalytic Reduction Systems:Thermochemical and Practical Aspects. Industrial&Engineering Chemistry Research, 2003,42:2093-2100.

[13] Andreas Manuel Bernhard. Catalytic urea decomposition, side-reactions and urea evaporation in the selective catalytic reduction of NO_x. ETH ZURICH(Diss. No. 20813),2012.

[14] Michael Rice,Jan Kramer,Klaus Mueller-Haas,et al. Innovative Substrate Technology for High Performance Heavy Duty Truck SCR Catalyst Systems. SAE Parper 2007-01-1577,2007.

[15] Sacramento,California. Technology Assessment-Lower NO_x Diesel Engines. (2014-09-02)[2014-12-

30]. http:// www. arb. ca. gov/msprog/tech/presentation/lowernoxdiesel. pdf.

[16] Jean Balland, Michael Parmentier, Julien Schmitt. Control of a Combined SCR on Filter and Under-Floor SCR System for Low Emission Passenger Cars. SAE Parper 2014-01-1522,2014.

[17] Robert Bosch GmbH Diesel Systems. Denoxtronic 2. 2-Urea Dosing System for SCR systems. (2012-07) [2013-03-01] http://www. bosch-automotivetechnology. com/media/db_application/downloads/pdf/antrieb/en_3/DS_Sheet_Denoxtronic2-2_Urea_Dosing_System_20120718. pdf.

[18] Robert Bosch GmbH Diesel Systems. Denoxtronic 2. 2-Urea Dosing System for SCR systems. (2013-03) [2014-01-01] http://www. bosch-automotivetechnology. com/media/db_application/downloads/pdf/antrieb/en_3/ds-datenbl_denox_6-5-en_201303. pdf.

[19] Joe Kubsh. Light-Duty Vehicle Emission Control Technologies. (2014-06) [0216-01-06] http://www. meca. org.

[20] JFE スチール. JFEスチールの自動車用ステンレス鋼. [2014-07-28]. http://www. jfe-steel. co. jp/ products/stainless/catalog/g1j-002. pdf.

[21] 北海市辉煌化工陶瓷有限公司. SCR 陶瓷载体. [2014-06-28]. http://www. goepe. com/apollo/prodetail-huihuangpacking-1141321. html.

[22] Development of Marine SCR System for Large Two-stroke Diesel Engines Complying with IMO NO_x Tier Ⅲ. CIMAC Congress 2013. Shanghai, 2013.

[23] 紺谷省吾. 自動車触媒コンバータ用メタル担体の弹塑性熱応力解析. 新日鉄技報, 2005, 383: 7-12.

[24] 高田圭. 燃焼制御によるディーゼル排出ガス中のNOx組成の制御法とその活用に関する研究. 東京:早稲田大学博士学位論文, 2009.

[25] 赵彦光, 胡静, 华伦, 等. 钒基 SCR 催化剂动态反应及氨存储特性的试验研究. 内燃机工程, 2011, 32(4): 1-6.

[26] 佟德辉, 李国祥, 陶建忠, 等. 氨基 SCR 催化反应的数值模拟及分析. 内燃机学报, 2008, 26(4): 335-340.

[27] Francisco Posada Sanchez, Anup Bandivadekar, John German. Estimated Cost of Emission Reduction Technologies forLight-Duty Vehicles. (2012-03) [2014-06-28]. http://www. theicct. org/sites/default/files/publications/ICCT_LDVcostsreport_2012. pdf.

[28] Hoard J W, Hammerle R. Economic Comparison of LNT VersusUrea SCR for Light Duty Diesel Vehicles in US Market. 2004 DEER Conference, California. [2010-06-28]. http://www. eere. energy. gov/vehiclesandfuels/pdfs/deer_2004/session11/2004_deer_hoard. pdf.

[29] Kati Lehtoranta, Raimo Turunen, Hannu Vesala, et al. Testing SCR in high sulphur application. CIMAC Congress 2013, Shanghai, 2013.

[30] 平田宏一, 岸武行, 仁木洋一. SCRを装備した舶用ディーゼルエンジンの認証技術に関する研究. 海上技術安全研究所報告(特集号小論文), 平成 24, 12(4): 275-282.

[31] Busca G, Lietti, L, Ramis G, et al. Chemical and mechanistic aspects of the selective catalytic reduction of NO_x by ammonia over oxide catalysts: a review. Applied Catalysis B: Environmental, 1998, 18: 1-36.

[32] 環境省. 尿素 SCRシステムの概要 Ⅲ. [2014-06-28]. http://www. env. go. jp/ council/former2013/07air/y071-51/mat03-3. pdf.

[33] Topsoe N Y, Dumesic J A, Topsoe H. Vanadia/Titania Catalysts for Selective Catalytic Reduction (SCR) of Nitric Oxide by Ammonia: Ⅱ. Studies of Active Sites and Formulation of Catalytic Cycles. Journal of

Catalysis. 1995,151(1):241-152.

[34] 村中重夫井上香,金子タカシ,など. 特集1:自動車技術会2011年春季大会学術講演会. Engine Review,2011,1(1):4-12.

[35] Cristian Ciardelli,Isabella Nov,Enrico Tronconi,,et al. NH3 SCR of NO_x for diesel exhausts aftertreatment:role of NO_2 mechanism,unsteady kinetics and monolith converter modeling. Chemical Engineering Science,2004,59:5301-5309.

[36] Cloudt R,Saenen J,Eijnden E,et al. Virtual Exhaust Line for Model-based Diesel Aftertreatment Development. SAE Paper 2010-01-0888, 2010.

[37] Centre for Research and Technology Hellas, Chemical Process Engineering Research Institute,Particle Technology Laboratory. D6. 1. 1 State of the Art Study Report of Low Emission Diesel Engines and After-Treatment Technologies in Rail Applications. [2013-09-28]. http://www. transport-research. info/Upload/Documents/201203/20120330_184637_76105_CLD-D-DAP-058-04_D1%205. pdf.

[38] 刘福东,单文坡,石晓燕,等. 用于NH_3选择性催化还原NO的非钒基催化剂研究进展. 催化学报,2011,32(7):113-1128.

[39] 林涛,张秋林,李伟,等. 以ZrO_2-TiO_2为载体的整体式锰基催化剂应用于低温NH3-SCR反应. 物理化学学报,2008,24(7):1127-1131.

[40] Dana Lowell, Fanta Kamakaté. Urban off-cycle NO_x emissions from Euro IV/V trucks and buses. Problems and solutions for Europe and developing countries White Paper,(2012-03)[2014-06-28]. http://www. theicct. org.

[41] 中华人民共和国工业和信息化部规划司. 汽车产业技术进步和技术改造投资方向(2010年).(2010-05-26)[2016-01-04]. http://www. miit. gov. cn/n11293472/n11293832/n12843956/13227851. html.

[42] Johnson Matthey. Global Emissions Management-Focus on Selective CatalyticReduction(SCR)Technology. (2012-02)[2016-01-04]. http://ect. jmcatalysts. com/pdfs-library/Focus%20on%20SCR%20Technology. pdf.

[43] 大聖泰弘.ディーゼル自動車の排出ガス対策技術の最新動向.2013交通安全環境研究所講演会講演概要(ディーゼル自動車の排出ガス対策の課題と今後の方向性). 東京:2013.

[44] Cary Henry, David Langenderfer, Aleksey Yezerets,et al. Passive Catalytic Approach to Low Temperature NO_x Emission Abatement. DEER (Directions in Engine-Efficiency and Emissions Research) Conference,2011.

[45] Chen H, Weigert E, Fedeyko J,et al. Advanced Catalysts for Combined (NAC + SCR) Emission Control Systems. SAE Paper 2010-01-0302, 2010.

[46] Tim Johnson. Vehicle Emissions Review-2011(so far). DOE DEER Conference,Detroit,2011.

[47] Manufacturers of Emission Controls Association. Emission Control Technologies for Diesel-Powered Vehicles. (2007-12)[2014-06-28]http://www. meca. org.

[48] 福島健彦.ディフィートストラテジーと後処理装置を巡って.2013交通安全環境研究所講演会講演概要(ディーゼル自動車の排出ガス対策の課題と今後の方向性),東京,2013.

[49] Theodore M Kostek. Aging of Zeolite Based SCR Systems(Diesel Aftertreatment Accelerated Aging Cycle Development). [2016-01-04] http://www. swri. org/9what/events/confer/DAAAC/files/ DAAAC_Zeolite_deactivation-Ted%20Kostek. pdf.

[50] 中华人民共和国国家环境保护标准,HJ 451—2008环境保护产品技术要求柴油车排气后处理装置.

[51] Kröcher O. New challenges for urea-SCR systems: From vanadia-based tozeolite-based SCR catalysts. First Conference: MinNO$_x$ - Minimization of NO$_x$ Emissions Through Exhaust Aftertreatment, Berlin, 2007.

[52] 平田宏一,高木正英,岸武行. 海上技術安全研究所における船舶用SCRシステムに関する研究. 海上技術安全研究所報告,平成23,2(11):1-19.

[[53] Robert Hammerle. Urea SCR and DPF System for Diesel Sport Utility Vehicle Meeting Tier Ⅱ Bin 5, DEER Conference-August 25, 2002. [2014-06-28]. http://www.eere.energy.gov/vehiclesandfuels/pdfs/deer_2002/session10/2002_deer_hammerle.pdf.

[54] Kenneth G Rappe. Integrated Selective Catalytic Reduction-Diesel Particulate Filter Aftertreatment: Insights into Pressure Drop, NO$_x$ Conversion, and Passive Soot Oxidation Behavior Ind. Eng. Chem. Res, 2014, 53:17547-17557.

[55] 正木信彦,平田公信,赤川久. 大型商用車用尿素SCRシステムの開発. 自動車技術, 2005, 59(4):128-132.

[56] 高田圭. 燃焼制御によるディーゼル排出ガス中のNO$_x$組成の制御法とその活用に関する研究. 東京:早稲田大学, 2009.

[57] Yoshinori Izumi, Hiroaki Ohara, Hiroyuki Kamata, et al. Urea-SCR system for pollution control in marinediesel engines. CIMAC Congress 2013, Shanghai, 2013.

[58] 鈴木央一. ディーゼル自動車におけるオフサイクル排出ガス実態と今後について. 2013交通安全環境研究所講演会講演概要(ディーゼル自動車の排出ガス対策の課題と今後の方向性), 東京, 2013.

[59] Nan-Yu Topsoe. Catalysis for NO$_x$ abatementSelective catalytic reduction of NO$_x$ by ammonia: fundamental and industrial aspects. Berlin: Baltzer Science Publishers, 1997.

[60] Krishn Kamasamudram Cary Henry, Aleksey Yezerets. N_2O Emissions From 2010 SCR Systems. [2014-07-28]. http://energy.gov/sites/prod/files/2014/03/f8/deer11_kamasamudram.pdf.

[61] Milica Folić, Lived Lemus, Ioannis Gekas, et al. Selective ammonia slip catalyst enabling highly efficient NO$_x$ removal requirements of the future. [2014-10-28]. http://energy.gov/sites/prod/files/2014/03/f8/deer10_folic.pdf.

[62] Daniel Rutherford. The International Council on Clean Transportation. 2013 交通安全環境研究所講演. [2014-06-28]. http://www.ntsel.go.jp/kouenkai/h25/kouenkai25_gaiyou.pd.

[63] 卢继东. SCR技术在国内车用柴油机上的应用. 动力工程, 2007, 27(4):80, 81.

[64] Daniel Rutherford. 欧米、アジア等におけるディーゼル自動車の排出ガス対策技術とその現状. 2013交通安全環境研究所講演会講演概要(ディーゼル自動車の排出ガス対策の課題と今後の方向性), 東京, 2013.

[65] 北京市环境保护局,北京市质量技术监督局. DB11/ 964—2013 车用压燃式、气体燃料点燃式发动机与汽车排气污染物限值及测量方法(台架工况法).

[66] Strots V O, Santhanam S, Adelman B J, et a1. Deposit Formation in Urea-SCR Systems. SAE Paper 2009-01-2780, 2009.

[67] Abu Ramadan E, Saha K, Li X. Modeling of the Injection and Decomposition Processes of Urea-Water-Solution Spray in Automotive SCR Systems. SAE 2011-01-1317, 2011.

[68] Development of Marine SCR System for LargeTwo-stroke Diesel Engines Complying with IMO NO$_x$ Tier Ⅲ. CIMAC Congress 2013, Shanghai, 2013.

[69] 高俊华,邝坚,宋崇林,等. 国Ⅳ柴油机 SCR 后处理系统结晶体成分分析. 燃烧科学与技术,2010,16(6):548-552.

[70] Fabian Kock, Germanischer Lloyd, Germany. Aftertreatment Systems for Marine Applications: Practical Experience from the Perspective of aClassification Society. CIMAC(Conseil Internationaldes Machines A Combustion) Congress 2013, Shanghai, 2013.

[71] BMW Service. Technical Training - Product Information (Advanced Diesel with Blue Performance). (2008)[2014-07-28]. /http://www.kneb.net/bmw/AdvancedDiesel%20with%-20BluePerformance.pdf.

[72] 鈴木央一,石井素,後藤雄一. 尿素 SCR システムにおける実証試験結果の概要-技術指針策定に向けた安全性や環境性能確保の検証.[2014-08-28]. http://www.ntsel.go.jp/forum/17files/17-04k.pdf.

[73] Klukowski D, Balle P, Geiger B, et al. On the mechanism of the SCR reaction on Fe/HBEA zeolite. Applied Catalysis B: Environmental, 2009, 93:185-193.

[74] Komatsu T, Nunokawa M, Moon I, et al. Kinetic studies of reduction of nitric oxide with ammonia on Cu^{2+}-exchanged zeolites. J Catal, 1994, 148(2): 427-437.

[75] Ulrich Pfahl, A Schatz, R Konieczny. Advanced Exhaust Gas Thermal Management for Lowest Tailpipe Emissions - Combining Low Emission Engine and Electrically Heated Catalyst. SAE 2012-01-1090, 2012.

[76] Daniel Chatterjee, Klaus Rusch. SCR Technology for Off-highway (Large Diesel Engine) Applications. [2015-09-28]. http://www.springer.com/cda/content/document/cda_downloaddocument/9781489980700-c2.pdf? SGWID=0-0-45-1448415-p176363252.

第五章　柴油机排气颗粒物的净化技术

第一节　颗粒物的物理化学性质

一、柴油机排气颗粒物的组成元素、结构及化学成分

柴油车的排气颗粒物(PM)指汽车发动机排气经净化的空气稀释后,在温度不超过52℃时,从规定的过滤介质上收集到的所有物质。PM由数百种以上的有机和无机成分组成。但其主要成分仅有C、H、O、N、S五种元素和灰分等。PM的主要组成元素C、H、O、N、S及灰分的比例随柴油机种类和工况变化,表5-1为PM组成的一个元素分析结果,为了了解其与炭黑的差别,表5-1中同时给出了炭黑的组成[1]。可见,与炭黑相比,柴油机颗粒中H、O元素含量较高,C元素偏低。

表5-1　炭黑和柴油机排放颗粒的元素组成(质量分数)　(%)

元素	C	H	O	N	S	灰分
柴油机颗粒	90.4	4.40	2.77	0.24	0.79	—
炭黑	95.3	0.7	2.1	<0.3	1.0	≈0

从柴油颗粒物PM的组分来看,PM由炭烟颗粒、吸附的HC和无机物、润滑油、H_2SO_4、HNO_3和H_2O等组分组成,由于炭烟颗粒的主要成分为碳元素,故也称其为元素碳或固体炭、干炭等。另外,由于炭烟颗粒不溶于化学溶剂,故也常称其为颗粒物的不可溶性组分(IOF)。

图5-1为柴油机排放的PM实物显微照片[2]。图5-1(a)和(b)的区别是柴油机试验条件和PM微观结构的放大倍数不同,图5-1(a)和(b)分别给出了100nm、10nm和5nm的比例。从图5-1(a)所示的PM及其炭烟颗粒局部放大显微照片,柴油机排出的炭烟颗粒物直径大约在1μm以下,炭烟颗粒具有石墨外壳和无定形或称非结晶两种形式。而图5-1(b)所示的PM中炭烟颗粒局部放大显微照片则表明,炭烟颗粒除具有非结晶和石墨结构外,在某些情况下还具有第三种形式的结构——富勒烯结构[3]。

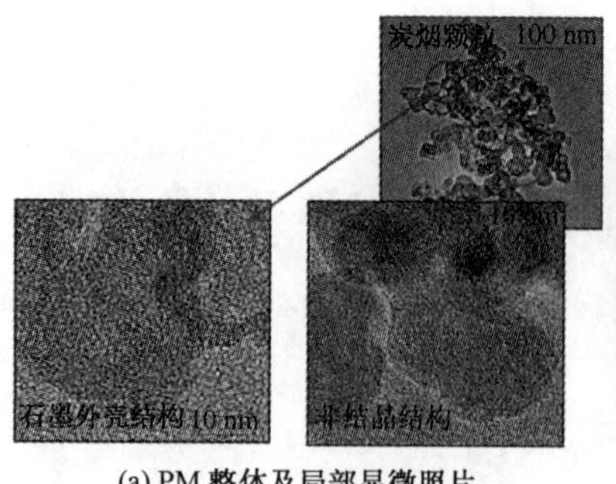

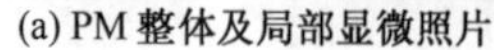
(a) PM 整体及局部显微照片

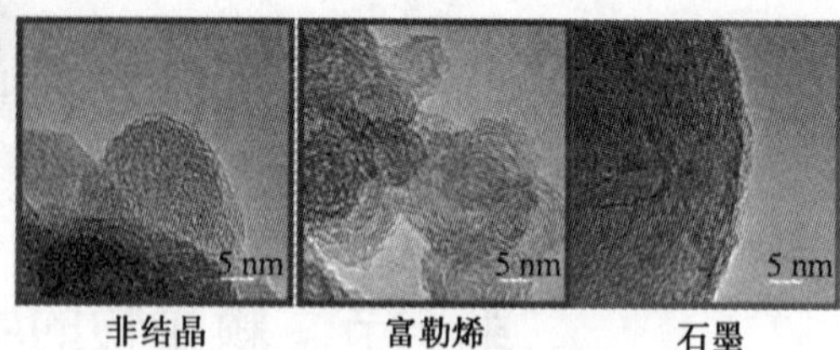

(b) PM 的三种微观结构

图 5-1　PM 及其炭烟颗粒的实物显微照片[2,3]

大量的 PM 及其炭烟颗粒的实物显微照片、PM 的元素和成分分析结果表明，PM 由炭烟颗粒及吸附或粘附在其表面的可溶性组分（SOF）、高沸点的 HC 和硫酸盐等组成。炭烟颗粒的几何结构特点是与乱层石墨结构相似，它由许多粘结在一起的初始（级）颗粒组成。初始颗粒也称基本粒子、一次颗粒或初始粒子等，其粒径大小约 20～40nm，凝结形态的颗粒粒径约 0.1～1μm[3]；SOF 可采用化学萃取方法分离。形成 PM 的可能物质为燃料中的不可燃物质、抗爆剂、可燃但未进行燃烧的物质和燃烧产物，以及润滑油添加剂和磨屑等。图 5-2 为 PM 的组成模型示意图，PM 的核心为 IOF（亦称炭烟颗粒），IOF 指图中黑色圆球状物质，主要成分为不可溶性固体炭，由直径约为 20～30nm 初始颗粒粘结而成；高沸点的 HC 被吸附或粘附在 IOF 的表面，可溶性组分 SOF 和硫酸盐被吸附或粘附在最外层。关于炭烟颗粒的直径大小，目前已有的文献给出的研究结果略有差异，这可能是由于采集 PM 样品的试验条件（包括柴油机结构、运转工况和使用燃料等）及分析仪器的差异等所致。

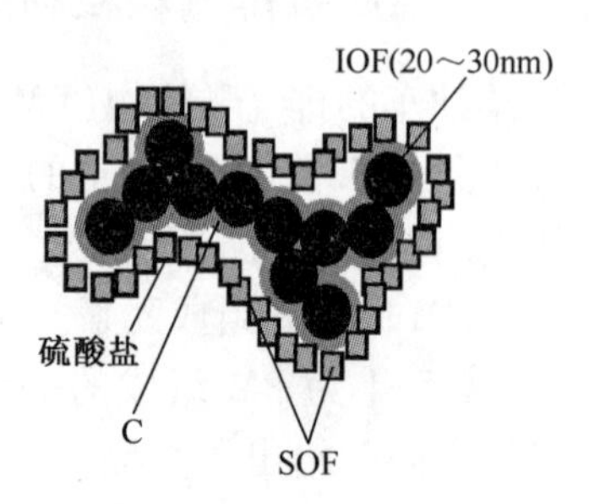

图 5-2　PM 的组成示模型意图[4]

随着高分辨透射电子显微镜技术的进步，炭烟颗粒纳米结构的研究已得到了开展，对组成炭烟颗粒的初始粒子的纳观结构的研究已取得了一些进展。图 5-3 为典型初始炭烟颗粒的高分辨透射电子显微镜（HRTEM）照片及其纳观结构模型。试验用柴油机为 Motori 公司的 2.5L、4 缸、涡轮增压、共轨燃油系统、直喷式柴油机，试验时柴油机排气系统没有安装微粒过滤器（DPF），测试工况为稳态工况。炭烟颗粒采用真空泵和 47mm 聚四氟乙烯过滤器收集。图 5-3 中所示的 HRTEM 照片由除去了挥发性或吸附未燃碳氢的初级炭烟颗粒得到，挥发性或吸附未燃碳氢的除去方法是先对颗粒物进行 1h 超声处理，再放入热重分析仪中用500℃的超高纯度氮气处理1h。图5-3(a)和(b)中白色曲线内部分别为单核和多核初级炭烟颗粒的照片和其纳观结构模型，该结果显示，单核和多核初级炭烟颗粒的外形尺寸(粒径)小于20nm。从纳观结构的照片可以看出初级炭烟颗粒由许多长度和弯曲度不一的线条状物质组成，平面图中的这种线条状物质可称为微晶或炭片。炭烟颗粒的纳观结构特征通常采用微晶长度、弯曲度和微晶间距等参数表示[5]。研究表明，微晶长度对碳的化学及物理属性有重要影响，它在一定程度上反映了碳层包含的碳原子数：微晶越长，包含的碳原子越多，碳层内部的碳原子的组织化程度越高，石墨化程度越高，反应活性则越低。微晶间距是指相邻碳层间的平均距离。弯曲度是微晶的弯曲程度，常用实际长度与弯曲之后的直线距离的比值表示，显然该值越大表明弯曲程度越大。能够直接反映多环芳烃中奇数碳环所占的比例，弯曲越大，说明炭烟微晶片中奇数碳环越多，反之亦然。微晶越直，说明奇数碳环越少。另外，炭烟颗粒中弯曲的多环芳烃的氧化速率高于平面多环芳烃的，如对于五环芳烃氧化形成稳定分子来说，弯曲的五环芳烃的活化能为90kJ/mol，而平面五环芳烃的活化能为169kJ/mol，其氧化速率的差距显而易见[7]。

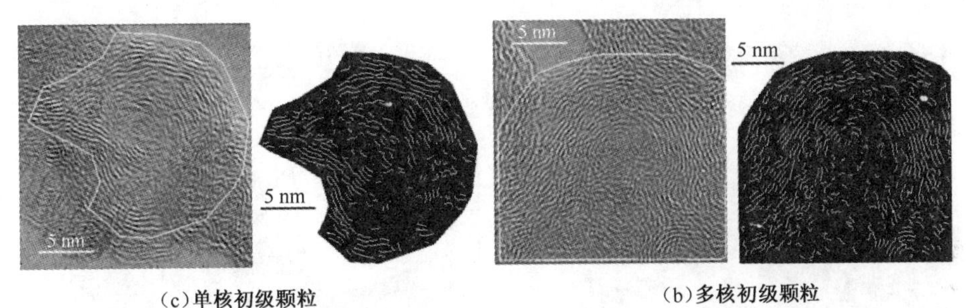

(c)单核初级颗粒　　(b)多核初级颗粒

图5-3　初级炭烟颗粒的高分辨透射电子显微镜照片及其纳观结构模型[5]

目前，关于炭烟颗粒纳观结构参数影响因素的相关研究并不多见。李新令等研究了EGR率对炭烟颗粒纳观结构参数的影响。结果显示，随着EGR率的增加，石墨片层间距和弯曲度减少；颗粒物扩展的石墨层具有小的曲率半径及低的石墨片层间距。当EGR率为0%、10%和30%时，石墨片层间距的均值依次为1.32nm、1.36nm和1.42nm，石墨片弯曲度的均值依次为1.17、1.15和1.08[8]。涂金瓯等的研究表明，燃料对缸内燃烧过程生成一次颗粒物的微晶长度和弯曲度具有重要影响，但对层间距影响不大。当柴油机燃用正庚烷和TRF20(由体积分数20%甲苯和体积分数80%正庚烷组成)燃料时，缸内排出的一次颗粒物的微晶长度分别约为1.5nm和1.2nm；并且柴油机燃用正庚烷时生成的一次颗粒物的微晶弯曲度大于TRF20的[9]。

多核初级炭烟颗粒的核的数量影响因素众多，目前还不清楚。图 5-4 为由柴油机后处理装置 DPF 上采集的炭烟颗粒照片，图 5-4 上半部分为单核初级炭烟颗粒，下半部分为六核初级炭烟颗粒，两种炭烟初级颗粒的外形尺寸（粒径）均在 15nm 左右[6]。研究表明，初级炭烟颗粒的粒子核主要由随机取向和弯曲的石墨烯片组成。多核初级炭烟颗粒是所有炭烟颗粒检测样品中常见的一种，多核初级炭烟颗粒可能形成于炭烟颗粒发展早期阶段的核聚结，多核聚结后进一步发展即成为多核初级炭烟颗粒。多核初级炭烟颗粒的特点是聚结核周围的石墨烯较长，因此多核颗粒的反应活性低于同尺寸的单核颗粒。

图 5-5 为重型柴油机瞬态工况测试的重型柴油机排放颗粒组成的一个分析结果[10]。颗粒主要组成固体炭、未燃燃料、润滑油、硫酸盐和水、灰分及其他的质量百分比分别为 41%、7%、25%、14%、3%。可见重型柴油机颗粒中润滑油成分的比例相当高，因此，从润滑角度降低颗粒排放的工作受到重视。另外，应该注意的是颗粒的组成成分和比例随柴油机种类、燃料特性和工况的不同而不同。从已有的研究结果来看[2-4,10]，PM 中元素碳（EC）的含量随车型及其排放水平的差别非常大，EC 的质量百分比范围为 21%~96%，不同发动机的平均百分比为 60%~76%；PM 中 SOF 的含量约为 30%~70%。

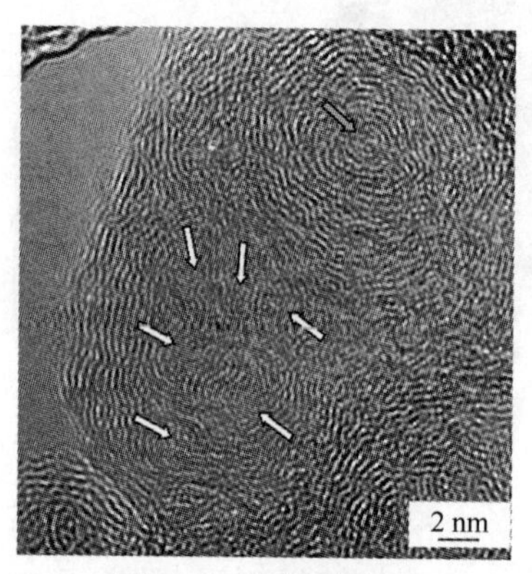

图 5-4　炭烟颗粒上的单、多核初级颗粒[6]

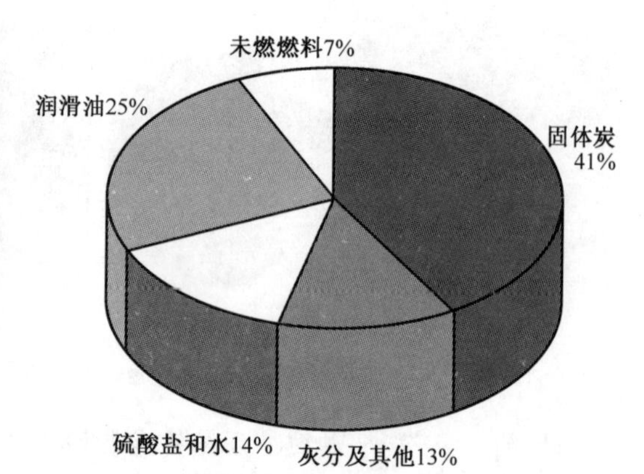

图 5-5　典型的重型柴油机颗粒的组成
（重型柴油车瞬态循环试验）

PM 中的 SOF 组成非常复杂，通常含有多环芳烃（PAH）。PAH 来源于内燃机不完全燃烧产生的挥发性碳氢化合物，含有氧、氮和硫等。PAH 是颗粒的重要组成部分，被认为是一类强致癌物质，可以导致皮肤癌、肺癌、上消化道肿瘤、动脉硬化，还可以损伤生殖系统，导致不育症等疾病发生。许多国家都将其列为重要的环境和食品污染物，美国环保署等对其中的 16 种 PAH 的环境浓度进行了相应限制。表 5-2 为英国伯明翰市路边颗粒物中 PAH 浓度测试结果[11]，可见 PM 中含有苊、芴、菲、蒽、苯并[a]蒽、苯并[b+j]荧蒽、苯并

[k]荧蒽、苯并[a]芘、苯并[e]芘等、荧蒽、芘、甲菲的同分异构体和六苯并苯等21种多环芳烃，菲的浓度最大，达到了21.91ng/m^3。

表5-2 英国伯明翰市路边颗粒物中PAHs浓度测试结果

PAH名称(英文名)	浓度/(ng/m^3)	PAH名称(英文名)	浓度/(ng/m^3)
苊(Acenaphthylene)	4.18	苯并[a]蒽(Benzo[a]anthracene)	0.73
萘嵌戊烷(Acenaphthene)	1.41	䓛(Chrysene)	1.24
芴(Fluorene)	9.14	苯并[b+j+k]荧蒽(Benzo[b+j+k]fluoranthene)	1.09
菲(Phenanthrene)	21.91	苯并[a]芘(Benzo[a]pyrene)	0.44
3-甲菲(3-Methylphenanthrene)	3.94	1-甲基-7-异丙基菲(Retene)	1.03
2-甲菲(2-Methylphenanthrene)	5.65	苯并[e]芘(Benzo[e]pyrene)	0.57
9+1-甲菲(9+1-Methylphenanthrene)	4.33	茚并芴[1,2,3-cd]芘(Indeno[123,cd]pyrene)	0.69
4,5二甲菲(4,5-Dimethylphenanthrene)	3.06	苯并[ghi]二萘嵌苯(Benzo[ghi]perylene)	1.42
荧蒽(Fluoranthene)	8.29	二苯并[a,h+a,c]蒽(Dibenzo[a,h+a,c]anthracene)	0.12
蒽(Anthracene)	4.66	六苯并苯(Coronene)	0.47
芘(Pyrene)	7.66		

二、PM的粒径及其分布

柴油车排放的PM中由多种不同的粒径的颗粒物组成，其粒径范围达3个数量级或更大。图5-6为不同粒径的颗粒物的数量和质量分布图，纵坐标$dC/d(\log Dp)$表示颗粒物的数量、质量和表面积随粒径的分布函数，该值越大，表明该粒径颗粒物的数量、质量和表面积越大；横坐标是颗粒物的当量直径，即粒径。可见汽车PM中包含颗粒的粒径达3个数量级以上，为了便于研究，经常将这些颗粒物按照粒径的不同进行分类。常见的分类方法有两种：一种把这些颗粒物分为核模态、积聚模态和粗粒子模态颗粒三类；另一种分类方法则把颗粒物分为纳米颗粒、超细颗粒、细颗粒和PM_{10}等，细颗粒就是我们常说的$PM_{2.5}$。为了便于了解这些颗粒物对健康的危害，图5-6中还给出了颗粒物在肺泡的沉积分数，可见，粒径小于2.5μm的细颗粒具有较高的沉积分数，随着颗粒物粒径减少颗粒物在肺泡上的沉积分数增加，对身体危害更大。但当颗粒物粒径小于大约10nm时，颗粒物在肺泡上的沉积分数随粒径的变小而减少，密度1g/cm^{3}的颗粒物也很少沉积。

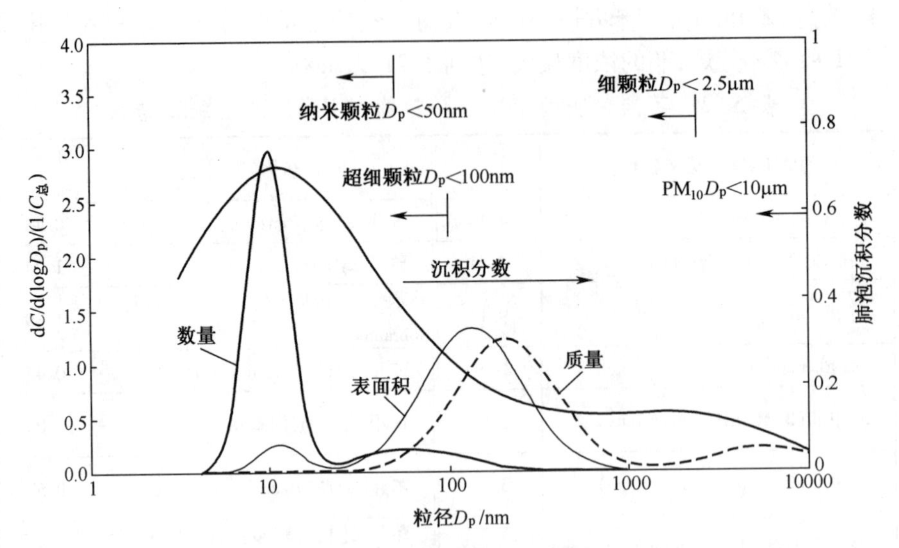

图 5-6　不同粒径的颗粒物数量和质量分布图[12]

核模态颗粒也称为艾肯模态颗粒，其粒径为5~50nm，通常形成于排气稀释冷却之前，在某些情况下，该类型颗粒可能含有粒径 D_p<10nm 的超出常规测量设备范围的更细小颗粒；积聚模态颗粒通常包含碳的凝聚物和吸附物质，50nm≤D_p≤2000nm；粗模态颗粒通常含有再次凝结的积聚模态颗粒和曲轴箱排放的油烟，D_p>2000nm。从颗粒的数量分布来看，粒径 50nm 的核模态颗粒数量最多，积聚模态颗粒的数量远少于核模态颗粒，几乎没有粗模态颗粒排出。5~50nm 颗粒物占颗粒总个数的 90%以上，但质量百分比约为 1%~20%，100~300nm 颗粒物占其质量的大部分。排气中颗粒物的质量分布与数量分布差别很大，核模态颗粒的质量排放量很小，积聚模态颗粒的质量排放最大，粗模态颗粒质量次之。

图 5-7 为进入人体组织之中的颗粒物粒径 D_p 分布示意图[13]，D_p≥7μm 颗粒物仅能进入人的鼻咽，4. 7μm≤D_p<7μm 的颗粒物能进入人的气管，3. 3≤D_p<4. 7μm 颗粒物则能进入人气管的深处，2. 1μm≤D_p<3. 3μm 的颗粒物能进入人支气管树的树枝；1. 1μm≤D_p<2. 1μm 的颗粒物能进入人的支气管树的树枝顶部，0. 65μm≤D_p<1. 1μm 的颗粒物能进入人的肺部组织。可见，几乎所有的柴油机排气颗粒物都可以进入人体组织。

在排气过程炭烟颗粒的周边被气相 HC 等包围(图 5-8)，由于排出过程中排气温度降低，燃烧过程生成的 HC 和硫化物在排出过程中会凝缩成纳米粒子和硫酸盐，当其遇到燃烧过程形成的炭烟颗粒后就会吸附在其表面，使炭烟颗粒尺寸增大。从图 5-8 中给出的试验结果来看，组成炭烟颗粒的初始颗粒当量直径约为 10nm,炭烟颗粒吸附可溶性有机成分和碳氢化合物后形成的排气颗粒物 PM 的粒径大约 20~500nm。该结果与图 5-2 所示 PM 的组成模型中给出的炭烟颗粒的当量直径约 20~30nm 和颗粒物的粒径小于 1μm 的结果有一定差异,这可能是由于燃料品质、柴油机类型、试验条件和测试设备的差异所致。

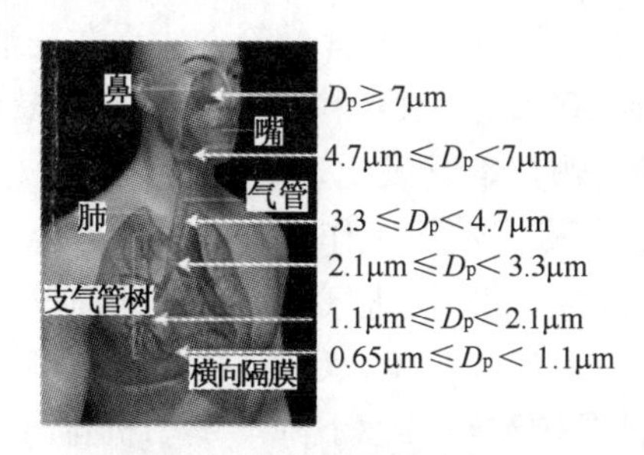

图 5-7　不同粒径的颗粒物可进入人体组织的部位

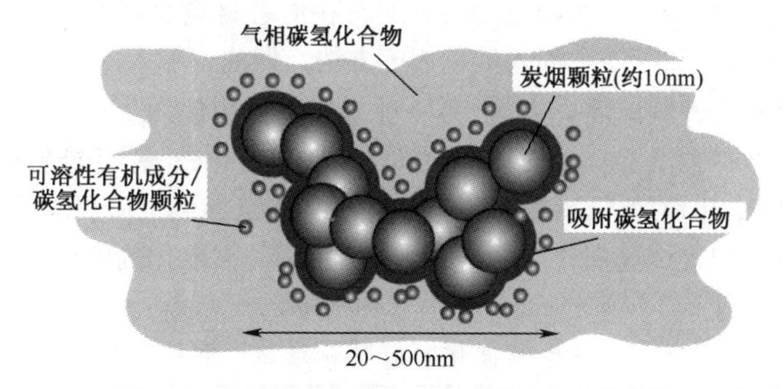

图 5-8　炭烟颗粒在排出过程中的粒径变化[14]

三、PM 的着火燃烧及其影响因素

PM 的着火燃烧,其实质是 PM 中的可溶性组分 SOF 和元素碳等的氧化。SOF 组分复杂,其着火点、氧化燃烧温度变化范围大,影响因素多。已有研究表明,在铂、铈复合催化剂的作用下, SOF 可以在排气温度低至 200℃ 的条件下发生氧化。PM 中元素碳的氧化燃烧温度则随着参与反应的气体和使用催化剂的不同而不同。在 O_2存在的条件下,通过反应 $C+O_2 \longrightarrow CO/CO_2$氧化需要的温度条件为 550℃以上;在 O_2存在和普通金属催化剂作用下,通过反应 $C+O_2 \longrightarrow CO/CO_2$进行的碳氧化需要的温度条件为 420~600℃;在 NO_2存在的条件下,通过反应 $C+NO_2 \longrightarrow CO/CO_2+NO$ 进行的碳的氧化需要的温度条件为 280~420℃;在 NO_2和 O_2的比例为 1∶1 的条件下,通过反应 $2C+O_2+2NO_2 = CO_2+N_2$进行的碳的氧化需要的温度条件为 280~600℃;但在铂、铈复合催化剂作用下,元素碳可以在排气温度低至200℃的条件下发生氧化反应[15]。而在常用的城市工况下,柴油车的排气温度仅为100~300℃,可见,若无催化剂存在,在常用城市工况下几乎无法达到柴油机排气中PM的氧化条件[16]。因此,如何促进颗粒着火燃烧一直是柴油机PM后处理系统开发的关键技术之一。促进颗粒着火燃烧研究主要有降低颗粒开始着火燃烧的最低温度、提高排气温度和增加排气中NO_2含量等方法。在柴油机高速、高负荷运转时,排气温度可以达到600℃以上,颗粒能较快地氧化燃烧。但部分负荷及低速运转时,排气温度低,颗粒难以氧化燃烧,此时可采取进气节流、排气节流、推迟喷油时间、加热进气等发动机工作过程的控制措施,但应注意这些措施会产生燃油耗增加等新问题。例如:进气节流可使柴油机的进气量降低,排气流量减少,排气温度升高;但过分节流,氧浓度会降低过多,使燃烧过程颗粒物生成量增加,导致动力性及燃油经济性下降。发动机排气系统可采取的措施有排气管隔热保温技术、DPF安装位置前移等。

降低颗粒开始着火燃烧温度的方法有在滤芯材料表面涂覆催化剂、增加排气中NO_2含量和燃油中加入催化剂等方法。燃油中加入催化剂的方法有两种,一种是预先调制成混合燃料,另一种是边混合边使用[17,18]。前一种方法容易分层,两种方法都会使柴油燃油供给系统复杂化,还有可能造成新的二次污染。燃料中几种加入金属催化剂后颗粒物的点燃温度降低幅度如表5-3所列,可见在加入金属催化剂质量相同的情况下,铜催化剂的降低幅度最大,达到200℃以上。

表5-3 金属催化剂对颗粒点燃温度的影响

催化剂	无	铜	铅	锰
添加量/(g/L)	0	0.13	0.13	0.13
颗粒点燃温度/℃	600~700	400~450	450~500	500~550

降低颗粒着火燃烧温度的催化剂除了表5-3中的铜、铅及锰外,钠、锶、锂、钡、铁、镍、铈、银、钒和铂等许多普通和贵金属或其化合物也可作为燃料添加剂使用,这些添加剂的添加质量分数通常不超过0.01%。一般情况下,增加金属催化剂(添加剂)的量会降低颗粒物的着火点。但是,增加催化剂的量会增加车辆使用成本和以灰分形式排出的催化剂在后处理装置中的沉积速度和数量,增大颗粒物过滤器等后处理装置的流动阻力、降低催化器的转换率。

目前已进行实际评价或商业的燃料添加剂主要有:铁/二茂铁、铁-锶、铈、铈-铁、铂、铂-铈和铜等[19]。直接添加催化剂到燃料中对大多数燃料供给系统是不实际的。因此,已开发的催化剂添加装置多为车载催化剂添加系统,根据DPF的再生需求,决定加入燃料催化剂的数量和时刻,但增加了系统控制的复杂性和制造成本等。

燃料添加剂的使用会带来金属灰分排放、新排放物、后处理装置耐久性下降和燃料稳定性变差等一些潜在问题[19]。没有被 DPF 过滤掉的催化剂或燃烧形成的金属灰分,可能排放到大气中,产生对环境和健康的新危害;并且可能会生成新的二次排气污染物。因此,燃料添加剂需要通过国家法规的正式批准或认证。由于燃料添加剂可以改变燃料的特性,对燃料喷射系统的工作产生不利影响,造成喷油器结焦等,引起燃油喷射系统和发动机的磨损增加等问题,使发动机故障率增加,进而影响发动机的耐久性。燃油添加剂可以导致燃料沉淀和沉积,影响燃料的稳定性。

替代燃料添加剂的有效方法之一是在滤芯材料表面涂覆铂及碱金属元素化合物等催化剂。松下环境系统有限公司开发了不使用贵金属铂等的柴油颗粒过滤器用碱金属元素化合物催化剂,涂覆碱金属元素化合物催化剂的 DPF 已于 2010 年 6 月上市。与传统的催化剂相比,涂覆碱金属元素化合物催化剂的 DPF 不使用贵金属铂,低温性能和催化性能改善,也可减少与 DPF 组合使用的 DOC 的铂催化剂用量,因而,可以降低柴油发动机排气处理装置的成本,提高产品的竞争力[20]。

传统柴油发动机的排气处理装置 DOC 使用铂等催化剂把排气中的 NO 转化为 NO_2,除去碳氢化合物(HC)和一氧化碳,提供降低 DPF 中颗粒物着火燃烧温度所需的 NO_2。由于碱金属元素化合物催化剂可直接分解颗粒物,故不需要把 NO 转化为 NO_2的 DOC,进而大幅度减少 DOC 的铂用量,降低了整个催化净化装置的成本。当排气温度 300℃ 达到以上,涂覆于过滤体表面共存化合物上的碱金属化合物催化剂就表现出活性,碱金属化合物转换为活化的碱金属,促进颗粒物(主成分碳)氧化为 CO_2,使颗粒物着火,发生分解燃烧,图 5-9 为碱金属化合物催化剂的净化原理示意图,最大特点是不使用铂等贵金属催化剂,实现了颗粒物的燃烧氧化,在较低温下使用碱金属化合物催化剂,对颗粒物进行了分解。

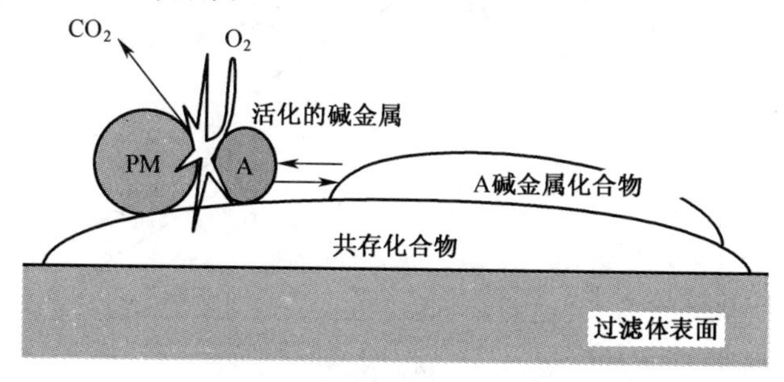

图 5-9　碱金属化合物催化剂的净化原理示意图[20]

四、炭烟颗粒的氧化燃烧

柴油机生成的颗粒物可以通过氧化燃烧除去或减少其体积与质量，从而降低柴油机颗粒物的排放量。氧化燃烧除去颗粒物的方法是柴油机颗粒过滤器的再生中最常使用的方法。如前所述，颗粒物结构和组成成分非常复杂，加上氧化燃烧反应主要在具有不同活性的颗粒物表面进行，因此，迄今为止，对颗粒物的氧化燃烧的详细情况并不清楚。

1. 炭烟颗粒的氧化燃烧速率

内燃机缸内燃烧过程炭烟颗粒的氧化主要通过与分子氧（O_2），氧自由基（O^*），羟自由基（OH^*）的反应进行。炭烟颗粒与 O^* 和 OH^* 之间的氧化反应研究已比较充分，但对 Soot 与 O_2 反应的研究略有不足。Soot 的氧化反应受到炭烟颗粒纳观结构、表面区域上的活性位点和燃料组成等的影响。富燃料或稍贫燃料条件下的大多数燃烧过程中，OH^* 氧化占主导地位。炭烟颗粒氧化速率的经验公式已有很多，图 5-10 为部分文献中给出的炭氧化速率随温度的变化曲线。方括号内数字对应的文献来源编号、主要研究人员、实验方法及其使用炭粒的种类等信息如表 5-4 所列。在图 5-10 中的曲线绘制时，假设炭粒表面积为 $120m^2/g$，氧分压为 100kPa。

从图 5-10 可以看出，炭氧化反应速率的变化范围高达三个数量级。研究人员使用更规则炭的研究显示，多数研究得到的氧化反应速率较低，也有比 NSC 关系式预测的反应速率高得多的结果。因此，研究者推测产生这些差异的原因是研究中使用的炭结构和其比表面积不同所致，因为比表面积的增加

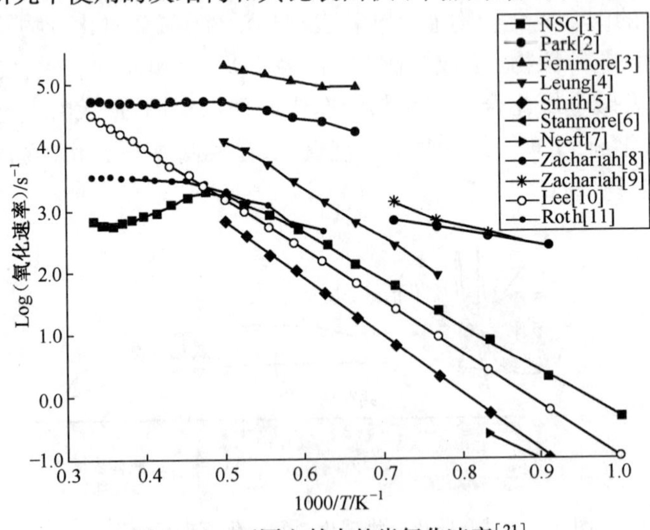

图 5-10　不同文献中的炭氧化速率[21]

导致更高的反应速率,增加孔隙内部燃烧,进而导致碎片产生。因此,关于普遍使用的 NSC 的氧化速率的质疑很少,因为 O_2 对炭烟氧化的贡献不大。石墨状结构主要有两个碳位点和较低的反应活性,带有两个活性位点的 NSC 速率用于石墨状结构炭烟颗粒燃烧速率的预测是最好的。

表 5-4 图 5-10 中使用的实验方法[21]

文献来源编号	主要研究人员	实验条件
1	Nagle, Strickland-Constable	高速氧化剂流过热石墨
2	Park, Appleton	通道和燃烧炉炭黑在 1700~3000K 激波管和氧分压 5~13kPa 下的氧化燃烧
3	Fenimore, Jones	乙烯火焰产生的炭烟,在两阶段燃烧器、1530~1800K 和氧分压 0.01~30kPa 下的氧化燃烧
4	Leung 等	乙烯和丙烷层流非预混火焰
5	Smith	多孔及非多孔炭在 580~2200K 条件下燃烧
6	Stanmore 等	柴油机炭烟颗粒
7	Neeft	火焰炭烟颗粒和柴油炭烟颗粒
8	Higgens	柴油机炭烟颗粒
9	Higgens	在桑托罗型燃烧器乙烯扩散火焰产生的炭烟颗粒
10	Lee	烃的层流扩散火焰

图 5-11 为柴油机 PM 的固体炭的归一化氧化速率随其消耗百分比(质量燃烧百分比)的变化曲线[3]。根据其氧化速率的不同,颗粒物在着火开始直至燃烬的整个生命周期内发生的化学反应可分为图 5-11 所示的 A、B、C 三个阶段。在 A 阶段,由于高温下吸附 HC 的自然老化,故固体炭具有高反应性和氧化速率,但随着固体炭消耗百分比增大氧化速率逐步降低;B 为“稳态”氧化阶段,氧化速率变化不大;C 为后期氧化反应阶段,其氧化速率逐步增加。

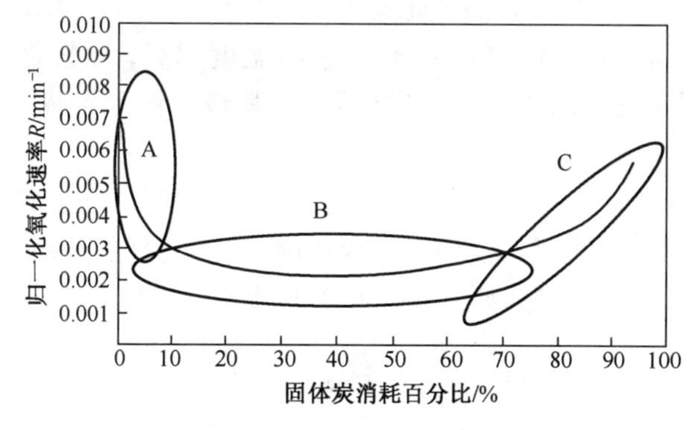

图 5-11 柴油机 PM 的固体炭的氧化速率随其质量燃烧百分率的变化(450℃, O_2 百分比 10%)

从理论上讲,炭烟颗粒氧化速率的影响因素众多,其预测计算非常困难。因此,经常把炭烟颗粒的氧化燃烧速率表示为氧分压和温度等几个主要影响因素的经验公式[22,23]。Lee 等[24]提出的炭烟颗粒氧化的经验公式就是其中一例。Lee 等根据温度范围为 1200~1700K、氧分压 P_{O_2}范围为 4~12kPa 内的层流扩散火焰中炭烟颗粒氧化的实验结果,得到了式(5-1)所示的扩散火焰中炭烟颗粒的表面氧化速率 $\dot{w}_{O_2}$ ($kg \cdot m^{-2} \cdot s^{-1}$)与氧化温度和氧分压的之间的经验关系式:

$$\dot{w}_{O_2} = 1.085 \times 10^5 \frac{P_{O_2}}{T^{\frac{1}{2}}} e^{\frac{-164500}{RT}} \tag{5-1}$$

式中:T 为氧化温度(K);P_{O_2} 为氧分压(10^5 Pa);R 为通用气体常数,R = 8.3144 $kJ \cdot kmo1^{-1} \cdot K^{-1}$。

式(5-1)表明炭烟颗粒的氧化速率与氧分压成正比,即炭烟颗粒周围氧气越多,氧化反应越快。与温度之间的函数关系较为复杂,其变化规律是温度越高,氧化反应越快。

关于炭烟颗粒氧化速率的半经验公式还有很多,比较有代表性的还有广安等[25]提出的炭烟颗粒生成模型。广安等提出的模型把炭烟颗粒氧化速率表示为式(5-2)所示的 Arrhenius 形式。

$$\frac{dm_s}{dt} = Am_{s0}P_{O_2}{}^{1.8} e^{\frac{-E_a}{RT}} \tag{5-2}$$

式中:A 为 Arrhenius 公式的指前因子,由实际试验工况确定;t 为时间(s);T 为氧化温度(K);P_{O_2}为氧分压(10^5 Pa);E_a = $12 \times 10^4 kJ \cdot kmo1^{-1}$;$R$ 为通用气体常数,R=8.3144 $kJ \cdot (kmo1 \cdot K)^{-1}$;$m_{s0}$为计算区域的总炭烟颗粒量;$m_s$为炭烟颗粒氧化量。

式(5-2)表明炭烟颗粒的氧化速率与氧分压的 1.8 次方成正比,炭烟颗粒周围氧气含量对颗粒物的氧化至关重要;温度越高,颗粒物的氧化速率越大。但该式用于柴油机颗粒物生成计算时,其最高误差接近 20%,难以用于精确的定量分析以及满足工程需要。

式(5-1)和式(5-2)多用于柴油机缸内燃烧过程中已生成的颗粒物进一步氧化燃烧计算。对于后处理装置中颗粒物在氧气存在条件下的氧化过程,通常被视为一级反应,炭烟颗粒氧化速率的计算公式为[5,26]

$$\frac{dm_s}{dt} = Am_{s0}P_{O_2} e^{\frac{-E_a}{RT}} \tag{5-3}$$

式(5-3)与式(5-2)的区别是氧分压对氧化速率的影响大小不同,氧化速率分别与氧分压的一次方和 1.8 次方成正比[26]。

Jaramillo 等的试验结果显示[26]，在氧气体积分数分别为 10%、15% 和 21% 时，间二甲苯、十二烷和间二甲苯与十二烷组成的混合燃料燃烧生成的颗粒物的反应活化能分别为 154～165kJ/mol，指前因子 A 的数值范围 $9.87\times10^4 \sim 26.3\times10^4 Pa^{-1}\cdot min^{-1}$。在氧气体积分数为 21% 时，标准柴油燃烧生成的颗粒物和商业炭黑的反应活化能分别为 139kJ/mol 和 141kJ/mol，指前因子 A 的数值分别为 $740Pa^{-1}\cdot min^{-1}$ 和 $1860Pa^{-1}\cdot min^{-1}$。

2. 炭烟颗粒氧化速率的影响因素

炭烟颗粒氧化燃烧的主要影响因素有排气组成（NO_2 和 O_2 等含量）、排气温度、燃料添加剂数量及种类、DPF 排气孔道表面涂覆催化剂的数量及种类、炭烟颗粒的表面积大小（受炭烟颗粒的集聚影响较大）及活性等。

图 5-12 为氧化速率的对数 $\ln(R)$ 与温度 T 的倒数的之间关系曲线，随着温度和 O_2 体积百分比的增加，固体炭的氧化速率增大，不同 O_2 体积百分比条件下的固体炭氧化速率的对数随温度的变化的关系几乎为平行直线，这说明固体炭的氧化速率随 O_2 体积百分比的增加量对温度的变化不敏感。氧化速率的对数 $\ln(R)$ 随温度的增加几乎呈线性增加，即氧化速率 R 随温度的增加呈现指数规律增大。

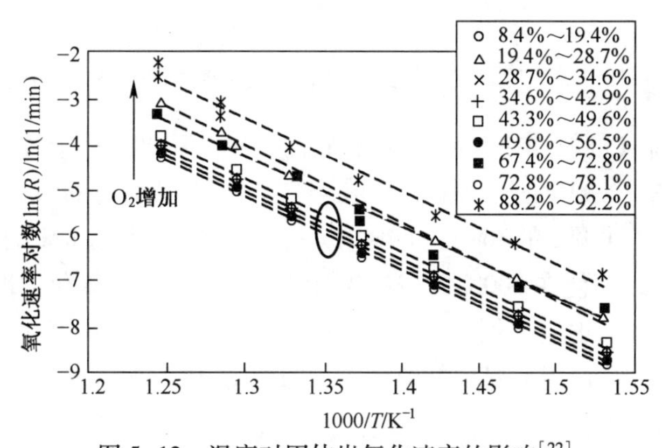

图 5-12　温度对固体炭氧化速率的影响[22]

图 5-13 为火焰后氧气百分比对炭烟颗粒质量氧化速率影响的研究结果。图 5-13 中 NSC 表示由 Nagle-Strickland-Constable 模型得到的关于石墨的氧化速率，Ethanol、Benzene 和 Acetylene 依次表示试验用的炭烟颗粒是由乙醇、苯和乙炔热解得到的具有不同纳米结构的炭烟颗粒。试验时使这些炭烟颗粒以气溶胶的形式进入烧结金属支撑的预混火焰燃烧器的稀混合气预混火焰气体中，然后测试其燃烧速率。该结果表明，对于来自不同燃料的炭烟颗粒，其氧化速率与引入火焰环境的初始粒径相关。所有炭烟颗粒质量燃烧速率随 O_2 浓度的增加而增大，但来自苯和乙醇的炭烟颗粒的氧化明显高于其他

的。该结果说明增大排气中 O_2 含量的方法,可以提高炭烟颗粒的氧化速率。但值得注意的是,增加 O_2 含量也会同时导致排气温度降低,使炭烟颗粒的氧化速率降低,因此,通过柴油机控制燃烧过程 O_2 含量的方法调节排气中 O_2 含量时,需要综合考虑。

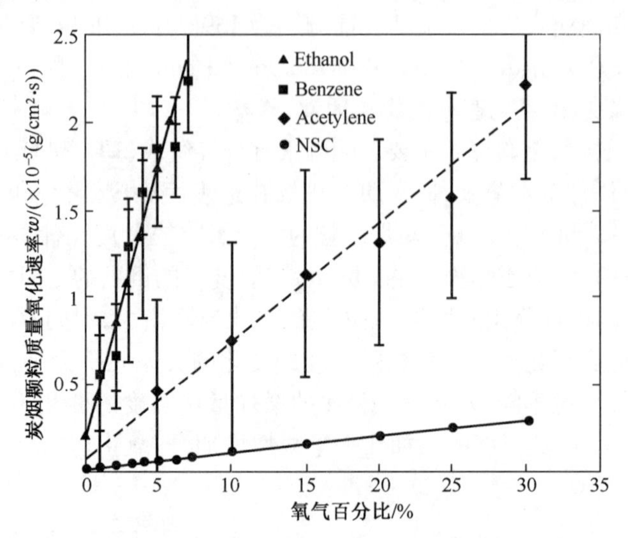

图 5-13 火焰后氧气百分比对炭烟颗粒质量氧化速率的影响[27]

柴油机排气颗粒物在常用工况排气温度下的氧化速率低,图 5-14(a)为在实验室条件下,测量的柴油机 PM 在空气中氧化燃烧时的氧化率随时间的变化曲线[28]。可见,在 360℃和 400℃下,经过数小时后,PM 的氧化率也不足 20%和 40%,即使在 500℃的较高温度下,经过 3h 后,氧化率刚超过 80%。但当温度为 600℃时,柴油机 PM 快速氧化,经过数分钟后,氧化率超过 90%。这个结果表明,在常用工况排气温度下,PM 的氧化率低、需要时间长,难以满足 DPF 再生的要求。

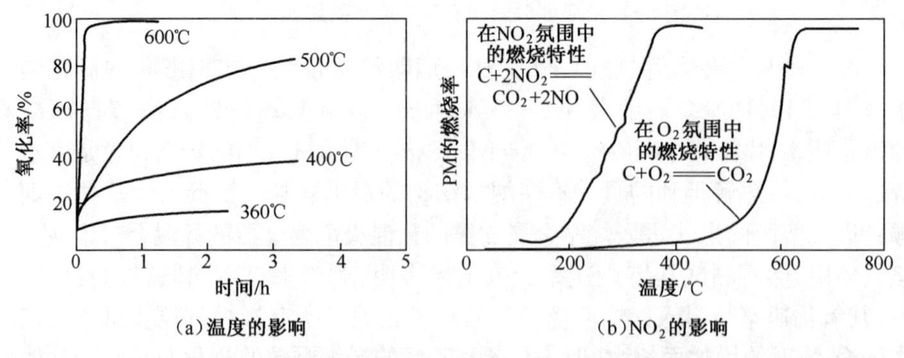

(a)温度的影响

(b)NO_2的影响

图 5-14 柴油机温度及 NO_2 对 PM 氧化速率的影响

排气中 NO_2 含量、NO_2 和 O_2 含量的比例对炭烟颗粒的氧化速率影响明显。PM 在 NO_2 气体中的氧化燃烧反应速率和在 O_2 中发生反应速率如图 5-14(b)所示[29]，在温度低于 400℃下，PM 即可快速燃烧；温度高于 200℃，PM 氧化燃烧速率快速增大。在同样的 PM 燃烧率下，NO_2 氛围中的燃烧比 O_2 氛围中所需的温度相差 200℃左右。因而，增加排气中 NO_2 含量就成了提高炭烟颗粒的氧化速率的重要途径之一。

从图 5-14 可以看出，炭烟颗粒的氧化速率在 NO_2 和 O_2 氛围中氧化速率的差别，而柴油机排气中通常既含有 NO_2，也含有 O_2，故柴油机排气中炭烟颗粒的氧化实际是在 NO_2 和 O_2 共同存在条件下的氧化。其主要化学反应方程式如下：

$$C + 2NO_2 \longrightarrow CO_2 + 2NO \tag{5-4}$$

$$C + NO_2 \longrightarrow CO + NO \tag{5-5}$$

$$C + NO_2 + 1/2O_2 \longrightarrow CO_2 + NO \tag{5-6}$$

$$C + O_2(+NO_2) \longrightarrow CO_2(+NO_2) \tag{5-7}$$

化学反应方程(5-4)和(5-5)可视为炭烟颗粒直接被 NO_2 的氧化；反应方程(5-6)和(5-7)可视炭烟颗粒被 NO_2 和 O_2 的协同氧化。Mejdi 等在化学反应试验台架上进行了炭烟颗粒在 NO_2 和 O_2 氛围下氧化反应速率研究[128]。试验时，以 He 作为平衡气体，NO_2 和 O_2 的摩尔分数分别在 2%～0.06%和 0%～10%之间变化；温度变化范围为 573～673K，H_2O 的摩尔分数为 5%。通过对试验数据的拟合，Mejdi 等得到了在催化剂 Pt/Al_2O_3 存在和无催化剂的条件下，炭烟颗粒的氧化速率 r 和 r_{cat} 的计算公式(5-8)和(5-9)。公式(5-8)和(5-9)的第一项为可视为 NO_2 的氧化速率，第 2 项可视为 NO_2 和 O_2 的协同氧化的氧化速率。

$$r(s^{-1}) = 0.48e^{\frac{-26700}{RT}} x_{NO_2}^{0.6} + 1395e^{\frac{-47800}{RT}} x_{NO_2} x_{O_2}^{0.3} \tag{5-8}$$

$$r_{cat}(s^{-1}) = 0.51e^{\frac{-26800}{RT}} x_{NO_2}^{0.6} + 51.4e^{\frac{-52200}{RT}} x_{NO_2}^{0.4} x_{O_2}^{0.3} \tag{5-9}$$

式中：r 和 r_{cat} 分别表示催化剂和无催化剂条件下的氧化速率($mg \cdot s^{-1} \cdot mg^{-1}$)；$T$ 为氧化温度(K)；R 为通用气体常数，$R = 8.3144kJ \cdot (kmol \cdot K)^{-1}$；$x_{NO_2}$ 和 x_{O_2} 分别为反应气体中 NO_2 和 O_2 的摩尔分数。

目前，已开发的研究中的增加排气中 NO_2 含量主要方法有加装前置 DOC、在 DPF 滤芯上涂覆氧化催化剂和柴油机燃烧控制等方法。典型的柴油机氮氧化物排放量的体积组成是 85%～95%的 NO 和 5%～15%的 NO_2，但使用 DOC 后，在 DOC 表面涂覆的催化剂 Pt 的作用下，NO 通过 $2NO + O_2 = 2NO_2$ 这一反应大量转换为 NO_2，使 NO_2/NO_x 之比可提高至 50%以上。但在温度低于 200℃，NO 转化为 NO_2 的最高转换率受到化学动力学限制，在温度高于 400℃下,NO 转化为 NO_2的最高转换率受到热力学限制,NO 转化为 NO_2的最高转换率发生的温度范围为 250~350℃,故在开发提高 NO_2比例的催化剂时,也需考虑温度条件。促进 NO 转换为 NO_2的氧化催化剂有铂等贵金属,极易出现硫中毒,通常难以用于含硫质量分数高于 0.005%的燃料。

图 5-15 为采用后喷射和预喷射方法,通过柴油机燃烧控制方法获得高比例 NO_2排放的一个试验结果。试验时发动机转速为 1500r/min,负荷率为 12.5%。利用后喷射(推迟 40°曲轴转角)和预喷射(提前 40°曲轴转角)可以把排气中 NO_2与 NO_x的比例由原来的 59.4%提高到 73.6%和 84.7%。可见,通过后喷射和预喷射时刻的改变,可以实现 NO_2/NO_x在较大范围变化,进而增大 PM 的燃烧速率[30]。

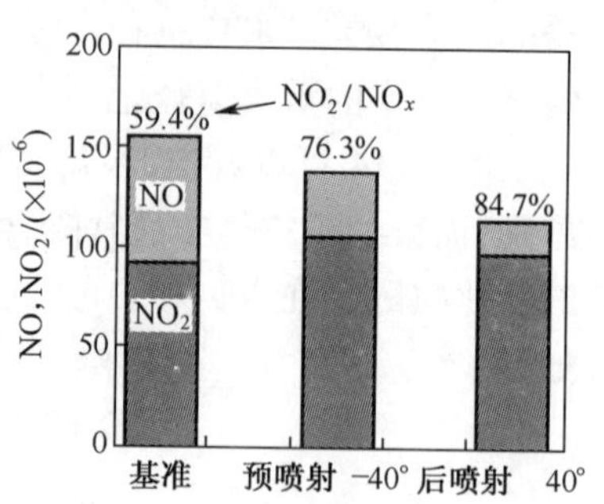

图 5-15 后喷射和预喷射对排气 NO_x与 NO_2比例的影响

在 DPF 的过滤壁面表面涂覆催化剂也是提高 PM 燃烧速率的重要方法之一。目前涂覆的催化剂主要有贵金属铂及碱金属元素化合物等。松下公司开发了碱金属元素化合物和由复合金属氧化物与碱金属硫酸盐组合而成的组合式催化剂等,图 5-16 表示了这两种催化剂对 PM 燃烧速率的影响。与传统的铂相比,碱金属元素化合物催化剂大大提高了 PM 燃烧速率,在较低的温度下(约低 20%)表现出相同的分解性能。图 5-16(a)为碱金属元素化合物催化剂的试验结果,它能够在柴油发动机排气后处理装置温度较低的条件下工作,节省保持温度所需的燃料,节约了柴油发动机的处理装置再生所需能源[20]。

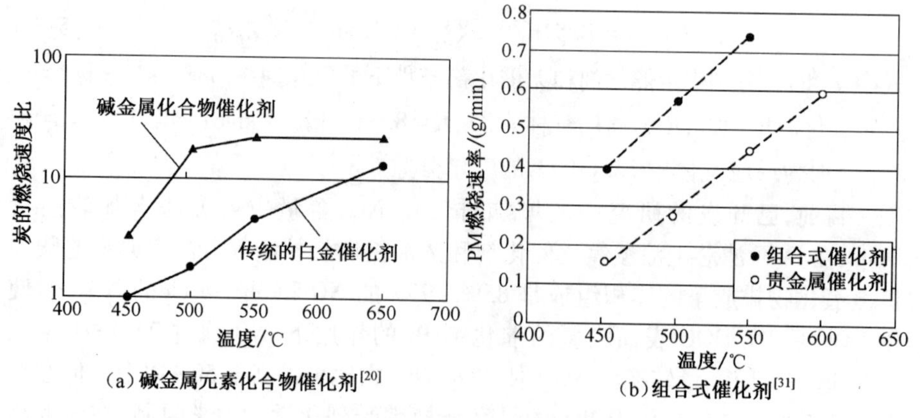

图 5-16 DPF 涂覆催化剂对 PM 燃烧速率的影响

涂覆组合式催化剂与涂覆贵金属催化剂的 DPF 中颗粒物燃烧速率的对比测试结果如图 5-16(b)所示。试验前先用涂覆两种催化剂的 DPF 在柴油机试验台架上过滤一定量的颗粒物,然后再对 DPF 加热,使 DPF 温度一定,并保持 15min 不变,通过测量加热前、后 DPF(包括颗粒物)的质量变化,即可得到给定温度下的颗粒物燃烧速率。该结果表明,在所有测试温度条件下,组合式催化剂的催化效果均好于贵金属催化剂的。涂覆组合式催化剂 DPF 中的 PM 在 500℃下的燃烧速率与贵金属催化剂 600℃的燃烧速率相当,这说明涂覆组合式催化剂 DPF 的 PM 可以在更低的温度下快速燃烧,再生时间更短,需要的再生能量更少,更节省能源。

图 5-17 为燃料添加剂、氧化催化剂和排气温度对 PM 平均氧化速率影响的试验结果[32]。图 5-17 中 CDPF 表示过滤体表面涂覆催化剂涂层的 DPF。可见, 随着 DPF 入口温度升高,PM 平均氧化速率快速增加。当 DPF 的入口温度大于 600℃时,才可达到 PM 着火燃烧所需的平均氧化速率。燃料中加入添加剂后,可在较低温度下(300~500℃)达到着火燃烧所需的 PM 平均氧化速率;但随添加剂配方的不同,PM 着火燃烧所需的最低入口温度略有不同,该温度一般比 DPF 方式约低 150℃。对 CDPF 而言,随催化剂配方不同,达到着火燃烧所需 PM 平均氧化速率的温度比燃料添加剂方式低 50~100℃,在 CDPF 的入口温度大于 300~450℃时,PM 即可着火燃烧。该结果表明采用燃料添加剂、氧化催化剂(包括 DOC 和 CDPF)可以有效降低 PM 的着火温度和提高的 PM 平均氧化速率。

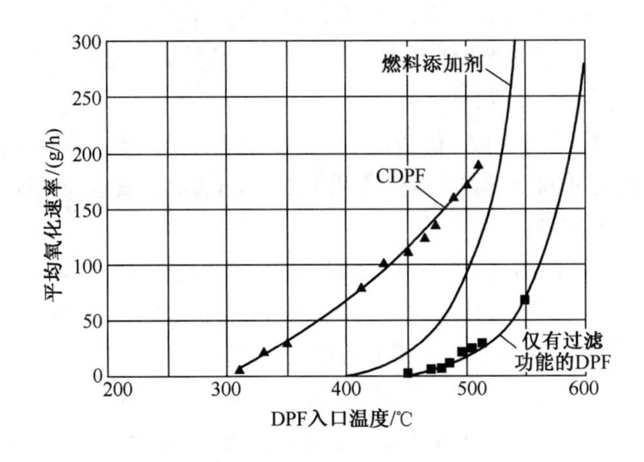

图 5-17 燃料添加剂、催化剂和温度对 PM 平均氧化速率影响

第二节 排气颗粒物的净化方法

一、排气颗粒物净化技术的历史回顾

20世纪70年代初康宁公司(Corning Glass Works)发明了"蜂窝陶瓷结构的制造方法"(见1975年美国授权专利 US3899326 Method of making monolithic honeycombed structures),并于1978年率先制成整体蜂窝式堇青石颗粒物过滤器[33];1981年6月福特公司申请了柴油机陶瓷颗粒过滤器专利"Ceramic filters for diesel exhaust particulates and methods for making",并于1982年12月获得授权(公开号 US 4364761)。1984梅赛德斯奔驰开始系列生产安装颗粒过滤器的涡轮增压柴油汽车300D、300TD、300CD和300SD。这些安装颗粒过滤器的第一代清洁柴油发动机汽车最初在加利福尼亚和其他10个美国西部城市销售[34]。福特[35]、大众[36]、丰田[37]、康明斯[38]、德士古[39]、NGK[40]等公司关于柴油机颗粒过滤器的研究工作大约始于20世纪80年代初,当时主要研究工作围绕蜂窝陶瓷颗粒过滤器的再生效率及其影响因素等问题展开,研究了燃料添加剂(铅、铜和镍等)对降低颗粒物着火温度的作用以及如何利用燃烧器或电阻加热器等进行再生的方法。Wade等对颗粒过滤器的热再生和催化技术进行了评估,评估结果表明:采用燃烧器加热发动机排气颗粒方法的再生效率可达到90%以上,但车辆燃料消耗增加9%;采用柴油燃料添加铅催化剂技术可降低收集颗粒物着火温度约149℃,若在柴油中添加0.132g/L的铅粉和0.066g/L的铜粉时,颗粒点火温度降低218℃[41]。在20世纪80年代初,德士古公司开发了铝涂层的钢丝网过滤器,PM的过滤效率达到50%~70%[39]。Howitt等[42]研究了多孔壁流式陶瓷蜂窝过滤器滤芯的壁厚、孔密度、材料的孔隙率和过滤器体积等对过滤效率、压降和最大过滤量等的影响,还研究了排气温度、氧含量等对过滤器上沉积颗粒物再生的影响。

1989年日本NGK公司开始批量生产商业化应用的堇青石DPF,同年Donaldson Inc首次将DPF应用于重型载重柴油车[43]。2001年日本NGK公司及Ibiden公司开始批量生产SiC-DPF,2007年末,已累计生产1000万只以上[44]。日本Ibiden公司[45-47]和NGK公司开发的碳化硅颗粒过滤器(SiC-DPF)已成功进入日本和欧洲市场,被众多汽车厂商所采用,并取得了良好的实用效果。但SiC材料面临一些问题,如热膨胀系数较大,容易在高温热冲击下开裂,而且在高温下SiC可能被活化氧化,产生白斑等。

1995年Johnson Matthey公司开始销售CRT®系统[29],并首先在瑞典使

用，此后应用逐步扩大到旧金山、圣迭戈、华盛顿、洛杉矶、东京、香港、哥德堡、斯德哥尔摩、哥本哈根、巴黎、柏林和波士顿等城市，至2002年已销售35000个。标致雪铁龙集团的柴油添加剂辅助再生式颗粒过滤器(DPF)2000年首次装备在标致607上，2007年安装到了其他型号柴油车上，2009年起装备在标致和雪铁龙生产的所有柴油车上。1990—2005年，PSA标致雪铁龙申请了130项关于添加剂辅助再生式颗粒过滤器的专利、包括再生策略、发动机喷射控制等。截止2012年底，标致雪铁龙汽车生产了680万辆安装颗粒过滤器的车辆[14]。

2005年康宁公司研制出了钛酸铝材料DuraTrap® AT过滤器[48]，该过滤器的特点是耐久性好、过滤效率高及压降小，因而在大众汽车、现代-起亚汽车等产品上得到了应用。

自从2000年标致(PSA)安装DPF系统的柴油轿车上市后，其他欧洲汽车制造商，如奥迪、菲亚特、大众、宝马和奔驰等也开发了基于燃料添加剂辅助催化再生系统或连续催化的DPF系统。2003年，Renault公司在Vel Satis上开始安装DPF和DOC；奔驰公司在C级和E级轿车上开始安装DPF；2004年，GM欧洲公司在Vectra、Signums上开始安装DPF，VW公司在Passat轿车上开始安装DPF，到2007年已销售了装备DPF的柴油机轿车500万辆以上。到2007年欧洲销售柴油车的汽车制造商奥迪、菲亚特、福特、大众、雷诺、奔驰、宝马等先后提供装备采用燃油催化剂的DPF系统或不使用燃油催化剂的催化过滤系统[49]。

2007年以来，在美国和加拿大销售的每一辆新的重型柴油车都已经配备了一个高效率的柴油颗粒过滤器，以符合美国环保局2007/2010公路排放法规，这标志着有超过80万辆新卡车装备柴油颗粒过滤器。为了满足美国Tier 2标准或加利福尼亚的LEV Ⅱ标准6.215mg/km的PM的排放限制，美国市场所有新销售的轻型柴油客车和卡车均需要采用高过滤效率的DPF系统。DPF也成为在日本销售的新公路使用的柴油发动机的标准装备[49]。

到2009年，第二代和第三代高效率的过滤系统可以减少PM排放量超过了85%~90%。在欧洲，新车辆配备柴油颗粒过滤器已商业化。迄今，DPF已成为所有的欧洲、美国和日本的柴油车的标准配置[50]。

另外，值得一提的是非道路车辆上DPF的应用也受到了重视。自1986年以来，美国有超过20000台的非道路设备(矿用设备、建筑设备、材料处理设备、叉车、街道清扫车和多用途车等)柴油机上安装了主动和被动DPF系统，有些非道路车辆过滤系统已经使用多年。德国、奥地利和瑞士已颁布了强制性安装过滤器的规定，要求隧道工程中使用的施工设备必须安装高效过滤器[49]。

二、颗粒物净化装置的种类

常用柴油机(车)颗粒物的净化装置主要有氧化催化净化器(DOC)、颗粒过滤器(DPF)、颗粒物氧化催化器(POC)以及 DOC 与 DPF 组合式净化装置等。

DOC 在第二章已进行了介绍,仅对净化颗粒物的 SOF 部分有效,颗粒物净化效率低,无法满足现代排放标准的要求。DPF 也叫颗粒捕集器,净化效率最高。最常见的 DPF 为壁流式颗粒过滤器(WF-DPF)。DPF 的净化机理是让排气经过过滤装置的多孔性壁面等过滤介质,把排气中的全部或部分颗粒物过滤掉,让净化后的气体流出。随着过滤时间增加,过滤介质上堆积的颗粒物增多,过滤器的流动阻力(压降)增大,排气背压上升,发动机性能恶化,因此,经过一段时间使用后的 DPF,需要采用反向吹风、振动、更换过滤介质、燃烧颗粒物等方法除去过滤介质上堆积的颗粒,使 DPF 恢复初始状态,这种使 DPF 恢复初始状态过程称为 DPF 的再生。

POC 指可以捕获颗粒物,并可存储一段时间的颗粒物催化氧化净化装置,其特点是具有开放的流通气道,即使在捕集 PM 的容量饱和时,排气气流也可直接通过流通气道[51]。换言之,POC 是一个可捕集固体颗粒的专门柴油机颗粒物氧化催化器,它能把颗粒物氧化成气体产物,清除掉装置中捕获的颗粒物。POC 的再生通常是在催化剂作用下、通过颗粒物与上游生成的 NO_2 之间的化学反应完成。与柴油机颗粒过滤器(DPF)不同,POC 不会堵塞,容许 PM 排放通过装置的流通气道结构,故 PM 过滤效率低。一旦 PM 堆积到其最大容量,就会开始再生。

POC 的工作原理适用于任何不同材料的基体。传统 POC 的基体材料有陶瓷或金属泡沫材料、金属纤维、丝网等。需要指出的是使用这种类型的基体时,POC 和深床过滤 DPF 之间的区别并不总是明确的,小孔径的陶瓷泡沫可作为深床过滤 DPF 使用,过滤效率 90%以上。较大孔孔径的泡沫结构则可作为 POC 使用,但气体通路存在一个形成最大厚度的烟灰层。在 20 世纪 80 年代初,德士古公司开发的氧化铝涂层的钢丝纤维过滤器,可认为是早期的 POC 实例,这个 POC 的 PM 收集效率在 50%~70%之间[39]。在 20 世纪 80 年代和 90 年代的 DPF 开发工作追求 90%以上的高过滤效率,不是 POC 类型的装置。由于大多数利用陶瓷泡沫、金属纤维、金属丝网和类似材料过滤器的过滤效率低且有其他问题,它们最终都被整体壁流式结构取代。

发动机需要一种高于 DOC 但低于 DPF 的 PM 净化率的净化器,因此一种由 EMITEC 开发的先进 POC 设计,即带有烧结金属纤维层的金属蜂窝状催化剂载体 POC 被开发。使用该基体的第一个商业 POC 系统被命名为 PM-

KAT,2005 年用于曼公司推出的 Euro5 重型卡车发动机,后来斯堪尼亚公司也采用了该系统。POC 在乘用柴油车上也有应用,德国在 2007 年的激励计划中,把 POC 应用于柴油轿车。该 POC 包括 EMITEC 设计的 TwinTec 系统,以及来自不同供货商的陶瓷和金属泡沫载体等。这些装置往往被错误地称为“颗粒过滤器”,从技术角度看,这些装置大多属于颗粒氧化催化器或 DOC。在北美柴油车改装市场开发的直流式过滤器,使加利福尼亚州的 PM 排放减少不低于 50%,得到 2 级排放水平认证。一些不同类型载体的直流式颗粒过滤器也得到了加利福尼亚 2 级排放水平和 EPA 柴油改装技术的认证。

从目前已开发的净化装置来看,POC 具有直流式颗粒过滤器(FTF)、开放式颗粒过滤器(OPF)、部分流过滤器(PFF)和颗粒氧化催化器四种。

OPF 的工作原理与催化转换器类似,气体通过微小通道时颗粒物与涂有催化材料壁面接触被催化燃烧。一个开放式过滤器的效率可以减少约 50% 颗粒物质质量,但几乎不影响排出的颗粒个数。

部分流式过滤器(PFF)的相关研究非常广泛。部分流式过滤器与全流式过滤器(FFF)的主要区别如图 5-18 所示。二者的区别是:FFF 的所有废气通过细密多孔壁的过滤,PFF 仅有部分气体被允许通过细密多孔壁面,而剩余部分未经过滤。由于 PFF 的部分气流直接流过 PFF 的通道而未经过过滤,故其功能与 FTF 相同,因而 PFF 也可称为 FTF。

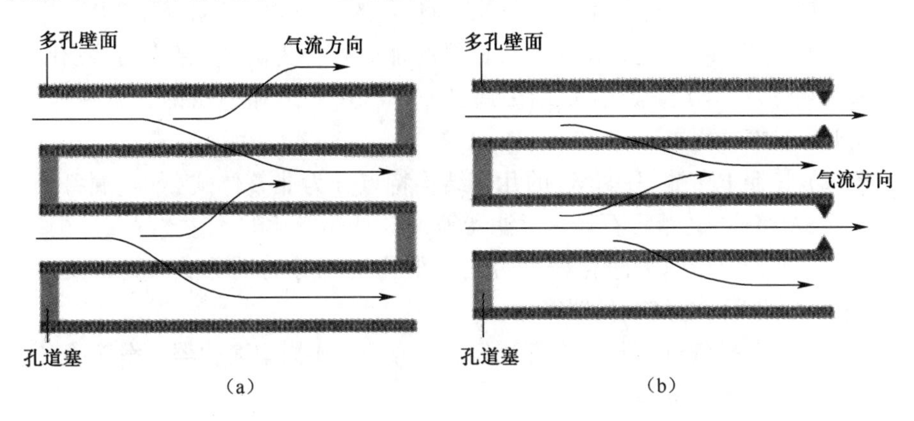

图 5-18 全流式过滤器(a)与部分流过滤器(b)示意图[52]

颗粒氧化催化器指在壁面涂覆了氧化催化剂的 POC,其与 DOC 的区别是这种催化器可以使 PM 在催化剂表面发生燃烧反应,不只是氧化 PM 中的 SOF。颗粒氧化催化剂最常见的是贵金属催化剂。图 5-19 为利用元素 Ce 化合价变化特性的新型催化剂的净化原理示意图[53]。当温度达到某一数值时,排气气体中的氧被吸附并被储藏,当需要氧化 PM 时,催化剂中的氧气被释放,促使 PM 燃烧反应加速进行。

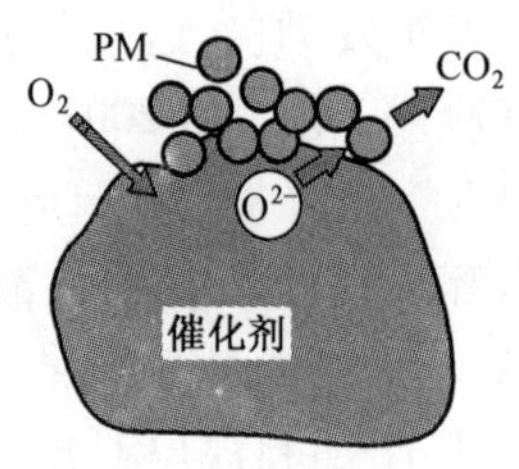

(a)贵金属催化剂

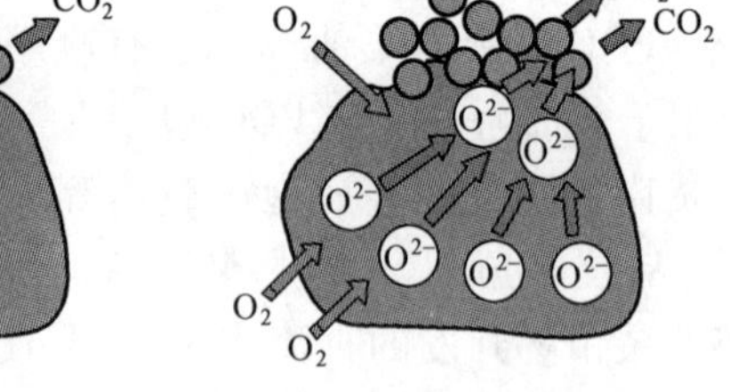

(b)添加Ce的新型催化剂

图 5-19　颗粒的催化氧化示意图

颗粒氧化催化是一个相对较新的 PM 排放控制技术,其颗粒净化率高于 DOC,但低于 DPF。POC 与 DOC 的区别是 POC 可以捕获、可存储并净化颗粒物,而 DOC 是在气体流经过程对气流中 PM 表面的 SOF 催化和氧化。气流中的 PM 虽然可以被 POC 捕获,但不一定是过滤介质所捕集,而 DPF 中捕集的 PM 一定是经过气流过滤介质时所捕获的。因此,从这点来讲,POC 与 DPF 可以统称为 PM 捕集净化器。

从已有的柴油机(车)PM 捕集净化器的种类来看,WF-DPF 和 FTF 是目前 PM 捕集净化器中的应用最为广泛的两种。直流式颗粒过滤器 FTF 的种类较少且易于区分,而 WF-DPF 种类繁多。PM 捕集净化器(DPF 和 POC)的分类方法较为复杂,较为常用的 PM 捕集净化器的分类方法有如下五种。

(1) 按照 PM 捕集净化器捕获材料的种类可分为陶瓷(堇青石、碳化硅、莫来石、钛酸铝等)和金属(烧结金属、Fe-Gr-Al 纤维和不锈钢金属网等)两大类 PM 捕集净化器。

(2) 按照 PM 捕集净化器的几何结构特点分为非整体式(如金属纤维净化器等)及整体式(堇青石蜂窝过滤器等)PM 捕集净化器。

(3) 按照 PM 捕集净化器是否具有催化功能分为催化式 PM 捕集净化器、非催化式 PM 捕集净化器等。

(4) 按照排气气流是否全部流经过滤介质 PM 捕集净化器可分为全流式过滤器与部分流过滤器。

(5) 按照 PM 捕集净化器的再生方式分为再生式和非再生式(一次性或人工更换式)等。图 5-20 为根据再生方式对 PM 捕集净化器种类的分类图[54]。

三、PM 的捕集机理

PM 的捕集(过滤)过程的实质是使排气(气固两相流)通过过滤介质,将气相中的固体颗粒物分离的过程。根据过滤介质孔隙大小的不同,多孔材料

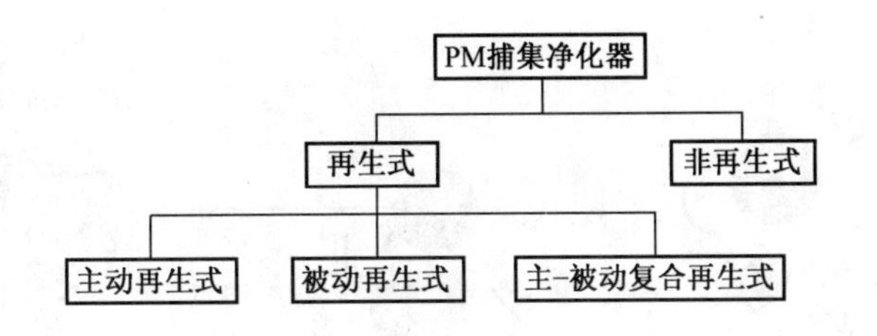

图 5-20　PM 捕集净化器分类图

的气固分离机理可分为绝对过滤和深床过滤。绝对过滤亦称表面过滤等，其特点是采用微孔直径小于气流中固体颗粒直径的过滤介质分离气体中的颗粒物；当气流通过过滤介质时，气流中的固体颗粒被截留在过滤介质的一侧。当过滤介质的微孔直径大于气流中固体颗粒的直径，气流通过过滤介质时，气流中的固体颗粒不易过滤介质被截留，但随着过滤介质的厚度增大，气流中固体颗粒被截留在过滤介质内部微孔中的质量（数量）增加，同样具有颗粒物的过滤功能。通常把采用一定厚度过滤介质的分离方式叫做深床过滤。深床过滤方式中颗粒被捕集的机理有过滤介质对颗粒的拦截、颗粒的惯性冲击、布朗运动（扩散）、颗粒与过滤介质之间的静电吸引力和重力等。一般情况下，拦截、惯性和扩散的捕集率较高，静电吸引力和重力的捕集率较低，可以忽略。

DPF 净化排气中颗粒的基本过程是通过过滤层把排气中颗粒分离出来并沉积下来的过程。尽管多孔介质的结构形式及壁面平均微孔直径大小不同，但由于内燃机排气颗粒物粒径分布范围很广，因此，DPF 对颗粒的过滤方式通常是多种方式兼而有之。常见的蜂窝陶瓷 DPF 的过滤方式如图 5-21 所示[17,55]，主要有深床过滤和表面过滤（也称饼滤和筛滤）等形式。深床过滤型 DPF 中，过滤体中微孔平均直径大于排气中颗粒的平均直径，颗粒由于深床过滤机理而沉积下来，而在表面过滤型颗粒捕集器中，微孔直径比颗粒直径小，颗粒通过筛选的方式沉积在介质中。随着深床过滤介质中颗粒物沉积数量的增加，深床过滤介质的过滤机理逐步变得与表面过滤相同，图 5-21(c) 为蜂窝陶瓷 DPF 实际过滤模型，壁流式 DPF 的实际过滤方式既有深床过滤，也有表面过滤。

由于柴油机颗粒的尺寸分布范围很大，故一般壁流式蜂窝陶瓷的过滤方式是深床过滤和表面过滤兼而有之。对清洁滤芯体而言，排气中的颗粒首先会沉积在蜂窝陶瓷壁面内部的微孔通道中，由深床过滤方式过滤，当微孔通道中沉积的颗粒增多，微孔通道直径变小，并逐步趋于饱和，最后过滤的颗粒多由表面过滤方式过滤。

壁流式蜂窝陶瓷滤芯体积容量比较小，仅靠深床过滤能够过滤的颗粒物

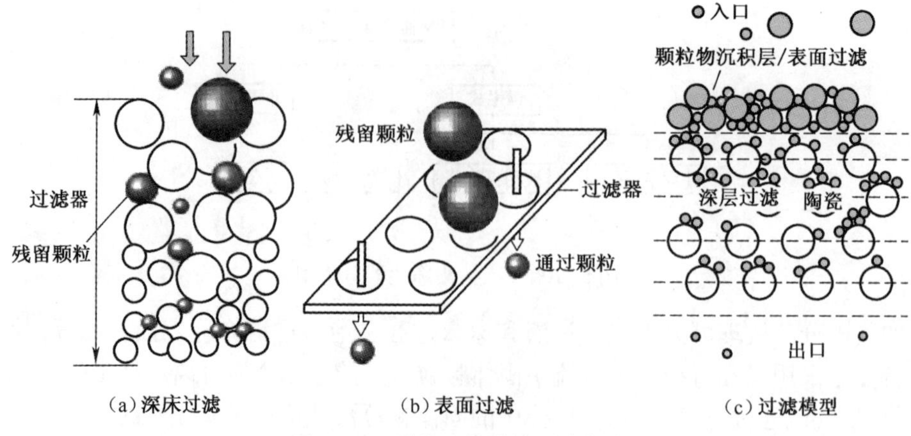

图 5-21 颗粒过滤器的过滤方式

质量非常有限。对于微孔孔径细小的过滤壁面而言,在开始阶段,表面过滤就处于主导地位,随着过滤的逐步进行,表面过滤堆积颗粒物形成的多孔介质层也会成为深床过滤的过滤介质,这层被称为过滤沉积层,其过滤过程称为沉积过滤。大颗粒会因筛机理停留在沉积层表面,小颗粒在沉积层和滤芯内部通过深床过滤机理过滤。因此,当 DPF 壁面的颗粒物负载量足够多时,颗粒主要沉积于 DPF 壁面表面附近、DPF 孔道封堵表面,小部分进入材料的微孔中。但当 DPF 的颗粒物负载量较少时,DPF 表面沉积的颗粒物较少,大部分颗粒物进入材料的微孔中。壁流式蜂窝陶瓷在运转过程中效率很高,只有少量颗粒会排入大气。

图 5-22 为壁流式蜂窝陶瓷过滤器的颗粒沉积情况,PM 和 Ash 分别表示颗粒物和灰分,SiC 和 DPF 表示过滤壁面。图 5-22(a)为壁流式颗粒过滤器过滤壁面及孔道塞上颗粒物沉积分布示意图,图 5-22(b)和(c)为过滤壁面上颗粒物的沉积示意图,由于表面上堆积的颗粒物层与“饼”的形状相似,故常将颗粒物沉积层称为“滤饼”,将其过滤机理称为饼滤机理。图 5-22(b)和(c)的差别是图 5-22(c)多了一个灰分沉积层,灰分沉积层的形成原因是 DPF 使用不当或经过长期使用。DPF 灰分主要来自于润滑油的 Ca、Mg、Zn、S、B、Mo 和 P 等,以及燃料中的 S 等,常见的灰分含有 $CaSO_4$、$CaZn_2(PO_4)_2$、$Zn_2Mg(PO_4)_2$、$Zn_3(PO_4)_2$、$Zn_2(P_2O_7)$、MgO 和 $MgSO_4$ 等。图 5-23 为灰分的形成过程示意图,燃烧后过程中形成的包含有金属元素的炭烟颗粒,经 DPF 过滤后沉积于过滤体表面,当 DPF 再生时,炭烟颗粒燃烧,金属元素发生团聚,形成粒径 1μm 左右的灰分颗粒,这些 1μm 左右的灰分颗粒聚集生长,最后形成 10μm 左右的灰分颗粒,并沉积于 DPF 过滤材料表面形成一个不可燃金属灰分层[58]。

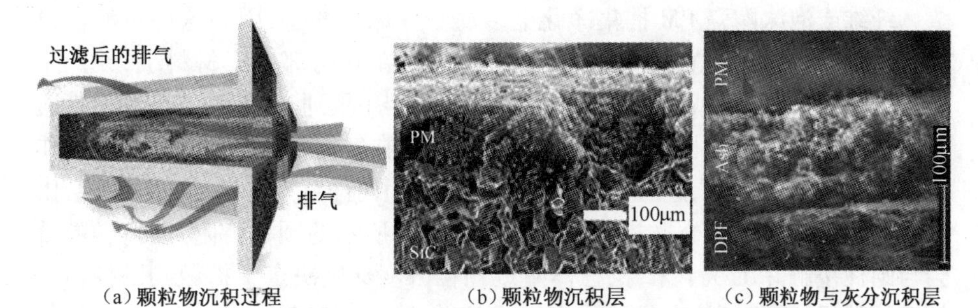

图 5-22　壁流式蜂窝陶瓷过滤器的颗粒沉积情况[56,57]

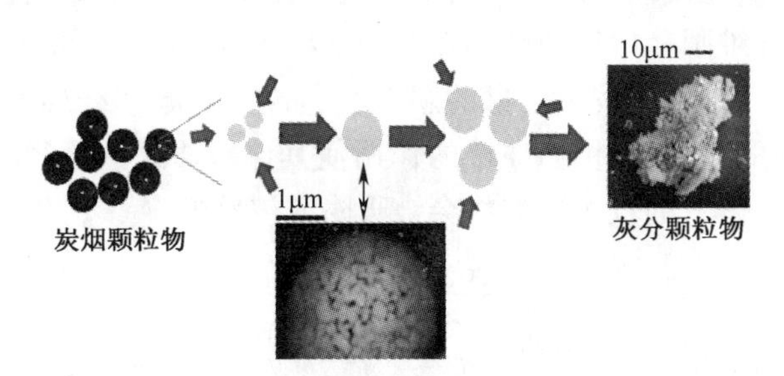

图 5-23　灰分的形成过程示意图[58]

图 5-24 表示当 $1m^2$ 面积炭烟过滤质量为 5.9g 时，过滤壁面内部炭烟质量分数随其距离过滤壁面表面距离的变化曲线[59]。可见，在距离过滤壁面表面 5~10μm处三种过滤材料炭烟沉积质量分数取得最大值。在距离过滤壁面表面 10~60μm 处炭烟沉积质量分数逐步下降，但三种材料的下降速率不同；针状莫来石材料滤芯的迅速下降，碳化硅和堇青石材料的先缓慢下降，然后迅速下降。在距离过滤壁面表面 60μm 处炭烟颗粒沉积质量分数几乎为零。

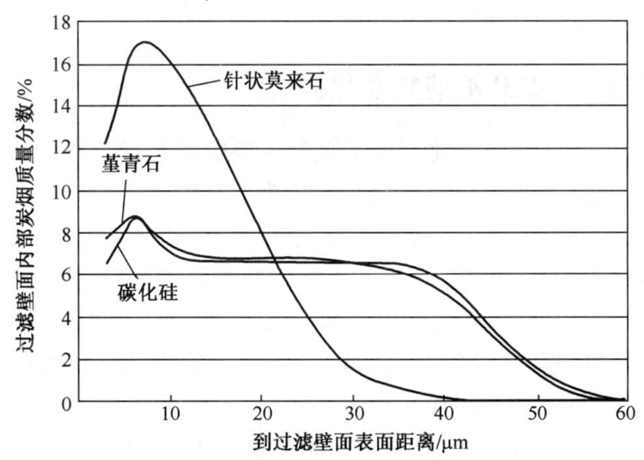

图 5-24　过滤壁面内部炭烟颗粒质量分数的变化

纤维或泡沫陶瓷 PM 捕集净化器多属于深床过滤型,因为这种过滤器过滤孔比排气中的颗粒直径大得多,颗粒会沉积在其内部捕集材料上,并产生 PM 捕集功能。纤维或泡沫陶瓷 PM 捕集净化器主要通过扩散、拦截和惯性碰撞三种机理捕获柴油机排气中的颗粒物。悬浮在气体中颗粒在气体分子的作用下会发生布朗运动,这会使得颗粒脱离流线而向任意方向运动,颗粒就会由气流中向周围的过滤介质扩散,扩散到图 5-25 所示的圆柱体附近时,颗粒就会与圆柱接触并沉积下来,圆柱体附近颗粒浓度梯度决定了扩散到圆柱体上的颗粒数量,随着颗粒直径的减小,布朗运动增强,沉积效率提高。高速排气中小颗粒的质量和惯性作用小,故在高速流体中会很好地依据流体的流线流动,碰到滤芯纤维圆柱体后便会粘在上面被捕集,小颗粒大部分是依据这种拦截机理被过滤。排气中较大质量的颗粒在通过一个滤芯纤维时,内力的作用使其沿着流体的流线流过,而惯性的作用使其保持原来的路径直到撞在圆柱体上,撞在圆柱体上的较大颗粒将会被吸附或被反弹。

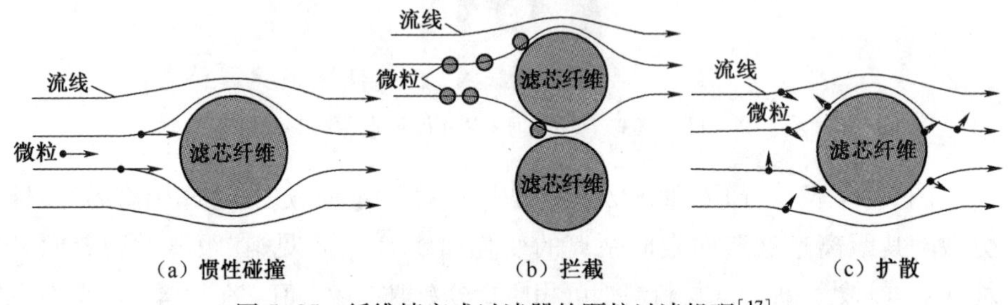

图 5-25 纤维填充式过滤器的颗粒过滤机理[17]

第三节 PM 捕集净化器

一、纤维填充式 PM 捕集净化器

纤维填充式 PM 捕集净化器属于直流式颗粒捕集净化器(FT-DPF)的一种。纤维填充式过滤器的纤维床是无数纤维的集合体,纤维的种类和直径、纤维的排列方式和填充密度、床层厚度及结构等是决定性能的主要因素。图 5-26为纤维填充式过滤器的纤维床的组成示意图。纤维床的两侧由金属形状保持网包裹,在两层碳化硅无纺布之间安装电加热网。图 5-27 为日本 A' PEX ADS公司的镍合金纤维填充式过滤器及其滤芯组成示意图。排气入口侧和排气出口侧之间用纤维层隔开,排气经过过滤层时,颗粒物被过滤,排气经过纤维间的空隙排出。A' PEX DPF 的筒状 DPF 外壳尺寸与传统的消声器外形尺寸几乎相同,内部有 3 个圆筒形的滤芯器,外壳等使用 S30403 不锈钢,滤芯使S30200不锈钢,不锈钢使用量约90%,DPF质量为23~43kg,共有4种尺寸型号,两种大型尺寸的适用于10t载重车和公共汽车,小型尺寸的适用于4t和2t载重车。大城市的巴士用DPF质量为38kg,售价7000美元。A'PEX DPF使用5年或25万km后需要更换滤芯,使用寿命8~10年。截止2003年底,横滨市约8000辆巴士使用该装置。A'PEX DPF可降低烟度95%、颗粒物85%。三个滤芯采用电加热器方式交替再生[60,61]。

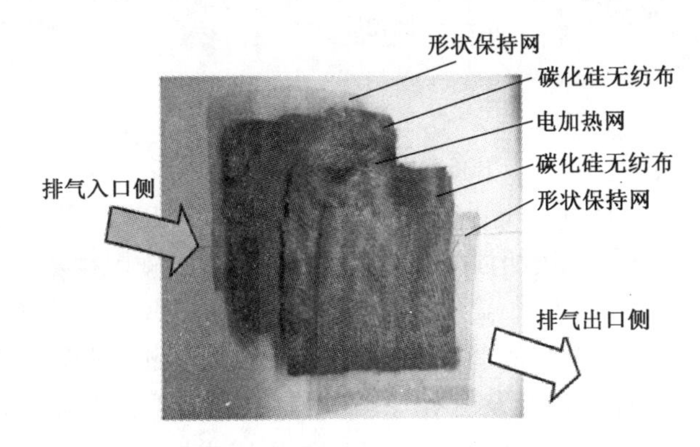

图5-26　纤维床的组成示意图

图5-27　纤维填充式过滤器及其滤芯组成示意图

上述的形状保持网也可采用电加热填充式过滤器的电加热金属网替代,同样布置在过滤层的两面,过滤层可以采用粗细两层,如疏、密不同的双层碳化硅纤维非织布等。图5-28为这种电加热填充式过滤器的滤芯结构示意图[62]。排气由滤芯外侧进入,排气经过壁面的金属网、粗滤层、细滤层后,颗粒物被过滤,排气经过纤维间的空隙排出,为了增大过滤面积,滤芯常做成圆筒状的波纹管。如果发动机排气温度足够高,颗粒物可以燃烧,则加热器不需要加;如果排气温度达不到颗粒物燃烧温度,则加热器加热使颗粒氧化为CO_2和H_2O与排气一起从滤芯中间的出口排出。

值得指出的是,在北京环保局、中国国家环境保护总局和美国西南研究院

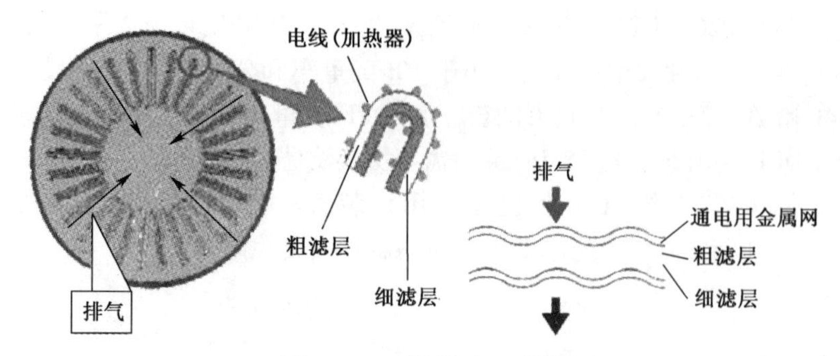

图 5-28　电加热式过滤器

及供应商等的共同支持下,2005 年 10 月至 2007 年 12 月期间,北京在 Euro1 和 Euro 2 排放公交柴油车上进行了金属丝网型 FT-DPF 装车试验车,试验用的 FT-DPF 由弗列加和康明斯公司提供,结构为基于碰撞拦截过滤概念的密布金属丝网式。FT-DPF 前端为 DOC,后端为 DPF,DOC 生成的 NO_2可直接促进 DPF 的再生。FT-DPF 整个系统包含温度、压力监测和两个报警指示灯,黄灯代表排气背压过高,需要及时处理和维护,红灯表明排放状况超过警戒线(压降超过 30.5kPa,或温度高于 700℃),车辆应立即停止运营,并对 DPF 进行清理。在 2006 年 5 月进行的 FT-DPF 试验初期,车辆运行 8~18h 后,黄灯和红灯就开始交替出现,其中一套还出现了严重堵塞故障并失效。该结果表明,金属丝网型 FT-DPF 系统难以应用于发动机烟度过大、排气温度过低和缺乏发动机维护的车辆。

金属丝网型 FT-DPF 系统的污染物净化效果,可用清洁柴油机技术组织的试验结果予以说明。图 5-29 为金属丝网催化过滤器的净化率测试结果[15],图 5-29 中 No. 2D 表示硫含量质量分数小于 0.035%的柴油,ULSD 表示含硫量小于 0.0015%的柴油,FBC 表示铂/铈型燃料添加剂,CWMF 表示金属丝网催化过滤器。污染物净化率指试验条件下发动机的污染物排放量相对于 990 DT 466 型柴油机使用 No. 2D 柴油时污染物的减少百分率。可见,柴油机安装金属丝网催化过滤器和采用铂/铈型燃料添加剂后,污染物 PM 净化率可达 63%,HC 的净化率可达 83%,CO 净化率可达 55%,但 NO_x 净化率仅 4%~10%。如果再使用硫含量小于 0.0015%的 ULSD 柴油特别是在使用低硫燃油时,则 PM 净化率可达 76%。

二、直流式颗粒捕集净化器

比较典型的直流式颗粒捕集净化器(FT-DPF)产品有依米泰克公司的 PM-METALIT^{TM}和曼公司的 PM-KAT®等[63-65]。故下面着重以这两个产品为例对 FT-DPF 的结构和原理予以介绍。

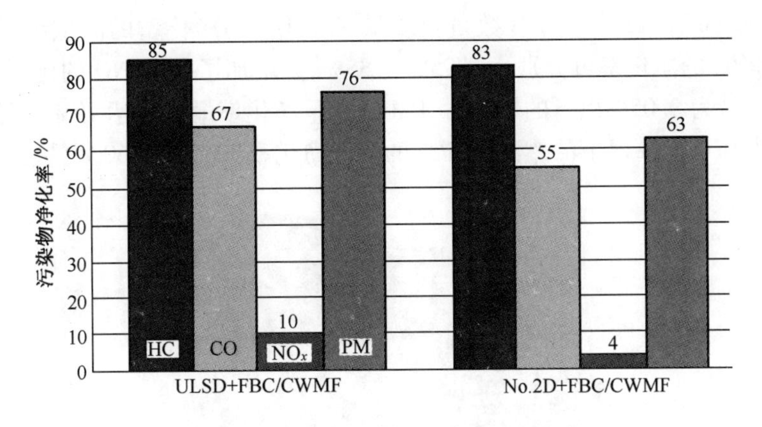

图 5-29　金属丝网催化过滤器的净化率

图 5-30 为 PM-METALIT™ 直流式颗粒捕集净化器的结构原理示意图，载体由波纹状金属箔片和多孔质烧结金属片交替层叠组成。气体直接流入波纹箔的空隙，通过多孔质烧结金属片到达另一层波纹箔的空隙，形成分流。流量分流产生的原因是流体经过通道内间隔一定距离的铲状结构所造成。烧结金属片起到“深床过滤器”的作用，过滤掉分流气体中的颗粒物。因此，该结构也可以称为“分流深床过滤器”。应当指出，当多孔质烧结金属片上积累大量颗粒物后，流过烧结金属片的分流气体减少。无论如何，瓦楞形通道一直是开放的，可以让未经处理的气体通过。

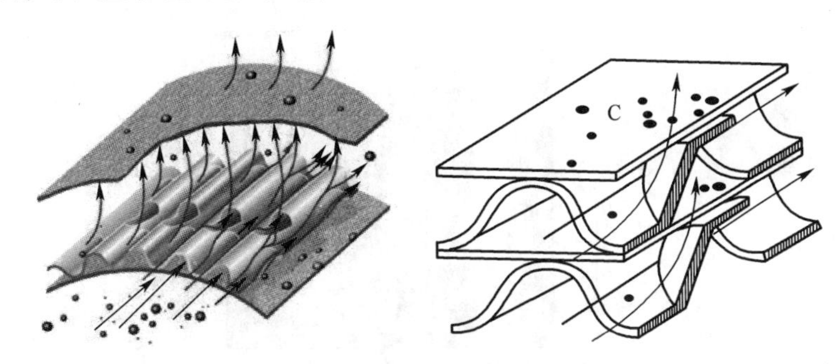

图 5-30　EMITEC 的 PM-METALIT™ 直流式颗粒捕集净化器的结构原理示意图

FT-DPF 类似传统的金属载体催化器，由箔片和烧结金属层交替卷绕并焊接成圆筒状蜂窝结构，外部由壳体包裹。图 5-31 为 PM-METALIT™ 直流式颗粒捕集净化器剖面图[66]。收集到的 PM 由前置 DOC 产生的 NO_2 被动再生，类似两段颗粒过滤器的工作方式。也有将催化剂涂层直接涂覆到 FT-DPF 载体的净化系统，但应注意保证金属催化剂涂层上的孔隙率。PM-METALIT™ 过滤器与传统的壁流式颗粒捕集器（WF-DPF）完全不同，其特点是压降小，但其过滤效率一般仅为 40%～60%。

PM-METALIT^{TM}的PM数量及质量、CO、HC的净化率的测试结果表明，CO和HC的净化率可分别达到95%和85%，并增加了NO_2/NO的比例。当使用硫含量为0.05%以下的燃油时，PM的数量净化率最高可达99%，当使用硫含量为0.0015%以下的燃油时，PM的质量净化率最高可达60%[64]。

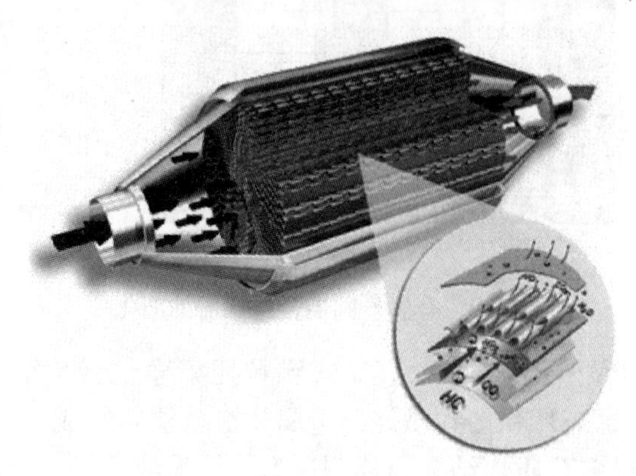

图5-31 PM-METALIT^{TM}直流式颗粒捕集净化器的剖面图

图5-32表示ESC和ETC试验工况下，长度为145mm的PM-METALIT^{TM}的颗粒物净化效果，颗粒物排放在ESC和ETC工况下分别减少44%和38%，PM-METALIT^{TM}和还原催化净化器组合安装于MAN-TGA消声器位置，还原催化器的体积为13.2L，已经在Euro 3车上普遍使用。

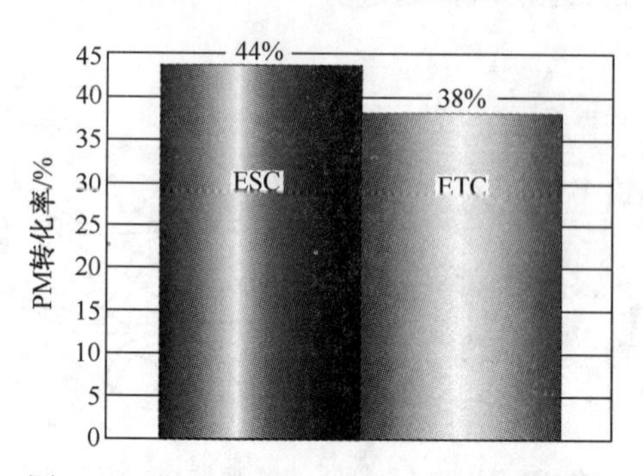

图5-32 ESC和ETC工况下PM的转化率

曼公司的FT-DPF滤芯结构与依米泰克的相同，外形尺寸和形状的设计根据使用车辆的结构特点进行。图5-33(a)和(b)分别表示曼公司的巴士和载重车用FT-DPF结构示意图[67]，均采用了与消声器一体式集成设计。巴士用FT-DPF的特点是前置DOC、过滤器和消声器串联连接，长度方向尺寸较大；载重车(TGA)用FT-DPF的特点是前置DOC和过滤器串联连接后再与消声器并联连接，长度方向尺寸较小。

(a) 载重车用FT-DPF

(b) 巴士用FT-DPF

图 5-33　PM-KAT®颗粒捕集净化器结构示意图

图 5-34 为满足 Euro 4 排放的载重车 TGA 使用后的 FT-DPF 外形视图和剖面图,安装 FTF 后车辆的行驶里程为 57 万 km,FT-DPF 安装在车辆原来安装消声器的位置上。

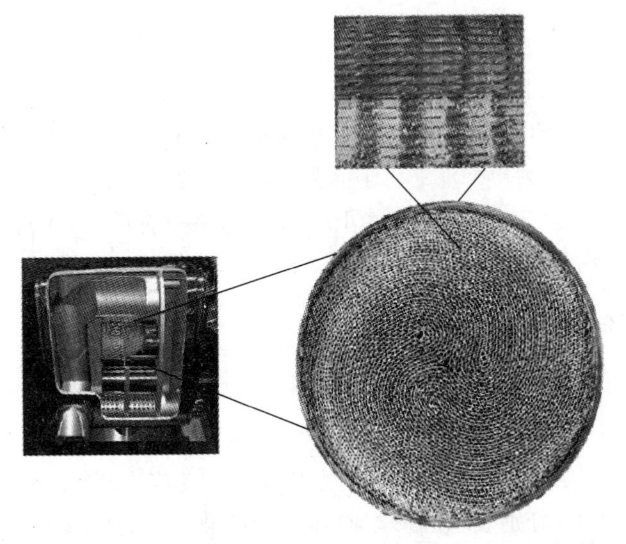

图 5-34　PM-KAT®颗粒捕集净化器的外形视图和剖面图

在美国环境保护署(EPA)、北京环保局、中国国家环境保护总局和美国西南研究院及供应商等的共同支持下,2006 年 11 月至 2007 年 12 月期间在北京公交柴油车上进行了上述 FT-DPF 实车试验[68]。试验用车辆为公交车辆,Euro1 和 Euro 2 排放水平车辆各两辆,柴油使用硫含量≤0.005%的低硫柴油,FT-DPF 为分层箔片式设计,表面涂覆催化剂涂层由依米泰克公司提供。为证明发动机保养的重要性,试验时对同一排放水平的两辆车辆中的一台发动机进行了保养,更换了全新的喷油系统和增压器,而对另一台则不进行任何保养。数千公里连续运行试验结果显示，保养过车辆的 FT-DPF 工作状态良好，未经保养发动机车辆安装的 FT-DPF 在 2007 年 9 月出现颗粒物堆积过量、发动机排气背压过高、甚至孔道堵塞的情况，解体后发现有图 5-35(a)所示的颗粒物堆积情况。用马弗炉焚烧拆下的 FT-DPF 后，发现其中一套 FT-DPF 出现了图 5-35(b)所示的再生损伤，产生这种现象的主要原因是 FT-DPF 上的颗粒物沉积量过大、排气温度过低和缺乏发动机维护等[68]。

(a) 颗粒物的堆积情况

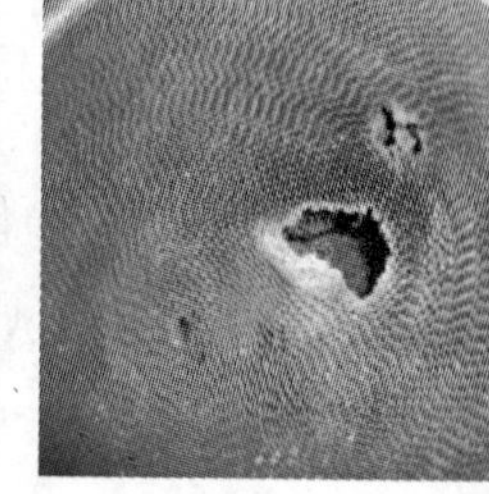

(b) 再生引起的损伤情况

图 5-35 运行试验后 FT-DPF 的颗粒物堆积及再生引起的损伤

值得注意的是 Johnson Matthey ECT 和 Emitec Inc 的研究表明，采用超低硫柴油和双滤芯 FT-DPF 系统对现有柴油车进行改造后，可削减 PM 排放 77%。若 PFT 系统为单一滤芯，则可减少 PM 排放 50%以上；还可减少 CO 和 HC 排放 90%[65]。因此，可以认为 FT-DPF 是一种前景良好的在用车或低排放车辆的 PM 后处理技术。

三、壁流式颗粒过滤器

壁流式颗粒捕集器(WF-DPF)是柴油机颗粒过滤器中应有最为广泛和最为有效的装置，以下简称 DPF。DPF 通常截面形状为圆筒形、椭圆形等，一般直接串联在排气管路中。典型的 DPF 结构如图 5-36 所示[69]，图 5-36(a)和(b)分别表示圆形截面和椭圆形截面的碳化硅 DPF 的组成。颗粒过滤器主要由滤芯(亦称过滤体等)、出入口连接管、接头、密封圈、衬垫、外壳等组成。滤芯与外壳之间的衬垫也是 DPF 的关键部件之一，除固定易碎的陶瓷过滤体作用之外，它应能补偿金属外壳和滤芯不同的轴向、径向伸缩，缓冲车辆行驶时滤芯的冲击及振动，密封滤芯的外圆周，防止排气从外围流过；隔热保温，防止壳体过热，减少金属管及滤芯的径向温度下降梯度与热应力等。垫层主要有钢丝网垫和陶瓷垫两种。钢丝网垫通常由防锈的铬镍钢丝织成，它在隔热性、抗冲击性、密封性和高、低温下对陶瓷过滤体的固定力等方面都较陶瓷衬垫差，故目前主要应用陶瓷衬垫。

(a) 福特公司的载重车柴油机用DPF

(b) BMW公司的轻型车用DPF

图 5-36　DPF 组成示意图

四、催化再生型壁流式过滤器

由于单纯过滤式DPF(仅有过滤功能)的净化效果不够理想、再生难度大,因此经常把氧化催化器的功能也集成于过滤器之中。在 DPF 上增加 DOC 功能的方法有如图 5-37 所示的三种:第一种是直接在单纯过滤式的 DPF 之前串联一个 DOC,这种系统具有连续再生功能,故称之为连续再生式过滤器(CR - DPF);第二种是直接在过滤式 DPF 的过滤介质表面涂覆催化剂,即将 DOC 的集成于 DPF 之上,这种催化再生式过滤器也常称为 CDPF 或 CSF;第三种是将 DOC 与 CDPF 进行组合,这种组合式过滤器常称为 CCR-DPF。CCR-DPF 的特点是对 DPF 再生时排气温度的要求低,可以在柴油车行驶过程中实现 DPF 的连续催化再生。从上述三种结构的催化再生式 DPF 中 PM 的堆积速率的测量结果来看,CCR-DPF 的过滤效果最好,但其压降也最大,而 CDPF 的过滤效果和压降适中。

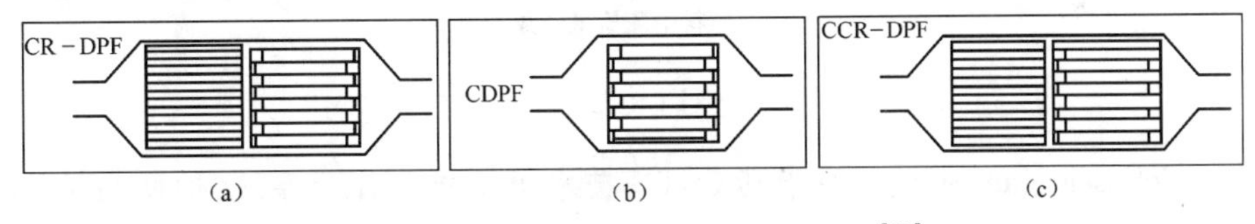

图 5-37　蜂窝陶瓷整体式 DPF 的种类[81]

Johnson Matthey 公司是最早研制成功 CR-DPF 的企业。它开发的 CRT™ 型 DPF 是一种典型的 CR-DPF,其组成如图 5-38 所示[29],DOC 和 DPF 两部分相隔距离很短。CRT™ 的 DOC 采用铂族金属催化剂,DOC 首先除去 PM 中的 SOF,并把 NO 氧化为 NO_2,使 PM 在尽可能多的 NO_2 氛围中燃烧。与纯过滤式 DPF 相比,DPF 中的 PM 氧化容易得多,燃烧速率提高。因而,CRT™ 型 CR-DPF 具有优良的 PM 净化效果。

应该指出的是燃油中的硫含量对 CR-DPF 的颗粒物净化效果有重要影

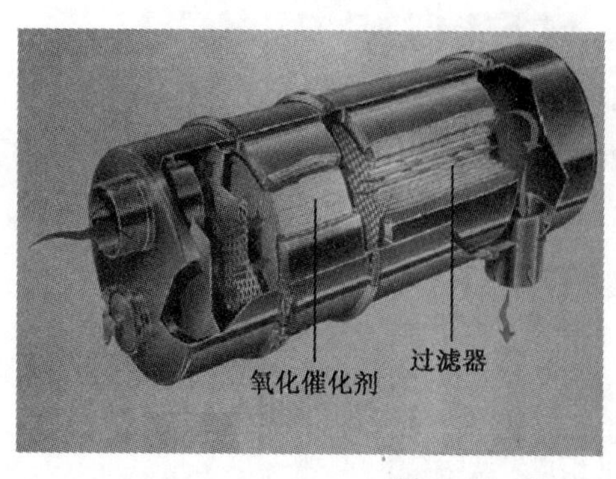

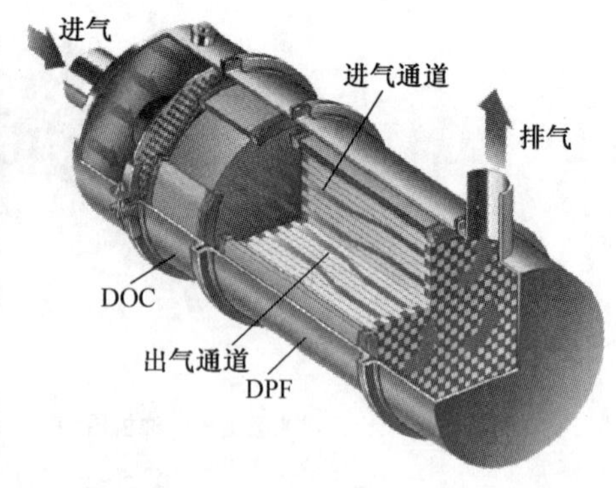

图 5-38　CR-DPF 的结构示意图

响。由于这类 DPF 采用了氧化催化剂,促使排气中 SO_2大量生成硫酸盐,因而有时反而使 PM 排放质量增多。图 5-39 为催化过滤氧化剂对 6.7L 的直喷式自然吸气柴油机颗粒排放的影响的一个测试结果[77],可见,硫酸盐及可溶性有机物排放随着燃油硫含量的增多而增加。

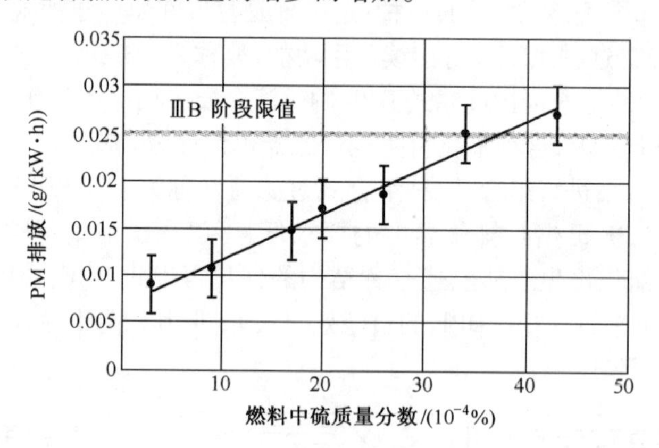

图 5-39　硫含量对 CR-DPF 的 PM 排放影响

Johnson Matthey 公司基于其 CRT™技术研发的 SCRT®系统,被认为是目前最好的选择之一。NO_x、PM、CO 和 VOC(挥发性有机化合物)净化效果明显,可以使重型柴油发动机排放符合 Tier 4 排放标准。SCRT®已经安装在全球上百万辆重型柴油车和轻型柴油车上[82]。

英国 Eminox 公司采用新型的专利技术,也开发了连续再生 CRT®系统,该系统主要由进气模块、氧化催化模块、过滤器模块和排气模块四个部分组成[83]。CRT®系统不仅能消除柴油机排气有害污染物,实现颗粒捕集器连续不断再生,还具有消音降噪功能。对主要污染物 PM、HC、CO 和 NO_x的净化率依次为 75%~95%、75%~95%、75%~95%和 10%。

五、过滤器滤芯的材料及其特性

滤芯也称过滤体、载体(白载体)等,它是决定 DPF 性能好坏的关键部件。常见的滤芯材料有陶瓷和金属两大类。陶瓷材料有堇青石、莫来石、碳化硅、氧化硅纤维、钛酸铝、莫来石/氧化锆、莫来石/钛酸铝等,金属过滤材料有烧结金属、Fe-Gr-Al 金属纤维和不锈钢网等,整体式滤芯多采用挤出成型方法得到[70]。

不同滤芯材料过滤器的几何结构各异,陶瓷滤芯过滤器常采用整体式结构;耐高温的金属丝网或陶瓷纤维滤芯过滤器常采用填充式结构。排气从填充式过滤器滤芯丝网或陶瓷纤维间的微小通道中通过时颗粒物被过滤;采用矩形截面的金属丝时,可在其外表涂抹一层松枝状的$\gamma-Al_2O_3$,以增大比表面积。不同的金属丝上的$\gamma-Al_2O_3$表面积不同,一般为 20~40cm^2/g。整体式过滤器的滤芯为整体蜂窝状。常见的 DPF 滤芯的几何形状有挤压成型的壁流式蜂窝滤芯、组装平行板壁流式滤芯、圆筒形绕丝滤芯、整体式泡沫板块滤芯、同心管状壁流滤芯等[70]。

对常见的壁流式滤芯材料而言,与 DPF 性能密切相关的主要性能参数有物理性能参数(如密度、导热系数、热膨胀系数、熔化温度、孔隙率、平均微孔直径等)、力学性能参数(机械强度、弹性模量等)、化学性能参数(耐腐蚀性)等。这些参数中大部分参数在 DOC 或 SCR 的载体中已做介绍,故此处不再赘述。下面仅对孔隙率、平均微孔直径和体积密度等 DPF 滤芯材料特有的性能指标做一介绍。

孔隙率也称气孔率等,用于衡量物体的多孔性或致密程度,以物体中气孔体积占总体积的百分数表示,即材料内部孔隙体积占其总体积的百分率。孔隙率越大,表明材料内部可用于过滤颗粒物的空间越大。一般来说,不同材料的孔隙率不同,采用不同工艺制作的同一材料的孔隙率也不同。

平均微孔直径(MPD)指过滤壁面材料内部毛细孔的平均直径,MPD 的大小决定了 DPF 工作初期可过滤最小粒径的大小,MPD 的大小取决于材料的种类及加工工艺等。MPD 可由壁面微孔直径分布曲线算出。壁面微孔直径的常用测量方法是压汞法(MIP),也称为汞孔隙率法,其基本原理是基于汞对一般固体不润湿的特性,欲使汞进入多孔固体材料内部毛细孔,则需施加外压,外压越大,汞能进入的毛细孔半径越小。因此,若测量不同外压下进入毛细孔中汞的量,即可得到相应孔径的毛细孔的体积。MIP 的特点是测量范围宽,精度高。如美国康塔仪器公司生产的压汞仪,其最大外压可以达到 414MPa,可测的最小孔径为 0.0036μm,最大孔径超过 950μm[71]。

图 5-40 为采用压汞法测量的一种 SiC 和两种堇青石过滤器(Duratrap®

RC 和 EX-80-1)过滤材料样本的毛细孔(气孔)直径分布曲线,单位质量样品压入的汞体积数值越大,其对应的直径微孔的数量越多。从图 5-40 可以看出,与康宁公司的 Duratrap® RC(未涂覆催化剂)相比,康宁公司的 DPF EX-80平均气孔直径较大,大部分微孔直径大于 10μm,而 SiC 材料 DPF 的毛细孔分布范围小,大部分微孔直径小于 10μm。

平均微孔直径与孔隙率是描述滤芯材料微观结构的两个重要参数,二者之间是否具有相关性是 DPF 滤芯材料选择时必须考虑的问题之一。图 5-41 为平均微孔直径与孔隙率之间关系的散点图,可以看出,二者之间没有相关性,即无法通过改变平均微孔直径的方法改变孔隙率。

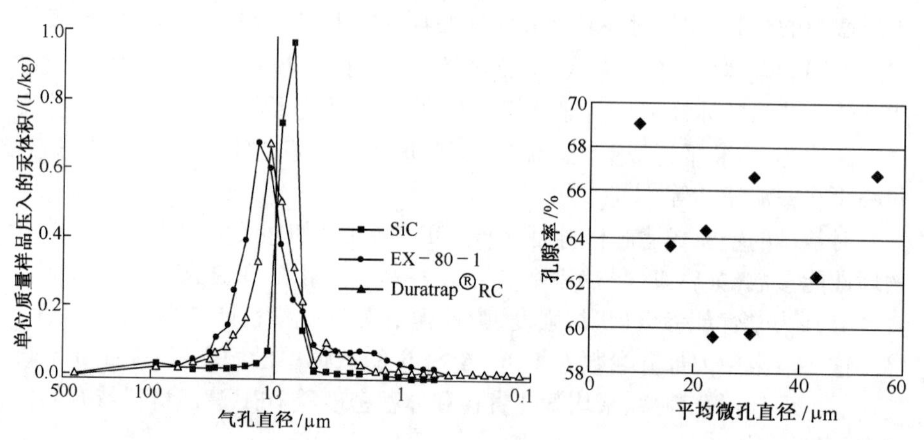

图 5-40　SiC 和堇青石过滤材料微孔直径分布曲线[59]

图 5-41　平均微孔直径与孔隙率之间的关系[72]

体积密度(体积质量)指单位体积滤芯的质量(包括进、出口封堵),其数值大小决定于过滤体材料和结构(开口率、壁厚和孔隙率)等,一般来说,体积密度越小越好。

图 5-42 为不同材料过滤器滤芯及其内部结构示意图。堇青石和钛酸铝常采用整体挤出成型方式生产,SiC 材料滤芯则采用多块拼接结构,图 5-42(b)为 16 块拼接式结构滤芯。图 5-42(d)为其内部结构的局部放大图,DPF 的两端面孔道的进、排气孔间隔地用陶瓷塞封堵,排气(箭头所示方向)经过多孔壁面时,颗粒被拦截,而气体则通过流出。由于这种 DPF 的排气必须经过壁面之后才能流出,故被称为壁流式过滤器。

壁流式过滤器的过滤材料上有毛细孔分布,过滤器壁面材料的孔隙率通常为 45%~50%或更高,过滤器壁毛细孔孔径通常为 10~20μm。壁流式过滤器的过滤机理是筛滤和深床两种过滤方式的组合,通常情况下,整体式过滤器

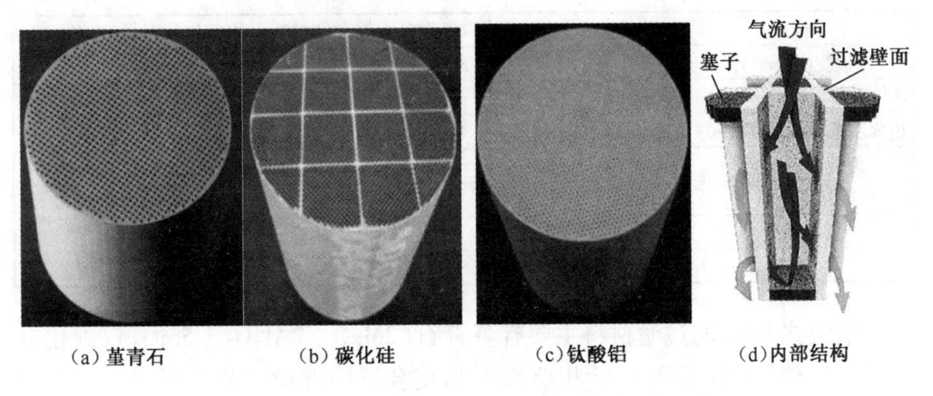

(a) 堇青石　(b) 碳化硅　(c) 钛酸铝　(d) 内部结构

图 5-42　不同材料过滤器滤芯及其内部结构示意图[55,73]

可以过滤掉大约 70%～95%的排气中总颗粒物质量[74]。

选取壁流式过滤器滤芯材料时，应重点考虑如下六点：①滤芯材料应具有合适的微孔孔径分布，能使所有大小粒径 PM 的 95%被过滤；②过滤器滤芯材料应具有高孔隙率，可负载 PM 质量多，并不产生过高的背压；③滤芯材料能承受再生过程中 PM 燃烧产生的高达 1400℃的高温和大的温度梯度；④过滤器应具有足够的机械强度，可承受封装加工作用力；⑤过滤材料应具有足够的耐化学腐蚀性；⑥滤芯材料易于涂覆催化剂，并不易失效。

最常见的 DPF 滤芯是蜂窝陶瓷整体式滤芯。图 5-43 为 DPF 滤芯常用的多孔陶瓷结构[75]，不同结构的多孔陶瓷，沉积的颗粒分布不同，能够过滤的颗粒粒径也不同。陶瓷有 SiC、堇青石等多种，应根据最高工作温度、耐压强度、密度和价格等多种因素综合考虑陶瓷的选用。

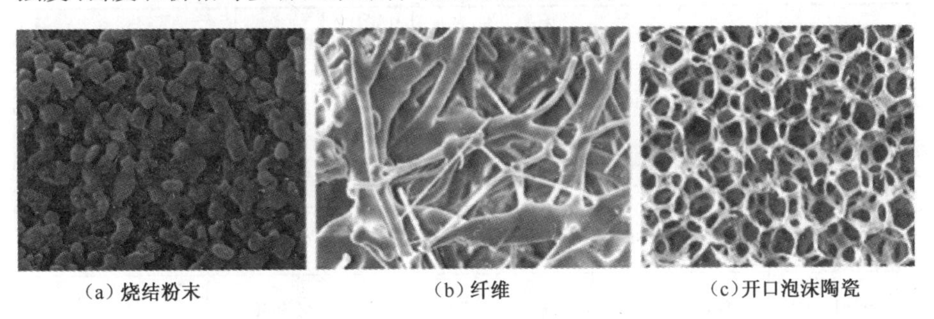
(a) 烧结粉末　(b) 纤维　(c) 开口泡沫陶瓷

图 5-43　多孔陶瓷的结构

表 5-5 为陶瓷与其他常见 DPF 材料的主要性能参数比较。SiC 的弹性模量最大，Fe-Gr-Ni 的导热性能最好，堇青石密度最小并且价格最低，耐腐蚀性最差是多铝红柱石、钛酸盐和硅。

表 5-5　DPF 材料的主要性能参数比较

材料	硅	堇青石	碳化硅	钛酸铝	多铝红柱石	Fe-Gr-Ni
密度/(g/cm^3)	2.33	2.1	3.1~3.2	3.3	2.9	8.1
导热系数/(W/(m·K))	120	1~3	90	1.5~3	4~5	14
热膨胀系数/($\times10^{-6}$/K)	4.4	0.9~2.5	4.7~5.2	0.5~3	4.4	17
弹性模量/GPa	110	130	410	20	150	200
使用温度界限/℃	1350	1350	1500	1500	1600	1250
抗腐蚀性	一般	差	良	一般	一般	差
价格情况	很差	优	差	良	良	很差

壁流式 DPF 的过滤材料主要有堇青石($2MgO \cdot 2Al_2O_3 \cdot 5SiO_2$)、碳化硅(SiC)、钛酸铝($Al_2TiO_5$)、针状莫来石和复合纤维五类。堇青石滤芯的主要供应商有 NGK、Denso、Metals 等,碳化硅滤芯的主要供应商有 Ibiden、NGK、Saint-Gobain(圣戈班)、NoTox、Liq 等,钛酸铝滤芯的主要供应商有 Corning 等[76,77]。目前轻型柴油车的过滤器材料主要为碳化硅,碳化硅材料的孔隙率一般在范围为 45%~60%,平均孔径通常在 10~20μm 的范围内。与堇青石相比,碳化硅具有更均匀的孔隙,显微组织具有较高的渗透性和更低的压降,因而被广泛应用。

表 5-6 为市场上部分 DPF 的供应商、材料、参数及应用情况,表中MPS表示平均微孔直径,CC 表示紧密耦合式 DPF,UF 表示安装于车内地板下的 DPF(即底盘式)。可见碳化硅(SiC)材料应用较为广泛,钛酸铝(AT)材料应用较少;不同制造商生产的碳化硅材料,DPF 载体的 MPS、孔隙率、壁厚的差别相当大;孔密度以 46.5 个/cm^2的最常见。

表 5-6　国际市场上部分 DPF 的供应商、材料、参数及应用情况[76]

载体	供应商	材料	孔隙率/%	MPS/μm	孔密度/(个/cm^2)	壁厚/mm	应用
SD-031	Ibiden	SiC	42	11	46.5	0.254	BMW 的 UF 和 CC 型,VW 的 CC①
SD-021	Ibiden	SiC	42	11	27.6	0.4064	Fiat/Opel, Renault 的 UF 型
MSC-111 (SC-11A)	NGK	SiC	52	20	46.5	0.3048	VW, BMW 的 UF 型,(VW 的 CC 型①)
SC-14H	NGK	SiC	58	22	46.5	0.3048	适合 CC,但存在生产问题
SD-033	Ibiden	SiC	60	20	46.5	0.3302~0.3556	适合 CC,但存在生产问题
AT3	Corning	AT	51	12~14	46.5	0.3048	作为 VW 的 UF&CC①型的替代

①尚未确定应用。

目前国际市场部分供应商的 DPF 型式、采用及应用情况如表 5-7 所列。可见 SiC 壁流式 DPF 应用最为广泛，AT 壁流式、针状莫来石壁流式、金属沟纹结构和直流式过滤器仅应用于部分汽车上。值得注意的是滤芯材料中常常会掺入一定比例的其他物质，以提高其性能。如康宁公司的钛酸铝滤芯过滤器 AT-Gen A，其滤芯组成除了 70%的钛酸铝(Al_2TiO_5)外，还包括 7.5%莫来石($3Al_2O_3 \cdot 2SiO_2$)和 22.5%锶长石($SrO \cdot Al_2O_3 \cdot 2SiO_2$)[78]。制造滤芯时，先将氧化物 Al_2O_3、TiO_2、Fe_2O_3、SiO_2、SrO、CaO 等粉末按比例与造孔剂和胶黏剂等均匀混合，再将这种混合材料挤出成型、整体干燥和焙烧，封堵后即制成 DPF 滤芯。康宁公司制作的钛酸铝过滤器滤芯的壁厚有 0.254mm、0.3048mm 和 0.3302mm 三种，孔隙率有 41%、45%、51%和 60%等多个、孔密度有 46.5 个/cm^2、49.6 个/cm^2 和 54.2 个/cm^2 三种、平均孔径有 15μm 和 17μm 两种，密度为 72kg/L[56,79,80]。

表 5-7　国际市场 DPF 的主要供应商、材料、型式及应用情况[66,76]

供应商	材料	过滤器型式	使用厂家
NGK	SiC	Si-SiC 壁流式	所有
Ibiden	SiC	SiC 壁流式	所有
Corning	钛酸铝	AT 壁流式	VW
Saint Gobain	SiC	SiC 壁流式	Renault
Dow	莫来石	针状莫来石壁流式	Fiat
Bosch	合金	金属沟纹设计	Renault
Emitec	合金	直流式过滤器	VW

陶氏(Dow)公司开发的针状莫来石过滤器材料也值得关注，图 5-44 为陶氏公司的针状莫来石壁流式过滤器滤芯及其典型的针状组织[43]。针状莫来石($3Al_2O_3 \cdot 2SiO_2$)先被挤压成规定尺寸的蜂窝状载体，蜂窝载体经煅烧，并与 SiF_4 产生反应形成氟黄($Al_2SiO_4F_2$)，然后成为针状组织的莫来石。陶氏公司制作的针状莫来石过滤器滤芯的壁厚为 0.35mm、孔隙率>60%、平均孔径为 16μm、体积密度为 0.5kg/L。

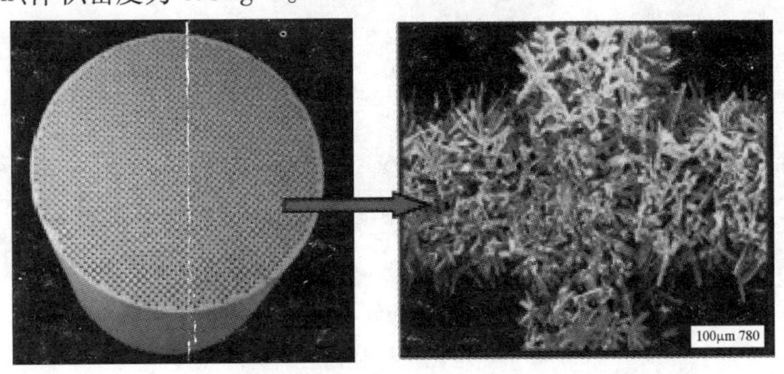

图 5-44　针状莫来石壁流式过滤器及其典型的针状组织

第四节　DPF 的设计要求及其评价指标

一、DPF 的设计要求

根据汽车使用特点、市场调查、客户询问等得到的对过滤器特性设计要求主要有:压力损失小、PM 过滤效率高、耐热性好、工作温度 1000℃ 以上、通用性好、耐热冲击性能好、机械性能满足要求、允许颗粒物堆积量大、过滤介质不与排气及颗粒物发生化学反应、可靠性高、寿命长、工艺性好、成本低、自重轻、外形尺寸小和抗振动能力强等[55,84]。根据过滤器的这些基本设计要求,在设计 DPF 滤芯时,第一步应该是过滤材料的选择,由不同过滤材料制成的滤芯,其机械强度、耐热性、耐热冲击性、过滤性能不同,材料的微孔结构及孔隙率等影响过滤壁面的压力损失、PM 收集特性等滤芯的基本特性,故确定滤芯材料时应充分考虑不同材料的特性。滤芯材料确定后,应对滤芯中气体进出通道(孔)的水力直径、壁厚、几何形状等结构进行设计,蜂窝结构中孔的形状及尺寸,直接影响滤芯的压力损失、耐热冲击性,颗粒物的物理沉积量等性能。材料和孔结构确定后,面临的问题就是滤芯几何结构设计,过滤器的大小和形状,主要应考虑 PM 质量堆积极限、客户要求的安装尺寸、形状和封装方式等。

颗粒过滤器经常处于温度变化的排气中,当颗粒燃烧时,产生大量热量,DPF 滤芯的温度可高达 1000℃ 以上,导致 DPF 会出现滤芯材料软化、局部因高温熔化或产生裂纹等损坏。图 5-45 为由于再生控制不当,热熔化后的滤芯端面及剖面照片,相当大一部分过滤壁面熔化,进、出气孔连通,过滤功能丧失[85,86]。因此,选择滤芯材料时,应考虑其承受高温及热冲击的性能。还应具有足够的强度、化学稳定性、抗热裂及熔点等性能。增加过滤器容积可以提高过滤效率, 减少压力降,但其外形尺寸会增加。从 DPF 在排气管路易于布

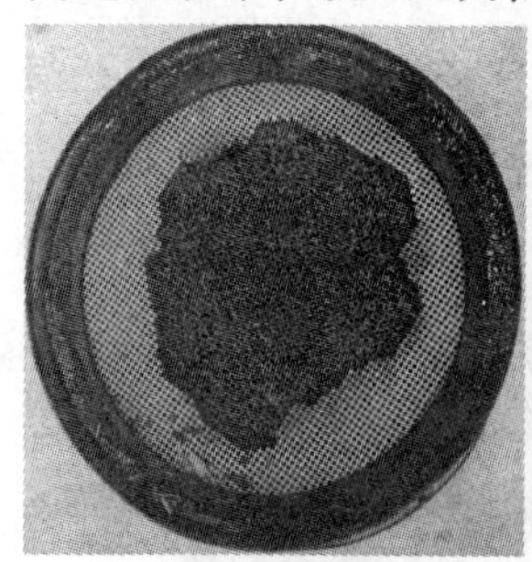
(a) 端面熔化

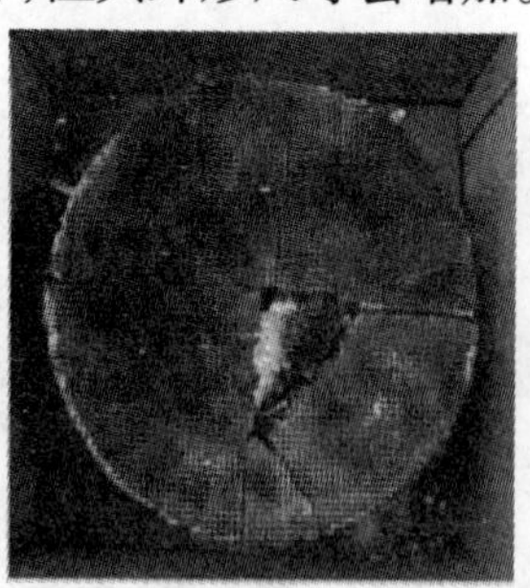
(b) 端面裂纹

(c) 内部熔化

图 5-45　热熔化及热裂化后的滤芯照片

置及安装角度看，在保证过滤效率和低的流通阻力的前提下，DPF 的外形尺寸应尽可能小，并且应具有一定的通用性。过滤器在排气管路中，受到热胀、振动以及由此产生的机械应力和热应力作用，因此它应有足够的可靠性。

颗粒过滤器应具有高过滤效率、低流动阻力、高可靠性、长寿命、耐高温等性能。还应满足外形尺寸小、质量轻和通用性好等要求。在这些要求中，最为重要的是汽车行驶过程中能保持高的过滤效率和低的流动阻力。随着行驶里程增加，DPF 上颗粒物的堆积数量增加，发动机排气背压增大，性能恶化，故 DPF 应具有"自洁"功能，能够将收集的颗粒物及沉积的灰分等排出。在一般柴油机运转条件下，排气温度低，收集的颗粒物无法自燃或氧化，因此，DPF 应具备点燃颗粒物的功能。并且能把收集的颗粒氧化燃烧，变为 CO_2 和 H_2O 等排入大气，即应具备使颗粒过滤器恢复到初始状态的"自洁功能"。通常把采用颗粒物燃烧方法恢复 DPF 初始状态的过程称为 DPF 的再生。是否需要进行 DPF 的再生，这一般取决于使用时间、行驶里程或颗粒物沉积量或压降等。由于高过滤效率和低流动阻力经常是矛盾的，并且随着车辆行驶距离变化。为了使过滤器的效率高、排气流动阻力小，而外形尺寸又不大，在 DPF 设计时，必须考虑它们之间的关系，并能在车辆行驶过程解决 DPF 的"再生"问题。

二、DPF 的主要性能指标

衡量 DPF 产品的指标主要有性能指标、可靠性指标和成本指标等。性能指标主要包括对质量、数量和特定粒径颗粒物的过滤效率、对其他排放的影响、额定转速/满载下新品 DPF 的压降（亦称流动阻力）、DPF 的再生和安全的压降限制、再生特性（再生效率、再生间隔及再生时间等）及降噪性能等；可靠性指标包括寿命、耐老化性能、检查和维护性能、监测、控制和安全预警等；成本指标包括资本成本（包括系统集成和优化等）、运营成本（包括油耗损失）和维护成本等[70]。

颗粒过滤器再生的性能常通过颗粒过滤器的再生效率、再生时间和再生间隔等来评价。再生效率指 DPF 在指定的 PM 加载水平（或指定工况）下再生前、后 DPF 中 PM 的质量（指 DPF 床温 125℃ 时称量的质量）变化率，即再生前、后 DPF 中的 PM 的质量之差占再生前 DPF 中 PM 质量的百分比，再生时间指一次再生所需要的时间；再生间隔指两次再生之间所需的行驶时间或里程[87]。

DPF 的再生时间和再生间隔主要取决于 DPF 的体积大小、再生装置性能和柴油机排气中颗粒浓度等。再生间隔越长越好，但受到 DPF 的质量、体积、形状和安装空间等的制约；再生时间越短越好，但受到燃料喷射量、喷射速率和再生可燃混合气数量、电加热功率等的制约。再生时间和再生间隔的选取应综合考虑各种因素。

颗粒过滤器过滤效率的定义为车辆行驶单位里程或单位时间在过滤器中收集到的颗粒物的质量（或数量和特定粒径颗粒个数）占车辆行驶单位里程或单位时间进入过滤器的颗粒的质量（或数量和特定粒径颗粒个数）的百分比。由于不同工况或柴油机排出的颗粒粒径不同，DPF 过滤孔的平均直径随颗粒物负载量变化等，故颗粒过滤器的过滤效率可分为质量过滤效率和数量过滤效率等。

有时候也用体积过滤效率表示颗粒过滤器的过滤效率。体积过滤效率 η_V 的计算公式为

$$\eta_V = 1 - v_{出口}/v_{入口} \tag{5-10}$$

式中：$v_{出口}$、$v_{入口}$ 分别为过滤器的出口的颗粒物体积和过滤器的入口的颗粒物体积。

DPF 的压降指排气经过 DPF 后的压力降低值，压降通常采用安装在 DPF 入口法兰上游 100mm 和出口法兰下游 100mm 位置的两个压力传感器的压差计算或由压差计直接测量得到，其单位与压力单位相同，该值越小越好。

三、DPF 主要性能指标的检测方法

我国工信部 2010 年发布的《汽车产业技术进步和技术改造投资方向》中给出的 DPF 产品的主要性能指标为：颗粒物过滤效率 > 90%、再生效率 ≥ 90%、载体最大压差 < 20kPa、老化后劣化率 ≤ 10%、对 CDPF，贵金属含量 < 2g/L。因此，确定 DPF 产品性能指标应不低于上述指标。另外，根据 HJ 451-2008《环境保护产品技术要求 柴油车排气后处理装置》的规定，DPF 性能除上述主要要求外还应满足如下要求[87,88]：

（1）经过热循环试验后，样品的载体应无裂纹和泄漏通道。

（2）流通式或部分流通式 DPF 过滤效率不得低于 50%；安装 DPF 后气态污染物（CO、HC、NO_x）排放增加不得超过安装前的 10%，DPF 前后压降不得超过 8.5kPa。

（3）CDPF 的平衡点温度（指 CDPF 在指定的发动机工况下进行 PM 加载时，CDPF 的压降从上升到没有明显下降时的入口温度）的测定值不得高于产品生产企业提供值 30℃，最高不得高于 400℃。

（4）装在轻型柴油车上的后处理装置，经过耐久试验后，汽车排放应满足 GB 18352.3 中Ⅰ型试验的要求。

（5）装在重型柴油机上的后处理装置，经过耐久试验后，发动机排放应满足相应 GB 17691 中试验排放限值的要求。

如何对上述指标进行检测是 DPF 开发必不可少的工作之一,因此,下面主要根据 HJ 451-2008《环境保护产品技术要求　柴油车排气后处理装置》等的相关规定,对 DPF 的主要性能指标的检测方法做一介绍。

检测时,首先需要对 DPF 进行预处理。预处理一般按制造厂的要求进行;若制造厂无要求,则在对 DPF 和 CDPF 样品进行预处理时,使其入口温度分别在(500±25)℃和(400±25)℃下保持 7h。然后是 DPF 性能检测准备。对装在轻型柴油机上的样品,测量入口温度的热电偶应安装在距样品前端面上游 25mm 的中心线上;对装在重型柴油机上的样品,测量入口温度的热电偶应安装在距样品前端面上游 75mm 的中心线上。测量床温的热电偶应安装在样品载体前端面下游 20mm 的中心线上。测量样品压降的两个压力传感器,应分别安装在距样品入口法兰上游 100mm 和出口法兰下游 100mm 的位置。

DPF 的热循环试验采用发动机或燃烧器进行,试验时 DPF 入口空速设定值≥40000h^{-1};试验循环如表 5-8 所列[87],由工况 1 和工况 2 组成,运行 10 个循环。对于 DPF 工况 1 和工况 2 转换以(180±20)℃/min 的速率上升或下降,用时约 2min。对于 CDPF,工况 1 和工况 2 转换以(50±5)℃/min 的速率上升或下降,用时约 8min。试验完毕后,对样品的载体进行目测,若无裂纹和泄漏通道则样品通过热循环试验,即产品合格;反之,产品不满足设计要求,需要改进。

表 5-8　DPF 热循环试验工况

工况	床温/℃	持续时间/min
工况 1	250±10	3
工况 2	625±10	3

DPF 压降的检测采用压降特性试验进行。对未加载或再生后的 DPF 压降的检测方法为:发动机负荷恒定,在若干个转速下进行试验,测量区间覆盖发动机的流量区间,在流量区间均匀分布设定至少 6 个测量点。在整个试验过程中 DPF 尽量避免加载量超过规定值(轻型车(6±0.5)g/L、重型车(4±0.5)g/L)的 10%,采集数据之前,发动机应稳定 5min,然后测量记录压降。

对已加载颗粒物 DPF 压降的检测方法为:对装载在轻型柴油车上的样品加载到(6±0.5)g/L 的水平,对装载在重型柴油车上的样品加载到(4±0.5)g/L 的水平,然后按照未加载或再生后的 DPF 压降的检测方法进行压降测量。上述测量得到的压降不得超过规定的最大压差 20kPa。

DPF 压降特性也可采用背压变化率表示。日本国土交通省 2004 年颁布的 814 号公告就规定装备于车辆上的 DPF 用背压(DPF 上游的静压)变化率来评价其压降大小,要求试验过程中排气背压的变化率小于 0.01kPa/km[89],

并规定测量排气背压压力计的最小刻度应小于 0.13kPa,背压测量共进行两次。测量背压前,先要对车辆进行预热,预热在底盘测功机或发动机台架测功机上进行。在底盘测功机上进行测试时,车辆以 60km/h 的车速平稳行驶;在发动机台架测功机上进行测试时,发动机转速和负荷率分别为最高功率转速的 60%和 30%,运转时间 20min。对于连续再生式 DPF,除测量背压外,还需要采用有足够高响应速度的热电偶温度计,测量连续再生式 DPF 再生性能试验中排气温度。评价连续再生式 DPF 再生压降特性时,规定的车辆运行工况及时间如表 5-9 所列。第一次背压测量是在预热一个 JE05 循环和怠速工况后进行,背压测量采用无负荷急加速驾驶工况进行。测量背压时,急踩油门踏板并持续 15s,然后放开油门踏板,在这个时间内测定背压峰值。第二次背压测量是在车辆又经过三个 JE05 循环和三个怠速工况后进行,背压的测量时刻是在第三次怠速运行中,开始时间是检测的排放气体温度第 3 次达到规定温度后。背压变化率由 2 次测量的背压求出,其计算式为

表 5-9 连续再生式 DPF 再生性能测试时的车辆运行工况及时间表[89]

编号	项目	运转条件	时间/s	备注
1	预热运转	在底盘测功机上测试时,车辆以 60km/h 车速平稳行驶,在发动机台架上测量时,发动机功率运转条件为:转速为最高功率转速的 60%,负荷率为 30%	1200	
2	第 1 次循环工况	按 JE05 等循环工况运行	1830	
3	模式间驾驶	怠速	600	记录运转终了时的排放气体温度
4	第 1 次背压测量	无负荷突然加速驾驶	—	无负荷急加速背压测量:急踩油门踏板并持续 15s,然后放开油门踏板,在这个时间内测定背压峰值
5	第 2 次循环工况	按 JE05 等循环工况运行	1830	
6	模式间驾驶	怠速	575	
7	第 3 次循环工况	按 JE05 等循环工况运行	1830	
8	模式间驾驶	怠速	575	
9	第 4 次循环工况	按 JE05 等循环工况运行	1830	
10	模式间驾驶	怠速	—	第 2 次背压测量开始时间:在怠速运行中的排放气体温度第三次达到测量温度时,迅速开始进行无负荷急加速驾驶

（续）

编号	项目	运转条件	时间/s	备注
11	第2次背压测量	无负荷突然加速驾驶	—	无负荷急加速背压测量：急踩油门踏板并持续15s，然后放开油门踏板，在这个时间内测定背压峰值

背压变化率(kPa/km)=[第2次背压值(kPa)-第1次背压值(kPa)]/总行驶距离(km)

式中：总行驶距离(km)=3×单次试验循环工况的行驶里程(km)，对于JE05、JE08和10·15试验工况，式中的“单次试验循环工况的行驶里程”依次为13.892 km、8.172km和4.165km。

过滤效率检测。对未加载或再生后的DPF过滤效率检测时，在所标定的发动机加载工况稳定运转5min，然后对样品的入口上游和出口下游取样，并计算过滤效率。

对已加载颗粒物DPF过滤效率的检测。先将样品加载到规定的加载水平(轻型车为(6±0.5)g/L、重型车为(4±0.5)g/L)，其次在所标定的发动机加载工况稳定运转5min，然后对样品的入口上游和出口下游取样，并计算其过滤效率。

CDPF平衡点温度(BPT)的检测。先将CDPF加载至(3±0.5)g/L的水平，然后在标定的发动机工况运行，使样品入口温度从(250±10)℃开始，以25℃的间隔升高，直到能清楚地观察到样品的压降没有明显下降为止，此时样品的入口温度，即为平衡点温度。

CDPF被动再生效率的检测[87]。颗粒物可在适当的温度和催化剂的作用下，被O_2或NO_2氧化，从而使催化型颗粒过滤器(CDPF)连续再生。被动再生工况由表5-10所列的三个循环工况组成，被动再生需连续运行50个循环。通过测量样品在试验前(预处理后的样品)、后收集的颗粒物质量变化，计算被动再生效率。

表5-10 CDPF被动再生效率试验循环工况

工况	床温/℃	工况时间/min	时间/h①
工况1	200±10	20	1
工况2	400±10	20	
工况3	300±10	20	

①200℃时，CDPF的空速为30000h^{-1}。

DPF主动再生效率的检测。先将样品加载到规定的加载水平(轻型车

(6±0.5)g/L、重型车(4±0.5)g/L),并称量颗粒过滤器质量。然后进行DPF再生,非催化型颗粒过滤器的入口温度为(650±25)℃;催化型颗粒过滤器的入口温度为(450±20)℃,颗粒过滤器(DPF)再生时间为20min。再生后再次称量样品的质量,根据再生前、后样品的质量,即可计算主动再生效率。

DPF耐久性检测采用耐久试验循环进行。颗粒过滤器耐久性反映了颗粒过滤器的长期加载-再生性能。一个耐久试验循环由加载工况和再生工况构成。加载工况通过标定发动机的脉谱图(例如,标定发动机的转速、负荷、喷油正时、EGR率等参数)确定,样品加载应稳定,加载水平为:轻型车(6±0.5)g/L、重型车(4±0.5)g/L,加载时应记录加载时间、DPF压降和其他发动机参数。再生工况指DPF样品保持入口温度在(625±25)℃的运转条件,再生时间为20min或压降回落到未加载样品时水平所用时间。对于CDPF样品保持入口温度需要在平衡点温度(BPT)以上25~50℃,再生时间为20min或压降回落到未加载样品时水平所用时间。

装在轻型柴油车上的DPF,需要进行200个加载-再生的耐久试验循环。对于装在重型柴油车上的DPF,需要进行300个加载-再生的耐久试验循环。耐久试验期间,每完成50个耐久试验循环后,在样品的入口上游和出口下游取样,并计算过滤效率,整个DPF耐久试验过程中,测量的所有过滤效率不得低于规定数值。

DPF耐久性检测也可采用整车行驶模式完成。表5-11列出了日本国土交通省2004年颁布的814号公告中耐久试验采用的车辆行驶模式[89],共有正常行驶模式和其他行驶模式两种模式。要求DPF的耐久性能试验达到30000km(采用氧化催化剂的DPF为10000km)。耐久性能试验结束后,DPF的净化率应满足设计要求,并不出现熔化、破损等现象。

表5-11　耐久性能试验的驾驶模式

行驶模式	速度条件	占总行车里程的比例
正常行驶模式	车速≤60km/h行驶模式(其中车速≤30km/h的行驶应占车速的30%以上);另外,行驶工况应包括怠速、加速、减速及匀速行驶工况,1h的起步次数10次以上	60%以上
	车速≤(100±5)km/h(载质量5t或车辆总质量8t以上的车辆为(80±5)km/h)行驶模式;不能用上述速度行驶的车辆,应以其可能的最高速度行驶	20%以上
其他行驶模式	任选	任选

第五节　壁流式 DPF 滤芯的几何结构及其特性参数

一、DPF 滤芯的几何结构及其特性参数

对常见的壁流式 DPF 滤芯而言，滤芯的几何结构参数有外形尺寸、孔道尺寸（长、宽、高或长度与直径等）、封堵尺寸、壁厚、孔道数量及过滤壁面数等，这些参数均可以直接测量得到。滤芯截面形状最常见的有图 5-46 所示的圆形和椭圆形两种[79,90]，对圆形截面的滤芯而言，其外形尺寸指滤芯长度和直径，对椭圆形截面滤芯而言，其外形尺寸指滤芯长度、截面椭圆的长径和短径。壁厚指相邻孔之间的过滤壁面厚度。

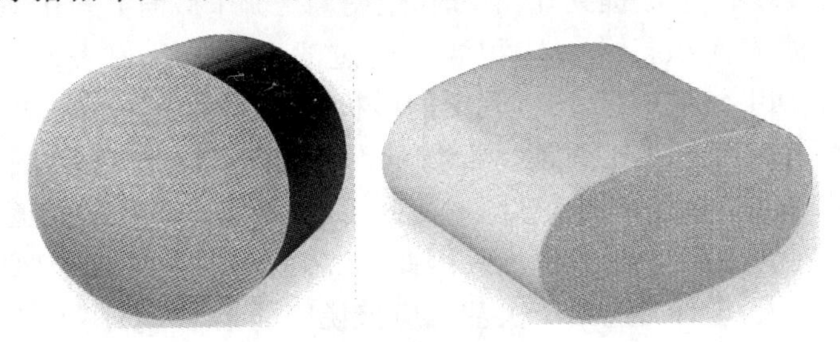

图 5-46　常见的圆形和椭圆形滤芯

DPF 滤芯结构与 DOC 或 SCR 载体的结构最大不同是 DPF 的入口及出口孔道有一半封堵，因此每个过滤孔道的有效长度应为滤芯长度与封堵长度之差。图 5-47 为常见的方形孔道、圆形截面滤芯结构示意图[91]。从图 5-47 可以看出，壁流式 DPF 滤芯过滤壁面的有效长度为滤芯长度 L 与两倍的封堵长度 l_p 之差，壁流式 DPF 滤芯有效过滤截面直径为滤芯外径 D 与两倍的封装环厚度 l_r 之差。

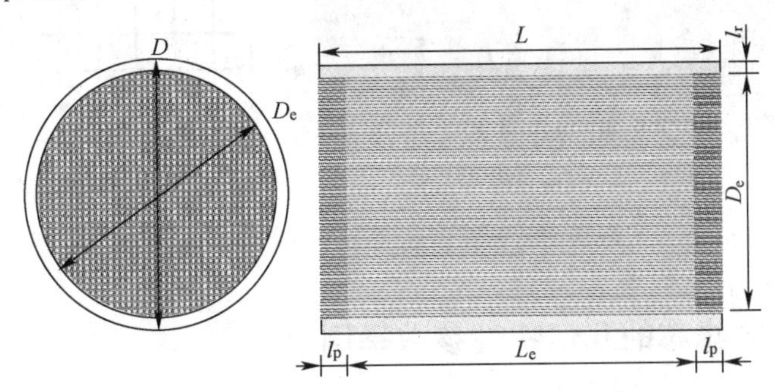

图 5-47　方形孔道、圆形截面滤芯结构示意图

DPF 滤芯几何特性参数中除了上述的可直接测量的参数外，还有一些无法直接测量得到的、需要经过计算的、并且对 DPF 性能有重要影响的参数。DPF 滤芯特性参数中与 DOC 或 SCR 载体的相同或相近的参数在第二章和第四章中已做过介绍，故此处不再赘述；下面仅对孔密度、开孔率和体积过滤表面积（体积表面积）等 DPF 滤芯特有的特性参数做一介绍。

DPF 滤芯的孔密度与 DOC 或 SCR 载体的不同，也用单位面积上的孔数表示，由于出入口截面上有封堵，进气通道个数与出气通道个数不一定相等，故孔密度应明确是哪个截面上的。工程上常用每平方英寸上的孔数表示，滤芯无封堵截面上的孔密度一般为 100~400 孔/in^2（15.5~62 孔/cm^2）。

开孔率指滤芯横截面上气体可以流通的面积与总面积之比。由于 DPF 滤芯有时会采用不对称出、入口结构，故出入口截面上的开孔率与滤芯中心部位截面上的数值不同，故提到开孔率时，应明确是哪个截面上开孔率。

体积过滤表面积指单位体积滤芯中过滤壁面的几何表面积，单位为 m^2/m^3，由于 DPF 滤芯的进、出气孔道的形状或尺寸有时不一致，并且随着孔道位置的不同，一个孔道的过滤壁面数量也不相同。图 5-48 为圆形截面方形孔道滤芯中过滤壁面分布示意图。由此可见，最靠近外径的孔道过滤壁面为 2 个，部分孔道为 3 个过滤壁面。因此，滤芯的体积表面积与 DOC 或 SCR 载体的差别较大，设计时应给予关注。应该说明的是 SiC 材料滤芯经常采用 4 块、9 块、16 块、25 块，甚至多达数十块的拼接结构，各块采用专用水泥粘结以吸收 SiC 的过度膨胀，图 5-49 中的白色分割线条即为水泥粘结缝隙，其厚度约 2mm[92-95]。因此，拼接结构 SiC 过滤体的过滤壁几何表面积的计算更为复杂。

（a）滤芯样品实物照片

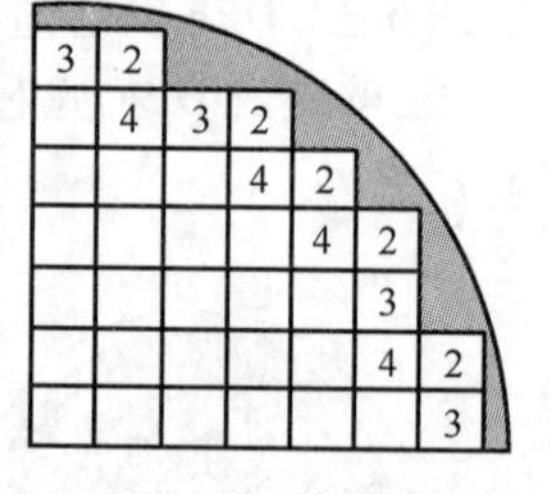

（b）滤芯中过滤壁面数量分布

图 5-48　圆形截面方形孔道滤芯中过滤壁面分布示意图[96-98]

二、DPF 滤芯的几何特性参数举例

为了对 DPF 滤芯的几何结构及特性参数有一个大致了解，表 5-12 列出了康宁公司的 RC 和 RC ACT 两种过滤器滤芯的几何结构参数[79]，RC 和

图 5-49　方形孔道 SiC 滤芯截面示意图[93]

RC ACT两种滤芯的断面孔道均为正方形,材料均为堇青石。型号为 RC 的滤芯其进出口尺寸相同,型号为 RC ACT 的滤芯其进、出口尺寸不同,为非对称型的,故用 ACT (Asymmetric Cell Technology)加以区分。仅根据单纯的 DPF 滤芯结构参数,很难选择 DPF 滤芯,因此,滤芯结构参数与其他物理性能指标通常一起不加区分地列在同一表中,表 5-13 为一个直径 190mm、长 200mm 堇青石滤芯的部分结构与特参数列表[11]。显而易见,根据表 5-13 更容易判断 DPF 滤芯性能。

表 5-12　RC 和 RC ACT 过滤器的特性参数(标称值)

DPF 滤芯型号	DuraTrap® RC	DuraTrap® RC ACT
尺寸(直径×长度)	ϕ267mm×305mm	ϕ267mm×305mm
孔密度(个/cm^2)	31	41.85
壁厚/mm	0.4826	0.4064
入口通道宽度/mm	1.35	1.29
出口通道宽度/mm	1.35	0.97
$d_{h,入口}/d_{h,出口}$	1.0	1.3
入口开孔率/%	27	34
过滤器的体积/L	17.0	17.0

表 5-13　堇青石过滤器(ϕ190mm×200mm)滤芯几何特性及性能参数举例

孔密度:200 孔/in^2(31 个/cm^2)	成分:SiO_2:50.9%±1%;Al_2O_3:35.2%±1%;MgO:13.9%±0.5%
体积质量:0.443 kg/L	孔隙率:50%
体积表面积 G_{SA}:1720mm^2/mm^3	熔点: 1460℃
峰值工作温度:1200℃	抗压强度≥ 15MPa(轴向)
热膨胀系数(800℃):1.0×10^{-6}/℃	壁面平均微孔直径:8μm
炭烟过滤率≥ 90%	吸水率:30%

三、DPF 滤芯几何特性参数的影响因素

DPF 截面形状不同时，其孔密度、开孔率和体积表面积等结构特性参数不同。正方形（入口）/正方形（出口）、六角形（入口）/三角形（出口）、正方形（入口）/长方形（出口）、八角形（入口）/正方形（出口）四种截面形状 DPF 结构参数的比较如表 5-14 所列[99]。在计算表中参数时，假定 DPF 长 150mm，封堵长 3.5mm。因此，在选用 DPF 的结构参数时，应充分考虑截面形状。

表 5-14　DPF 截面形状与结构参数的关系

DPF 截面形状 / 结构参数	正方形（入口）/正方形（出口）	六角形（入口）/三角形（出口）	正方形（入口）/长方形（出口）	八角形（入口）/正方形（出口）
			a/b=2.5	a/b=1.5
壁面厚度/mm	0.4	0.4	0.4	0.4
孔密度/（孔/in^2）	178	172	178	178
入口侧体积/L	0.30	0.50	0.39	0.46
入、出口侧体积比	1	1.67	1.30	1.53
体积质量/（kg/L）	0.72	0.71	0.72	0.70
入口开孔率/%	30.6	53.3	39.6	37.0
出口开孔率/%	30.6	7.0	21.5	24.2
体积表面积/（m^2/L）	0.80	0.58	0.80	0.63（无斜壁） 0.84（有斜壁）

由于利用非对称技术可以提高过滤几何表面积，因此 DPF 企业研制了多种非对称孔道 DPF 滤芯。图 5-50 为康宁公司的 DuraTrap® AT LP 300/13 ACT 型过滤器滤芯封堵前的截面形状[56]，大孔为进气孔道，小孔为出气孔道，其特点是压降小，降低了车辆耗油量。

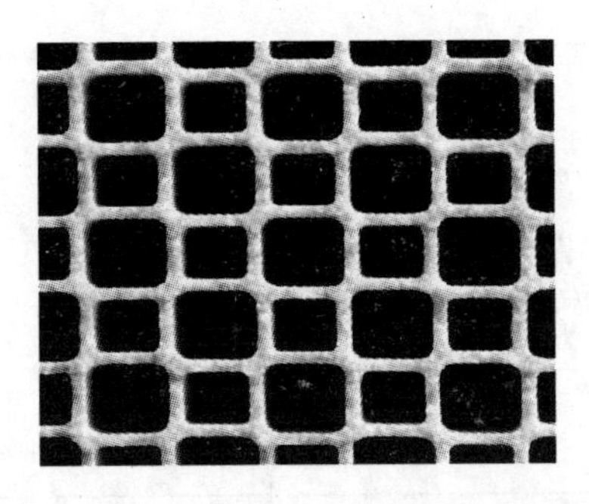

图 5-50 康宁 DuraTrap® AT LP 300/13 ACT 型过滤器滤芯封堵前截面图

第六节 DPF 的过滤效率及其主要影响因素

一、DPF 过滤效率的主要影响因素

如本章第四节所述,颗粒过滤器的过滤效率可分为质量过滤效率、数量过滤效率以及体积过滤效率等,一般要求颗粒过滤器的过滤效率应达到 50%~80%以上,过滤效率越高,过滤器的过滤效果越好,在设计过滤器时,应考虑车型排放法规的颗粒物限值。对颗粒物排放量高的重型车用柴油机,过滤效率应达到 80%以上,而对于颗粒排放量低的轻型柴油机,则要求可以低些。随着研究条件和研究人员的不同,评价颗粒过滤器过滤特性时使用效率的定义略有不同,但一般不加说明的话,颗粒过滤器的过滤效率均指质量过滤效率。影响颗粒过滤器过滤效率的主要因素有:颗粒过滤器种类、颗粒过滤器上颗粒物的负载量(或再生前的过滤时间)、滤芯结构与材料种类、被过滤颗粒物的粒径及其分布等。

二、颗粒物沉积量对 DPF 过滤效率的影响

图 5-51 表示颗粒物沉积量对 PM 质量及数量过滤效率的影响,试验用过滤器的直径和长度分别为 266.7mm 和 304.8mm,孔密度有 31 个/cm^2,壁厚为 0.3mm,孔隙率 50%,平均微孔直径 14μm。由该试验结果可以看出,随着颗粒物沉积量的增加,PM 过滤效率逐步提高;在颗粒过滤器使用初期颗粒物沉积量对 PM 过滤效率的影响明显,随着颗粒物沉积量的增加,PM 过滤效率受沉积量的影响逐步变小。颗粒物沉积量超过某一数值后,PM 过滤效率几乎与沉积流量无关,PM 过滤效率接近最大值 100%。

三、DPF 种类对过滤效率的影响

图 5-52 表示 DPF 种类对过滤效率的影响。图 5-52(a)为纤维 DPF 的

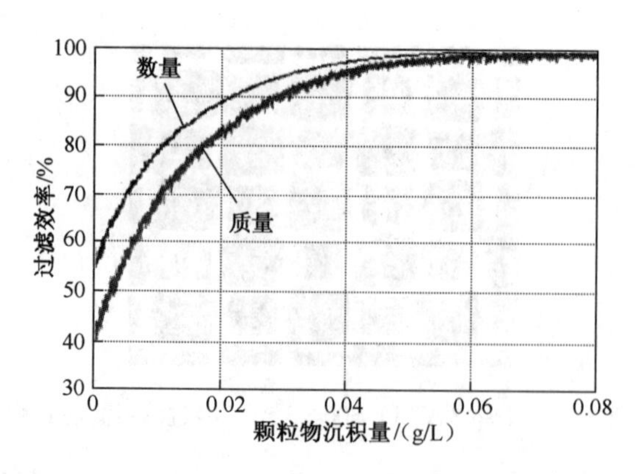

图 5-51　颗粒物沉积量对 PM 质量及数量过滤效率的影响[100]

对不同粒径的颗粒物的质量过滤效率的一个测量结果，可见纤维 DPF 对很大的粒径范围内,具有较高质量过滤效率。对 1.2~2.1μm 粒径的颗粒物的过滤效率超过 90%。图 5-52(b)为多孔陶瓷材料壁流式 DPF 过滤效率的测量结果,CSF 表示过滤体表面有催化剂涂层的过滤器,DPF 指无催化剂涂层的过滤器。试验时使用了作为比较基准用的 CSF 和高气孔率的 DPF 各 2 个,试验为 3 次 EUDC 循环工况的测试结果。可见催化剂涂层的 CSF 具有较高的过滤效率,正常气孔率材料的 DPF 过滤效率可以达到 90%以上。即纤维 DPF 效率最低,正常气孔率壁流式 DPF 的效率居中,壁流式 CSF 的过滤效率最高,但高气孔率壁流式 DPF 的效率不够理想。

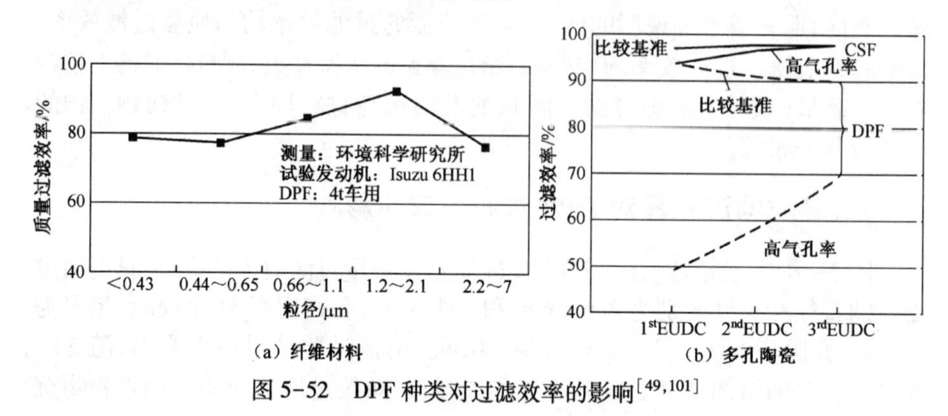

(a) 纤维材料　　(b) 多孔陶瓷

图 5-52　DPF 种类对过滤效率的影响[49,101]

四、颗粒物粒径对 DPF 过滤效率的影响

图 5-53 表示颗粒物粒径对 DPF 过滤效果的影响。试验用 DPF 为 NGK 公司的碳化硅 DPF:壁厚 0.36mm,孔隙率 42%,体积平均微孔直径 9μm。图 5-53(a)的纵坐标为颗粒物的出口数量浓度与入口数量浓度之比,该值越

小,表明过滤掉的颗粒物数量越多,DPF 的过滤效率越高。该图共给出了 7 个不同时刻的试验结果。该结果表明随着过滤时间增加,过滤效率迅速提高,出口颗粒物数量浓度下降;当颗粒物粒径低于约 80nm 或高于约 200nm 时,颗粒物的出口数量浓度与入口数量浓度之比较小,即被过滤掉的颗粒物数量多,过滤效率相对较高。即对 80~200nm 的颗粒物过滤效率较低。从图 5-53(b)在不同时刻下,过滤效率随颗粒物粒径的变化情况。图 5-53(b)共给出了 11 种不同粒径颗粒物的体积过滤效率随过滤时间的变化。可见,在颗粒过滤器刚开始工作时,不同粒径的颗粒物的过滤效率相差甚大,可以达到 35%左右,但随着过滤时间的增长,不同粒径颗粒物之间过滤效率的差别快速减小,并逐步消失。

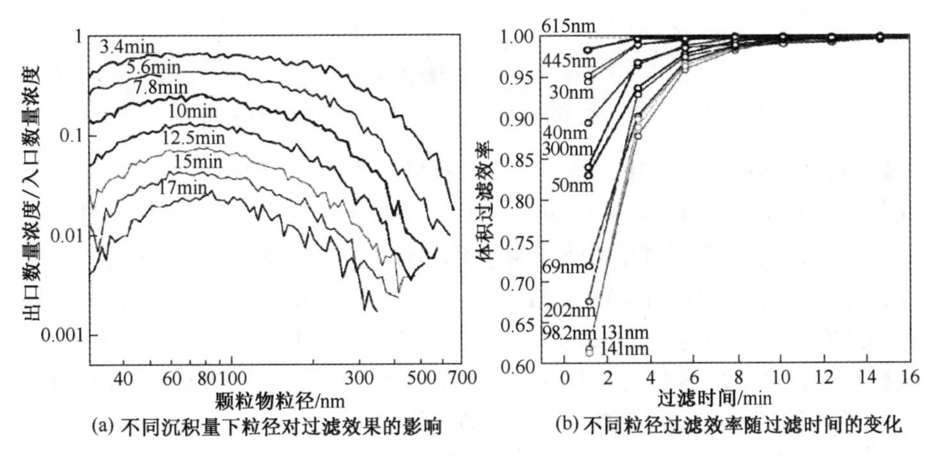

(a) 不同沉积量下粒径对过滤效果的影响 (b) 不同粒径过滤效率随过滤时间的变化

图 5-53 颗粒物粒径对 DPF 过滤效果的影响[102]

图 5-54 表示 DPF 入口(过滤前)和出口(过滤后)不同粒径颗粒物数量的测量结果。试验用发动机为 PSA 2L HDi 柴油车,排气系统安装了 DOC 及 SiC-DPF,过滤前指 DOC 出口后,DPF 入口前的测试结果。试验时车速 32km/h,车辆档位为 2 档。该结果表明,DPF 可将粒径 10~1000nm 的 PM 数量减少 3~4 个数量级,PM 排放数量的净化率达 99.98%~99.99%。

图 5-55 表示颗粒物负载量、粒径、过滤材料种类不同时,壁流式 DPF 的过滤效率随粒径的变化。该结果表明,颗粒物粒径大小对 DPF 过滤效率的影响与滤芯材料、DPF 种类和过滤器滤芯上沉积颗粒物的数量关系不大,DPF 过滤效率随颗粒物粒径大小变化很大,且均对 100nm 左右的颗粒物过滤效率最低[103];另外,与碳化硅材料滤芯相比,钛酸铝滤芯的过滤效率更高;与试验用其他碳化硅材料滤芯相比,丰田公司的 DPNR 颗粒过滤器的过滤效率更低;过滤器滤芯上颗粒物沉积量对 DPF 过滤效率影响明显,随着过滤器滤芯上沉积颗粒物数量的增加过滤效率快速升高。出现这种现象的原因是不同粒

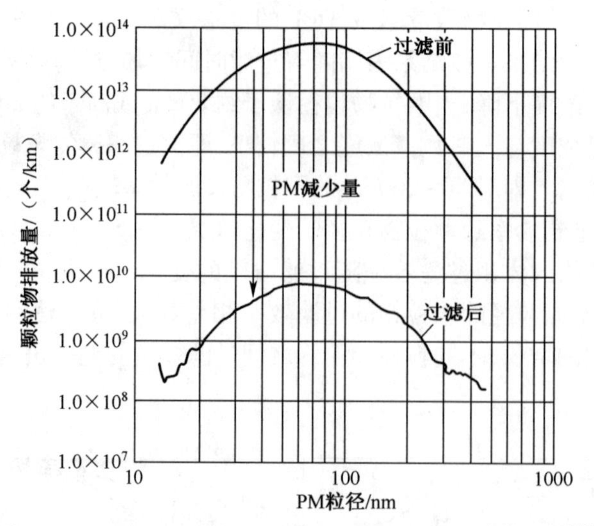

图 5-54 DPF 入口和出口不同粒径颗粒物的数量排放量[4]

径颗粒物的捕集机理存在差异。几乎所有粒径小 30nm 的颗粒物都是通过布朗扩散被捕获；对于粒径 30nm 和 100nm 左右之间的颗粒物，布朗扩散是捕获的主要方式之一，但不能捕获所有颗粒物，随着颗粒物粒径增加，布朗扩散减少，故颗粒物捕集效率下降。粒径大于 100nm 的颗粒物，通过拦截和惯性捕获的颗粒物数量随着粒径的增加而增加，并逐步成为颗粒物捕获的主要方式，故颗粒物粒径增加，颗粒物捕集效率增加。对于粒径大于 300nm 的颗粒物，通过拦截和惯性几乎可以捕获所有的颗粒物[100]。

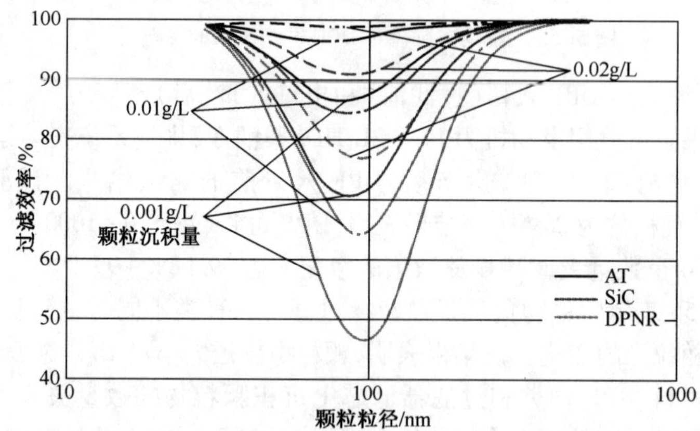

图 5-55 颗粒物负载量、粒径和过滤材料种类对壁流式 DPF 过滤效率的影响

五、孔隙率对 DPF 过滤效率的影响

图 5-56 表示 DPF 材料的孔隙率对壁流式 DPF PM 质量过滤效率及 PM

排放数量影响的测量结果。图 5-56(a)是模拟试验台架的测量结果。测量时,气体中的颗粒物由甲烷燃烧器产生,试验用过滤器壁厚为 0.3mm,孔密度有 31 个/cm^2和 42.6 个/cm^2两种,直径和长度分别为 143.8mm 和 152.4mm,试验在室温下进行,进气流量为 26.49m^3/h。该试验结果表明,孔隙率对壁流式 DPF 颗粒物质量过滤效率的影响不明显。

图 5-56 (b)为孔隙率对壁流式 DPF PM 数排放量的影响。试验用 DPF 为康宁公司的钛酸铝材料、催化剂涂覆式 DPF,DPF 的代号分别为 DuraTrap AT HP 和 DuraTrap AT LP,其孔隙率分别为 45%和 60%。工况法的试验结果是:经过 DuraTrap AT HP 和 DuraTrap AT LP 过滤器后,出口的颗粒物数量浓度分别为 1.22×10^9 个/km 和 1.94×10^9 个/km,远低于排放标准规定的 6×10^{11}个/km限值。低孔隙率的过滤器 DuraTrap AT LP 的颗粒物数量过滤效率是高孔隙率 DuraTrap AT LP 过滤器的 1.62 倍,因此,可以说材料的孔隙率对颗粒物数量排放的影响明显。

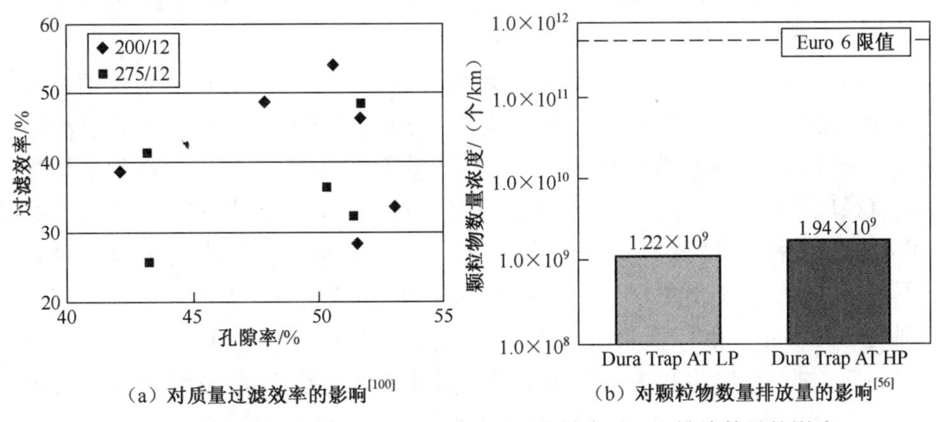

(a) 对质量过滤效率的影响[100]　　(b) 对颗粒物数量排放量的影响[56]

图 5-56　孔隙率对壁流式 DPF PM 质量过滤效率及 PM 排放数量的影响

六、平均微孔直径对 DPF 过滤效率的影响

气孔直径及其分布是影响 PM 过滤(捕集)效率的重要参数之一。一般来说平均微孔直径(MPD)越小,过滤效率越高。气孔直径小于 10μm 的气孔比例,对 PM 过滤效率影响较大,气孔直径大于 70μm 的气孔比例,对 DPF 的压降影响较大。图 5-57 表示 DPF 的平均气孔直径对过滤效率的影响[72]。

图 5-57(a)中 DPF A 和 DPF B 的气孔直径分布曲线显示,DPF A 的气孔直径小于 10μm 的气孔体积比例大于 DPF B 的,气孔直径大于 70μm 的气孔体积比例也大于 DPF B 的。因此,从理论上讲 DPF A 的过滤性能应优于 DPF B的,图 5-57(b)是 DPF A 和 DPF B 的过滤效率的发动机台架试验结果,可见,DPF A 在刚开始过滤时,其过滤效率明显高于 DPF B 的,但工作一

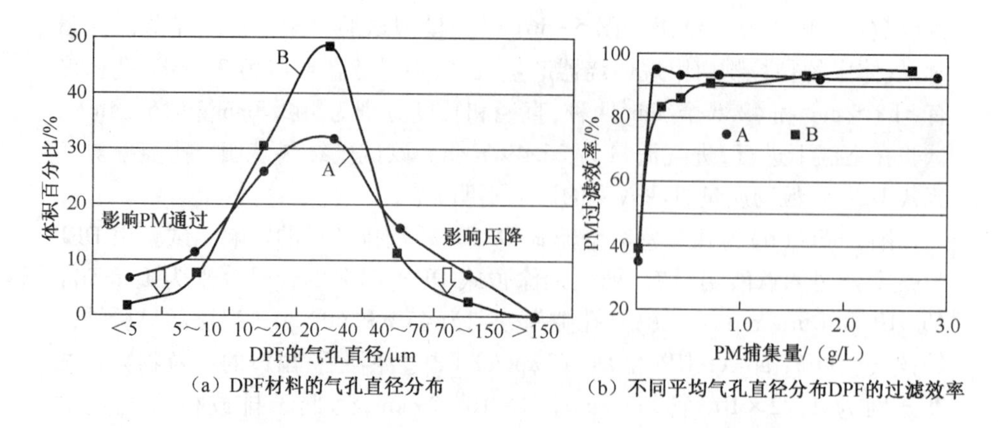

图 5-57　DPF 的平均气孔直径对过滤效率的影响

段时间后，二者的差别变得不明显。压力损失的测定结果表明，DPF A 相对于 DPF B 而言，其压力损失低 15%左右，出现这种现象的主要原因是大于 70μm 的气孔直径比例高。

图 5-58 表示气孔直径对 PM 过滤效率的影响，图 5-58(a)是对柴油机颗粒物过滤效率的测试结果[72]，该试验结果表明，平均气孔直径对 PM 过滤效率影响极大。如果想获得 90%以上 PM 过滤效率，则采用过滤材料的平均气孔直径应该在 30μm 以下，平均气孔直径大于 40μm 时很难获得 80%以上的 PM 过滤效率。图 5-58(b)是模拟试验台架上的测试结果[100]，试验在室温下进行，进入过滤器的气体流量为 26.49m^3/h，试验用过滤器的直径和长度分别为 143.8mm 和 152.4mm，试验用过滤器的孔密度为 31 个/cm^2 和 42.6 个/cm^2，壁厚为 0.3mm。由于进入过滤器的颗粒物来自甲烷燃烧器，故其颗粒物粒径小于柴油机的，因而其过滤效率明显低于图 5-58(a)的，但平均气孔直径的差异引起的 PM 过滤效率差别约为 30%，与图 5-58(a)所示结果相近。

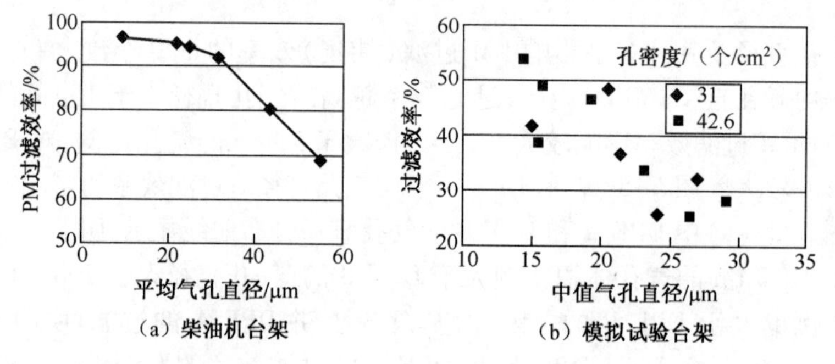

图 5-58　气孔直径对 PM 过滤效率的影响

七、DPF 的过滤效率随循环工况运行时间的变化

图 5-59 表示运行时间对 DPF 过滤效率的影响[104]。试验用车辆为 Euro 4认证的福特 S-MAX 柴油轿车,使用燃料为硫含量质量分数小于 0.001%的低硫柴油,后处理系统由氧化催化器与壁流式催化碳化硅 DPF (CDPF)串联而成。该车辆在 NEDC 工况下,PM 质量和数量排放率分别为 3mg/km 和 5.0×10^{11}个/km,低于 Euro 5 的限值 5mg/km 和 6.0×10^{11}个/km。从图 5-59 可以看出,在 NEDC 行驶循环试验的冷起动阶段(0~200s),DPF 后颗粒物浓度很高;在冷起动阶段之后剩余时间(200~1180s),DPF 后颗粒物浓度非常低。这说明车辆在 NEDC 工况下运行时,DPF 的过滤效率在循环开始时很低,随着运行时间增长逐步增大。

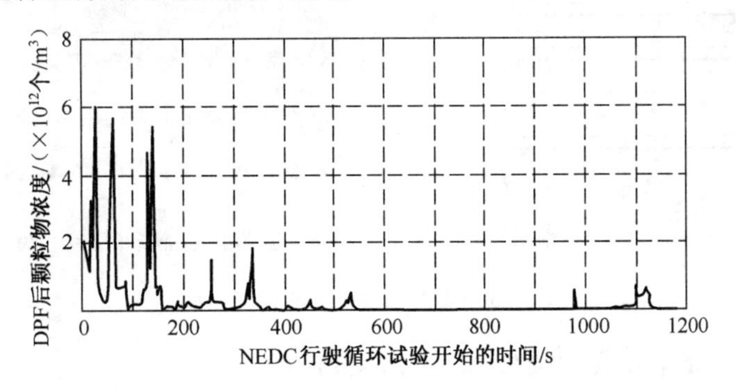

图 5-59 NEDC 循环中颗粒物浓度随开始时间的变化曲线

第七节 DPF 流动阻力的计算

一、DPF 滤芯的压降模型及压降的计算

1. DPF 压降(流动阻力)Δp 的计算模型

DPF 的流动阻力可用排气流过 DPF 产生的压降 Δp 衡量。DPF 压降 Δp 的计算是 DPF 研究开发的难点之一。其原因是 DPF 结构形式复杂多样,工作过程中的影响因素众多,且难以控制。Δp 对汽车动力性和经济性有重要影响,Δp 越小越好。

由于不同种类 DPF 压降 Δp 的计算方法相差很大,故此处仅以常见的方形孔道 DPF 为例,对压降 Δp 的计算方法予以介绍。对壁流式蜂窝陶瓷 DPF 而言,Δp 主要受蜂窝孔形状和大小、壁厚、载体长度等因素影响。

壁流式蜂窝陶瓷 DPF 压降 Δp 的计算模型如图 5-60 所示[97,98]。DPF 工作时,排气流过壁流式多孔蜂窝陶瓷 DPF 时产生的压力损失主要由 DPF 滤芯入口及出口处局部压力损失 Δp_I 及 Δp_O、排气通过过滤壁面表面颗粒堆积层的压降 Δp_S、通过过滤壁面的压降 Δp_W 及排气沿滤芯壁面(或颗粒堆积层表面)流动时的沿程阻力引起的压降(滤芯有效长度 L) Δp_L 五部分组成。总压力损失 Δp 可用下式表示[97,98]:

$$\Delta p=\Delta p_S+\Delta p_W+\Delta p_I+\Delta p_O+\Delta p_L \tag{5-11}$$

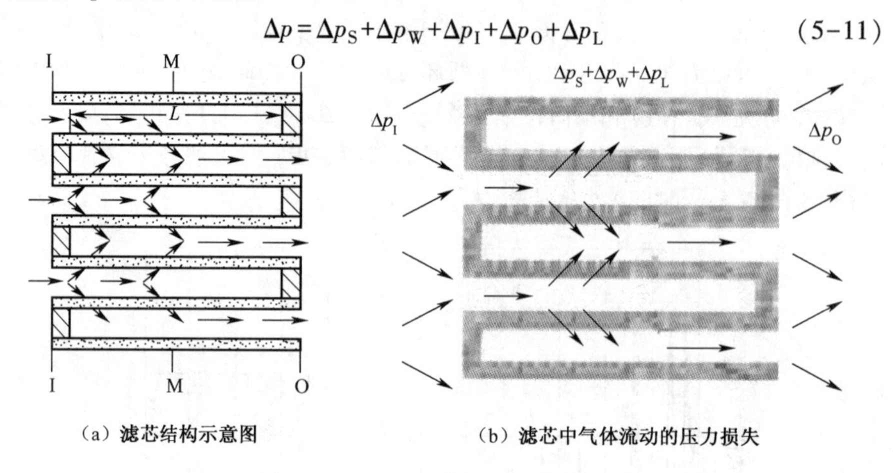

(a) 滤芯结构示意图　　(b) 滤芯中气体流动的压力损失

图 5-60　DPF 滤芯 Δp 的计算模型

2. DPF 滤芯的压力损失 Δp_I 及 Δp_O 的计算

Δp_I 及 Δp_O 的计算可参考图 5-61 (a)及(b)所示的突然收缩和扩张管道的局部损失的计算方法进行。流体从大直径的管道流入小直径的管道时的状况如图 5-79(a)所示,流线发生弯曲,流束产生收缩,并在缩径附近的流束与管壁之间和大直径截面与小直径截面连接的凸肩处出现小漩涡低压区域,从而产生能量损失(压降)。另外,在流线的弯曲、流体加速和减速过程中,流体质点发生碰撞、速度分布发生变化等也造成能量损失(压降)。流体从小直径管进入大直径管时的流动如图 5-61(b)所示。由于流体惯性作用,流体不可能按照管道形状突然扩大,而是离开管壁面后再逐渐地扩大,并在管壁拐角与流束之间形成漩涡,漩涡靠主流束传递的能量旋转,并把得到的能量消耗在旋转运动中,变成热而散逸。另一方面,从小直径管道中流出的流体速度高于大直径管道,进入大直径管道时,便于大直径管道中流速较低的流体产生碰撞,造成能量损失(压降)。因此气体在突然收缩和扩张管道内流动时将不可避免地产生能量损失,出现压力下降。由于管径突然扩大或缩小时的能量损失较大,故一般尽量采用渐扩或渐缩管。

假设图 5-61 截面 1 或 2 上气体的平均速度、压力和截面面积分别为 V_1、

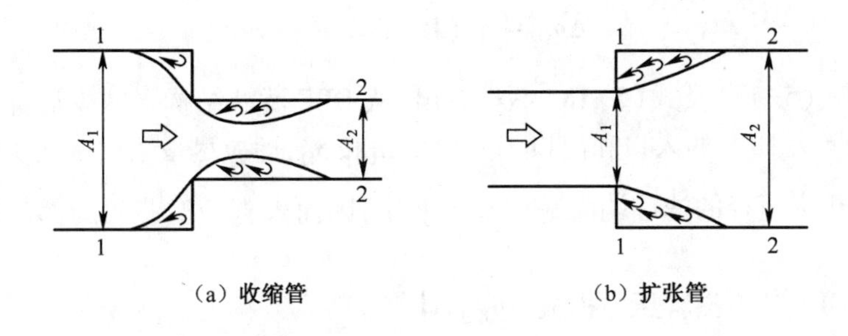

图 5-61　气体在突然收缩和扩张管道内的流动示意图

p_1、A_1和 V_2、p_2和 A_2，则由连续、动量和能量守恒方程不难推得，气体在流经突然收缩和扩张管时，其压降 Δp_j可用下式计算[105]：

$$\Delta p_j = \zeta \frac{\rho V_1^2}{2} \tag{5-12}$$

式中：ζ 为局部损失（阻力）系数；ρ 为气体的密度。

对于图 5-61(a)和(b)所示的流动而言，其局部损失（阻力）系数 ζ_a和 ζ_b仅与截面 1 和 2 的面积大小有关[105]，其计算公式分别为

$$\zeta_a = 0.5\left(1 - \frac{A_2}{A_1}\right) \tag{5-13}$$

$$\zeta_b = \left(1 - \frac{A_1}{A_2}\right)^2 \tag{5-14}$$

由于 DPF 滤芯入口及出口处的流动与图 5-61 所示情况类似。故可采用下面两式计算 DPF 滤芯入口及出口处的局部压力系数 ζ_I和 ζ_O。

$$\zeta_I = c_I(1 - \delta_I) \tag{5-15}$$

$$\zeta_O = c_O\,(1 - \delta_O)^2 \tag{5-16}$$

式中：c_I和 c_O为比例常数，用以修正 DPF 滤芯结构与图 5-55 所示差异引起的误差，其大小与 DPF 入口及出口的结构形式有关，可由试验确定；δ_I和 δ_O分别为 DPF 的入口开口率和出口开口率。

一般而言，DPF 滤芯两端直径的相同，故 DPF 入口前与出口后的端面面积相等，因而，气体进入 DPF 滤芯入口前与离开出口后的断面平均速度相等。若用$\overline{V}$表示气体进入滤芯入口前与离开出口后的端面平均速度。则由式(5-12)～式(5-16)可得 DPF 滤芯入口压降 Δp_I及出口处压降 Δp_O的计算公式：

$$\Delta p_I = c_I(1 - \delta_I)\frac{\rho \overline{V}^2}{2} \tag{5-17}$$

$$\Delta p_O = c_O (1 - \delta_O)^2 \frac{\rho \overline{V}^2}{2} \tag{5-18}$$

由式(5-17)及式(5-18)不难看出,从 DPF 滤芯结构上减少局部阻力的方法是增大 DPF 的入口和出口的开口率 δ_I 和 δ_O,即应尽量采用壁面更薄的滤芯。由于大直径的滤芯端面平均速度 $\overline{V}$ 小,因而大直径滤芯的局部流动损失较小。

3. DPF 滤芯沿程压力损失 Δp_L 的计算

沿程阻力由气流各流层之间的摩擦引起。图 5-62 为排气在 DPF 滤芯孔道中的流动示意图[98],Δp_L 由两部分组成,即 $\Delta p_L = \Delta p_{L1} + \Delta p_{L2}$。若气体在进气孔道 L_1 处穿过颗粒物堆积层及过滤壁面,则其流过距离 L_1 后的压降 Δp_{L1} 可由下式计算:

$$\Delta p_{L1} = \lambda_S \frac{L_1}{d_S} \frac{\rho v_{L1}^2}{2} \tag{5-19}$$

式中:λ_S 为排气沿颗粒物堆积层表面流动时的沿程损失系数;L_1 为过滤前气体流经过滤壁面的长度;d_s 为堆积层表面组成孔道的水力直径;ρ 为气体密度;v_{L1} 为气体在过滤壁长度 L_1 上的平均速度。

对于刚开始工作、无颗粒物堆积层的 DPF 滤芯而言,Δp_{L1} 可由下式计算:

$$\Delta p_{L1} = \lambda \frac{L_1}{d_{hI}} \frac{\rho v_{L1}^2}{2} \tag{5-20}$$

式中:λ、d_{hI} 分别为排气沿入口孔道壁面表面流动时的沿程损失系数和入口孔道的水力直径。

同理,气体穿过过滤壁面之后到流出滤芯之前,即在长度 L_2 上的压力损失则可由下式计算:

$$\Delta p_{L2} = \lambda \frac{L_2}{d_{hO}} \frac{\rho v_{L2}^2}{2} \tag{5-21}$$

式中:v_{L2} 为气体在过滤壁长度 L_2 上的平均速度; λ、d_{hO} 分别为排气沿出口孔道表面流动时的沿程损失系数和出口孔道的水力直径。

由式(5-20)和式(5-21)可知,DPF 的长度 L 越小、进出口的孔道水力直径 d_{hI} 和 d_{hO} 越大,其沿程压力损失越小。气体在过滤前的平均流速 v_{L1} 和过滤后的平均流速 v_{L2} 越小,其沿程压力损失越小。由于平均流速 v_{L1} 和 v_{L2} 与过滤表面积和孔密度之积成反比,因此,可以说过滤表面积和孔密度越大,气体流经 DPF 滤芯孔道的沿程压力损失越小。

4. Δp_S 及 Δp_W 的计算

大量的研究表明,DPF 内部径向及长度方向的颗粒物堆积厚度是不均匀的，陶瓷壁面过滤层内部空隙中沉积的颗粒物数量与质量是随时间不断变化的。因此，严格来说，陶瓷壁面过滤层和颗粒堆积层产生的实际压力损失（压降）Δp_W和Δp_S是不断变化的，故Δp_W和Δp_S的确定常采用近似模型计算。在过滤层和颗粒堆积层压力损失Δp_W和Δp_S的计算模型中一般会做出如下假设：入口孔道四周过滤壁面上的颗粒物沉积层厚度均为h_S，且在过滤壁面长度方向均匀一致；壁面过滤层内部及出口侧均无颗粒物沉积；出口封堵上的沉积颗粒物忽略不计。基于上述假设，可得到图5-63所示的过滤层和颗粒堆积层压力损失Δp_W和Δp_S的计算模型。

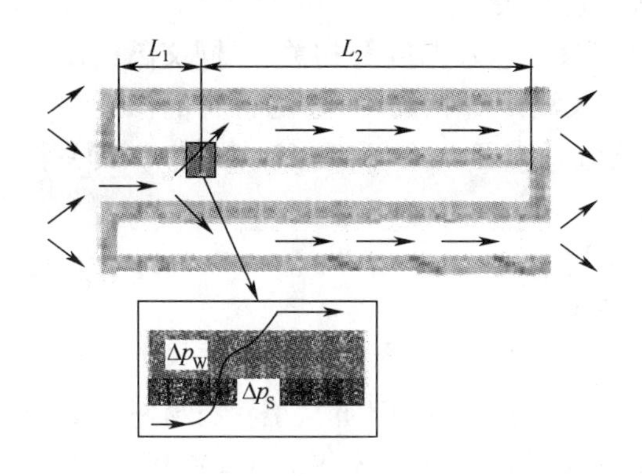

图5-62　滤芯内部气体压降的计算模型

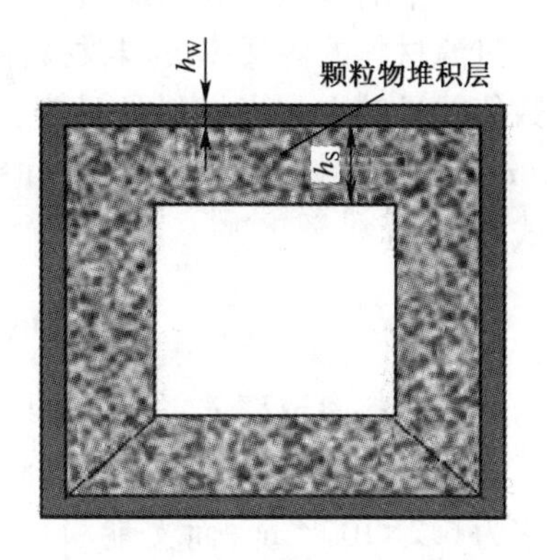

图5-63　过滤层和颗粒堆积层压力损失Δp_W和Δp_S的计算模型

从过滤壁面及其表面颗粒物堆积层微观的结构来看，排气的流动属于气体在微细多孔介质内部的流动，即气体渗流。由于气体黏度低、密度小、压缩性大，其流动受到气体压缩性、温度和滑脱效应等的影响，严格来说，气体渗流规律为非线性的。但是，大量的研究表明，DPF 的过滤过程可近似用达西渗流定律表示[106-110]。根据 Darcy 定律，Δp_S及Δp_W的计算公式为

$$\Delta p_W = \frac{\mu}{\kappa_W} v_W h_W \tag{5-22}$$

$$\Delta p_S = \frac{\mu}{\kappa_S} v_S h_S \tag{5-23}$$

式中：μ、κ_W、v_W、h_W分别为气体动力黏度、过滤材料的渗透率及气流流过过滤材料的平均速度及过滤壁面厚度；κ_S、h_S、v_S分别为过滤表面颗粒物堆积层的渗透率、厚度及气流流过的平均速度。由于过滤材料的过滤表面积不变，因此，在柴油机稳定工况下，v_W可以视为常数。但随着过滤表面h_S的增加，颗粒物堆积层的过滤表面积逐渐减少，故v_S也会最大，故随着过滤时间增加，Δp_S迅速增大。但是，当气流流过过滤材料的平均速度较高、且压力梯度为非线性

时，Δp_S及 Δp_W 的需采用式（5-24）和式（5-25）所示的 Forchheimer 公式计算[111,112]：

$$\Delta p_W = \frac{\mu}{\kappa_W} v_W h_W + \rho\beta v_W{}^2 h_W \tag{5-24}$$

$$\Delta p_S = \frac{\mu}{\kappa_S} v_S h_S + \rho\beta v_S^2 h_S \tag{5-25}$$

式中：ρ 为排气气体密度（kg/m^3）；β 为 Forchheimer 系数，也常被称为紊流因子、惯性阻尼系数、非达西流系数等。β 与多孔材料的的孔隙度、迂曲度以及孔隙介质中的裂隙及表面的粗糙度等密切相关。

过滤材料的渗透率 κ_W 与材料的种类、工艺及温度等相关，不同文献给出的数值差异较大。当材料的种类、工艺及温度等相同时，过滤材料的渗透率 κ_W（m^2）可以由材料的孔隙率 ε 和平均气孔直径 d_m（m）近似计算[109]。其关系式为

$$\kappa_W = \frac{\varepsilon^{5.5}}{5.6} d_m^2 \tag{5-26}$$

过滤材料渗透率 κ_W 的影响因素众多，不同的研究者给出的结果差别较大。如文献[111]给出的 SiC 材料的渗透率为 $3.7\times10^{-13}m^2$、堇青石材料的渗透率为 $6.2\times10^{-12}m^2$；而文献[113]给出的 SiC 的渗透率仅为 $1.2\times10^{-12}m^2$。颗粒物堆积层的渗透率 κ_S的主要影响因素为温度和压力等，其数值范围近似为$(2.5\sim3.125)\times10^{-15}m^2$。文献[114]给出的颗粒物堆积层的渗透率 κ_S数值为$(1.54\sim3.125)\times10^{-15}m^2$，堇青石材料的渗透率为 $5.55\times10^{-15}m^2$。文献[115]给出的孔隙率 48% 的堇青石滤芯的渗透率为 $5.3\times10^{-13}m^2$。文献[116]在模拟计算中，假定滤芯的渗透率为 $5\times10^{-14}m^2$，颗粒物堆积层下面的灰分层的渗透率 κ_a为 1×10^{-13}。从以上结果来看，不同过滤材料渗透率的差别巨大，其数值范围相差甚至达 2 个数量级，并且受到温度及压力等的影响，因此计算时应尽量采用试验数据。

由式（5-24）和式（5-25）可知，DPF 的过滤壁面厚度越小，气体通过过滤壁面的压力损失 Δp_W越小；DPF 的过滤表面积越大，由排气流动的连续性可知气体通过过滤壁面及表面颗粒物堆积层的平均速度 v_W 及 v_S 越小，故 Δp_S及Δp_W的也越小。颗粒堆积层中颗粒之间的缝隙远小于过滤表面的多孔材料，因而当有颗粒堆积层时，Δp_S就成为降低压降的关键。

5. DPF 总压降及各组成部分的压降

为了了解 DPF 产品各部分压力损失的大小及其变化，图 5-64 给出了 DPF 总压降及各组成部分的压降随气体流量变化的一个计算结果[76]。图 5-64中颗粒层压降、沿程阻力、滤芯入口及出口压降、过滤壁面压降和 DPF

进出口锥形连接管压降依次表示气体通过过虑壁面颗粒物沉积层产生的压降、气体流经 DPF 滤芯内部通道时摩擦阻力引起的压力损失、滤芯入口及出口处流通面积突变引起的局部压力损失、气体流通过滤壁面产生的压降和 DPF 进出口锥形连接管产生的压力损失。总压降则表示上述五部分压力损失之和。由于计算时,假设 DPF 表面无颗粒沉积,故过滤壁面颗粒堆积层引起的压降始终为 0。该结果显示,随着进入 DPF 气体流量的增加,沿程阻力、滤芯入口及出口压降、过滤壁面压降和 DPF 进出口锥形连接管压降均呈现出增加趋势;当气体流量小于 $200m^3/h$ 时,主要压力损失为沿程阻力和过滤壁面压降;当气体流量大于 $250m^3/h$ 时,主要压力损失为过滤壁面压降和 DPF 进出口锥形连接管压降;当气体流量大于 $500m^3/h$ 时,主要过滤壁面压降和 DPF 进出口锥形连接管压降,并且 DPF 进出口锥形连接管压降称为最大的压力损失部分。

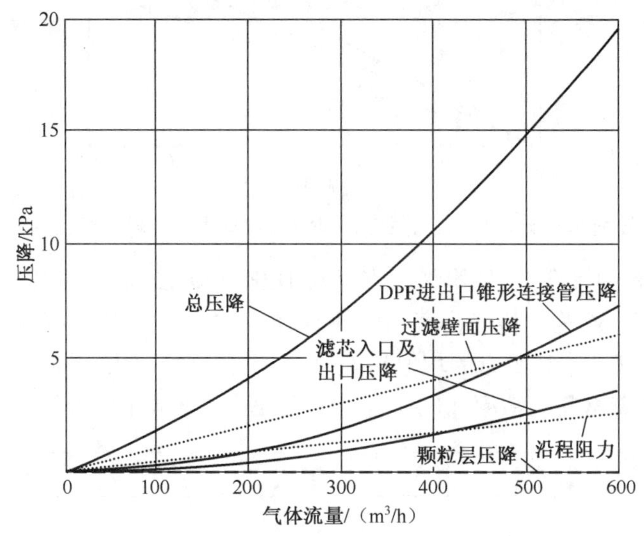

图 5-64　无颗粒沉积条件下 DPF 总压降及各组成部分的压降随气体流量的变化

二、DPF 滤芯压降的影响因素分析

壁流式 DPF 流动阻力的影响因素有 DPF 材料种类及其特性参数、进气流量及温度、过滤时间(颗粒物沉积量)、催化剂涂覆量等。

1. DPF 材料种类及其特性参数的影响

DPF 材料种类不同,其过滤壁面的渗透率及微孔直径等不同,故材料种类对 DPF 压降具有重要影响。图 5-65 为滤芯材料种类对 DPF 压降影响的一个试验结果。图 5-65 中比较了针状莫来石、堇青石和 SiC 三种 DPF 的压降特性[43]。三种DPF分别被安装在大众1.9L直喷四缸四气门共轨燃油喷射柴油机上，并在相同的条件下运转。三种过滤器PM的过滤（负载）量均为8g/L。针状莫来石、堇青石和SiC三种DPF均为市场销售的产品，堇青石DPF为康宁公司EX80型，SiC DPF为揖斐电有限责任公司生产的Ibiden 9142型，两种DPF的尺寸均为：ϕ143.8mm×152.4mm，孔密度31个/cm^2，滤芯体积2.47L。试验在数据自动采集发动机试验台架上进行，通过安装在DPF上游和下游的两个压力传感器测量DPF的压降。结果显示，针状莫来石DPF的压降高于SiC DPF的，但低于堇青石过滤器的压降。

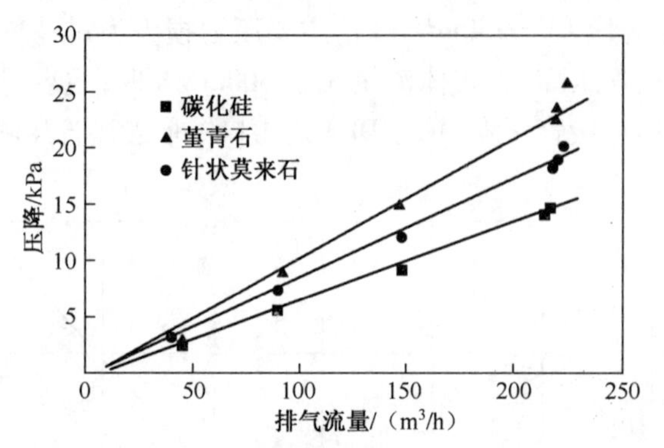

图5-65　针状莫来石、堇青石和碳化硅DPF的压降特性比较

滤芯材料的气孔率、平均气孔直径对DPF压降Δp和过滤效率也具有重要影响。图5-66为材料气孔率和气孔直径平方的均值对Δp的影响一个试验结果[99]，气孔直径平方的均值越大，平均气孔直径越大。因此，从图5-66可以看出，随着材料孔隙率和气孔直径增大，Δp具有减小的趋势。

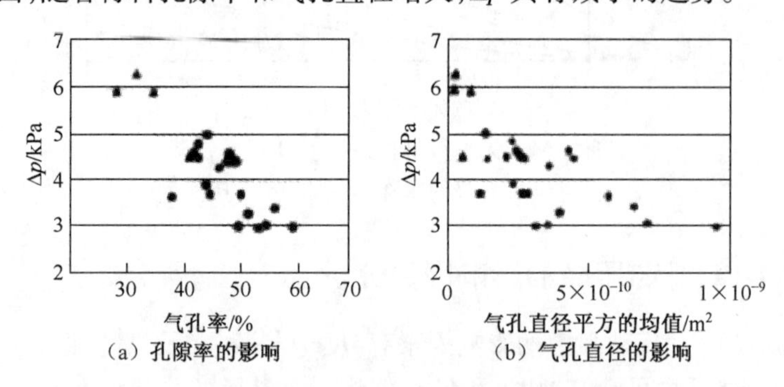

图5-66　材料孔隙率和气孔直径对Δp的影响

图5-67为三种滤芯样品相对压降（dp）和过滤效率（FE）的实验结果比较[84]，图中括号内的数字为滤芯材料的孔隙率（%）/平均气孔直径（μm）。A、B、C为从市场上获得的过滤器，其中A为在世界市场最广泛使用的滤芯。

故以滤芯 A 作为比较基准,给出了 B、C 和 SC-AT 的相对压降和相对过滤效率的实验结果。该结果表明,滤芯 A 气孔率和平均气孔直径最小,PM 的收集效率非常高;滤芯 B 和 C 具有孔隙率均为 50%,平均气孔直径分别为 20μm 和 15μm,其压力损失均比 A 的低,但 PM 捕集效率降低。滤芯 SC-AT 具有过滤壁面较大的孔隙率和中等大小的平均孔径 15μm,PM 捕集效率与 A 相当,但其压力损失仅降低了 40%。

气孔直径及其分布是影响 DPF 的压降的重要参数,一般来说平均微孔直径(MPD)越小, DPF 的压降越大。气孔直径大于 70μm 的气孔比例,对 DPF 的压降影响较大。图 5-68 为平均气孔直径及其分布不同的两个 DPF 压力损失比值的发动机台架试验结果[72]。图 5-68 中 DPF A 和 DPF B 的气孔直径及其分布见图 5-57,压力损失比测定结果用 DPF A 和 DPF B 的相对值表示,气孔直径大于 70μm 比例较大的 DPF A 的压力损失低于 DPF B 约 15%。

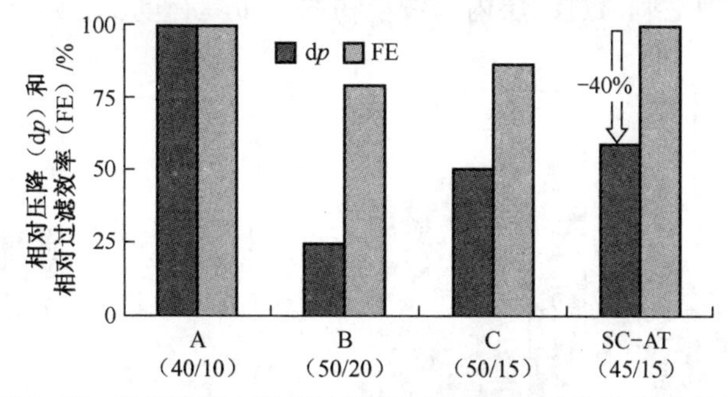

图 5-67　市售滤芯小样相对压降(dp)和过滤效率(FE)的比较

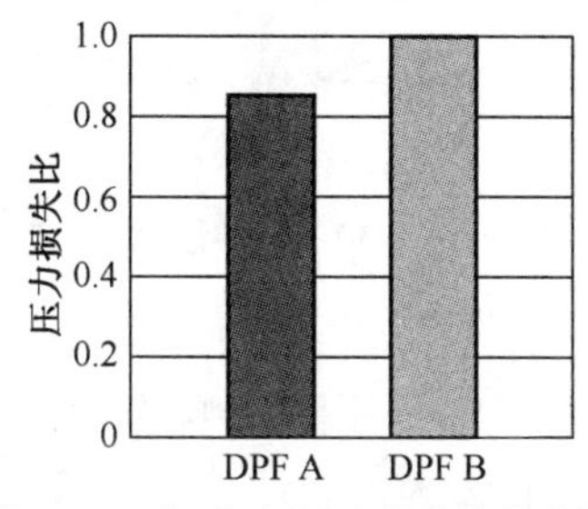

图 5-68　气孔直径及其分布的影响

图 5-69 为材料表面平整度对压降的影响[117],在单位面积颗粒物沉积量相同的条件下,材料表面具有毛刺滤芯的压降明显低于平整表面滤芯的,并且随着单位面积颗粒物沉积量的增加,材料表面毛刺滤芯与平整表面滤芯压降的差值增大。产生这种现象的原因是颗粒物在材料表面具有毛刺的滤芯内部的沉积厚度高于平整表面滤芯的,沉积颗粒物密实程度低,包括颗粒物沉积层在内的过滤层中的间隙较大,图 5-70 为毛刺表面滤芯和平整表面滤芯中颗

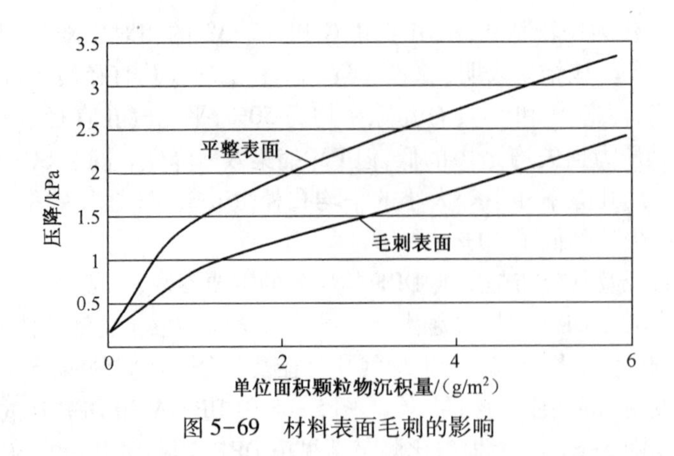

图 5-69　材料表面毛刺的影响

粒物沉积情况模拟结果[117]，模拟时设定的滤芯颗粒物沉积量为 5.25g/L，可见，材料在表面毛刺对过滤层内部颗粒物的分布具有重要的影响。

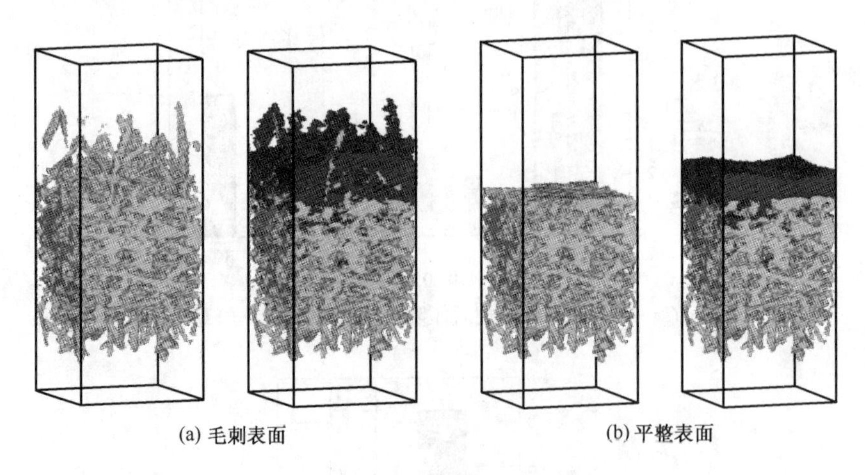

图 5-70　材料表面毛刺的影响

2. 进气温度的影响

图 5-71 为温度对催化过滤器压降影响的实验结果[70]，图 5-71 中黑实心方框表示试验测量结果，直线为拟合曲线。试验用 DPF 为涂覆催化剂的堇青石过滤器，可见随着温度增加，由于材料膨胀，气孔变小，故压降呈线性增大的趋势。

3. 进气流量的影响

进气流量的对 DPF 压降的影响如图 5-72 所示[114]，试验用 DPF 材料为堇青石：尺寸 ϕ143.8 mm×152.4 mm，孔密度 31 个/cm^2，过滤壁面厚度 0.4826mm，过滤壁面涂覆有 Pt-Pd 催化剂。可见随着流量的增大，压降呈线性增加；并且温度越高、颗粒物沉积量越大时，压降增加越多。

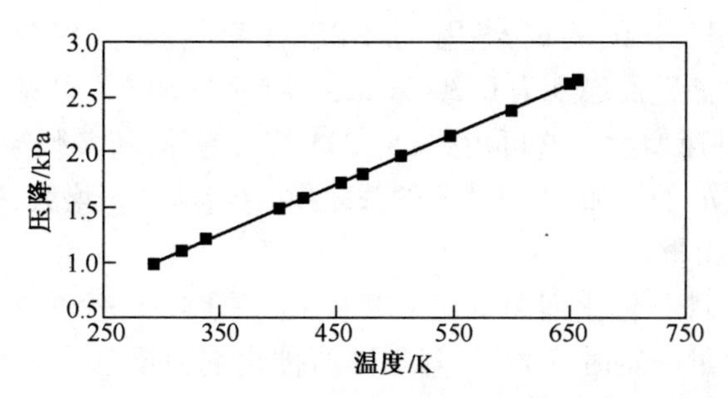

图 5-71　温度对催化过滤器压降的影响

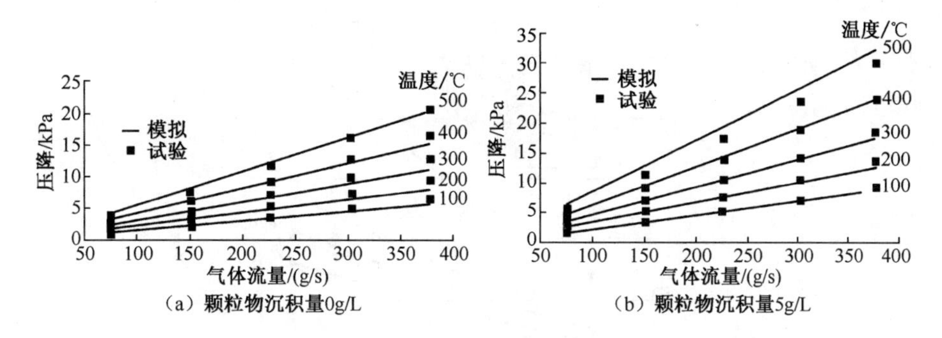

（a）颗粒物沉积量0g/L　　（b）颗粒物沉积量5g/L

图 5-72　进气流量的对 DPF 压降的影响

4. 颗粒物过滤量(沉积量)的影响

随着过滤时间增长,颗粒物过滤(沉积)量增加。图 5-73 为颗粒物过滤量对 DPF 压降的影响。图 5-73(a)中黑实心框表示试验测量结果[70],曲线由实验数据拟合得到,试验数据为单缸柴油发动机上的测试结果,试验时排气流量为 70kg/h,温度 280℃,颗粒物排放速率 3.2g/h。可见随着颗粒物堆积总质量的增加,压降增加速率增大。图 5-73(b)为颗粒堆积数量对 Δp 影响的

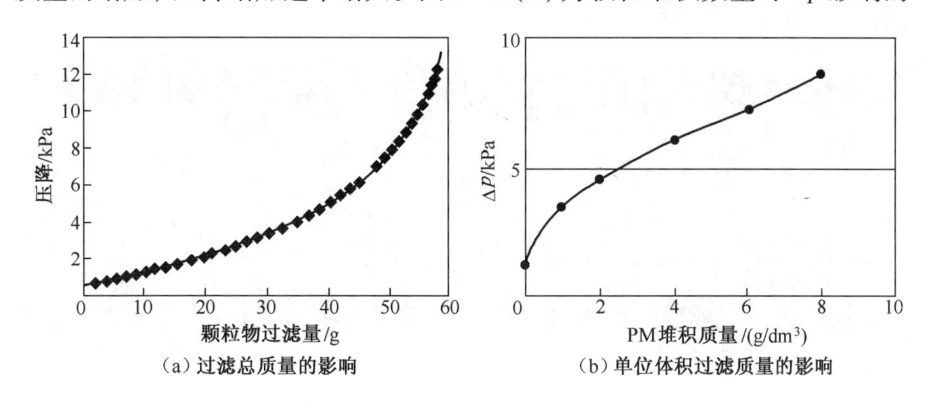

（a）过滤总质量的影响　　（b）单位体积过滤质量的影响

图 5-73　颗粒物过滤量对 DPF 压降 Δp 的影响

一个实验结果[99]，试验时使用的 DPF 材料为多孔陶瓷，孔密度均为 46.5 个/cm^2、过滤壁面厚度为 0.3048mm、孔隙率为 60%。可见，随着颗粒堆积数量增大，Δp 迅速增大。这可由式(5-23)予以解释，随着颗粒物堆积质量增加，堆积层厚度 h_S 的增加，进口孔道的截面积减少，速度 v_S 增大，故 Δp 增大。

5. 催化剂涂覆量

图 5-74 为沸石催化剂用量对 CDPF 压降影响的一个实验结果。该结果表明，当空气流量一定时，DPF 压降随沸石催化剂用量迅速增加，特别是在空气流量大的条件下，DPF 压降明显增大[118]。

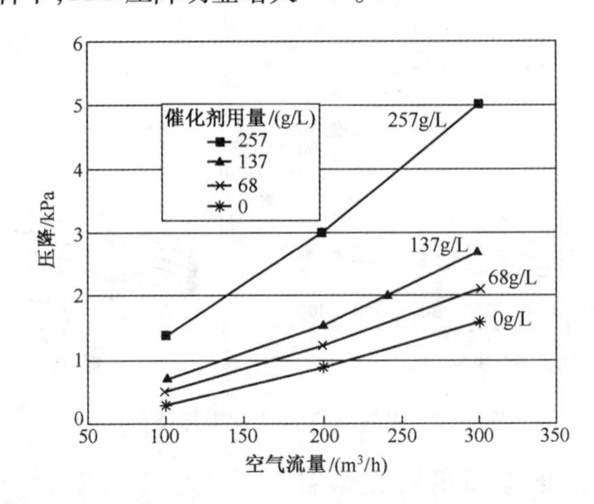

图 5-74 沸石催化剂用量和空气流量对 CDPF 压降的影响

随着催化剂涂覆量增加，压降均增大的原因是由于催化剂堵塞了过滤壁内部微孔所致，图 5-75(a)和(b)分别为沸石催化剂用量 68g/L 和 279g/L 的过滤壁内部多孔腔的显微照片[119]，可见沸石催化剂用量 279g/L 的过滤壁面内部微孔明显变少，故其流动阻力增大。

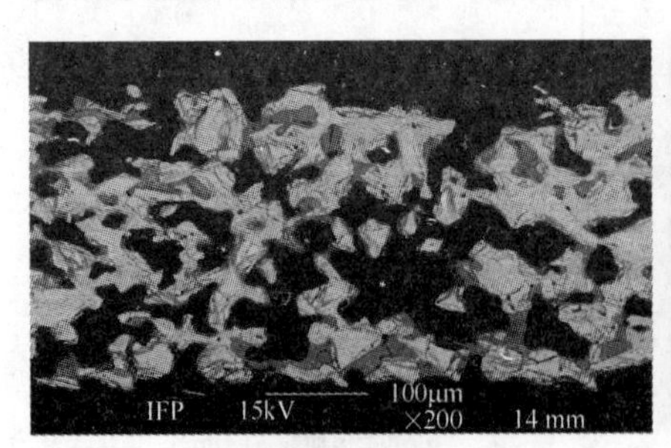

(a) 催化剂用量68g/L

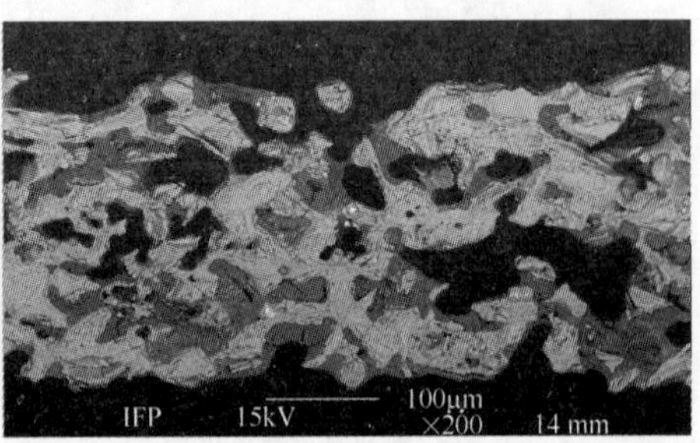

(b) 催化剂用量279g/L

图 5-75 不同催化剂用量过滤壁内部多孔结构的显微照片

6. DPF 孔形状对过滤器压降特性的测定结果

图 5-76 为孔形状和对过滤器压降特性的影响[73]。试验用过滤器的外形尺寸为：ϕ143.8mm×152.4mm，形状为圆柱状。试验用过滤器滤芯有表 5-15所列的钛酸铝(SQ)、钛酸铝(HEX)、碳化硅(OS)三种，钛酸铝(SQ)表示进、出均为正方形的碳化硅滤芯，钛酸铝(HEX)表示进、出均为正六角形的钛酸铝滤芯，碳化硅(OS)表示进口八角形、出口正方形碳化硅滤芯[73]。

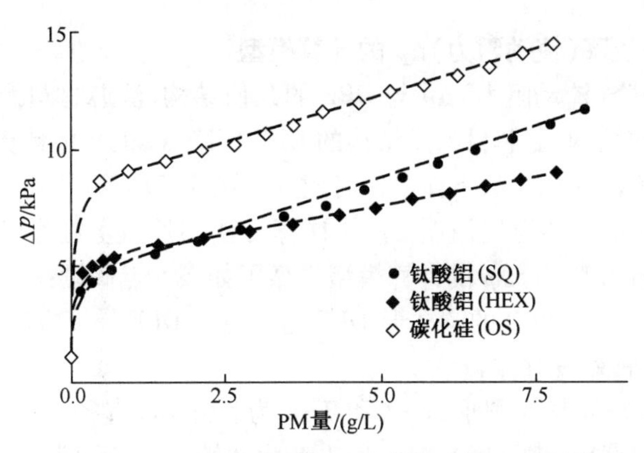

图 5-76　PM 量和孔形状对过滤器压降 Δp 的影响

表 5-15　试验用三种 DPF 滤芯的结构特征及参数

DPF 名称	钛酸铝(SQ)	钛酸铝(HEX)	碳化硅(OS)
截面形状			
体积密度/(g/L^1)	800	800	700
水力直径进口/出口/mm	1.2/1.2	1.2/1.3	1.5/0.9
孔密度/(个/cm^2)	46.5	54.3	46.5
壁厚/μm	304.8	279.4	279.4
连接段结合面积/%	—	—	5
正面开口面积/%	33	41	44①
过滤面积/(m^2/L)	1.0	1.3	1.0①

①包括连接段结合层迎风面积损失。

表 5-15 中列出了图 5-76 中三种 DPF 滤芯的结构特征及参数。通过初始的 PM 堆积区域(此处堆积的 PM 的量小于 1g/L)后的 PM 堆积模式被认为是滤饼过滤区域。在该区域中，压降随 PM 堆积量线性增加。六角形的钛酸铝滤芯，具有大的过滤面积，故具有优越的压力降特性。此外，初始 PM 堆积区域被称为作为暂时的区域。在这一区域，PM 渗入过滤壁面的微孔，并在其

中积累。进口八角形、出口正方形碳化硅滤芯具有相对较小的孔隙(孔隙率低,平均孔径小),故压降急剧增加。六角形的钛酸铝滤芯的压降特性较好。该试验结果表明,随着DPF中颗粒物沉积量的增加,孔形状对过滤器压降特性的影响变大,颗粒物沉积量超过2.5g/L后,进、出均为正六角形的钛酸铝滤芯的压降小于其他结构的滤芯。

三、DPF总压降及其降低的主要途径

1. DPF总压降(流动阻力)Δp的计算模型

DPF总压降(流动阻力)Δp与DPF的几何结构、滤芯材料及结构等密切相关;不同几何结构、滤芯材料及结构的DPF压降Δp的具体计算公式差别较大,但其原理方法相似。故下面以作者建立的图5-77所示DPF总压降(流动阻力)Δp的计算模型为例说明Δp的计算方法与原理。在图5-76中所示DPF总压降(流动阻力)Δp的计算模型中做了如下5点假设:

(1) 长度L_4、直径D的圆柱形DPF滤芯位于DPF长度方向的中心,入口扩张段与出口收缩段对称。

(2) 断面1-8均为圆形,1-2和7-8为长度L_1、直径d的圆筒,3-4和5-6为长度L_3、直径D的圆筒,2-3和7-8为两端直径分别为D和d、长度L_2为圆锥形管道。

(3) 1-2和7-8断面之间直管的平均流速为v_d; 3-4和5-6断面之间直管的平均流速为v_D。

(4) DPF水平放置,不受外力及重力作用。

(5) 气体流过DPF时无气体泄漏发生。

气体经过DPF的1-2、2-3、3-4、5-6、4-5和7-8各段产生的压降依次为Δp_{1-2}、Δp_{2-3}、Δp_{3-4}、Δp_{5-6}、Δp_{4-5}和Δp_{7-8},故有

$$\Delta p=\Delta p_{1-2}+\Delta p_{2-3}+\Delta p_{3-4}+\Delta p_{5-6}+\Delta p_{4-5}+\Delta p_{7-8} \tag{5-27}$$

根据质量守恒定律可知,$v_D=v_d(d/D)^2$。另外由流体力学的基本原理可知,水平、等径直管,无外功加入时,两截面间的阻力损失与两截面间的压力差在数值上相等,直管阻力的压降由流体和管壁之间的摩擦而产生。因此有

$$\Delta p_{1-2}=\Delta p_{7-8}=\lambda_d \frac{L_1}{d}\frac{\rho v_d^2}{2} \quad \text{Pa} \tag{5-28}$$

$$\Delta p_{3-4}=\Delta p_{5-6}=\lambda_D \frac{L_3 d^4}{D^5}\frac{\rho v_d^2}{2} \quad \text{Pa} \tag{5-29}$$

式中:v_D、v_d、d和D、L_1和L_3的意义同上;ρ、λ_d和λ_D分别为气体密度、管道L_1和L_3的摩擦系数(沿程损失系数)。气体流经3-4、4-5和5-6之间时,由于过流断面变化,导致流动方向改变,速度重新分布,质点间产生动量交换;因此

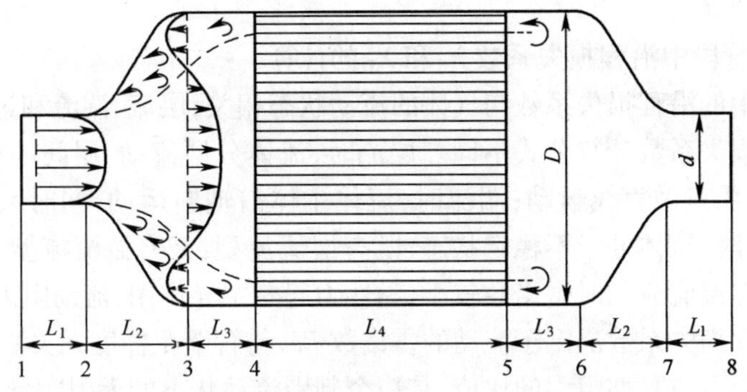

图 5-77　DPF 总压降(流动阻力)Δp 的计算模型

在这三部分之中产生的压降既有局部损失,也有沿程损失。压降为流体克服局部阻力和沿程阻力所消耗机械能的总和,为了区别局部和沿程损失之和的损失系数与直管中沿程损失系数 λ 的含义,把此类损失系数用符号 ζ 表示,并称为总损失系数,故有

$$\Delta p_{2-3}=\zeta_{2-3}\frac{L_1}{d}\frac{\rho v_{\mathrm{d}}^2}{2} \tag{5-30}$$

$$\Delta p_{4-5}=\zeta_{4-5}\frac{L_3 d^4}{D^5}\frac{\rho v_{\mathrm{d}}^2}{2} \tag{5-31}$$

$$\Delta p_{6-7}=\zeta_{6-7}\frac{L_3 d^4}{D^5}\frac{\rho v_{\mathrm{d}}^2}{2} \tag{5-32}$$

式中:ζ_{2-3}、ζ_{4-5}、ζ_{6-7} 为 DPF 中渐扩管、滤芯和渐缩管的总损失系数,通常是一个无量纲数,多由试验确定。

把式(5-29)~式(5-32)代入式(5-27),并整理即可得到 DPF 总压降 Δp 的计算公式:

$$\Delta p=\left[(2\lambda_{\mathrm{d}}+\zeta_{2-3})\frac{L_1}{d}+(2\lambda_{\mathrm{D}}+\zeta_{4-5}+\zeta_{6-7})\frac{L_3 d^4}{D^5}\right]\frac{\rho v_{\mathrm{d}}^2}{2} \tag{5-33}$$

式中,除损失系数 λ_{d}、λ_{D} 和总损失系数 ζ_{2-3}、ζ_{4-5}、ζ_{6-7} 未知外,其余参数均为已知参数。式中 $\frac{\rho v_{\mathrm{d}}^2}{2}$ 的物理意义是 DPF 入口处单位质量流体的能量,因此,$\left[(2\lambda_{\mathrm{d}}+\zeta_{2-3})\frac{L_1}{d}+(2\lambda_{\mathrm{D}}+\zeta_{4-5}+\zeta_{6-7})\frac{L_3 d^4}{D^5}\right]$ 一项可称为 DPF 的总阻力系数。

由式(5-33)可以看出,DPF 总压降 Δp 计算的关键是 DPF 的总阻力系数的确定,由于 DPF 几何参数已知, DPF 的阻力系数的确定实质就是上述 5 个损失系数的确定。

2. 直管段中沿程损失系数 λ_d 和 λ_D 的计算

圆管中的沿程损失系数与气体的流动状态相关，层流、湍流和过渡流动状态下沿程损失系数计算公式不同。层流时，流体分层流动，层间不相混合、不碰撞，流体质点做直线运动；湍流时，流体主体沿轴向运动，同时又有径向脉动；过渡流时，流体处于不稳定状态，既有层流流型，又有湍流流型，易发生流型转变。在层流流动时雷诺数较小，黏性力起着主导作用，流动阻力就是黏性阻力。沿程损失系数决定于流动的雷诺数 Re，与管壁粗糙度无关。雷诺数 Re 表示惯性阻力与黏性阻力的比值，是一个判别流动状态的无因次量参数，惯性项大（流速大、直径大），流体质点容易发生混乱运动，使流动呈湍流状态；黏性项大，能够削弱以至消除引起流体质点发生混乱运动的扰动，使流动保持层流状态。其计算式为

$$Re = \frac{\rho v d}{\mu} = \frac{vd}{\nu} \tag{5-34}$$

式中：ν 流体运动黏度（m^2/s）；μ 流体动力黏度（$Pa \cdot s(N \cdot s/m^2)$）。

对于圆形直管中的气体流动而言，$Re \leqslant 2000$ 时，流动为稳定的层流；$Re \geqslant 4000$ 时，流动为稳定的湍流；$2000 < Re < 4000$ 时，流动为不稳定的过渡流。

湍流流动时，管径为 D 和 d 的直管中，λ_d 和 λ_D 可根据各自的雷诺数 Re_d 和 Re_D 由下式求出。

$$\lambda_d = \frac{64}{Re_d},\ \lambda_D = \frac{64}{Re_D} \tag{5-35}$$

湍流条件下沿程损失系数 λ_d 和 λ_D 的影响因素复杂，沿程损失系数 λ_d 和 λ_D 主要受到管道几何尺寸及形状、表面粗糙度、流体的物性（密度和黏度等）和流速的大小等的影响。当 Re 较小时，层流底层厚，形体阻力小，表面粗糙度对沿程损失系数的影响小；当高度湍流时，层流底层薄，表面粗糙度形成较大的形体阻力，表面粗糙度对沿程损失系数的影响大。

沿程损失系数一般由实验确定，λ_d 和 λ_D 也可参考图 5-78 所示的摩擦系数 λ 与雷诺数 Re 及相对粗糙度 ε/d 的关系曲线的确定，该图常称为莫狄（Moody）摩擦（沿程损失）系数图[120]。图中 ε 和 d 分别表示管壁表面的粗糙度与管径，ε/d 为管壁表面的相对粗糙度。莫狄图分为层流区、过渡区、湍流区和完全湍流区四个区域。在计算时沿程损失系数时，根据 Re 和 ε/d，即可从图中查得 λ 值。对于不同的流动区域，其沿程损失系数的确定方法不同。层流（$Re \leqslant 2000$）区域中，摩擦系数 λ 与 ε/d 无关，仅为雷诺数 Re 的函数，即 $\lambda = 64/Re$。过渡区（$2000 < Re < 4000$）中，摩擦系数 λ 既可取层流区的，也可取湍流的；由于湍流的摩擦系数 λ 大于层流区的，故一般采用湍流曲线延伸曲

线确定 λ 值,避免对于阻力估计的不足。湍流区($Re \geqslant 4000$ 以及虚线以下的区域)中,λ 与 Re 和 ε/d 有关,当 Re 一定时,λ 随 ε/d 的增加而增大;当 ε/d 一定时,λ 随 Re 的增大而减小,Re 增大至某一数值后,λ 下降缓慢。完全湍流区(虚线以上的区域)中,λ 曲线接近水平线,即 λ 与 Re 无关,只与 ε/d 有关,λ 随着 ε/d 的增大而增大;对于特定的管路而言,ε/d 不变,故其摩擦系数 λ 为常数。

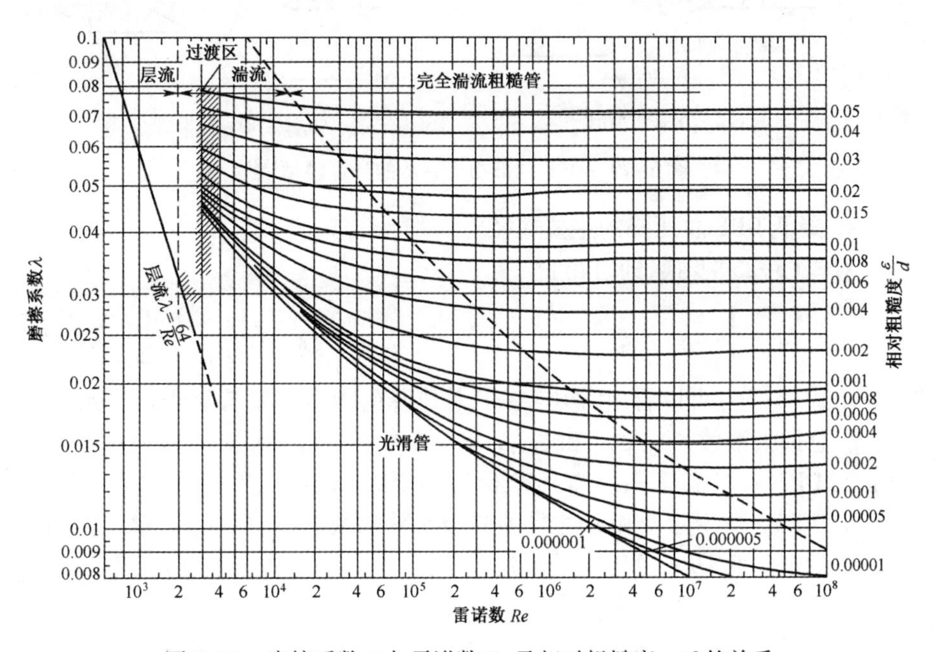

图 5-78　摩擦系数 λ 与雷诺数 Re 及相对粗糙度 ε/d 的关系

3. 总损失系数 ζ_{2-3}、ζ_{4-5}、ζ_{6-7} 的计算

DPF 滤芯的总损失系数 ζ_{4-5} 可根据上述的滤芯总压降和入口流速、气体密度确定,此处不予赘述。但对于 DPF 采用的渐扩管和渐缩管而言,由于渐扩管或渐缩管较长,故其能量损失既包括局部损失,也包括沿程损失,因而其计算相当复杂。总损失系数 ζ_{2-3} 和 ζ_{6-7} 的计算模型如图 5-79 所示,扩张管和收缩管的锥角为 θ。若用小管径平均流速 v_d 表示其压降,则总损失系数 ζ_{2-3} 和 ζ_{6-7} 的计算公式如下:

当 $\theta \leqslant 45°$ 时,$\zeta_{2-3} = 2.6\left(1 - \dfrac{d^2}{D^2}\right)^2\left(\sin\dfrac{\theta}{2}\right)$,$\zeta_{6-7} = 0.8\left(1 - \dfrac{d^2}{D^2}\right)\dfrac{D^4}{d^4}\sin\left(\dfrac{\theta}{2}\right)$。

当 $45° < \theta < 180°$ 时,$\zeta_{2-3} = \left(1 - \dfrac{d^2}{D^2}\right)^2$,$\zeta_{6-7} = 0.5\left(1 - \dfrac{d^2}{D^2}\right)\dfrac{D^4}{d^4}\left(\sin\dfrac{\theta}{2}\right)^{0.5}$

当 $\theta = 180°$ 时，$\zeta_{2-3} = \left(1 - \frac{d^2}{D^2}\right)^2$，　$\zeta_{6-7} = 0.5\left(1 - \frac{d^2}{D^2}\right)\frac{D^4}{d^4}$。

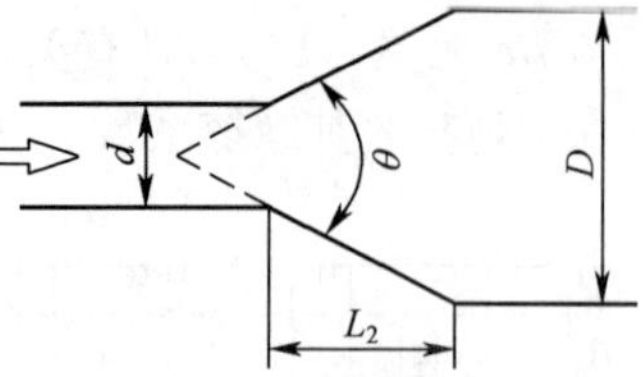

(a) ζ_{2-3}的计算模型 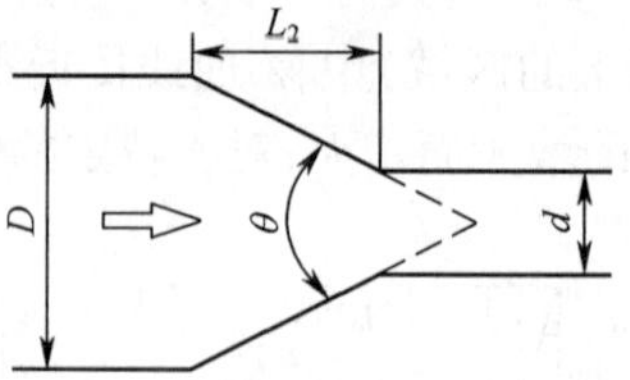　　(b) ζ_{6-7}的计算模型

图 5-79　DPF 局部损失系数的计算模型[121]

4. 降低 DPF 总压降的主要途径

对式(5-23)变换，即可得：

$$\Delta p = \left[(2\lambda_d + \zeta_{2-3})\frac{L_1}{d} + (2\lambda_D + \zeta_{4-5} + \zeta_{6-7})\frac{L_3}{D}\frac{d^4}{D^4}\right]\frac{\rho v_d^2}{2} \quad (5-36)$$

由式(5-36)可以看出，影响 DPF 总压降的参数主要有沿程损失系数 λ_d 和 λ_D，总损失系数 ζ_{2-3}、ζ_{4-5}和 ζ_{6-7}，DPF 结构参数 L_1、L_3、d、D 和 d/D，流体密度 ρ 及 DPF 入口流速 v_d。当 d/D 保持不变时，增大 d 和 D 的数值，可降低 DPF 总压降。减少除 d 和 D 之外的其余参数的数值，均可降低 DPF 总压降。最为有效地降低 DPF 总压降的方法是降低这些参数中沿程损失系数 λ_d、λ_D 和总损失系数 ζ_{2-3}、ζ_{4-5}及 ζ_{6-7}。

减少沿程损失系数的主要措施是管壁粗糙度，减少局部损失系数的主要方法是防止或推迟流体与壁面的分离，避免漩涡区产生或减小漩涡区的大小和强度，改善管件流道形状，如采用渐变的、平顺的管道进口，有利于减少流动阻力。图 5-80 为圆管截面过渡处倒角大小 θ 及厚度 t、圆角半径 r 对局部损失系数 ζ 的影响。由此可见，在管径需要收缩的大小管径的接口处或大容器的流体出口处，采用圆角过渡时，圆角半径 r 越大，其产生的局部损失越小。采用倒角过渡时，倒角 θ 越大、厚度 t 越厚，其产生的局部损失越小。

在 DPF 滤芯的进口和出口处也存在流体面积的扩张管和收缩管现象，因此，减少局部损失系数 ζ_{4-5}也可以采用该方法。图 5-81 为作者设计的圆锥(箭头)形封堵和铆钉形封堵型低压降滤芯结构示意图，由于采用了渐变的、平顺的进出口管道形状，故可减少涡流及气流碰撞损失，有利于局部损失系数的降低。

在设计汽油车的三效催化器结构时，采用圆锥形端面和半球形端面载体结构[123,124]，可以起到导流面的作用，使气体流经扩张段后集中在催化转化器轴线附近的大量气流沿圆锥形端面和半球形端面向轴线边缘区域扩散，减小流动的分离区和涡流区，达到减少压力损失的目的。因此。对于采用圆形

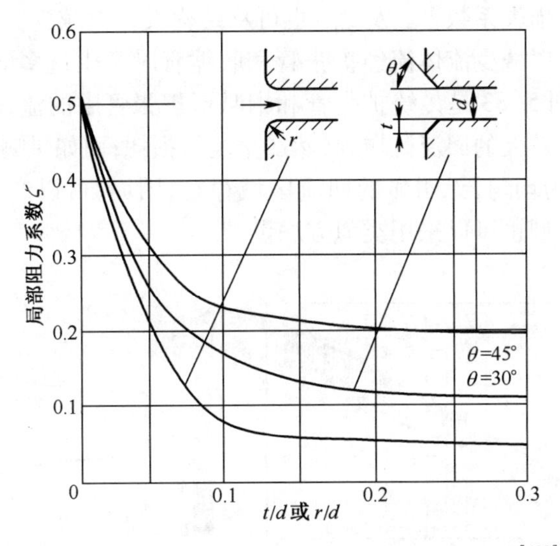

图 5-80　圆管倒角及圆角对局部损失系数的影响[122]

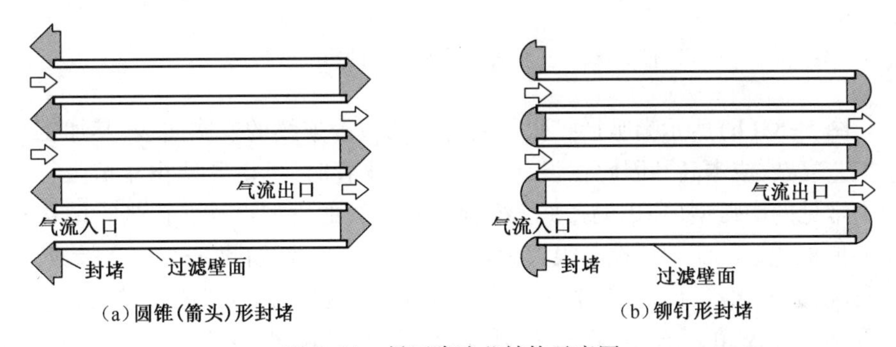

图 5-81　低压降滤芯结构示意图

断面的 DPF 滤芯而言,采用图 5-82(b)和(c)所示的圆锥形端面和半球形端面滤芯结构,也可改善气体流动均匀性、降低 DPF 局部压力损失,但会增加滤芯加工难度和制造成本。

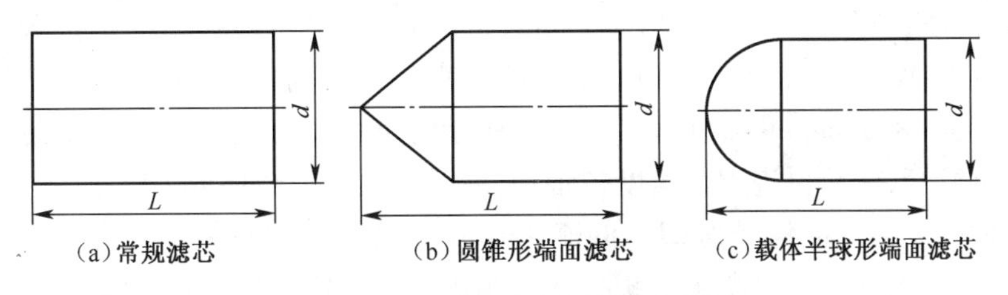

图 5-82　圆形断面滤芯结构示意图

图 5-81 和图 5-82 所示结构可以减少 DPF 滤芯压力损失。对于 DPF 扩

张管和收缩管总损失系数ζ_{2-3}及ζ_{6-7}也可从结构设计上减少。采用变管径的过渡连接管就可以减少流体流经扩张管和收缩管时产生过多的涡流，从而减低 DPF 压降。图 5-83 是传统扩张管和喇叭形扩张管中的流速分布云图，传统扩张管中存在较大的回流区域，必然产生能量损耗；而如果喇叭形扩张管的流场中，流速较为均匀，无明显的回流区域存在，因而，可以产生能量局部损失。收缩管的管型也可以采用类似方法设计。

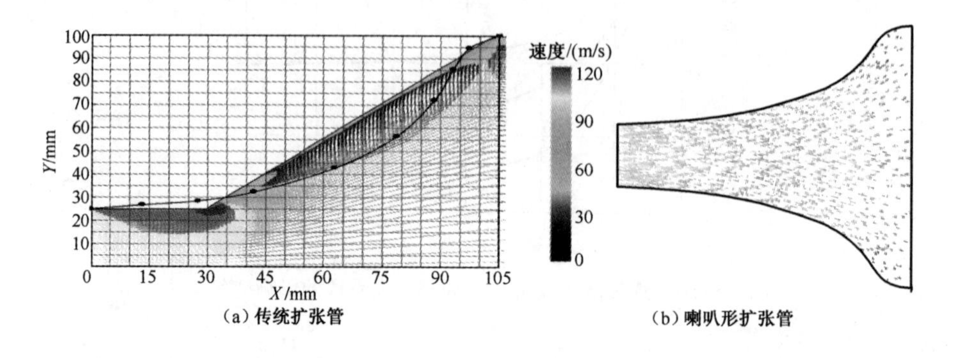

图 5-83　扩张管形状对流场的影响[125]

图 5-83(b)所示喇叭形扩张管的管型曲线为连续的二次曲线，其加工制造工艺复杂，成本高。因此在设计 DPF 的扩张管时，可借鉴催化器扩张管设计中常见的增强型(EDH)或多段组合式扩张管的管型设计。扩张管结构对 DPF 或催化器的流动特性有很大影响。常见的扩张管如图 5-84(a)所示，扩张角越大，催化器流速分布不均匀性和压力损失越大，但当扩张角增大到一定程度后，扩张角对流速分布和压力损失的影响程度变小。为了减少图 5-84(a)所示扩张管中流速分布不均匀性和压力损失，Wendland 等于 1995 年开发了图 5-84(b)所示的 EDH 扩张管，并进行了发动机台架试验，结果表明，与图 5-84(a)所示的传统扩张管相比，在发动机高速运转条件下 EDH 扩张管的压力损失减少 28%[126]。Kulkarni 等设计了多种组合式扩张管，并对其压降进行了分析。图 5-85(a)、(b)、(c)为其中的三种典型的扩张管及其结构参数，图中 R 表示半径，大、小管的管直径分别为 102mm 和 46mm，扩张段长度为 48.5mm。图 5-85(b)和(c)所示管型中气流先经过一个小角度的圆锥过渡管，然后再进入大角度扩张管，最后进入整个载体或 DPF 滤芯表面，因而可以改善了催化器或 DPF 的流速分布，减小扩张管的局部压力损失。结果表明，与图 5-85(a)所示传统扩张管相比，图 5-85(b)和(c)所示管型扩张管的压力损失分别减少 62%和 68%[127]。

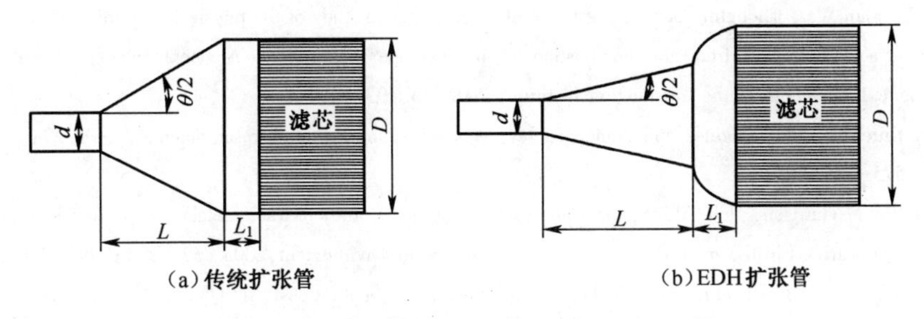

图 5-84　传统扩张管与 EDH 扩张管的比较

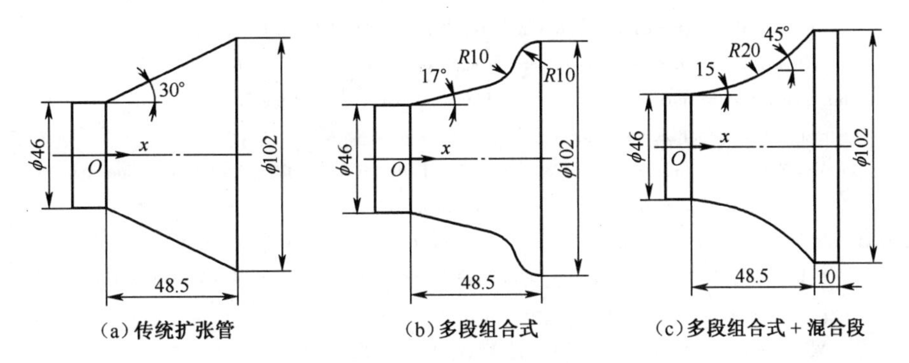

图 5-85　三种管型扩张管的结构参数比较

参 考 文 献

[1] Nguyen Huu Nhon Y, Mohamed Magan H, Petit C. Catalytic diesel particulate filter Evaluation of parameters for laboratory studies. Applied Catalysis B: Environmental, 2004, 49(2): 127-133.

[2] John H Johnson, Susan T Bagley, Linda D Gratz, et al. A review of diesel particulate control technologies and emissions effects. SAE Paper, 1994-03-940233, 1994.

[3] Randy L Vander Wal, Aleksey Yezerets, Krishna Kamasamudram, et al. Burning Modes and Oxidation Rates of Soot: Relevance to Diesel Particulate Traps. USA DEER 2007 Conference, Detroit, 2007.

[4] Solvat, Marez P, Belot G. Passenger Car Serial Application of a Particulate Filter System on a Common Rail Direct Injection Diesel Engine. SAE Paper 2000-01-0473, 2000.

[5] Kuen Yehliu, Octavio Armas, Randy L Vander Wal, et al. Impact of engine operating modes and combustion phasing on the reactivity of diesel soot. Combustion and Flame, 2013, 160: 682-691.

[6] Anthi Liati, Panayotis Dimopoulos Eggenschwiler, Daniel Schreiber, et al. Variations in diesel soot reactivity along the exhaust after-treatment system, based on the morphology and nanostructure of primary soot particles. Combustion and Flame, 2013, 160: 671-681.

[7] Abhijeet Raj, Seung Yeon Yang, Dongkyu Cha, et al. Structural effects on the oxidation of soot particles by O_2: Experimental and theoretical study. Combustion and Flame, 2013, 160: 1812-1826.

[8] Xinling Li, Zhen Xu, Chun Guan, et al. Impact of exhaust gas recirculation (EGR) on soot reactivity from a diesel engine operating at high load. Applied Thermal Engineering, 2014, 68: 1000-106.

[9] Jiangjun Wei, Chonglin Song, Gang Lv, et al. A comparative study of the physical properties of in-cylinder soot generated from the combustion of n - heptane and toluene/n - heptane in a diesel engine. Proceedings of the Combustion Institute, 2015, 35:1939-1946.

[10] Kittelson D B. Engines and Nanoparticles: A Review. Journal of Aerosol Science, 1998, 29(5/6): 575-588.

[11] Roy M Harrison, Rob Tilling, MS Callén Romero, et al. A study of trace metals and polycyclic aromatic hydrocarbons in the roadside environment. Atmospheric Environment, 2003, 37 (17):2391-2402.

[12] Kittleson D B. Ultrafine Particle Formation Mechanisms. South Coast Air Quality Management District Conference on Ultrafine Particles: The Science, Technology, and Policy Issues, Los Angeles, 2006.

[13] Prasad R, Venkateswara Rao Bella. A Review on Diesel Soot Emission, its Effect and Control. Bulletin of Chemical Reaction Engineering & Catalysis, 2010, 5 (2): 69-86.

[14] PSA Peugeot Citroën. PSA Peugeot Citroën additive particulate filter. (2013-04-01). http://www.psa-peugeot-citroen.com/en/inside-our-industrial-environment/innovation-and-rd/psa-peugeot-citroen-additive-particulate-filter-article.

[15] Tetsuo Nohara, Kazunari Komatsu. Potential of PM Reduction with Diesel Particulate Filter-less System for Off-Road Engine Applications. JSAE Paper 20144275, 2014.

[16] 辜敬之, 河合サチ子, 山口幸司, など. ディーゼル排気颗粒子除去フィルター(DPF)システムの汎用性向上に関する調査. 公害健康被害补偿予防协会.(平成 14-03)[2013-06-01]. http://www.erca.go.jp/yobou/taiki/research/pdf/05/b321img.pdf.

[17] 李兴虎. 汽车环境保护技术. 北京:北京航空航天大学出版社, 2004.

[18] Athanasios G. Konstandopoulos, Margaritis Kostoglou. Flow Regeneration Of Soot Filters. Combustionand Flame, 2000, 121:488-500.

[19] Diesel Net. Filters with Fuel Additives. [2012-06-01]. http://www.dieselnet.com/tech/dpf_add.php#nextel.

[20] パナソニック エコシステムズ株式会社. ディーゼル排ガス浄化用触媒のサンプル出荷を開始.(2010-06-22)[2012-06-01]. http://panasonic.co.jp/corp/news/official.data/data.dir/jn100622-2/jn100622-2.html.

[21] JoAnn Lighty, Adel Sarofim C A, Echavarria I C, et al. Effects of Soot Structure on Soot Oxidation Kinetics. Utah: University of Utah, Department of Chemical Engineering. 2011.

[22] RAHUL PURI, ROBERT J SANTORO, KERMIT C SMYTH. The Oxidation of Soot and Carbon Monoxide in Hydrocarbon Diffusion Flames. COMBUSTION AND FLAME, 1994, 97: 125-144.

[23] Ian M Kennedy. Models of soot formation and oxidation. Progress in Energy and Combustion Science, 1997, 23(2):95-132.

[24] Lee K B, Thring M W, Beer J M. On the Rate of Combustion of Soot in a Laminar Soot Flame, Combust and Flame. 1962, (6):137-145.

[25] Hiroyasu H, Kadota T, Arai M. Development and Use of a Spray Combustion Modeling to Predict Diesel Engine Efficiency and Pollutant Emissions (Part 1 Combustion Modeling). Bull. JSME, 1983(26): 569-575.

[26] Isabel C Jaramillo, Chethan K Gaddam, Randy L Vander Wal, et al. Soot oxidation kinetics under pressurized conditions. Combustion and Flame, 2014 (161): 2951-2965.

[27] Randy L Vander Wal, Aaron J Tomasek. Nanostructure Effects Upon Soot Oxidation. Prepr. Pap. -Am.

Chem. Soc. , Div. Fuel Chem,2003, 48(2):762-763.

[28] Addy Majewski W. Diesel Filter Regeneration. [2014-12-25]. https://www.dieselnet.com/tech/dpf_regen.php.

[29] Walker A P, Allansson R, Blakeman P G, et al. Optimizing the Low Temperature Performance and Regeneration Efficiency of the Continuously Regenerating Diesel Particulate Filter System. SAE. 2002-01-0428,2002.

[30] 高田圭. 燃焼制御によるディーゼル排出ガス中のNO_x組成の制御法とその活用に関する研究.東京:早稲田大学博士学位論文,2009.

[31] 宮川達郎,中島隆弘,久保雅大,など. 複合金属酸化物とアルカリ金属硫酸塩との組合せによるディーゼル排ガス浄化触媒. Panasonic Technical Journal,2001,57(1):20-24.

[32] Spurk P, Pfeifer M, van Setten B, et al. Examination of Engine Control Parameters for the Regeneration of Catalytic Activated Diesel Particulate Filters in Commercial Vehicles. SAE Paper 2003-01-3177, 2003.

[33] Corning Incorporated. Corning Secures New Long-Term Diesel Supply Agreements. (2012-01-03) [2014-01-01]. http://www.corning.com/environmentaltechnologies/news_and_events/news_releases/2012/2012010301.aspx.

[34] Daimler AG. 125 years of innovation. (2010-12-14). [2012-01-01]. http://media.daimler.com/dcmedia/0-921-1349599-1-1355506-1-0-0-1355625-0-1-12759-614216-0-0-0-0-0-0-0.html? TS=1369876589937.

[35] Wade W, White J, Florek J. Diesel Particulate Trap Regeneration Techniques. SAE Paper 810118, 1981.

[36] Wiedemann B, Doerges U, Engeler W, et al. Application of Particulate Traps and Fuel Additives for Reduction of Exhaust Emissions. SAE Paper 840078, 1984.

[37] Takama K, Kobashi K, Oishi K, et al. Regenration Process of Ceramic Foam Diesel-Particulate Traps. SAE Paper 841394, 1984.

[38] Sachdev R, Wong V, Shahed S. Analysis of Regeneration Data for a Cellular Ceramic Particulate Trap. SAE Paper 840076, 1984.

[39] Fang C P, Kittelson D B. The Influence of a Fibrous Diesel Particulate Trap on the Size Distribution of Emitted Particles. SAE Paper 840362,1984.

[40] Higuchi N, Mochida S, Kojima M. Optimized Regeneration Conditions of Ceramic Honeycomb Diesel Particulate Filters. SAE Paper 830078,1983.

[41] Wade W, White J, Florek J, et al. Thermal and Catalytic Regeneration of Diesel Particulate Traps. SAE Paper 830083, 1983.

[42] Howitt J, Montierth M. Cellular Ceramic Diesel Particulate Filter. SAE Paper 810114, 1981.

[43] Aleksander J Pyzik, Cheng G Li. New Design of a Ceramic Filter for Diesel Emission Control Applications. International Journal of Applied Ceramic Technology. 2005, 2(6): 440-451.

[44] 金野正幸. 多孔質ファインセラミックス」の産業技術の系統,(平成19)[2013-02-01].http://sts.kahaku.go.jp/diversity/document/system/pdf/046.pdf.

[45] Taoka N, Ohno K, Hong S, et al. Effect of SiC-DPF with High Cell Density for Pressure Loss and Regeneration. SAE Paper 2001-01-0191,2001.

[46] Ido T, Ogyu K, Ohira A, et al. Study on the Filter Structure of SiC-DPF with Gas Permeability for E-

mission Control. SAE Paper 2005-01-0578,2005.

[47] Ohno K, Shimato K, Taoka N, et al. Characterization of SiC-DPF for Passenger Car. SAE Paper 2000-01-0185,2000.

[48] Corning Incorporated. Corning Secures New Long-Term Diesel Supply Agreements. [2014-02-01]. http://www.corning.com/environmentaltechnologies/news_and_events/news_releases/2012/2012010301.aspx.

[49] Manufacturers of Emission Controls Association. Retrofitting Emission Controls for Diesel-Powered Vehicles. (2009-10)[2013-02-01]. http://www.dieselretrofit.org.

[50] Timothy V. Johnson. Diesel Emission Control in Review. SAE Paper 2008-01-0069,2008.

[51] Addy Majewski W. Particle Oxidation Catalysts. [2014-02-01]. http://www.dieselnet.com/tech/cat_ftf.php#con.

[52] Mayer J A, Czerwinski P Comte, Jaussi F. Properties of Partial-Flow and Coarse Pore Deep Bed Filters proposed to reduce Particle Emission of Vehicle Engines. SAE Paper 2009-01-1087,2009.

[53] 木研二,原田浩一郎,山田啓司,など. 新しいメカニズムによるPM燃焼触媒. マツダ技報, 2008,26:88-93.

[54] Thomas Wintrich. Modern Clean Diesel Engine & EGT Solutions for China 4ff 37. 1st International Chinese Exhaust Gas and Particulate Emissions Forum, Shanghai, 2012.

[55] Timo Deuschle, Uwe Janoske, Manfred Piesche. A CFD-model describing filtration, regeneration and deposit rearrangement effects in gas filter systems. Chemical Engineering Journal,2008,135: 49-55.

[56] Corning. Corning® DuraTrap® AT HP Filters/ Product Information Sheet. (2014-04)[2014-09-20]. http://www.corning.com/assets/0/507/511/569/6a21c229813842ce973ad7ab90f2e06e.pdf.

[57] Alexander Sappok, Carl Kamp, Iason Dimou, et al. Key Parameters Affecting DPF Performance Degradation and Impact on Lifetime Fuel Economy. A Consortium to Optimize Lubricant and Diesel Engines for Robust Emission Aftertreatment Systems. (2011-10-04)[2014-10-28]. http://energy.gov/sites/prod/files/2014/03/f8/deer11_sappok.pdf.

[58] Carl J Kamp, Alexander Sappok, Victor W Wong. Uncovering Fundamental Ash-Formation Mechanisms and Potential Means to Control the Impact on DPF Performance and Engine Efficiency. [2015-02-28]. http://energy.gov/sites/prod/files/2014/03/f8/deer12_kamp.pdf.

[59] Stewart M L, Maupin G D, Gallant T R, et al. Fuel Efficient Diesel Particulate Filter (DPF) Modeling and Development. (2010-08)[2014-08-28]. http://www.pnl.gov/main/publications/external/technical_reports/PNNL-19476.pdf.

[60] ニッケル協会東京事務所. すばらしい可能性. [2014-12-28]. http://nickel-japan.com/magazine/pdf/200407_JP.pdf.

[61] (株)アペックスDPFシステム. A'PEX DPFの概要. (平成14-10-10)[2016-03-22]. http://www.esr-ltd,jp/apex-cata:html.

[62] いすゞ自動車株式会社. ディーゼルエンジンDPF. [2013-02-01]. http://www2.kankyo.metro.tokyo.jp/jidousya/diesel/archives/forum/01/isuzu.htm.

[63] Axces. Partial flow Soot filter (Emitec PM-Metalit Substrate). [2013-02-01]. http://axces.eu/index.php? option=com_content&view=article&id=291&Itemid=556.

[64] Held W, Emmerling G, Döring A, et al. Catalyst Technologies for Heavy-Duty Commercial Vehicles Following the Introduction of EU VI and US2010; The Challenges of Nitrogen Oxide and Particulate

Matter Reduction for Future Engines . 28th International Vienna Motor Symposium, Vienna, 2007.

[65] Todd Jacobs, Sougato Chatterjee, Ray Conway, et al. Development of Partial Filter Technology for HDD Retrofit. SAE 2006-01-0213, 2006.

[66] Emitec Gesellschaft für Emissionstechnologie mbH. Emissions control technologies for construction machinery. Press Release. [2014-10-10]. http://www.emitec.com/fileadmin/user_upload/Presse/Presseinformationen/100116_Press_Release_FINAL.pdf.

[67] Nutzfahrzeuge Group . Emissions from Heavy - Duty Vehicles. [2013 - 02 - 01]. http://www.eurochamp.org/datapool/page/28/Schaller_MAN.pdf.

[68] Khair M, Khalek I, Guy J. Portable Emissions Measurement for Retrofit Applications - The Beijing Bus Retrofit Experience. SAE Paper 2008-01-1825, 2008.

[69] EERE Information Center. Diesel Power: Clean Vehicles for Tomorrow. July 2010. the U. S. Department of Energy VEHICLE TECHNOLOGIES PROGRAM. (2010-07) [2013-09-28]. https://wwwl.eere.energy.gov/vehiclesandfuels/pdfs/diesel_technical_primer.pdf#search = ' Clean+Vehicles+for+Tomorrow. +July+2010'.

[70] Athanasios G Konstandopoulos, Margaritis Kostoglou, Evangelos Skaperdas, et al. Fundamental Studies of Diesel Particulate Filters: Transient Loading, Regeneration and Aging. SAE Paper 2000 - 01 - 1016, 2000.

[71] Quantachrome Corporation. Poremaster ® Series-automated mercury porosimeters. (2007) [2013-08-28]. http://www.quantachrome.com/pdf_brochures/07128.pdf.

[72] 石原幹男,平塚裕一,太田光紀,など. コージェライトDPFの新細孔制御技術. デンソーテクニカルレビュー,2006,11(1):35-40.

[73] Akiyoshi NEMOTO, Kentaro IWASAKI, Osamu YAMANISHI, et al. Development of Innovative Diesel Particulate Filters based on Aluminum Titanate: Design and Validation. SUMITOMO KAGAKU. (2011-11) [2013 - 09 - 28]. http://www.sumitomo - chem.co.jp/english/rd/report/theses/docs/2011 - 2E_01.pdf.

[74] Ecopoint Inc. Wall-Flow Monoliths. (2005-09) [2013-09-28]. http://www.dieselnet.com/tech/dpf_wall-flow.php#pres_drop.

[75] Joerg Adler. Ceramic Diesel Particulate Filters. Int. J. Appl. Ceram. Technol., 2005, 2 (6): 429-439.

[76] Prakash Sardesai. Technology Trends for Fuel Efficiency & Emission Control in Transport Sector. PCRA Conference, New Delhi, 2007.

[77] Centre for Research and Technology Hellas, Chemical Process Engineering Research Institute, Particle Technology Laboratory. D6. 1. 1 State of the Art Study Report of Low Emission Diesel Engines and After-Treatment Technologies in Rail Applications. [2013-09-28]. http://www.transport-research.info/Upload/Documents/201203/20120330_184637_76105_CLD-D-DAP-058-04_D1%205.pdf.

[78] Ogunwumi S B, Tepesch P D, Chapman T, et al. Aluminum Titanate Compositions for DieselParticulate Filters. SAE Parper 2005-01-0583, 2005.

[79] Nickerson S T, Sawyer C B, Gulati S T, et al. Advanced Mounting System for Light Duty Diesel Filter. SAE Paper 2007-01-0471, 2007.

[80] Thorsten Boger, Joshua Jamison, Jason Warkins, et al. Next Generation Aluminum Titanate Filter for Light Duty Diesel Applications. SAE 2011-01-0816, 2011.

[81] 平沼智．商用車用DPFの開発について．Motor Ring,2004,(19):1-3.
[82] Johnson Matthey. Global EmissionsManagement-Focus on Selective CatalyticReduction (SCR) Technology. Special Feature ,(2012-02)[2013-09-28]. http://ect. jmcatalysts. com/pdfs-library/Focus%20on%20SCR%20Technology. pdf.
[83] Eminox. Eminox CRT® System manual. [2012-09-28]. http://www. eminox. com/CRT-System.
[84] 根本明欣,岩崎健太郎,山西修,など．チタン酸アルミニウム製ディーゼル・パーティキュレート・フィルタの開発-製品設計・特性評価．住友化学,2011,(2):4-12.
[85] Aleksandar Bugarski. Exhaust Aftertreatment Technologies for Curtailment of Diesel Particulate Matter and Gaseous Emissions. 14th U. S. / North American Mine Ventilation Symposium. Salt Lake City,2012.
[86] Dave Rector, Moe Khaleel, GeorgeMuntean, et al. Development of a Sub-Grid Model of a Sub Diesel Particulate Filter: application of the lattice-Boltzmanntechnique lattice Boltzmann. (2002-08-27) [2014-06-28]. http://energy. gov/sites/prod/files/2014/03/f9/2002_deer_muntean. pdf.
[87] 中华人民共和国国家环境保护标准, HJ 451—2008 环境保护产品技术要求 柴油车排气后处理装置.
[88] 工信部规划司．汽车产业技术进步和技术改造投资方向(2010 年). [2011-09-28]. http://www. miit. gov. cn/n11293472/n11293832/n12843956/13227851. html.
[89] 平成16年国土交通省告示(第814号)．窒素酸化物又は粒子状物質を低減させる装置の性能評価実施要領. [2013-09-28]. http://www. mlit. go. jp/common/000022873. pdf.
[90] Corning. Corning® DuraTrap® AT LP Filters. Particulate filters for next-generation diesel systems. [2014-08-28]. http://www. corning. com/WorkArea/downloadasset. aspx? id=46907.
[91] Athanasios G Konstandopoulos. Flow Resistance Descriptors for Diesel Particulate Filters: Definitions, Measurements and Testing. SAE Parper 2003-01-0846, 2003.
[92] Kalogirou Maria, Atmakidis Theodoros, Koltsakis Grigorios , et al. An Efficient CAE Method for the Prediction of the Thermomechanical Stresses during Diesel Particulate Filters Regeneration. International Journal of Automotive Engineering, 2014, 5 : 47-57.
[93] Koji Tsuneyoshi, Kazuhiro Yamamoto. Experimental study of hexagonal and square diesel particulate filters under controlled and uncontrolled catalyzed regeneration. Energy, 2013, 60: 325-332.
[94] WALKER. Diesel Particulate Filter (DPF). [2015-03-18]. http://www. walker-eu. com/en-uk/walker-product-range/dpf/.
[95] Anthi Liati, Panayotis Dimopoulos Eggenschwiler, Daniel Schreiber Veronika Zelenay, et al. Variations in diesel soot reactivity along the exhaust after-treatment system, based on the morphology and nanostructure of primary soot particles. Combustion and Flame, 2013, 160: 671-681.
[96] Kenneth G Rappé, Darrell R Herling, John Lee, et al. Combination and Integration of DPF-SCR Aftertreatment Technologies. (2010-06-09) [2014-12-28]. http://energy. gov/sites/prod/files/2014/03/f11/ace025_rappe_2010_o. pdf.
[97] 李兴虎, 刘吉林．DPF 滤芯开口率和过滤面积的影响因素研究．2012 年中国内燃机学会燃烧、节能、净化分会学术年会论文集．合肥,2012.
[98] 李兴虎, 刘吉林．DPF 滤芯结构参数对其压力损失的影响研究．2012 年内燃机技术联合学术年会论文集．南宁,2012.
[99] 日本機械工業連合会,日本ファインセラミックス協会．排ガス浄化システムに係る技術開発

動向に関する調査報告書.(平成 16-03)[2013-09-28]. http://www. jmf. or. jp/japanese/houkokusho/kensaku/pdf/2004 /15sentan_08. pdf.

[100] Pushkar Tandon, Achim Heibel, Jeanni Whitmore, et al. Measurement and prediction of filtration efficiency evolution ofsoot loaded diesel particulate filters. Chemical Engineering Science, 2010, 65: 4751-4760.

[101] BASF. Catalyzed Soot Filters to Reduce Particulate & Gaseous Emissions from Vehicles. The 1st International Chinese Exhaust Gas and Particulate Emission Forum. Shanghai, 2012.

[102] Juan Yang, Mark Stewart, Gary Maupin, et al. Single wall diesel particulate filter (DPF) filtration efficiency studies using laboratory generated particles. Chemical Engineering Science, 2009, 64: 1625-1634.

[103] 李勤. 重型柴油机排放法规升级对技术及生产一致性的挑战. The 1st International Chinese Exhaust Gas and Particulate Emission Forum, Shanghai, 2012.

[104] Maik Bergmann, Ulf Kirchner, Rainer Vogt, et al. On-road and laboratory investigation of low-level PM emissions of a modern diesel particulate filter equipped diesel passenger car. Atmospheric Environment, 2009, 43: 1908 - 1916.

[105] 郑洽馀, 鲁钟琪. 流体力学. 北京: 机械工业出版社, 1980.

[106] Masoudi M, Heibel A, Then P M. Predicting Pressure Drop of Diesel Particulate Filters - Theory and Experiment. SAE Parper 2000-01-0184, 2000.

[107] Konstandopoulos A G, Johnson J H. Wall-flow diesel particulate filters-their pressure drop and collection efficiency. SAE Parper 1989-04-0562, 1989.

[108] 大野一茂. 自動車用再結晶 SiC 多孔質体を用いたディーゼルパティキュレートフィルタの性能に関する研究. 東京: 早稲田大学, 2006.

[109] Mansour Masoudi. Pressure Drop of Segmented Diesel Particulate Filters. SAE Parper 2005-01-0971, 2005.

[110] Georgios N Pontikakis. Modeling, Reaction Schemes and Kinetic Parameter Estimation in Automotive Catalytic Converters and Diesel Particulate Filters. Volos: University of Thessaly, 2003.

[111] Haralampous A, Kandylas I P, Koltsakis G C, et al. Diesel particulate filter pressure drop Part 1: modelling and experimental validation. International Journal of Engine Research, 2004, 5(2): 149-162.

[112] Athanasios G, Konstandopoulos, Eleni Papaioannou. Update on The Science and Technology of Diesel Particulate Filters. KONA Powder and Particle Journal, 2008, 26: 36-64.

[113] Georgios A Stratakis. Experimental Investigation of Catalytic Soot Oxidation and Pressure Drop Characteristics in Wall-Flow Diesel Particulate Filters. Thessaly: University of Thessaly, 2004.

[114] Ming Zheng, Siddhartha Banerjee. Diesel oxidation catalyst and particulate filter modeling in active - Flow configurations. Applied Thermal Engineering, 2009(29): 3021 - 3035.

[115] Kenneth G Rappé, Darrell Herling. Combination and Integration of DPF - SCR Aftertreatment Technologies. (2011-05-11)[2013-06-28]. http://www1. eere. energy. gov/vehiclesandfuels/pdfs/merit_review_2011/adv_combustion/ace025_rappe_2011_o. pdf.

[116] Yujun Wang, Victor W Wong. Sensitivity of DPF Performance to the Spatial Distribution of Ash Generated from Six Lubricant Formulations. (2012-10-18)[2014-10-28]. http://energy. gov/sites/prod/files/2014/03/f8/deer12_wang. pdf.

[117] Mark Stewart, Thomas Gallant, Gary Maupin, et al. Fundamental Modeling and Experimental Studies of

Acicular Mullite Diesel Particulate Filters. (2008-08-05)[2014-06-28] http://energy. gov/sites/prod/files/2014/03/f8/deer08_stewart. pdf.

[118] Jean-Pierre Joulin, Bruno Cartoina, Didier Tournigant, et al. Zeolith impregnation of CTI SiC DPF for $DeNO_x$ function using SCR method. DEER Meeting, Detroit, 2007.

[119] Aleksander J Pyzik, Cheng G Li. New Design of a Ceramic Filter for Diesel Emission Control Applications. International Journal of Applied Ceramic Technology, 2005, 2(6): 440 - 451.

[120] 大连工业大学化工原理教研室. 化工原理化工原理网络课程讲义. (2007-09)[2014-10-28]. http://hgyl. wlkc. dlpu. edu. cn/chem3/chem3_1/chem3_1_5. html.

[121] Saeid Rahimi. Contraction, Expansion, Pressure Drop. (2011-08-16)[2014-10-28]. http://www. linkedin. com/groups/Chemwork-3822450.

[122] Miller D S. Internal Flow Systems. Second Edition. Bedford: Miller Innovations, 2012.

[123] 帅石金, 王建昕, 庄人隽, 等. 车用催化器结构因素对流速分布的影响. 汽车工程, 2000, 22(1): 29-32.

[124] 陈晓玲, 张武高, 黄震. 催化器载体前端造型对其流动特性的影响. 上海交通大学学报, 2007, 41(4): 537-540.

[125] 刘吉林. 柴油机颗粒过滤器的设计与优化. 北京: 北京航空航天大学, 2012.

[126] Wendland D W, Kreucher J E, Andersen E. Reducing Catalytic Converter Pressure Loss with Enhanced Inlet-header Diffusion. SAE Parper 1995-10-952398, 1995.

[127] Kulkarni G S, Singh S N, Seshadri V, et al. Optimum diffuser geometry for the automotive catalytic converter. Indian Journ al of Engineering & Materials Sciences, 2003, 10: 5-13.

[128] Mejdi Jeguirim, Valérie Tschamber, Jean Francois Brilhac. Kinetics of catalyzed and non-catalyzed soot oxidation with nitrogen dioxide under regeneration particle trap conditions. Journal of Chemical Technology and Biotechnology, 2009, 84(5): 770-776.

第六章 柴油机排气颗粒过滤器的再生与匹配

第一节 DPF 柴油车存在的主要问题及其对策

一、DPF 柴油车存在的主要问题

柴油车排气系统安装颗粒过滤器之后，排气背压将会升高。如果在 DPF 工作过程中，不能及时清除过滤的颗粒物，则随着 DPF 上颗粒物沉积量的增加，排气背压将会迅速增大，严重影响柴油机的动力性、经济性和排放性能。另外，目前常用的 DPF 上沉积颗粒物的清除方法是氧化燃烧法，将会在 DPF 滤芯上产生灰分等沉积物；如果使用不当，还可能导致 DPF 滤芯高温烧裂或熔化，DPF 的过滤性能将会下降甚至丧失。因此，安装 DPF 后，车辆的性能、使用要求等将发生变化，故下面简要介绍 DPF 车辆行驶和使用过程存在的主要问题。

1. 市区工况下 DPF 中颗粒物难以着火、氧化燃烧，颗粒物沉积量不断增多

过滤器的作用是过滤排气颗粒，随着使用时间增长，储存在容积有限的过滤器上的颗粒会不断沉积增多。如果排气温度足够高或沉积的颗粒极易氧化，则沉积的颗粒会被氧化为 CO_2 和 H_2O 等排入大气。然而，在常用市区工况下，柴油机排气温度低，加上 DPF 中颗粒物点燃温度高、氧化燃烧慢，即使被引燃，中、小负荷下 PM 也难以完全燃烧，仅有大约 85% 的 PM 可氧化成 CO_2 气体，其余部分因缺氧不能完全燃烧，以 CO 的形式排出。

图 6-1 为排量 2L 的共轨燃油喷射柴油发动机排气总管出口附近的排气温度变化图[1,2]。可见怠速工况时排气温度低于 150℃，柴油机在低速、低负荷工况时排气温度也较低，常用的工况范围的排气总管出口附近的排气温在 250~450℃。可见，在常用工况下很难达到颗粒氧化所需的 600℃ 以上的高温。仅在高速、高负荷工况，排气温度可以达到 600℃ 以上，可以较快地氧化燃烧掉过滤的颗粒物。排气温度受到柴油机结构特点、工况和使用条件等的影响，但相对颗粒氧化所需的 600℃ 以上的高温而言，普通柴油机的常用工况下的温度是难以达到的。

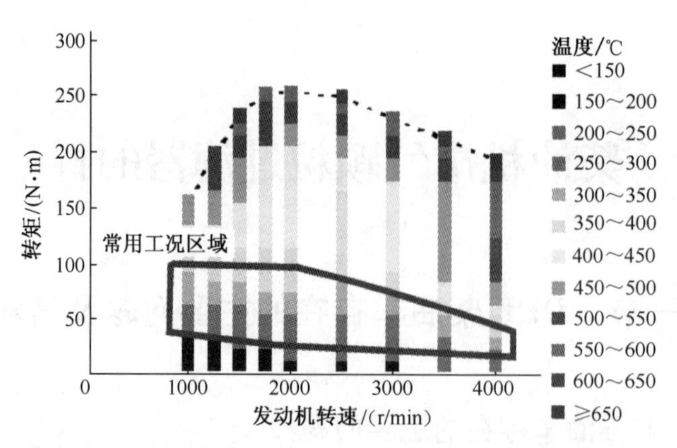

图 6-1　发动机排气总管出口附近的排气温度变化图

2. 排气背压逐步增大,柴油机动力性、经济性和排放性能恶化

当车辆安装 DPF 后,发动机排气背压增大、发动机性能即受到影响,随着颗粒物堆积量的增加发动机排气背压会快速增大,当再生控制不当时,甚至会出现部分孔道堵塞的情况。发动机排气背压增大或部分孔道堵塞的结果是发动机排气不畅,进气量减少,缸内混合气中残余废气量增加、燃烧速率降低、发动机动力性、经济性和排放性能恶化。

由于市区常用工况下 DPF 中的颗粒无法氧化燃烧,其结果导致排气压力(背压)增加,并对发动机性能产生多方面影响,如增加排气功率消耗、降低增压发动机进气歧管压力、影响气缸扫气和燃烧、导致涡轮增压器故障等。背压增加后,首先可能会影响涡轮增压器的性能,使进入缸内空气量减少,气缸内残余气体(特别是自然吸气发动机)增加,减少混合气的空燃比,使发动机排放性能恶化;但气缸内残余气体增加的结果,相当于发动机采用了内部废气再循环(EGR)技术,故可以轻微减少 NO_x 排放量,安装 DPF 系统可减少 2%~3%的 NO_x 排放。其次是导致了发动机压缩、排气的机械功或能量额外增加,还会影响废气涡轮增压气发动机的进气歧管压力,结果致使油耗、PM 和 CO 排放和排气温度增加;排气温度的增加会导致排气门和涡轮增压器过热、以及发动机热负荷的增加,可能引起 NO_x 排放量的增加。另外,背压增加可能会影响涡轮增压发动机的润滑油和冷却介质的正常工作,特别是排气背压过高时,可能导致涡轮增压器的密封失效,造成润滑油泄漏到排气系统的问题。对 CDPF 或其他催化剂系统来说,润滑油泄漏也会导致催化剂失活或中毒等。

排气背压对发动机性能具有重要影响,这一点已被大量研究所证实。下面通过三个研究实例进一步说明 DPF 中沉积颗粒质量对柴油机性能的影响。一个是安装 DPF 的 2.3L 非直喷柴油机汽车的油耗测试结果。DPF 的过滤体

1.95L、孔密度16孔/cm^2、可储存颗粒有效容积为0.87L的过滤器。试验结果表明，汽车行驶了大约140km后，比油耗增加达到了3%的极限；汽车行驶里程不足200km的时候，汽车性能已严重恶化。第二个实例是大野等在PSADW 10型共轨直喷2.0L柴油机上的试验[2]，该试验结果表明：当柴油机安装Ibiden的直径143.8mm、长150mm，壁厚0.254mm、孔密度46.5孔/cm^2的SiC DPF后，柴油机燃油消耗率G_t(L/h)随着DPF压降Δp(kPa)的增加而增大，在发动机转速3000r/min、转矩50N·m固定不变时，G_t(L/h)和Δp之间的近似关系为$G_t = 0.014\Delta p + 5.9885$，据此公式推测，当$\Delta p$为10kPa、20kPa、30kPa和40kPa时，安装IbidenSiC DPF的柴油机耗油量依次增加2.3%、4.7%、7.0%和9.4%。第三个实例是天津大学在潍柴动力股份有限公司生产的WD615.46车用柴油机上的研究。该研究结果显示：随着排气背压增大，柴油机性能指标转矩、功率、油耗呈线性恶化趋势；排气背压（表压）为18kPa时，额定功率（转矩）较排气背压为4kPa时下降2.18%，油耗上升2.32%；背压每上升1kPa，功率下降0.345kW，转矩下降1.5N·m，油耗上升0.368g/(kW·h)[3]。可见，对颗粒过滤器进行及时的再生，降低排气背压是非常必要的。

3. 车辆控制及操作复杂

从DPF系统的组成及工作原理可知，安装DPF的车辆控制，需要根据车辆行驶工况、排气温度、DPF压降（或颗粒物过滤量）等控制DPF再生的工作模式。下面以奥迪Q7和大众途锐的排放控制系统的功能为例予以说明。在车辆加速或较大负荷运转时，缸内燃烧的燃料多，排气温度高，当排气温度超过350℃，DPF便可进行被动再生，采用氧化燃烧方式，清除掉DPF捕集的颗粒物。如果过滤器颗粒物负载量达到45%（再生后的行驶里程为750～1000km），压降传感器信号达到阈值，DPF系统开始主动再生，进行自我清洁循环。发动机在所有的燃料正常燃烧后，额外向发动机缸内喷射燃油，额外喷射的燃油蒸发并进入发动机歧管出口的DOC，把排气温度提高至600～650℃，高温燃气即可引燃DPF捕集的颗粒物，DPF系统开始主动再生。当车辆在再生循环时，ECU将会适当提高发动机功率和怠速转速。如果此时主动关闭发动机的话，发动机会重新启动，继续进行再生。如果颗粒物加载水平达到50%～55%，发动机会重新启动，进行15min的再生。如果发动机工作在主动再生模式，汽车仪表板指示灯不亮。如果此时中断发动机工作，仪表板的警告灯将会点亮。如果车速为64km/h，变速器挂在第四或第五挡，发动机转速为2000r/min时，再生时间需要至少10min。如果DPF的故障灯显示在顶部和下面，表明DPF没有堵塞，其故障可能是排气压力传感器、温度传感器。颗粒物加载达到75%时，预热塞指示灯持续工作。这个例子表明车辆控制系统功能增加,系统更为复杂[4]。

另外,安装DPF的车辆增加了DPF性能显示装置及手动再生开关等。在车辆正常行驶时,DPF的再生控制系统采用自动再生工作模式,自动清除DPF中捕集的颗粒物。但DPF自动再生时对排气温度及行驶时间等有要求,如车辆可以用80km/h左右的速度行驶15min等。当车辆在长时间低速行驶、发动机频繁重复启动及停机等特殊条件下使用时,排气温度及高温持续时间无法满足自动再生的要求,发动机ECU控制的自动再生系统无法正常工作,DPF系统显示装置的再生指示灯就会点亮。为了防止颗粒物过多堆积,车辆的DPF系统一般会设置一个“手动再生开关”,当该开关处于“ON”的位置时,在车辆停止时DPF系统也可以清除DPF上沉积的颗粒物,这种再生方式被称为手动再生。这说明安装DPF车辆的操作比传统车辆复杂。

4. 使用条件要求高

当车辆安装DPF后,其使用条件要求变高。包括车辆使用燃料和润滑油的含硫、磷量和标号、以及手动再生场所等。手动再生开始后,发动机转速高于常用的怠速转速。再生转速及时间随车型及制造商的不同而不同,如三菱扶桑卡车、巴士公司车辆再生转速约为1500r/min,中型车的再生时间约15~25min,大型车约20~30min后,再生时DPF指示器点亮,再生结束后指示器熄灭[5]。而康明斯的柴油机手动再生转速约1000r/min,再生时间30~40min[6]。由于再生时间长,释放热量多,当DPF工作于手动再生模式时,车辆不宜停放在涂装路面、植物旁、通风不良处和易燃物品附近等。

5. 车辆使用及维护费用增加

DPF装置对过滤体材料要求高,需要温度压力等监测和再生装置及其控制系统等,其研发和制造成本不言而喻。另外,当DPF安装于车辆时,还需要增加车载的控制(如手动再生控制开关)及显示装置等,其结果导致车辆成本的增加。

DPF系统的增加,会导致排气背压增加,进而引起燃油消耗量增加;采用主动再生方式的DPF系统,会增加的额外能耗,其结果必然是车辆的能耗费用增加。

DPF系统的增加还会使车辆的故障率增加,如再生操作不当导致的DPF滤芯材料软化、局部因高温熔粘及产生裂纹等损坏现象;若驾驶模式不当或使用劣质燃料时,会导致颗粒物及灰分沉积量过大,如果发生此种现象时就需要产生额外维护费用。

特别值得一提的是DPF长期使用后在其过滤壁面形成的灰分沉积问题。发动机燃烧中形成的粒径约10~30nm的金属氧化物,将会随着发动机排气排出。由于排气温度的逐步降低,燃烧过程生成的金属氧化物等在排气排出过程中会形成粒径约 10~100nm 的灰分前体物。灰分前体物与排气中的炭烟颗粒一起沉积于过滤器壁面形成颗粒物过滤层。当 DPF 再生时 PM 会发生氧化和燃烧，混杂在颗粒过滤层中的灰分前体物将会团聚和发生表面增长，灰分浓度越大，灰分颗粒团聚和生长越快，图 6-2(a)为再生过程形成的多孔/中空的、粒径为 1~10μm 的团聚状灰分的微观照片[8]。再生结束后，这些团聚状的灰分便沉积于过滤壁面。随着车辆使用时间增长和 DPF 反复再生，每次再生沉积于过滤壁面的微量灰分，经过长期积累后便形成图 6-2(b)所示的 DPF 过滤壁面上的灰分沉积层，沉积层的厚度随着车辆行驶里程的增加而增加，灰分沉积层增大了气体流过壁面的阻力、减少了 DPF 过滤面积，影响 PM 的沉积和分布。进而导致发动机排气背压增加、CDPF 的催化剂性能丧失，导致发动机燃料经济性恶化和过滤器堵塞、寿命缩短[7]。DPF 再生时产生的这些灰分沉积物导致 DPF 性能下降，最终使车辆无法正常行驶，因此必须采取专用设备定期（一般行驶约 20 万 km 后）清除灰分沉积层，故装备 DPF 的车辆，其维护费用高于普通车辆。

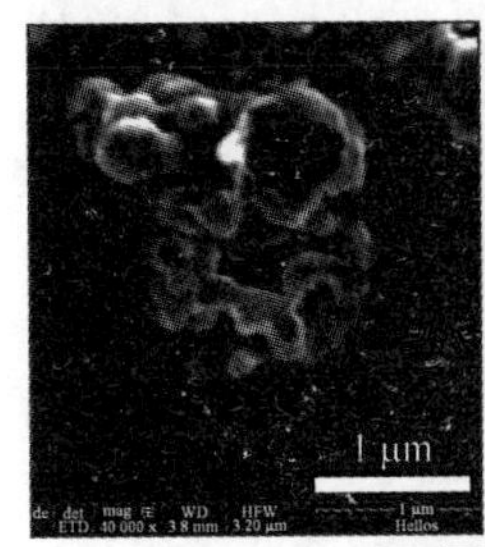

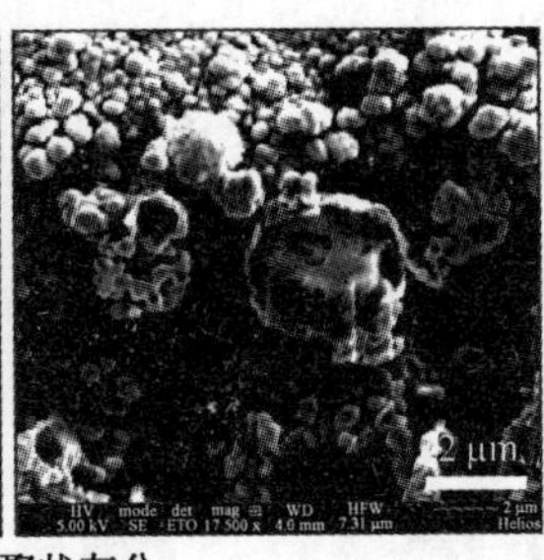

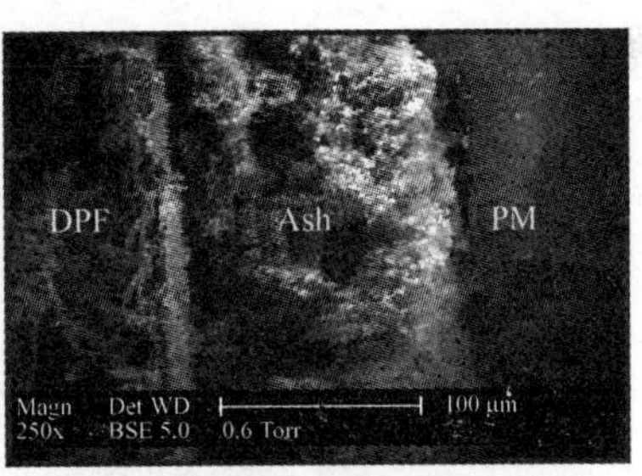

(a) 团聚状灰分　　(b) DPF表面的团聚状灰分沉积层

图 6-2　团聚状灰分及在 DPF 过滤壁面的沉积层

DPF 过滤壁面上的灰分沉积层的形成速度与 DPF 的再生方式及使用的燃料、润滑油品质密切相关。再生方式对 DPF 灰分沉积层的影响如图 6-3 所示[7]，由该结果可以看出，采用主动再生和被动再生两种不同再生方式的 DPF，其表面的灰分形态和分布相差甚大，被动再生 DPF 的入口、中间和出口截面

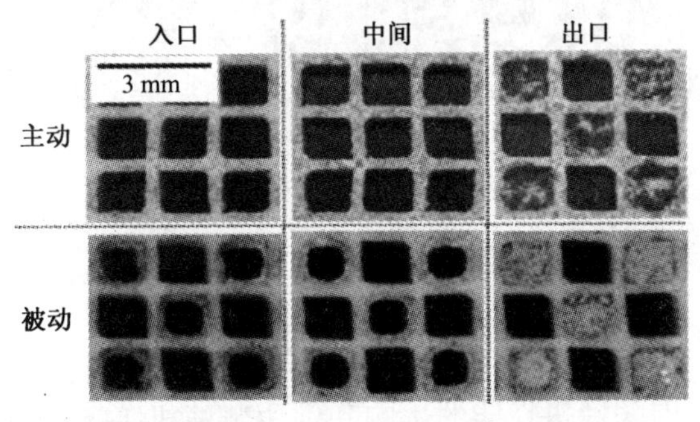

图 6-3　再生方式对 DPF 灰分沉积层的影响

均有明显的灰分沉积物,接近封堵的出口附近已完全被灰分沉积物堵塞。

燃料和润滑油中硫、磷含量对DPF的灰分沉积影响极大。当使用普通柴油和柴油机油时,经过长时间使用后,反复多次再生过程,会在过滤体材料表面产生灰分沉积产生 $CaSO_4$、$CaCO_3$、$Zn(PO_3)_2$ 和 ZnO 等灰分沉积物。图6-4是润滑油中硫酸灰分含量和柴油中硫含量对DPF中灰分沉积物的影响的一个试验结果[9],图中前、中、后依次表示截面在过滤体中的位置(前为入口)。润滑油中硫酸灰分含量对DPF中沉积物的影响如图6-4(a)所示,试验时,使用硫含量质量分数为0.005%的柴油,润滑油硫酸灰分含量(SA)为0.96g/kg、1.31g/kg和1.70g/kg三种,柴油机运行时间为600h。可见,随着使用润滑油中硫酸灰分含量的增加,DPF的中部和后部(接近出口)灰分沉积物(白色物质)明显增加,使用硫酸灰分含量为1.70g/kg的润滑油运行600h后,DPF的后部几乎全部由灰分沉积物堵塞。燃料中硫含量对沉积物的影响如图6-4(b)所示,两种燃料的硫含量质量分数分别为0.005%和0.001%,润滑油的硫酸灰分含量为0.96g/kg,柴油机运行时间仍为600h。该结果表明,使用硫含量质量分数为0.005%和0.001%两种柴油运行600h后,DPF的中部和后部(接近出口)虽然有灰分沉积物存在,但未堵塞。使用两种燃料时的灰分沉积物差别较小,这说明柴油中硫含量对沉积物生成量的影响小于润滑油中硫酸灰分含量的影响。DPF再生时产生的这些灰分沉积物不仅导致DPF性能下降,由于必须采取专用设备定期清除,故还会导致产生额外的维护费用。

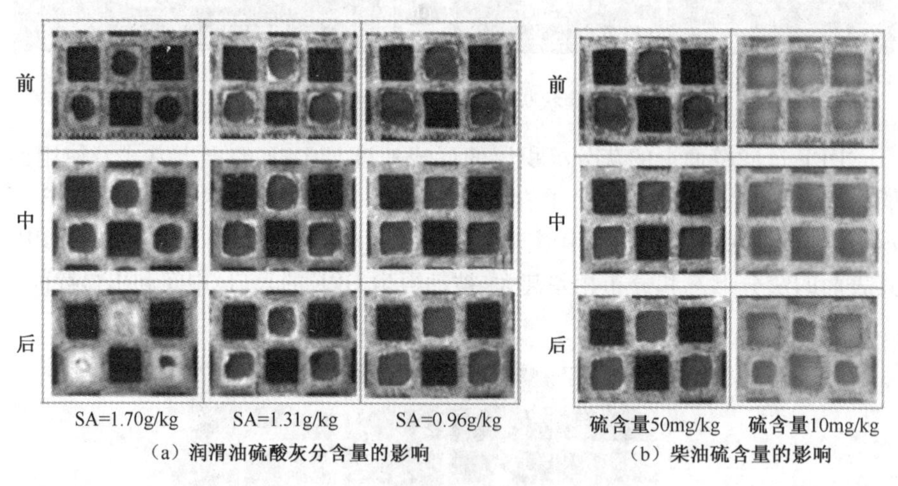

图6-4　润滑油中硫酸灰分含量和柴油中硫含量对DPF中灰分沉积物的影响

二、DPF柴油车存在主要问题的对策

从上述DPF对柴油机性能的影响和常用柴油机工况排气温度低的角度

来看，在常用的柴油机运转条件下，DPF 上收集的颗粒物不能自燃及氧化，只能不断堆积，直至排气背压大到柴油机无法正常工作。另外，颗粒物点燃之后，容易造成温度过高，损伤或烧坏过滤器滤芯，使 DPF 起不到净化 PM 的作用。总之，与传统柴油车相比，柴油车排气系统安装颗粒过滤器之后，使用中存在的主要问题可归纳为两个方面：①颗粒物沉积量的增加、引起背压升高所导致的柴油机动力性、经济性和排放性能恶化问题；②清除颗粒物（再生）时产生的高温及灰分团聚等带来 DPF 性能恶化和对车辆使用要求的提高。

针对背压升高问题，在匹配柴油车 DPF 时，应尽量选用流动阻力低、颗粒物负载量高的 DPF；并且 DPF 装置应带有再生装置，再生装置应具有点燃沉积在过滤壁面上颗粒物的功能，可及时清除 DPF 滤芯上的颗粒物，避免背压上升过高；再生后，可使 DPF 的压降恢复到或接近使用初期。因此，可以说 DPF 的再生性能决定了其能否成功应用。

DPF 再生时产生的高温问题，可通过 DPF 控制策略优化、结构设计和滤芯材料选择等方法解决。在制订 DPF 再生控制策略时，对再生时刻选择需要优化，以避免出现颗粒物沉积量过多，因再生产生热量过多出现温度过高现象；在 DPF 结构设计时，应采用颗粒物分布均匀性好的 DPF 结构，充分考虑再生时的散热问题，避免局部过热引起 DPF 结构损坏；在滤芯材料选择时，在过滤性能及压降等指标相近的情况下，应尽量选择高熔点的耐高温滤芯材料。

DPF 再生时灰分团聚等产生与 DPF 结构特点、使用条件及柴油和润滑油品质等密切相关。DPF 过滤材料表面灰分沉积问题的主要对策有两个：①开发专用灰分清除设备，及时清除灰分沉积；②使用低硫、低灰分柴油和润滑油，减少灰分产生量。

第二节　颗粒过滤器的再生方法

一、颗粒过滤器再生的原理及其影响因素分析

过滤器再生指颗粒发生氧化反应变成 CO、CO_2 和 H_2O 或 CO_2 和 H_2O 等气体随排气一起排入大气的过程。因此，能否实现再生，实质上就是颗粒能否发生氧化反应和着火燃烧。当排气温度大于颗粒着火燃烧的最低温度、颗粒物周边有氧（一般认为排气中氧气体积百分比应大于 2%）或 NO、NO_2 存在、并且有足够的反应时间时，颗粒物就会完全氧化燃烧，使 DPF 恢复如新，犹如再生。

颗粒过滤器的再生过程受到排气温度、过滤介质上沉积颗粒物的理化特

性(着火温度、粒径大小及分布、氧化反应的活化能和密度等)、颗粒物在过滤介质上的质量分布、排气流速及其成分、催化剂、过滤器的热容量等的影响。由于柴油机采用稀混合气燃烧,排气中存在氧化颗粒物所需的氧气或 NO、NO_2等,因此,颗粒物再生的关键因素是进入 DPF 的排气温度是否高于颗粒物着火温度。

颗粒物的理化特性对颗粒物的着火和氧化速率等具有重要影响,表 6-1 为文献中给出的颗粒物的热物性参数,颗粒物的理化特性随颗粒物的形成条件的不同而异。颗粒物的反应焓越高,其燃烧放出的热量越多,可以加速氧化反应的进行;颗粒物的堆积(整体)导热系数越大越有利于热量传递;比热容越小越有利于颗粒物升温,达到着火温度所需时间越短。

表 6-1　颗粒物的热物性参数

反应焓	32800kJ/kg	比热容	1.51kJ/(kg·K)
活化能 E_a	54.5kJ/mol	堆积密度	$56kg/m^3$
频率因子 A	$1\times10^5s^{-1}$	炭烟颗粒密度	$2000kg/m^3$
孔隙率	0.50	堆积(整体)导热系数	0.84W/m·K
平均直径	0.17μm		

颗粒物氧化反应的速率常数 k_c 可由阿瑞尼斯方程式计算:

$$k_c = Ae\frac{-E_a}{RT} \tag{6-1}$$

式中:E_a为反应的活化能 (J/mol);R 为通用气体常数,$R=8.3144J\cdot mol^{-1}\cdot K^{-1}$;$T$ 为炭烟颗粒温度(K);A 为指数前因子(也称频率因子)。k_c和 A 的单位随反应级数的不同而不同,对于零级反应,其单位是 $mol\cdot(L\cdot s)^{-1}$;对于一级反应,其单位是 s^{-1};对于二级反应,其单位是 $L\cdot(mol\cdot s)^{-1}$;对于 n 级反应,其单位是 $mol^{1-n}\cdot L^{n-1}\cdot s^{-1}$。

炭烟颗粒燃烧反应($C(s) + O_2(g) \longrightarrow CO_2(g)$)可以视为反应级数为一级的一步固体与气体之间的异相反应。表 6-1 中列出了该反应的活化能 E_a和指数前因子 A。应该指出的是由于 E_a 和 A 的影响因素众多,不同的研究者给出的 E_a 和 A 的数值差别较大,E_a的范围大约为 54~420kJ/mol,A 的范围大约为$(0.2\sim6)\times10^5s^{-1}$[10]。

应该指出的是由于颗粒物生成条件及测试方法、取样方法等的不同,相关文献中给出的物性参数略有差异。多孔壁内的炭烟颗粒物堆积密度变化范围约为 $40\sim500kg/m^3$[11-13]。炭烟颗粒密度的变化范围约为 $1900\sim2000kg/m^3$[14]。堆积(整体)导热系数随孔隙率的增大而减少,孔隙率为 0.5 时,其变化范围约为 0.831~0.84W/(m·K),孔隙率为 0.97 时,其值约为 0.108W/(m·K)[15],

增加排气中含量NO_2或利用催化剂降低颗粒物着火燃烧温度是目前在中、低排气温度下实现 DPF 再生的常用方法。

由于柴油机排气中NO_2含量有限,难以加速炭烟颗粒物的氧化。因此常用在 DPF 上游加装涂覆 Pt 等贵金属的 DOC 增加NO_2含量。已有的研究结果表明,当采用 Pt 催化剂且温度 $T>650K$ 时,NO_2与 NO 的浓度达到平衡,可以加速炭烟颗粒物的氧化速率,在 670~770K 温度范围内,有催化剂 Pt(排气中有NO_2)时,炭烟颗粒物氧化的阿瑞尼斯方程的指数前因子 A 和活化能 E_a 分别为 $146s^{-1}$ 和 79.5kJ/mol;而无 NO_2 存在时,A 和 E_a 分别为 $1.20s^{-1}$ 和 64.9kJ/mol[16],即有NO_2存在时,反应速率明显提高。图 6-5 为前置 DOC 式 DPF 在不同排气温度下的再生效率模拟计算结果。DPF 再生时,排气质量流量为 10g/s,初始炭烟颗粒物负载量为 5g/L,入口气体中 THC、CO 和 O_2的体积分数依次为 0.5%、0.2%和 10%。该结果表明,当排气温度维持在 280℃时,DPF 系统不能实现再生;当排气温度一旦维持在 290℃以上,DPF 系统能够进行再生,且排气温度越高,DPF 的再生效率越高。可见,前置 DOC 可以有效降低 DPF 的再生温度。

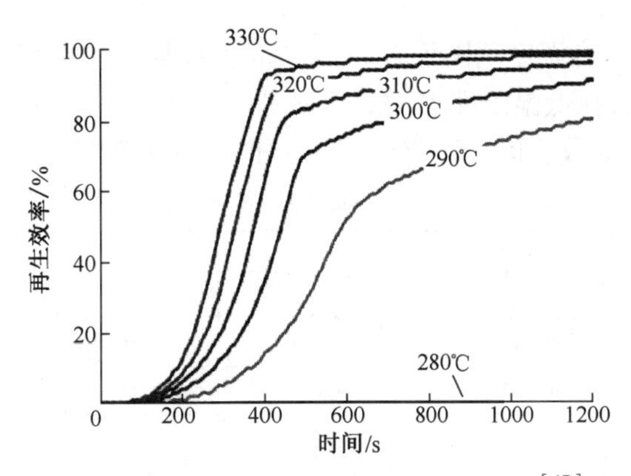

图 6-5 不同排气温度下 DPF 的再生效率[17]

目前,广泛应用的降低颗粒物着火燃烧温度的催化剂是 Ce 基燃油添加剂,Ce 基燃油添加剂降低颗粒物着火温度的机理是改变炭烟颗粒主要组分 C 的氧化反应的路径。在没燃料添加剂存在时,C 的氧化反应主要通过方程 $C+O_2 \longrightarrow CO_2$和 $C+0.5O_2 \longrightarrow CO$ 进行;添加 Ce 基燃油添加剂后,C 的氧化反应主要通过方程 $C+4CeO_2 \longrightarrow CO_2+2Ce_2O_3$和 $C+2CeO_2 \longrightarrow CO+Ce_2O_3$进行。

试验表明,随着燃料中铈添加量的增加,现代轿车柴油机排放颗粒物的着火温度降低。当铈添加质量分数为 0.0025%~0.005%时,着火温度 630~490℃。对于无 Ce 基添加剂的颗粒物而言,发动机运行对颗粒物氧化动力学参数的活化能无影响,其数值保持 190kJ/mo1 不变,但当颗粒物吸附烃之后,其活化能在 80~130kJ/mo1 之间变化。对采用 Ce 基添加剂的颗粒物而言，温度在 420~490℃范围内时，活化能随颗粒物中挥发性有机物质量分数的增加而降低，当铈添加质量分数从 0.0025%变化到 0.005%时，从 220~300℃过滤器壁面上采集的干颗粒物氧化的活化能，在 420~490℃范围内不受铈添加质量的影响[18]。

Ce 基燃油添加剂对 C 的氧化反应的加速作用，可用表 6-2 所列数据进一步说明。表 6-2 给出了上述四个化学反应的活化能和指数前因子。表 6-3 为由表 6-2 中 A、R 和 E_a 计算得到的速率常数随温度的变化结果。k_1、k_2、k_3 和 k_4 依次化学反应 $C+O_2 \longrightarrow CO_2$、$C+0.5O_2 \longrightarrow CO$、$C+4CeO_2 \longrightarrow CO_2+2Ce_2O_3$ 和 $C+2CeO_2 \longrightarrow CO+Ce_2O_3$ 的速率常数。由表 6-3 可知，在没燃料添加剂存在，温度低于 652℃时，C 的氧化反应主要通过方程 $C+0.5O_2 \longrightarrow CO$ 进行，C 氧化反应的产物主要为 CO；温度高于或等于 652℃时，C 氧化反应主要通过方程 $C+O_2 \longrightarrow CO_2$ 进行，C 氧化反应的产物主要为 CO_2。在添加 Ce 基燃油添加剂后，温度低于 482.5℃时 C 的氧化反应主要通过方程 $C+2CeO_2 \longrightarrow CO+Ce_2O_3$ 进行，C 氧化反应的产物主要为 CO；温度高于或等于 482.5℃时 C 氧化反应主要通过方程 $C+4CeO_2 \longrightarrow CO_2+2Ce_2O_3$ 进行，C 氧化反应的产物主要为 CO_2。另外对比所有温度范围无燃料添加剂和添加 Ce 基燃油添加剂后的速率反应常数可知，在低温条件下，添加 Ce 基燃油添加剂后的反应速率为无燃料添加剂条件下的数千倍，即使在 700℃时也有 200 倍以上。

表 6-2　C 氧化反应的活化能和指数前因子[19]

参数	$C+O_2 \longrightarrow CO_2$	$C+0.5O_2 \longrightarrow CO$	$C+4CeO_2 \longrightarrow CO_2+2Ce_2O_3$	$C+2CeO_2 \longrightarrow CO+Ce_2O_3$
A/(mol/(m³·s))	1.00×10^{13}	5.00×10^{10}	3.50×10^{11}	6.00×10^{8}
E_a/(J/mol)	1.90×10^{5}	1.50×10^{5}	1.20×10^{5}	8.00×10^{4}

表 6-3　C 氧化反应的速率常数

温度/K	k_1/(mol/(m³·s))	k_2/(mol/(m³·s))	k_3/(mol/(m³·s))	k_4/(mol/(m³·s))	k_3/k_1
400	0.02	0.13	169.82	370.47	9490
430	0.08	0.39	424.08	681.93	5565
460	0.29	1.12	982.62	1194.07	3408
482.5	0.73	2.34	1766.32	1765.30	2421
490	0.98	2.96	2131.20	2000.73	2170
520	3.05	7.24	4359.37	3223.95	1429
550	8.72	16.59	8463.76	5017.43	971
580	23.16	35.86	15683.25	7569.43	677

（续）

温度/K	k_1/(mol/(m^3·s))	k_2/(mol/(m^3·s))	k_3/(mol/(m^3·s))	k_4/(mol/(m^3·s))	k_3/k_1
610	57.54	73.56	27868.03	11104.78	484
640	134.68	143.96	47683.60	15886.15	354
652	186.35	186.03	58537.96	18213.68	314
670	298.64	269.94	78847.88	22214.30	264
700	630.45	486.92	126398.54	30427.57	200

二、DPF 再生的开始时间及再生间隔的确定

DPF 再生开始时间及再生间隔 DPF 对 DPF 性能具有重要影响，因此如何确定 DPF 再生开始时间及再生间隔是 DPF 系统开发中的一个关键技术问题。目前使用的控制方式主要基于 DPF 压力损失（压降）极限、行驶里程、工作时间、排气温度、发动机转速及负荷、颗粒物堆积量等控制方式。由于发动机 PM 排出量的影响因素众多，加上汽车的行驶工况不断变化，因此很难确定最佳的再生开始时间及再生间隔，进而影响柴油机性能和 DPF 的净化效果。

下面仅以基于压力损失（压降）极限的最佳驶里程或时间控制原理为例说明 DPF 再生开始时间及再生间隔的确定方法。

发动机排气系统对排气背的影响通常用压降表示，即气体经过排气装置产生的压力降低值，对无后处理装置的发动机而言，产生压降最大的装置为消声器，其压降通常不大于 6kPa，加装 DPF 后，排气系统背压显著增加，特别是在 DPF 颗粒物满载条件下，DPF 背压增加非常明显。瑞士的 VERT 计划，推荐了不同功率范围发动机的最大背压限值 BPL（Back Pressure Limits），以避免油耗增加过多。VERT 推荐的 BPL 为：功率<50kW 时，BPL≤40kPa；50kW≤功率<500kW 时，BPL≤20kPa；功率≥500kW 时，BPL≤10kPa。应该指出的是发动机制造商通常采用保守的 BPL，例如，康明斯、卡特彼勒、约翰迪尔和 DDC/MTU 等制造商对其功率 15～1000kW 的发电机组用柴油机的背压限值为 6.7～10.2kPa[20]。

图 6-6 为基于 DPF 压力损失的再生控制原理示意图，该种方式主要通过气体流过 DPF 后产生的压降确定驶里程或时间，当 DPF 压力损失达到设定值，就开始再生，与车辆的累积行驶里程和工作时间等无关。

对于采用主动再生的非催化 DPF 系统，通常需要再生温度为 700℃左右，对于 CDPF 系统则需要 450～600℃的再生温度，再生持续时间一般不超过 20min。对于一个给定的 DPF 系统中，再生温度和再生持续时间之间存在有一个平衡点，此时，再生温度较高，完全再生的时间就较少，反之亦然。因为这两个因素与再生过程中的燃油损耗密切相关，必须仔细优化，以达到最佳。另

外,必须确保带有催化功能的主动再生系统(如燃料燃烧器,附加燃料燃烧催化剂和(或)CDPF)的催化剂不暴露于过高的温度(高于700~800℃),以避免催化剂劣化,提高DPF的耐用性[21]。

图6-7为基于行驶里程或时间控制方式的最佳再生条件的优化原理示意图,行驶里程或时间太短时,再生次数增加,升温所需燃油增多;行驶里程或时间过长时,颗粒物堆积量过多,柴油机排气背压过大,排气阻力增大,柴油机燃油消耗增加,导致车辆燃油经济性变差。从图6-7中总燃油损失曲线看,存在一个最佳行再生行驶里程或时间,此时,总燃油损失最小[21]。由于车辆运转条件多变,因此确定各个运转条件下的最佳再生行驶里程或时间需要进行大量的试验。

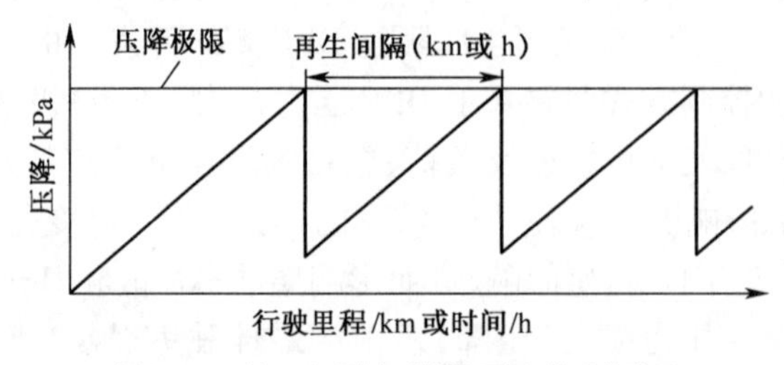

图6-6 基于压降极限的再生控制原理

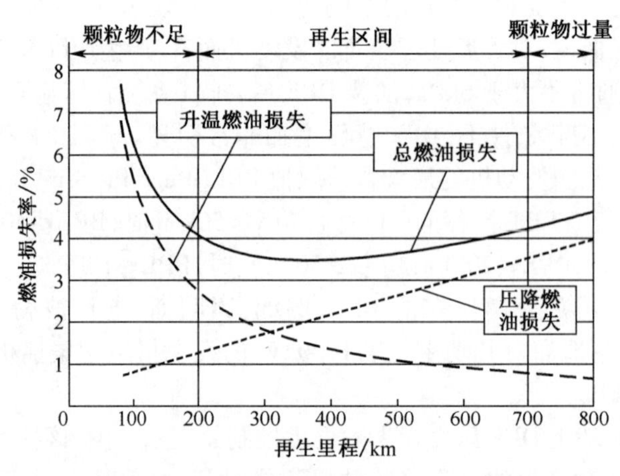

图6-7 基于行驶里程控制方式的最佳再生条件优化原理

三、颗粒过滤器再生方法的种类

(1)按照再生是否连续可分为:连续再生、周期(交替)再生和人工再生。连续再生方法在发动机正常运转时,排气后处理系统连续发生的、或每个ETC试验循环至少进行一次再生过程的再生方法,采用连续再生方法的典型DPF

是由 DOC 于 DPF 组合而成的 CR-DPF 系统；周期再生指排气后处理系统在发动机正常运转时，周期发生的、且每 100h 至少发生一次再生过程的再生方法[22]。

(2) 人工再生指采用人工更换滤芯或清除沉积颗粒物的再生方法。

(3) 按照过滤表面是否涂覆催化剂可分为：催化再生和非催化再生等，催化再生一般指直接在 DPF 的过滤介质表面涂覆了催化剂的 DPF，即 CDPF；反之，则为非催化再生式 DPF。

(4) 按照控制时基于再生参数的不同可分为：基于排气背压（亦称压降或压力损失）、行驶距离（或工作时间）、排气温度、发动机转速及负荷、颗粒物堆积量等再生方法。

(5) 按照再生着火方式的特点可分为如图 6-8 所示的主动再生、被动再生和主动-被动复合式再生三大类[23]。

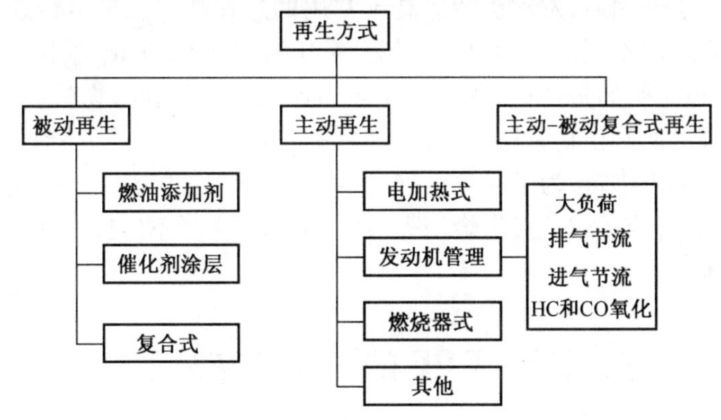

图 6-8　再生方式的种类[24]

主动再生指利用外界能量（如采用燃料燃烧器、在 DPF 上游或在过滤器中嵌入电加热器、微波加热器、在排气喷射燃料等易燃物、改变发动机运转条件等）方法来提高 DPF 滤芯上沉积颗粒物温度，使颗粒着火、氧化燃烧的方法。向排气中喷射催化剂或 H_2O_2 等反应物种、利用非热等离子体产生活性物种和采用电化学反应的过滤器等技术也属于主动再生技术。

被动再生指利用柴油机排气本身所具有的能量进行的再生，一般针对 CDPF 或 DOC+DPF 等系统，利用燃油添加剂或者催化剂来降低颗粒的着火温度，使颗粒能在正常的柴油机排气温度下着火燃烧的方法也属于被动再生方法。如把铁/二茂铁、铁-锶、铈、铈-铁、铂、铂-铈、铜等添加剂以一定的比例加到燃油中的方法、在过滤器涂覆催化剂的方法、催化产生活性物种 NO_2 等方法均属于被动再生方法。

主动-被动复合式再生指具备主动再生和被动再生两种功能的再生

方式。

(6) 根据再生过程是否需要人工操作,DPF 的再生方式可分为手动再生和自动再生[23]。

自动再生指车辆正常行驶时,DPF 的再生控制系统自动清扫 DPF 中捕集颗粒物的再生方式,DPF 自动再生的基本条件是车辆使用过程中行驶时间及车速满足再生的温度及时间要求,如车辆可以用 80km/h 左右的速度行驶 15min 等。但在特殊使用条件下,如车辆长时间低速行驶、发动机频繁重复启动、停机等,此时由于排气温度及高温持续时间无法满足自动再生的要求,发动机 ECU 控制的自动再生系统无法正常工作,DPF 系统图的再生指示灯就会点亮。为了防止颗粒物过多堆积,车辆的 DPF 系统一般会设置一个"手动再生开关",当该开关处于"ON"的位置时,在车辆停止时 DPF 系统也可以清除 DPF 上沉积的颗粒物,这种再生方式被称为手动再生。

手动再生开始后,发动机转速高于常用的怠速转速。再生转速及时间随车型及制造商的不同而不同,再生转速为 1000~1500r/min,再生时间为 15~40min。应该说明的是:由于高温排气会导致路面变色和植物枯萎,手动再生不应在涂装路面和植物旁边进行;为了防止一氧化碳中毒等,手动再生不能在通风不良的地方进行;为了避免火灾发生,手动再生不能在枯草和废纸等易燃物品附近进行;为了避免发生烧伤等事件,手动再生时不应接近和接触排气管与消声器等。

第三节　DPF 的再生与灰分清除

一、燃料喷射式再生系统

图 6-9 为燃料喷射式再生系统的组成示意图[25]。系统由两个 DPF 并联而成,在过滤器入口前设置有燃烧器。在汽车行驶过程中,利用控制阀门使两个 DPF 交替工作。当上面的 DPF 需要再生时,则喷油器向上面燃烧器喷射少量燃油,与排气中的氧或供给燃烧器的二次空气形成可燃混合气,用火花塞或电热塞点燃混合气,产生高温燃气,当高温燃气通过 DPF 时,点燃沉积在过滤器中的颗粒,并逐渐燃烧完堆积的颗粒物。再生过程完成后,开始等待过滤,当下面的过滤器需要再生时开始过滤。汽车行驶时两个过滤器不断循环交替工作与再生。这种方法的不足是可能产生新的二次污染物,一般需要在下游安装一个氧化催化器。

燃料喷射式再生系统的再生时间间隔对发动机燃油经济性有重要影响。图 6-10 为再生时 PM 堆积质量与燃油消耗率增加率的关系曲线[1,2]。增加

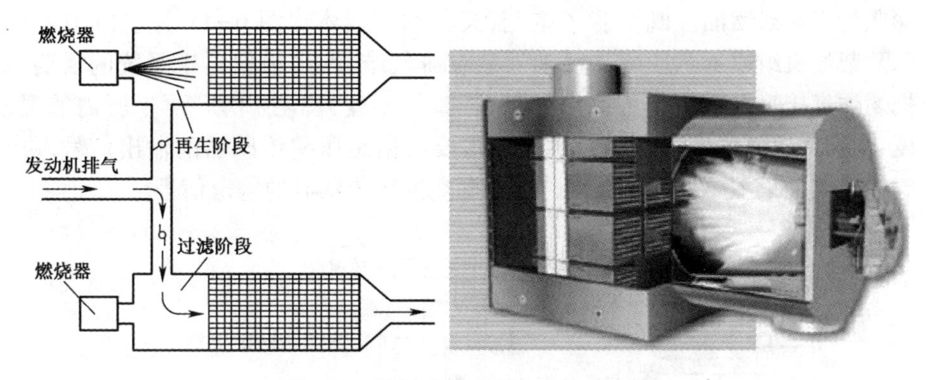

图 6-9　燃料喷射式再生系统示意图

再生里程，则再生所需燃油喷射次数及喷射量减少，再生引起的燃油消耗减少。但 DPF 上堆积的 PM 量增多，即再生 PM 量增大，排气经过 DPF 的压降增大，发动机排气背压升高，燃油消耗量增大。因此，存在一个最佳再生 PM 量。图 6-10 中再生损失指再生引起的燃油消耗量，压力损失指由 DPF 压降引起的燃油消耗增加，二者之和用“压力+再生”表示。“压力+再生”曲线上有一个最低点，该点对应的再生 PM 的量即为“最佳再生 PM 量”。该结果由计算得到，使用的发动机排量为 2L，DPF 体积为 2L，DPF 材料的孔隙率为 42%，在 DPF 前安装有体积 1L 的 DOC，DPF 入口温度为 450℃。可见，最佳再生量约为 10g/L，发动机总燃油消耗率增加 4%以上。

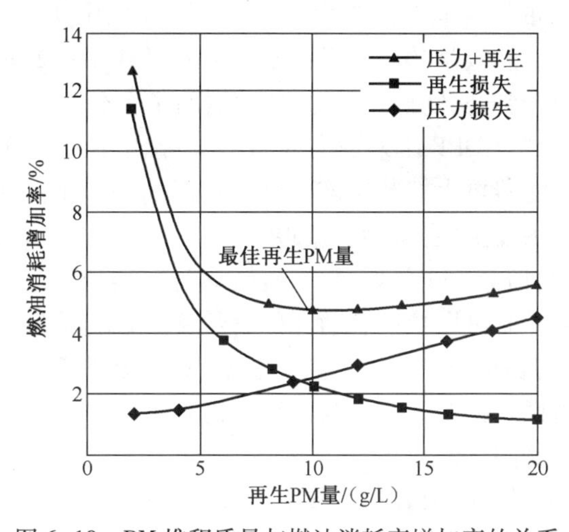

图 6-10　PM 堆积质量与燃油消耗率增加率的关系

对于采用现代共轨燃油喷射系统的轻型车用柴油机而言，一般不再单独设置燃烧器，喷油器通常布置于排气歧管或直接利用已有的喷射器，在排气或膨胀行程喷射燃油。既节省了空间,又节约了成本。图 6-11 为丰田 1CD-FTV 柴油机组成示意图[26],喷油器装在排气歧管上,根据再生系统的需要,把燃油直接喷入刚排出的高温燃气,把排气温度升高到 DPF 再生所需的温度,使其产生氧化反应。DPF 再生的主要依据是压差传感器的输出信号,决定喷射燃油量主要依据是温度传感器和空燃比传感器的输出信号。

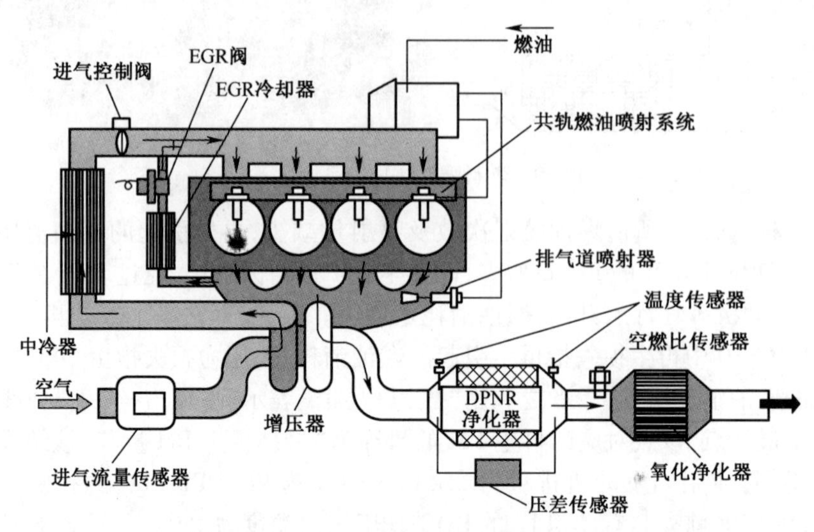

图 6-11　丰田 1CD-FTV 柴油机组成示意图

图 6-12 为柴油机燃油喷射再生式 DPF 系统常用的压差传感器、空燃比传感器、温度传感器和炭烟传感器的组成示意图。图 6-12(a)为 Bosch 公司的压阻式压差传感器的实物照片,压差传感器两个管分别连接于 DPF 的上游和下游处,可以实现对 DPF 压差的实时监测,以确定过滤器的颗粒物负载状态,实现对微粒过滤器再生控制。该压差传感器的测量范围为 0~100kPa,响应时间小于 1s,适用温度范围-40~130℃[27]。图 6-12(b)为空燃比传感器示意图[28],其输出信号为空气燃料质量比,该传感器使用了紧凑型内置加热器,故在发动机启动时可以快速启动。一般要求检测范围大,可以检测常见的柴油机由稀到浓的各种空燃比,适用排气温度范围宽为 250~1000℃,具有优良的耐水性、气密性。图 6-12(c)为温度传感器实物照片[28],常见的温度传感器多以热电偶元件制造。

值得一提的是对于要求装备车载诊断系统的车辆,需要在 DPF 排气管后安装一个炭烟(颗粒物)传感器(PMS),用以监测 DPF 的老化和诊断 DPF 的实时故障。PMS 可采用基于电极梳的电阻测量法,当 DPF 老化和(或)失效时,排气中颗粒物含量增加,图 6-12(d)为颗粒物传感器实物照片[29]。PMS 电极梳上吸附的炭烟颗粒增多,电极梳就会在短时间内形成导电回路,产生流

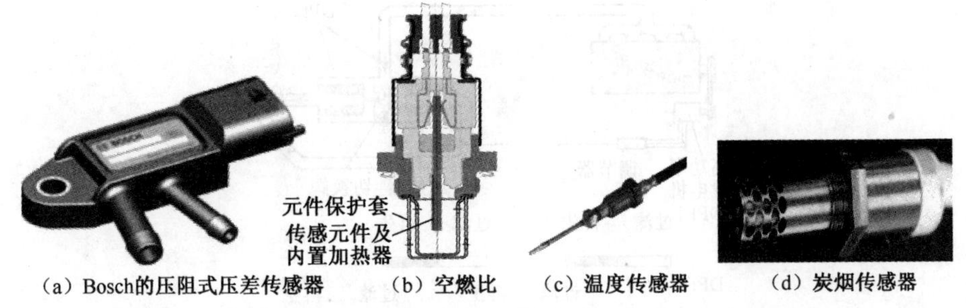

图 6-12　DPF 系统的压差传感器、空燃比传感器和温度传感器示例

过电极梳之间的电流。由于传感器元件电极梳采用定期加热再生,故可利用电极梳电流诊断和评价 DPF 功能[30]。

二、电加热式再生系统

1. 双滤芯并联电加热交替式再生系统

图 6-13 和图 6-14 为电加热交替再生式 DPF 系统的组成、原理及交替再生过程示意图[31]。系统由两个安装有电加热装置的 DPF 并联而成,在汽车行驶过程中,两个 DPF 交替工作。当某一个 DPF 需要再生时,控制器发出再生指令,则该 DPF 上的电加热装置开始对 DPF 加热,产生高温,点燃沉积在过滤器中的颗粒,经过几分钟后,即可完成再生。经过一段时间等待后,重新工作。两个 DPF 交替工作的周期大约是 20min(见图 6-14)。这种方法的优点是克服了燃油喷射式再生系统可能产生新的二次污染物的不足。但再生次数过多,并增大了车辆的电力需求,一般需要安装高功率的发电机,否则,难以满足再生时电加热装置的电力需要。

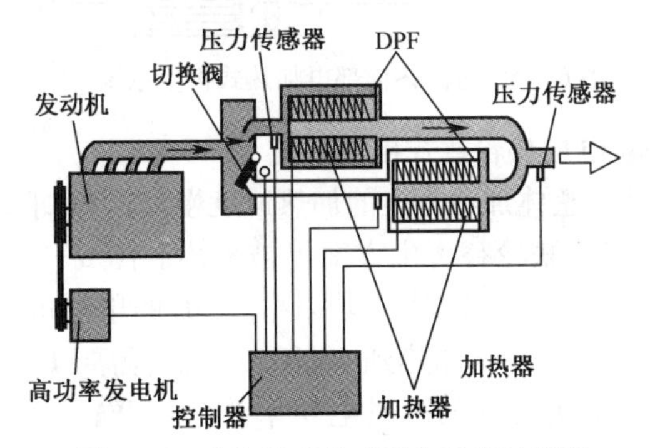

图 6-13　电加热交替式再生系统示意图

电加热交替再生式系统的电加热器除了图 6-13 所示的位于过滤体内部的型式外,也有图 6-15 所示的位于过滤体前部的圆形盘式电加热器。这种

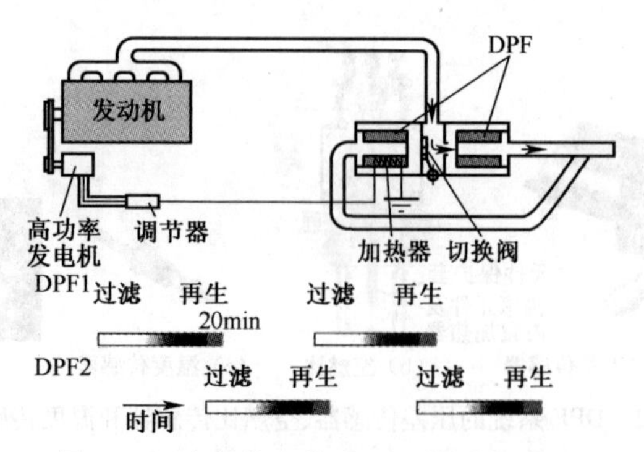

图 6-14　电加热交替式 DPF 的再生过程

型式的电加热器其前面一般安装有热反射板，防止热量散失，以提高加热速率。图 6-15 所示再生系统的工作状态为上部过滤体再生状态，此时上部切换阀关闭，电加热器通电加热，进入上部的排气量由位排气控制阀控制，当上部过滤体再生结束后，切换阀打开，电加热器断电，排气控制阀关闭，上部过滤体进入工作状态。当下部过滤体需要再生时，重复上述过程即可。

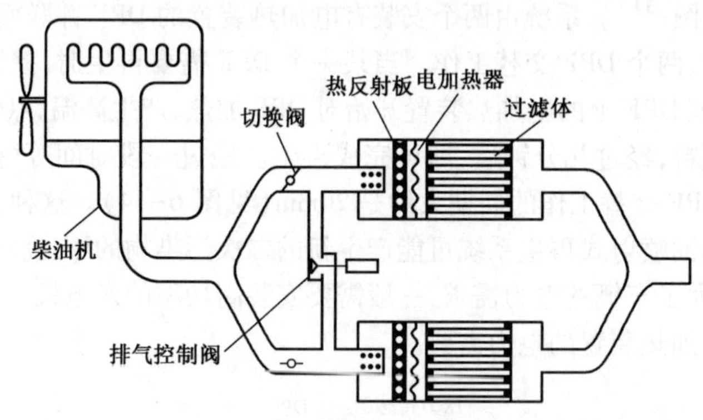

图 6-15　过滤体前部电加热式再生系统[32]

2. 多滤芯并联电加热轮替式再生系统

由于上述过滤体整体加热方式的加热速度慢，电力需求大，增大了推广应用难度，因此多滤芯并联轮替再生方案等被提出。图 6-16 为日新电机提出的一种电加热轮替式再生方案[33]。若以排量 5L 的柴油机为例，怠速时的排气流量约为 1500L/min，将其加热到 600℃ 以上，则需要 10kW 以上电力。普通车辆蓄电池与发电机容许的瞬时电功率约为 1kW；平均消耗电功率约为 200W。这与 DPF 再生所需电力矛盾十分突出。为了解决这一矛盾，图 6-16 所示再生方案采用四个小过滤体替代原设计中的大过滤体，并且在小过滤体入口设置了四个阀门。再生时阀门关闭，既防止了热量的散失，又减少了进入小过滤体的气体,仅对小过滤体中的气体和壁面的颗粒物加热,故需要电力小,加热时升温速率大,柴油机工作时,四个小过滤体轮流再生。

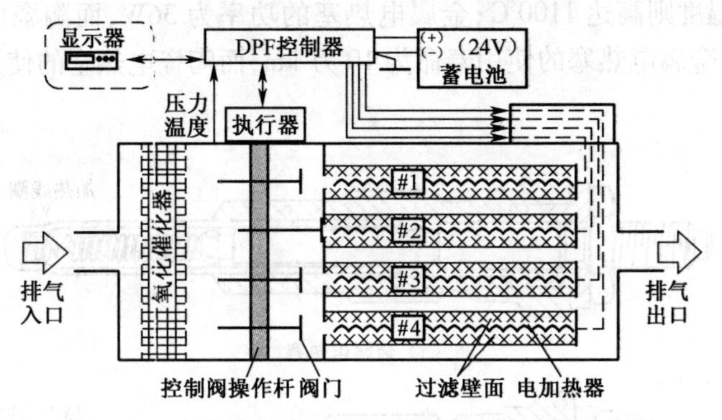

图 6-16 电加热式多滤芯并联轮替再生方案示意图

日新电机利用上述原理图开发的电加热多滤芯并联轮替式再生系统的样品如图 6-17 所示[33],系统主要由安装于驾驶室的显示屏、DPF 控制器、DPF 总成(包括前置 DOC、驱动阀门系统用电机、滤芯、衬垫及外壳)等组成。该系统的设计指标为:过滤效率为 80%以上,压降不大于 5kPa,电力消耗不大于 300W,适用于排量 3~8L 的柴油机。DPF 总成外形尺寸长、宽、高依次为 700mm、300mm、200mm,质量为 35kg。该系统曾被安装于 6.6L 的涡轮增压柴油机上进行了 8 万 km 的道路试验。结果显示,在车辆平均车速为 45km/h(最高为 85km/h)、排气温度平均为 140℃(最高为 200℃)的条件下运行时,系统的过滤效率在 85%以上,压降约 5kPa,电力消耗为 150~200W。

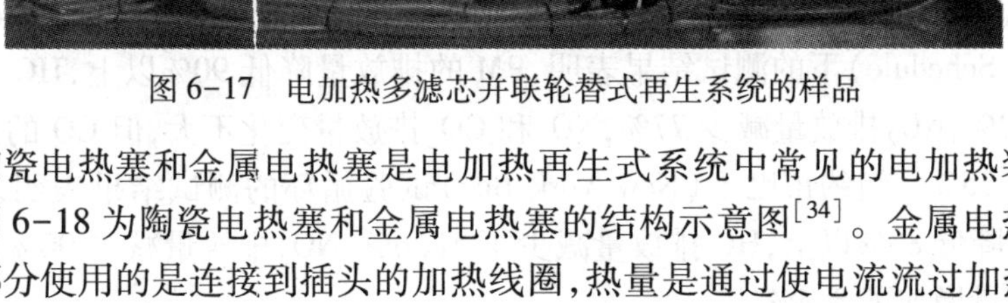

图 6-17 电加热多滤芯并联轮替式再生系统的样品

陶瓷电热塞和金属电热塞是电加热再生式系统中常见的电加热装置之一。图 6-18 为陶瓷电热塞和金属电热塞的结构示意图[34]。金属电热塞的加热部分使用的是连接到插头的加热线圈,热量是通过使电流流过加热线圈而生成的;陶瓷电热塞的加热部分使用的是连接到插头的导电陶瓷,热量是通过使电流流过导电性陶瓷而生成的。与金属电热塞相比,陶瓷电热塞具有加热快、耐高温、功耗低和寿命长的优势。金属电热塞加热到800℃所需时间为5.5s，而陶瓷电热塞仅需3.5s；金属电热塞的饱和温度为900℃，而陶瓷电热塞的饱和温度则高达1100℃；金属电热塞的功率为36W，而陶瓷电热塞的功率达55W；金属电热塞的使用寿命为10万km，而陶瓷电热塞的使用寿命高达20万km。

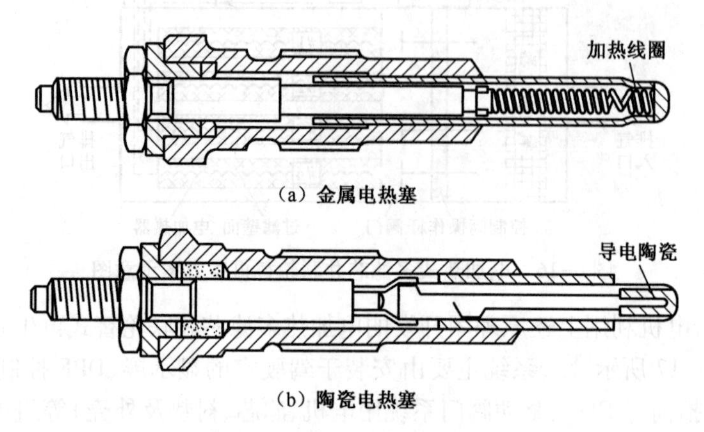

图6-18 陶瓷电热塞和金属电热塞的结构示意图

3. 外部电源加热式再生系统

为了解决安装电加热式DPF车辆的电力问题，Cleaire先进排放控制公司开发了利用外部电源的电力再生式颗粒过滤器（EPF）。EPF再生时使用的电力来自外部，再生过程由车载控制器控制，需要的空气和电能由小排量的空气泵和电加热器提供。当车辆需要再生，并且车辆回到指定停车位后，车辆操作人员将EPF与外部电网208V的单相交流电源连接，控制系统的指示灯开始闪烁，车载控制器便允许电流通过电阻加热元件加热EPF过滤体。整个再生过程可持续5h，再生时间宜选择傍晚或夜间[35]。安装EPF车辆的实车运行试验结果显示，车辆在行驶4500英里（或240h）的行驶过程中，共进行了5次再生。

试验表明，安装EPF车辆在城市试验循环程序（Urban Dynamometer Driving Schedule）下的测试结果表明，PM的排放量降低90%以上，HC排放量减少32%，NO_2排放量减少77%，NO_x和CO_2排放量变化不大，但CO的排放量增加了35%。纽约市巴士（New York Bus）试验循环的测试结果表明，PM的排放量降低86%以上，HC排放量减少了58.6%，NO_2排放量减少90%，但CO的排放量增加了8.4%。

4. 空气反吹式再生系统

空气反吹式再生有两种系统，一种是直接在过滤器上燃烧颗粒物的系统，另一种是在专门设置的燃烧器中燃烧颗粒的系统。为了叙述方便,此处把前一种系统称为一体式系统;把后一种系统称为分体式系统。一体式系统无颗粒燃烧器,结构简单,但行驶过程再生时,无法净化颗粒物,通常再生在停止时进行。分体式系统的特点过滤器与颗粒燃烧部分隔开,通常需要两个过滤体并联交替再生。一般情况下分体式系统的反吹再生效率相对较低,特别是当柴油机窜入燃烧室时形成的胶质排放物或当过滤体湿度较大、温度较低时,滤芯过滤效率下降。另外,压缩空气压力过高时,易致陶瓷滤芯机械损坏。

(1) 一体式系统。

图 6-19 为一体式系统示意图[36],与上述的电加热式交替再生系统相比,这种系统利用了城市大客车自带的压缩空气或专用空压机产生高压空气(二次空气),并使二次空气经过电加热器后按照与排气气流相反的方向进入 DPF 滤芯,引燃沉积于 DPF 滤芯上的颗粒物。DPF 再生时,DPF 出口的阀门关闭,旁通阀打开;DPF 工作时,旁通阀关闭,DPF 出口的阀门打开;系统的最显著特点是对收集在过滤器内的颗粒采用从过滤器出口侧到入口侧进行燃烧的逆向再生方式,它能起到控制颗粒燃烧温度、降低 DPF 热负荷的作用,使温度低于在过滤器入口侧开始燃烧颗粒的传统再生方法的温度。

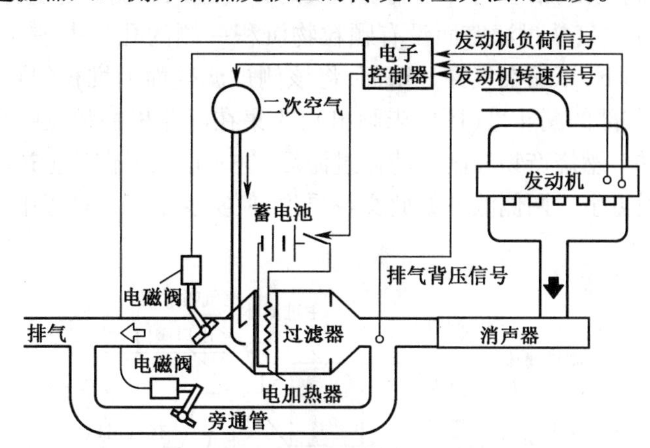

图 6-19　逆向喷气电加热式再生系统示意图

与传统再生方式相比,这种再生方式有利于将颗粒燃烧温度控制到较低水平,能扩大过滤器内累积颗粒安全再生的上限值和缩短所需的再生时间。图 6-20 为逆向再生时过滤壁面上沉积颗粒的分布示意图,在过滤器出口侧的颗粒沉积厚度大于进口侧,所以采用逆向再生容易点燃颗粒和易于燃烧扩散。另一方面,在过滤器进口侧颗粒不太多,而且颗粒的燃烧可能会不完全。逆向再生时,二次空气可将出口侧颗粒燃烧产生的热量带至进口侧,而传统再生产生的热量直接传给过滤器壁。逆向再生的这些良好效果使逆向再生法的再生时间明显低于传统再生方式(见图 6-21)。

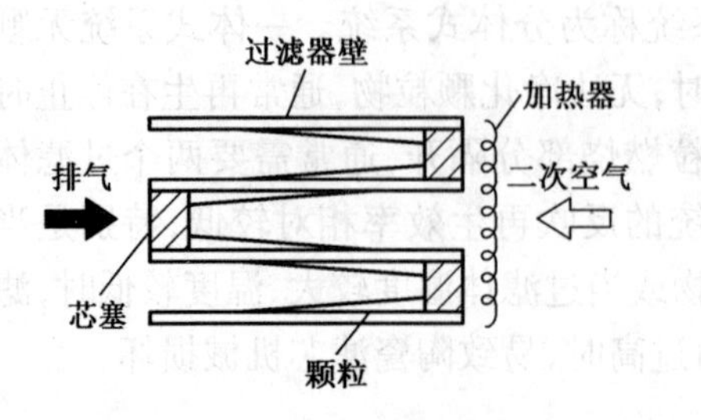

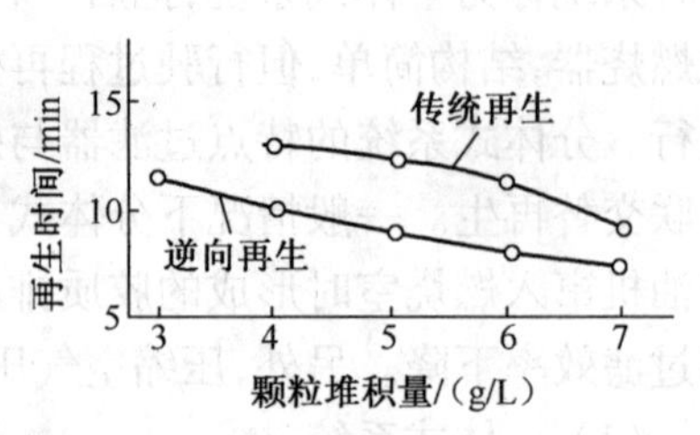

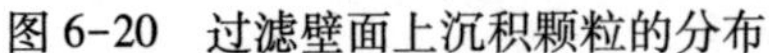

图 6-20 过滤壁面上沉积颗粒的分布　　图 6-21 同再生法的再生时间比较

(2) 分体式再生系统。

反吹再生技术的最大特点是可以使过滤体与颗粒燃烧分开,因此该再生装置不存在过滤体因颗粒氧化燃烧放出的大量热而产生烧裂和烧熔等问题,另外也解决了燃烧产物灰分等在捕集器内的沉积问题。

图 6-22 为分体式系统的组成示意图[32],该系统为电加热式交替再生系统的一种,两侧交替再生。当一侧再生时,该侧的出、入口阀门关闭,压缩空气从空气喷射阀喷出,沿着与排气流动相反的方向进入该侧的过滤体。如图 6-23 所示,压缩空气从过滤壁面没有颗粒物沉积一侧的孔隙中进入壁面,在空气压力的作用下,压缩空气穿过壁面,将该侧过滤壁面上堆积的颗粒物吹落,并带入设在前部的漏斗里(图中未画出),收集在漏斗里的颗粒由其中的电加热器加热烧掉,燃烧产物经副过滤体过滤后,进入正在工作的主过滤体一侧排出,从而实现再生。两侧滤芯如此交替再生,便实现了工作过程中对颗粒物的连续过滤净化。

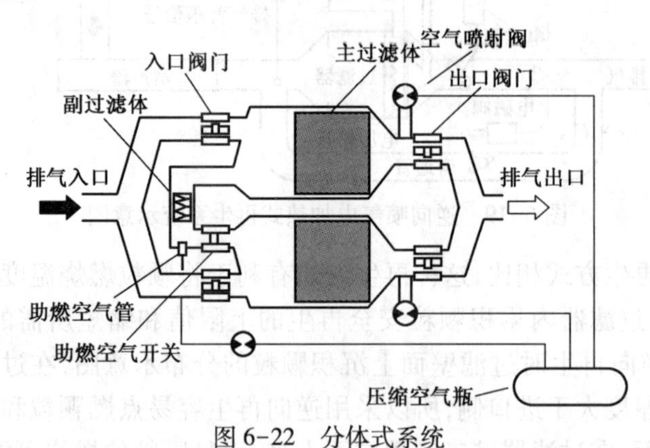

图 6-22 分体式系统

空气再生系统颗粒物的净化率可达 80%,反吹下来颗粒物呈现大小各异的聚集状,大聚集态颗粒的直径为 160~200μm,大部分形状较小的颗粒直径

图 6-23 空气反吹再生原理示意图[32,37]

大于 6μm。这种系统的特点是不管发动机工况如何，随时都可进行净化，并且仅需 0.45s 左右即可完成逆向喷气净化。

三、燃料添加剂辅助式再生系统

采用该类再生方式的 DPF 常称为 FBC-DPF(Fuel-Borne Catalyst-Based DPF)，FBC-DPF 应用最为成功的公司有 PSA Peugeot-Citroën 等公司，PSA 公司 2000 年 5 月就把 FBC-DPF 推向市场，并作为其柴油车的标准设备。

燃料添加剂辅助式再生系统的开始再生时间，根据系统的压力和温度传感器等的实时检测信号决定。当测量过滤壁面颗粒物积聚量压力传感器的检测值达到设定阈值时，过滤器开始实现自动再生，再生时采用喷射燃料中添加添加剂的方法，将 PM 的点燃温度降低 100℃左右。标致雪铁龙集团的添加剂颗粒过滤系统及过滤器剖面图如图 6-24 及图 6-25 所示，其系统主要由过滤器总成 1、压力及温度传感器 2、ECU 3、添加剂喷射装置 4、喷射信息传输装置 5、预催化器 6 和 DPF 滤芯 7 等组成。FBC-DPF 的再生里程间隔为 300～1000km，过滤后的颗粒物质量和颗粒物个数排放水平低于 1mg/km 和 1×10^{11} 个/km，远低于标准规定的 4.5mg/km 和 6×10^{11} 个/km 的限值。该 DPF 可以高效过滤小于 100nm 的超细颗粒物，颗粒数量和质量过滤效率分别达到了 99.9%和 99%。该颗粒过滤器还具有车载诊断系统，对使用过程进行长期监测，出现故障时由发动机警示灯(MIL)报警。

燃油添加剂系统包括一个独立的、容积约 5L 的添加剂储存箱。通过连接管路、添加剂泵和喷射器等，储存箱连接到主油箱。需要再生时，喷射器根据车辆控制器的信息，以确定添加到主油箱中的添加剂量，添加剂模块显示加入添加剂的总量等信息。补液频率取决于车辆，一般为 6.44 万～9.66 万 km。由于长期再生后，燃料和再生添加剂会引起过滤器中产生灰分沉积层(固体残渣)，故该过滤器使用 20 万 km 后，应进行维修和保养。

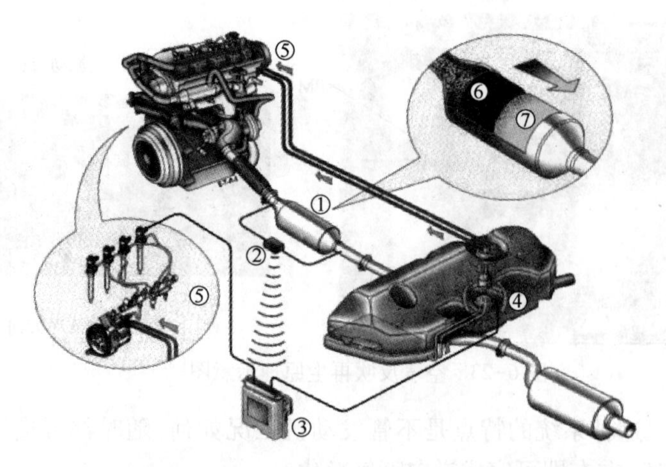

图 6-24 标致雪铁龙集团的添加剂辅助式颗粒过滤系统组成示意图[38,39]

图 6-25 标致雪铁龙集团的添加剂颗粒过滤器剖面图

燃油添加剂多为铈基添加剂,菲亚特和日产柴油机等公司在其柴油轿车上使用的 DPF 再生装置也采用了铈基燃油添加剂。这种燃油添加剂用于柴油轿车时,仅能使用 SiC 材料过滤体。日产柴油机的公交车,则将粉末氧化铈与有机溶剂混合加入燃油中,在柴油机正常排气温度下实现了 DPF 的连续再生。常见的 FBC-DPF 的燃油添加剂有 Ce 和 Fe/Ce 基两类。试验表明[39]:当 Ce 基燃油添加剂的添加质量比例为 25×10^{-6}时,颗粒物的着火温度就降为 450℃,在排气温度为 500℃左右时,对颗粒物堆积量为 8g/L 的 DPF 进行再生所需时间为 26min40s。Fe/Ce 基燃油添加剂的效果更好,当其添加质量比例为 10^{-5}时,颗粒物的着火温度就降为 410℃,对颗粒物堆积量为 8g/L 的 DPF 进行再生所需时间仅 6min40s,过滤器的再生时间大大缩短。图 6-26 为FBC-DPF 与 CDPF 的再生时间试验结果的比较,可见 FBC-DPF 的再生温度降低了约 200℃,再生时间仅 5min 左右,为 CDPF 的 1/4 左右[40]。

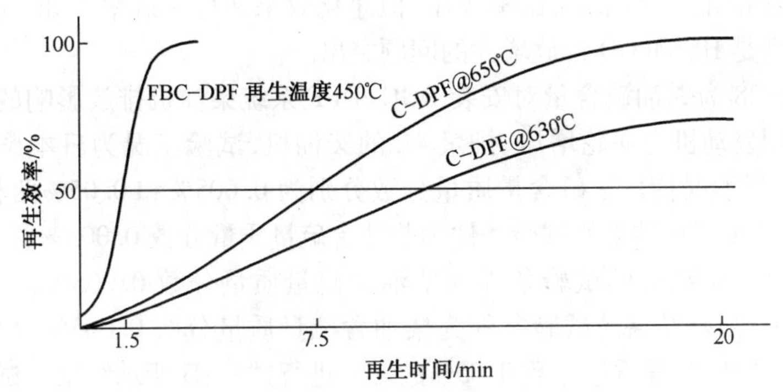

图 6-26 FBC-DPF 与 CDPF 的再生时间比较

四、催化剂涂覆式再生系统

催化剂涂覆式再生系统有组合式催化再生系统 DOC+DPF、DOC+CSF(也称 CDPF)和 CSF 三种型式。DOC 系统在第二章已进行介绍,CSF(Catalyzed Soot Filter)的实质就是在过滤体表面涂覆了催化剂的 DPF,故亦称 CDPF(Catalyzed DPF)。

DOC+DPF 组合式再生系统的结构剖面图、分解图和在排气系统的装配示意图如图 6-27 所示。该 DOC+DPF 系统为五十铃公司和日产柴油机公司开发的面向美国 EPA 2007 排放标准的重型柴油机用 PM 控制装置。该系统可以在 300℃排气温度下实现 DPF 再生,行驶 160930km 或 3000h(以先到者为准)需要进行清灰处理;检查排气压差和重新学习程序;然后每隔 120698km 或 2000h(以先到者为准)进行一次检查。DOC+CSF 系统相比,DOC+DPF 的

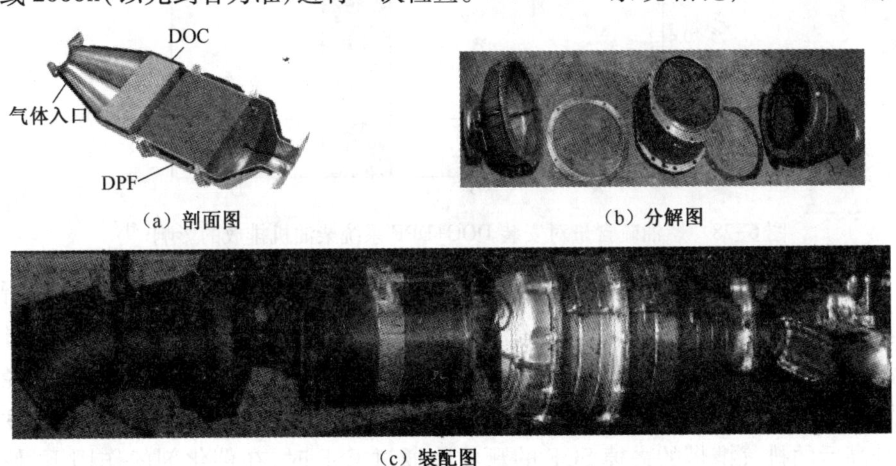

(a) 剖面图

(b) 分解图

(c) 装配图

图 6-27 DOC+DPF 组合式再生系统的组成示意图[31,37]

过滤体表面无催化剂涂层，压降较小，但净化效果和再生效率不如 DOC+CSF 系统，特别是 HC 和 CO 排放增大的问题突出。

图 6-28 为燃油硫含量对安装 DOC+DPF 系统柴油机排放影响的试验结果，试验用发动机为涡轮增压、排量 4L 的柴油机，试验工况为日本柴油机的 13 工况。试验时使用了硫含量质量分数分别为 0.005%和 0.05%两种柴油。图 6-28 中 A 所示结果的试验条件为柴油含硫量质量分数 0.005%、行驶里程 2000km；B 所示结果的试验条件为柴油含硫量质量分数 0.005%、行驶里程 30000km；C 所示结果的试验条件为柴油含硫量质量分数 0.005%、行驶里程 2000km 后用硫含量质量分数 0.05%的燃油进行试验；D 所示结果的试验条件为柴油含硫量质量分数 0.05%、行驶里程 30000km 后用硫含量质量分数 0.005%的燃油进行试验。该结果表明，当使用含硫量质量分数 0.005%的柴油时，车辆行驶 2000km 后，其 PM 排放低于日本新短期排放限值的 15%；车辆行驶 30000km 后，其 PM 排放低于日本新短期排放限值的 50%。而当车辆使用含硫量质量分数 0.005%行驶 30000km 后，用含硫量质量分数 0.05%的燃油进行试验时，其 PM 排放已远远超过日本新短期排放限值，达到使用含硫量质量分数 0.005%柴油时的 60 倍以上。值得注意的是，当车辆使用含硫量质量分数 0.05%的柴油行驶 30000km 后，再使用含硫量质量分数 0.005%的柴油时，PM 排放与一直使用含硫量质量分数 0.005%柴油的 PM 排放相当。

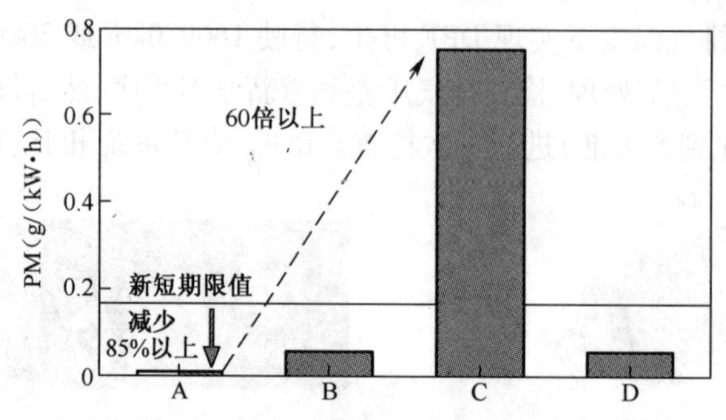

图 6-28　燃油硫含量对安装 DOC+DPF 系统柴油机排放的影响[41]

DOC+CSF 组合型再生系统的组成示意图和实物剖面照片如图 6-29 所示。从图 6-29(a)可知，再生系统包括氧化催化器 DOC 与涂覆了催化剂的过滤器 CSF 两部分[42]。其特点是可以连续工作，需要过滤器数量少。排气经过 DOC 时，由于其中的 CO、HC 和 PM 中的 SOF 被氧化，排气温度升高。温度升高后的排气携带的去掉 SOF 的颗粒物通过 CSF 时，在催化剂的作用下，使其发生氧化燃烧反应，生成无害气体并随柴油机排气排出，因此可以说，在过滤系统工作过程中,温度一旦达到条件,再生过程就自动进行。

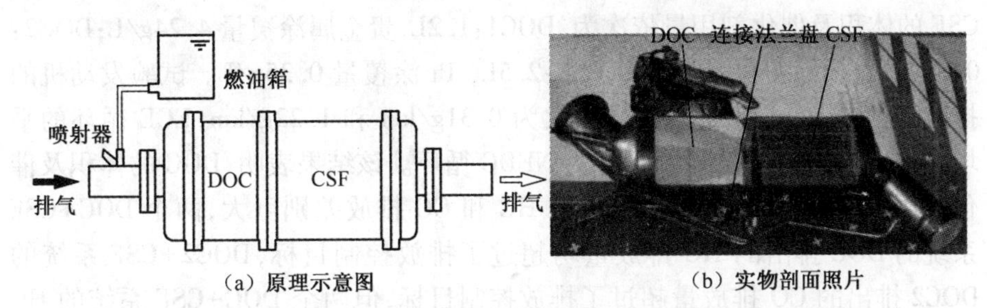

图 6-29 DOC+CSF 组合型再生系统的原理示意图和实物剖面照片

图 6-29(b)为戴姆勒-克莱斯勒公司的 DOC+CSF 系统实物剖面照片[40],其特点是 DOC 载体与 CSF 滤芯体积相等,DOC 和 CSF 中间采用法兰盘连接,便于拆解和过滤器维护。DOC 的体积为 2.5L,DOC 的 Pt 涂覆量大于 4.24g/L;CSF 体积也为 2.5L,Pt 涂覆量为 1.06~1.41g/L。2003 年 10 月该系统作为选装件在 4 缸 E、C 级轿车上应用,增加费用约 580 欧元。由于装配该系统可以获得税收优惠,因而,销售车辆中约有 80%的车辆装备了该系统。

DOC+DPF 与 DOC+CSF 系统的 HC 和 CO 的对比如图 6-30 所示[43]。对比试验用 DOC 载体为 1.6L 堇青石载体,CSF 滤芯为 2.8L 碳化硅滤芯,柴油机排量 2L,采用共轨燃油喷射系统。低温主动“再生”时,燃料喷射于 DOC 上游[44]。该结果表明,DOC+CSF 系统的 HC 和 CO 排放远低于 DOC+DPF 系统,采用“燃料喷射主动再生”的 DOC+DPF 系统在低温条件下,HC、CO 的排放体积分数分别达到 0.06%和 0.09%,很难满足 HC 和 CO 排放要求。催化剂涂层对柴油机主动再生过滤器是必需的,可以减少其产生的 CO 和 HC。

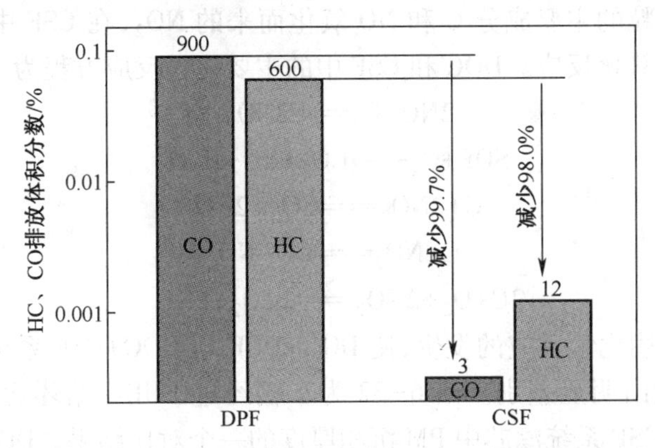

图 6-30 DOC+DPF 与 DOC+CSF 系统的 HC 和 CO 排放对比

DOC+CSF 系统对降低 HC 和 CO 排放具有重要作用,但其作用大小随着 DOC 的体积及催化剂用量的不同而略有差异。图 6-31 表示 DOC 的体积及催化剂用量对 DOC+CSF 系统出口 HC 和 CO 排放的影响。试验用 DOC 和 CSF 的体积及催化剂用量依次为:DOC1:1.2L,贵金属涂覆量 4.24g/L;DOC2:0.8L,贵金属涂覆量 6.36g/L;CSF:2.5L, Pt 涂覆量 0.35g/L。试验发动机的排气管出口 HC 和 CO 排放量依次为 0.31g/km 和 1.22g/km,ECE 循环的平均排气温度为 140℃,试验循环为 NEDC 循环。该结果表明,DOC 的体积及催化剂用量的不同,导致的发动机的 HC 和 CO 排放差别巨大,两个 DOC+CSF 系统的 DOC 排出的 HC 排放量均超过了排放控制目标,DOC2+CSF 系统的 DOC2 排出的 CO 排放量超过了排放控制目标,但两个 DOC+CSF 系统的 HC 和 CO 排放量均未超过排放控制目标,DOC2+CSF 的 HC 排放偏高,接近排放控制目标。这说明设计 DOC+CSF 系统时,应该对 DOC 和 CSF 进行优化。

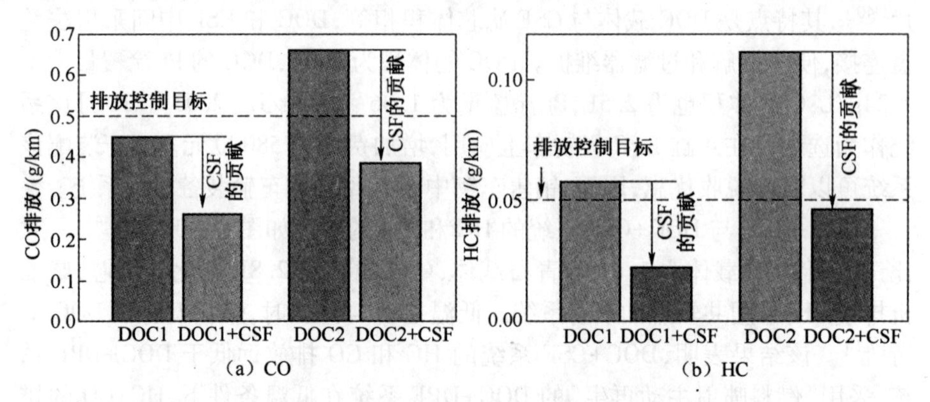

图 6-31 DOC 的体积及催化剂用量对 CO 和 HC 排放的影响[43]

DOC+CSF 系统在连续工作时,PM 中的 SOF 在 DOC 中被氧化,进入 CSF 中气体含有颗粒的主要成分 C 和 NO 氧化而来的 NO_2,在 CSF 中 450℃左右的低温下发生氧化反应。DOC 和 CSF 中的主要化学反应方程为

$$2NO+O_2 \xlongequal{} 2NO_2 \tag{6-2}$$

$$SOF+O_2 \longrightarrow CO_2+CO+H_2O \tag{6-3}$$

$$C+2NO_2 \xlongequal{} CO_2+2NO \tag{6-4}$$

$$C+NO_2 \xlongequal{} CO+NO \tag{6-5}$$

$$2C+O_2+2NO_2 \xlongequal{} 2CO_2+2NO \tag{6-6}$$

CSF 中上述化学反应的发生,使 DOC+DPF 与 DOC+CSF 系统中滤芯 PM 的堆积量呈现出明显差别。图 6-32 为车辆经过 EUDC 循环运转后,DOC+DPF 与 DOC+CSF 系统滤芯中 PM 沉积厚度的一个对比结果。DOC+CSF 系统的滤芯中 PM 的沉积厚度仅为 70μm,而 DOC+DPF 系统的滤芯中 PM 沉积厚度高达 170μm,滤芯中 PM 沉积厚度的增大,会增加流动阻力和油耗。

当颗粒物沉积过多时,采用 DOC 入口前喷射燃料的主动再生方式。此

（a）DOC+DPF （b）DOC+CSF

图 6-32 DOC+DPF 与 DOC+CSF 系统的滤芯中 PM 沉积厚度的对比[43]

时，DOC 主要作用是促使燃料氧化反应进行，即

$$燃料+O_2 \longrightarrow CO_2+H_2O+热量 \tag{6-7}$$

当 CSF 温度高于大约 450℃时，在催化剂作用下，颗粒物和喷射燃料产生的 CO 发生如下氧化反应：

$$2C+O_2 = 2CO \tag{6-8}$$

$$2CO+O_2 = 2CO_2 \tag{6-9}$$

图 6-33 为 BMW 公司 2004 年 2 月开始在 6 缸 525D 和 530D 车型上作为标准配置的 CDPF 实物照片[40]，装备该 CDPF 后，车辆排放符合 Euro 4 标准，525D 车型装配孔密度 31 个/cm^2的碳化硅材料 CDPF；530D 车型装配孔密度 47 个/cm^2的碳化硅材料 CDPF。该 DPF 过滤体的体积为 4.7L，Pt 的涂覆量小于 3.178g/L，BMW 宣布该 CDPF 在使用过程中无需维修。

图 6-33 BMW 公司的 CDPF 实物照片

当发动机排气温度长时间连续很低时，使用 DOC+DPF 或 DOC+CSF 两种组合式催化再生系统均无法实现再生，因此这种系统通常也带有燃料喷射系统，在迫不得已的情况下时，进行主动"再生"。但燃料喷射又会带来 HC 和 CO 排放增大等问题。图 6-34 为 VW 公司 CDPF 系统的组成及 CDPF 实物剖

面示意图，其系统主要由 CDPF、温度传感器、仪表板上的指示装置、氧传感器、压差传感器、空气质量流量计和发动机控制单元等组成，DPF 安装于柴油机涡轮增压器后，图 6-34(c)为 DPF 的信号检测用传感器及显示装置与柴油喷射系统控制单元的连接关系示意图，仪表显示板显示的 DPF 信息主要为 DPF 警告和预热控制两个信号。

为了保证进入 CDPF 的排气具有较高的温度，故 CDPF 安装在发动机涡轮增压器出口。图 6-34 所示系统为单排管发动机用系统，对多管排气发动机而言，每一支排气管上均需要配置一套除仪表板上的指示装置、空气质量流量计和发动机控制单元之外的 CDPF 系统的其他装置[76]。VW 公司 CDPF 的特点是贵金属涂覆量由前到后逐步减少，排气出口附近贵金属涂覆量为零。系统具备被动和主动再生两种功能。当排气温度达到 350～500℃时，被动再生过程开始进行，此时炭烟灰颗粒与铂涂层催化剂附近产生的氮氧化物反应生成二氧化碳，由于排气不断地通过铂涂层，炭烟颗粒燃烧反应便连续不断地发生。在城市交通条件发动机长时间低负荷工作时，排气温度无法达到被动

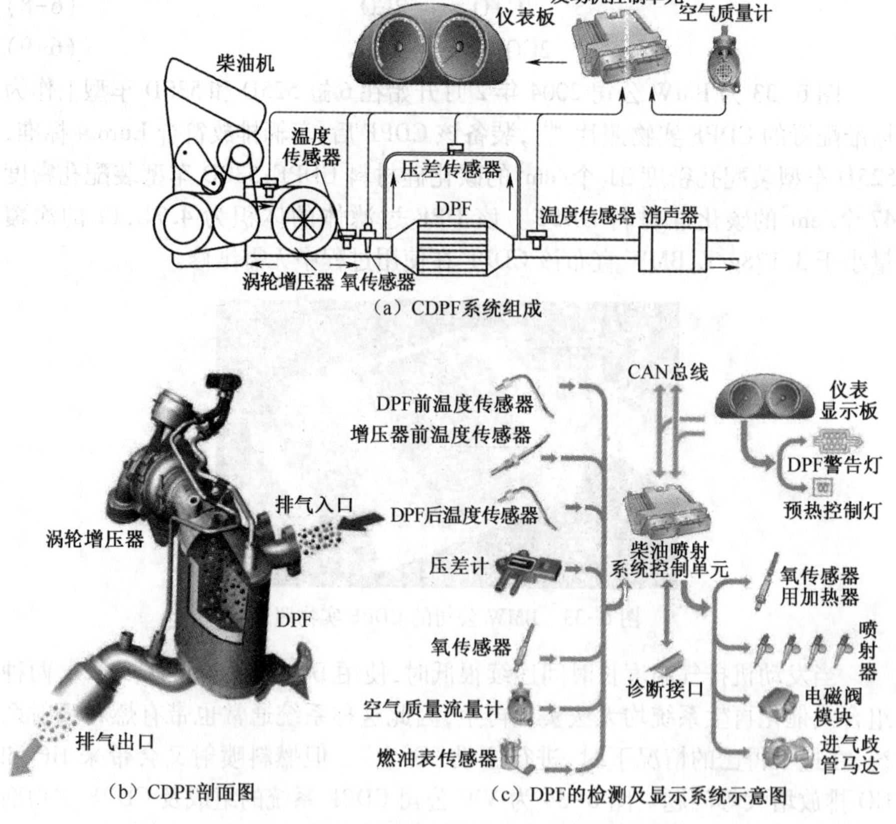

图 6-34 VW 公司的 CDPF 系统及实物剖面图

再生温度，系统无法进行被动再生；当系统压降达到极限时，发动机管理系统启动主动再生运行模式。此时，少量燃料在上止点之后约35°曲轴转角被喷入气缸，由于没有TDC位置的主喷射，喷入气缸的少量燃油不发生燃烧，但发生蒸发现象，额外喷射燃料量的调节，根据DPF后的温度传感器监测的DPF后的排气温度决定。当蒸发的燃料蒸气到达DPF后，在催化剂作用下燃烧，产生热量并加热DPF，从而实现DPF主动再生。排气温度增加到600～650℃，炭烟微粒被氧化烧掉，主动再生运行模式持续时间约为10min。

五、主动-被动复合式再生系统

由于主动和被动再生系统均存在不足，如被动式中的连续催化再生式过滤器存在低温条件下再生困难、电加热式主动再生系统能耗过高等问题。为了克服这些不足，主动-被动复合式再生系统便应运而生。图6-35为主动-被动复合式再生系统SMF®-AR的原理示意图[45]，该系统也可称为电加热、燃料添加剂辅助催化复合式再生系统。该系统由添加剂计量喷射泵、添加剂过滤器、添加剂储存灌、电控模块、速度传感器、压差传感器、SMF®上游压力传感器、SMF®下游压力传感器、温度传感器、显示屏、电加热器、电控模块和柴油箱等组成。SMF®-AR主动-被动复合再生式后处理系统由HJS公司开发，SMF®-AR系统由烧结金属过滤器与一个完全自动再生单元(AR)组成，颗粒过滤效率达99%。采用安装在过滤器上的传感器持续监视排气温度和过滤器的背压，当过滤器上积累的颗粒达到设定阈值时，控制单元会自动再生，向柴油中添加催化剂，降低了着火温度和提高了颗粒物燃烧速度，故电加热元件仅加热大约2min，即在短时间内将颗粒物燃烬，既可节省电能，又可提高低温条件下的再生性能。

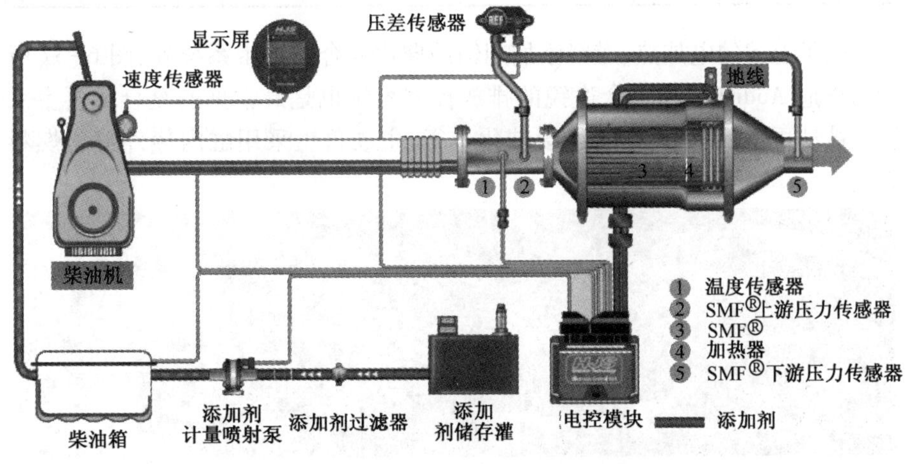

图6-35　主动-被动复合式再生系统原理示意图[46-48]

SMF®-AR 系统的烧结金属过滤器(SMF®)由 Eminox 开发,SMF®-AR 有多种大小不同的滤芯,可用于排量 1~12L、功率 30~240kW 的柴油机。SMF®的结构示意图如图 6-36 所示,特点是滤芯为整体式结构,拆装方便,载体结构简单,零部件少。SMF®的特性参数如表 6-4 所列,与 SiC 和堇青石相比,烧结金属具有一定优势。

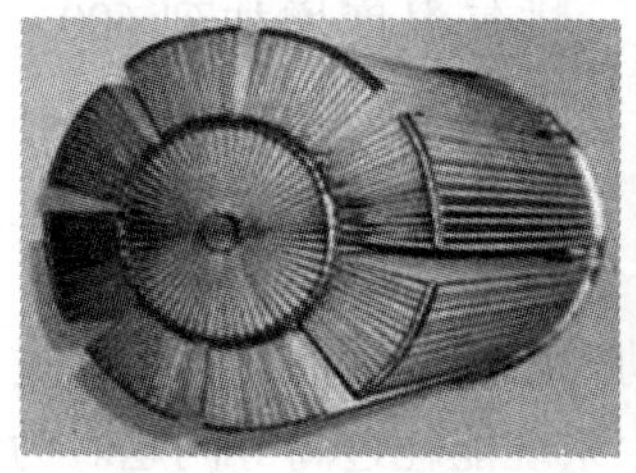

(a) 滤芯

(b) 滤芯总成

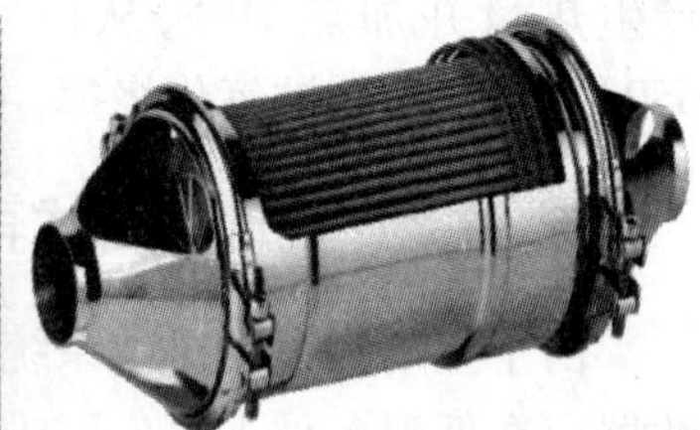

(c) SMF®总成剖视图

图 6-36 SMF®的结构示意图[46]

表 6-4 烧结金属过滤器 SMF®的特性参数[46]

参　数	SMF®	堇青石	SiC
孔隙率/%	48	50	50
平均孔隙直径(压汞法)/μm	15	20	12
多孔材料密度 /(kg/L)	4.2	1.3	1.5
热膨胀系数/($\times10^{-6}K^{-1}$)	17	1	4
热传导率(载体、涂层、催化剂总成)(W/(m·K))	15	1.8	100
容积热容量(载体、涂层、催化剂总成),500℃/(kJ/(L·K))	4.2	2.8	3.6
多孔材料容积热容量,500℃/(kJ/(L·K))	2.2	1.4	1.8
系统的容积热容量,500℃/(J/(L·K))	550	540	630

除了上述的电加热、燃料添加剂辅助催化复合式再生系统外,图 6-37 所示的奥迪 Audi Q7 和大众途锐的排放控制系统也是最常见的复合式再生系统。被动再生依靠 DOC 的连续催化进行,主动再生采用缸内额外喷射燃料方法。

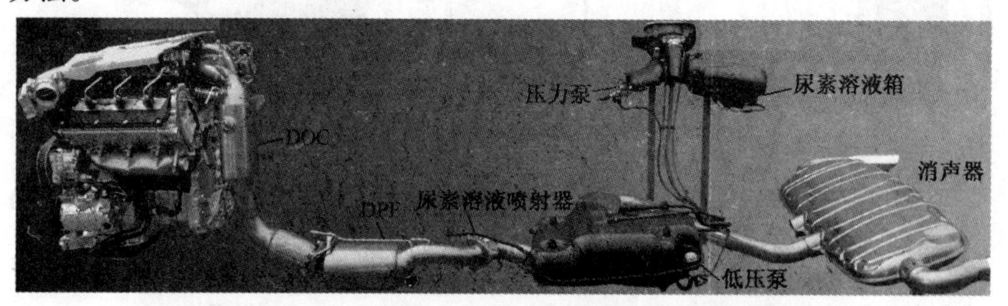

图 6-37 奥迪 Audi Q7 和大众途锐的复合再生式后处理系统[4]

车辆加速或较大负荷运转时，缸内燃烧的燃料多，排气温度高。当排气温度超过350℃，DPF即可进行被动再生，采用氧化燃烧方式，清除掉DPF捕集的颗粒物。如果过滤器颗粒物负载量达到45%（再生后的行驶里程为750～1000km），压降传感器信号达到阈值，DPF系统开始主动再生，进行自我清洁循环。在完成正常燃料喷射和燃烧后，向发动机缸内额外喷射燃油，额外喷射的燃油蒸发并进入发动机歧管出口的DOC，把排气温度提高至600～650℃，高温燃气即可引燃DPF捕集的颗粒物，DPF系统开始主动再生。

当车辆在再生循环时，ECU将稍微提高发动机功率和怠速转速。如果此时主动关闭发动机的话，发动机会重新启动，继续进行再生。如果颗粒物加载水平达到50%～55%，发动机会重新启动，进行15min的再生。如果发动机工作在主动再生模式，汽车仪表板指示灯不亮。如果此时中断发动机工作，仪表板的警告灯将会点亮。如果车速为64.37km/h，变速器挂在第四或第五挡，发动机转速为2000r/min时，再生至少需要时间10min。如果DPF故障灯显示在顶部和下面，表明DPF没有堵塞，其故障可能是排气压力传感器、温度传感器。颗粒物加载达到75%时，预热塞指示灯持续工作。如果收集的颗粒物达到68g（3.0L发动机）或颗粒物加载达到95%时，则必须把DPF从车辆卸下，采用手动方式清洁DPF。手动清除颗粒物的理由是，再生时全部颗粒物氧化产生的热量可能会损害过滤器，出现这种现象的原因是驾驶模式不良或使用劣质燃料。大众和奥迪公司建议的DPF的检测间隔为193000km。

六、DPF的其他再生方式

DPF再生方式，除了上述的五种之外，还有人工再生方式、红外及微波加热再生、低温等离子体活化再生方式等，这些方式应用较少或处于研究之中。

人工再生方式应用极少，过滤器滤芯（或过滤袋等）满载之后，通常采用人工方法换上备用滤芯，旧的滤芯则需要经过专业处理或清洗之后作为备用滤芯使用。

红外加热再生的原理是，利用加热器加热具有较强辐射能力的红外涂层，再由红外涂层通过辐射方式加热过滤体中沉积的颗粒物，它具有电加热结构简单和均匀性好等优点，但也同时存在热利用率较低，加热速度较慢的缺点。红外加热器以电为能源，采用电加热元件通过传导方式使工作表面温度升高，工作表面以红外热辐射方式向空中放射能量。红外加热器的发热元件有铠装电热管辐射板、碳纤维电热辐射板、云母片辐射板、碳纤维布电热辐射板等。工作表面材料有漆面辐射板、碳化硅辐射板、铝合金辐射板等。红外加热器的特点是发热元件不发光、不耗氧、无明火，工作表面放出红外线，向空间发射和传送能量。类似太阳温暖地球的原理，使人和物体受热。其电热功率一般为

800~8000W。6110A 柴油机台架上进行的红外再生试验表明[50]，采用红外再生加热器时 DPF 的再生效率高于 90%，再生时间为 6~10min，红外再生过程中蜂窝陶瓷内部各位置最高温度相差小；当最高温度在 800~1000℃范围时，过滤体的温度梯度小于 10℃/cm。随着红外辐射功率的增加，再生温度升高加快，再生最高温度提高，再生废气流量增加，再生时间缩短。红外再生加热器被认为是一种具有较好应用前景的再生方式。

微波加热再生方式的原理利用安装在过滤体上游的发射微波的磁控管对气体进行加热，引燃颗粒物，实现 DPF 再生的一种方法[51]。微波具有选择性加热的特点，可以使能量集中作用于过滤体内沉积的颗粒物，而不对过滤体加热，故可以降低再生能量消耗，并使过滤体处于较低温度状态，延长其使用寿命。过滤体的材质对微波加热再生系统的效果具有显著影响，如果过滤体材料对微波是透明的，则微波的能量几乎都用于加热颗粒物，颗粒物温度会快速上升并发生着火燃烧，净化效果会非常理想。反之，如果过滤体材料可以吸收微波，则颗粒物与过滤体同时受热，能量消耗增大。微波加热再生的特点是能量利用率高，过滤体内颗粒物受热均匀，温度梯度较小，降低了热应力引起的过滤体损坏的风险，提高了过滤体的可靠性和寿命。其主要不足是这种加热方式容易使过滤体内堆积的颗粒物同时氧化燃烧，燃烧放热速率快，再生过程不易于控制，还有微波泄漏引起的安全问题等[52]。

低温等离子体再生方式：由于等离子体中存在 O、O_3、OH 等活性自由基[53,54]，故若将低温等离子体发生器集成于 DPF 之中，则能在排气中产生 O、O_3、OH 等活性自由基，促进排气中 CO、HC、PM 和 NO 等的氧化，其结果是排气 CO、HC、PM 排放减少，NO_2 比例增大，从而可以实现柴油机在排气环境下的 DPF 连续再生，效果类似于加装了前置 DOC。在柴油机低速、小负荷工况运行时，排气温度较低，可利用低温等离子体发生器活性物质，增大排气中 NO_2 比例，加快颗粒物着火燃烧；柴油机高速大负荷工况运行时，DPF 可连续自动再生，此时低温等离子体发生器可以不工作，以节省宝贵的电能。

七、DPF 再生方式比较

表 6-5 为上述再生方法主要性能的定性对比。表 6-5 中燃料喷射再生法指利用额外喷射燃料，使进入 DPF 气体温度高于 PM 的着火点，从而引燃沉积于 DPF 上的颗粒物的再生方式，包括点燃在 DPF 入口附近喷射燃料形成混合气的再生方式，以及在排气道出口和排气冲程喷射燃油、利用高温排气或缸内气体燃烧产物引燃喷射燃油的再生方式等，这种方法是目前应用最多的再生方式。催化剂再生法指利用 DPF 上涂覆的催化剂或在燃料中加入的催化剂使颗粒物着火燃烧的再生方式，这种方法是目前应用最多的再生方式之

一;空气反吹法指利用高压空气将沉积的颗粒物吹离 DPF 过滤壁面,并在专用燃烧器收集和燃烧颗粒物的再生方式。电加热再生方式指利用电能加热颗粒物并使其氧化的再生方法,有电热器加热再生、微波再生和红外再生三种方式。DPF 电加热器再生装置结构简单,加热强度容易控制,应用较为广泛,但需要消耗大量的电能,且系统稳定性较差。空气反吹再生方式的应用对象主要为带有压缩空气气源的大型车辆。微波再生和红外再生的应用较为少见。低温等离子体再生方式指依靠低温等离子体发生器再生的系统,这种方法还处于研究阶段。需要指出的是,实际的 DPF 再生系统并不一定只采用一种再生技术,为了达到严格的排放标准,经常会采用几种再生技术组合的方法。

表 6-5　各种再生方法的对比[36]

再生方法	再生时间	能量消耗	工作温度	再生效率	成本	可靠性	二次污染
燃料喷射再生	短	多	高	高	一般	低	可能
催化再生	—	无	低	高	较高	一般	可能
电加热器再生	长	多	高	低	高	好	无
反吹气体再生	一般	较多	低	一般	较高	一般	无
微波再生	短	少	高	高	高	一般	可能
红外再生	短	少	较高	高	一般	好	无
低温等离子体再生	短	少	较高	一般	一般	好	无
电加热、添加剂辅助催化复合式	短	少	较高	高	高	好	可能

八、DPF 的灰分清除

由本章的第一节可知,由于柴油及润滑油中含有多种金属元素添加剂,故柴油机燃烧过程形成的颗粒物中常含有金属元素。过滤在 DPF 上的 PM 中包含有由润滑油和燃油添加剂中的金属元素,因而当 DPF 再生时,便会产生不可燃灰分。随着车辆使用时间增长,沉积于 DPF 的这些不可燃灰分将会逐渐增多,形成灰分层,并影响 DPF 及车辆性能,故需要对 DPF 进行定期维护,清除不可燃灰分(俗称清灰),通常每 6~12 个月需要清灰一次,清灰指令通常由 DPF 的背压监测系统发出。

DPF 的不可燃灰分清除与再生不同,并且分开进行。一般来说,不可燃灰分去除需要加热 DPF,使用压缩空气和真空系统,吹落或吸出 DPF 过滤材料表面及微孔中沉积的不可燃灰分,并把不可燃灰分捕获在一个密封容器中。过滤器清灰程序只能使用 DPF 制造商批准的程序,清灰时需要人工从车辆拆除 DPF,在清洁站专用装置上进行清灰。清灰时还应详细记录车辆里程、安装日期、DPF 型号及序列号等信息。DPF 清洗和重新安装应由经过专业培训的技术人员进行,确保过滤器元件在清洗后正确安装,避免过滤器反向安装。使用不适当的清灰方法可能毁坏 DPF、产生危险有害垃圾;因此,不应在开放区域使用压缩机清洗过滤器、不能使用水蒸气清洁过滤器和敲击除去过滤元件灰分等。另外,不可燃灰分属危险废物,过滤器清洁站工作人员应使用正确的程序处理,以确保安全[77]。

下面 HJS 公司开发的后处理装置 SMF® 为例对 DPF 滤芯的灰分清除过程予以简要说明[46],SMF®后处理系统在烧结金属过滤器,当 SMF®需要清除灰分时,先按照图 6-38 所示的方法拧下螺 1、卸下连接管 2,然后将 SMF®的滤芯固定于固定件上,再用于与排气流动方向相反的高压水或压缩空气吹洗,反向吹风时间一般需要 10min,即可清洗干净烧结金属过滤体上沉积的颗粒物,重新安装后,过滤性能恢复如新。

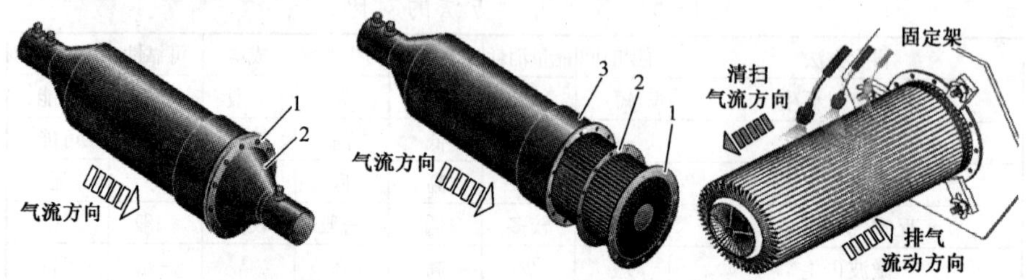

图 6-38 SMF®滤芯的拆卸及清扫原理示意图[46,49]

第四节 柴油机 DPF 的匹配

一、DPF 滤芯的颗粒过滤质量极限

1. DPF 滤芯颗粒过滤质量极限估算方法

随着柴油机运转时间增加,过滤器中颗粒存储量增多,过滤器压降 ΔP 增大,内燃机功率下降,比油耗增加。因此要求过滤器应有低初始流动阻力和在宽的负荷范围内有自行再生的能力,即在排气温度和催化剂的作用下,能够将颗粒烧掉,而不在过滤器中累积,从而保持低的流动阻力。但在常用车辆运行工况下排气温度低,DPF 无法自行再生,因此不可避免的出现颗粒沉积现象,DPF 上颗粒物沉积量受到压降和颗粒物再生时材料胀裂、熔化等的限制,因此,通常把 DPF 中能存储的最多颗粒物质量称为颗粒沉积(存储)质量极限(SML)。SML 值越大,一次燃烧掉的 PM 越多,有利于减少 DPF 的再生次数和改善柴油机燃料消耗。

SML 通常由试验确定,SML 主要受到 DPF 压降、油耗和材料特性等制约。也就是说根据车辆行驶整个过程中 DPF 的压降极限值(一般≤30kPa)、有效油耗率允许极限(一般≤3%)、材料热或机械变形极限等限制条件,可以确定出多个 SML 值，匹配 DPF 时，应根据各个限制条件，选择 SML 中的最低值，并把该 SML 值作为确定 DPF 滤芯体积的参考。DPF 的压降和有效油耗率限制条件下的 SML 通常采用试验方法或仿真分析确定。材料热或机械变形极限限制条件下的 SML 可根据材料特性参数确定，下面将对根据材料特性参数确定 SML 的方法予以简要介绍。

颗粒质量极限 SML 可以由 DPF 再生过程产生的最大残余应力确定。DPF 中颗粒物沉积量越多，其再生过程产生的热应力越大，当再生过程产生的最大残余应力超过材料的断裂强度时，DPF 将会产生热裂纹。因此，当 DPF 结构及材料确定后，其颗粒物沉积量应不超过某一极限，该极限即为 SML。SML 可采用模拟计算方法近似确定，图 6-39 为颗粒物负载量不同条件下再生过程产生的残余应力随时间的变化曲线[55]，可见随着颗粒物负载量增加，再生过程产生的最大残余应力增加，当颗粒物沉积量超过 10g/L 时，最大残余应力即超过材料断裂强度 7.4MPa，因此，可以初步确定该 DPF 的颗粒物最大负载量载为 9.5g/L。

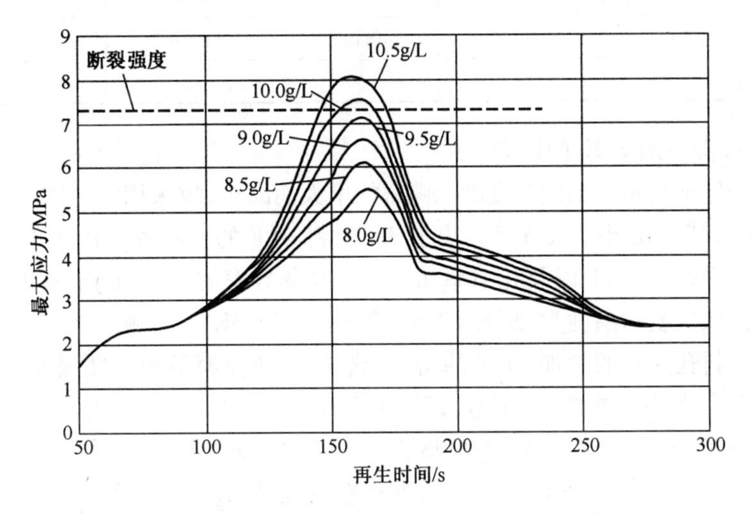

图 6-39　再生过程的残余应力随时间的变化

2. 材料种类对 SML 的影响

SML 主要受到滤芯材料特性热冲击参数（TSP）和断裂强度等的影响[55-57]。一般来说，TSP 的数值越大，材料的抗热冲击性能越好。

TSP（℃）与材料的物理性能有关，可由下式计算得到：

$$TSP=\sigma/(\alpha\times E) \tag{6-10}$$

式中：E 为材料弹性模量（Pa）；σ 为弯曲强度（Pa）；α 为热膨胀系数（$℃^{-1}$）。

试验表明钛酸铝、堇青石和碳化硅的 DPF 材料的 TSP 数值依次为

1127℃、790℃和142℃[58]，在常见的三种DPF滤芯材料中，碳化硅的TSP数值小，其抗热冲击性能最差。式(6-10)中，弹性模量E和弯曲强度σ的变化相互关联，σ/E的值基本恒定，故TSP随着热膨胀系数α的减少而增加，因此，降低热膨胀系数对提高材料的TSP最为有效。

影响滤芯材料SML的主要参数有表6-6所列的理论密度、热容量、热膨胀系数和热导率等。表6-6中给出了钛酸铝AT、碳化硅SiC、堇青石三种材料特性参数[59]，钛酸铝的热膨胀系数较小且热容量大，SML特性良好，适合于作为过滤材料。但是，一般认为1000~1200℃为钛酸铝的亚稳相区域，AT会分解为氧化铝和二氧化钛。如果PM再生温度达到该区域范围内，AT作为过滤材料就会出现问题。

表6-6 滤芯材料SML的主要影响参数

滤芯材料	钛酸铝	碳化硅	堇青石	对SML影响
理论密度/(kg/L)	3.7	3.2	2.6	大
热容量/(J/(L·K))	2000	1900	1300	大
热膨胀系数/K^{-1}	1×10^{-6}	4×10^{-6}	$<1\times10^{-6}$	大
热导率/(W/(m·K))	2	50	2	小

3. 孔隙率对SML的影响

由于壁面材料的断裂强度随孔隙率的增大而减少，故采用大孔隙率壁面材料的DPF，其SML小。表6-7列出了SiC材料DPF的孔隙率对其密度、弹性模量和断裂强度的影响，以及孔隙率和温度对其热导率的影响，热导率从上到下的四个值依次表示温度为293K、673K、1073K和1473K下的测试结果。可见随着壁面材料孔隙率的增加，DPF的密度、热导率、弹性模量和断裂强度降低，随着温度升高热导率增加，但当温度超过1073K后，热导率几乎不变。因此，可以说孔隙率对DPF的SML影响非常显著，在DPF结构设计时应予重视。

表6-7 SiC DPF壁面材料孔隙率对密度、热导率、弹性模量和断裂强度的影响[55]

孔隙率/%	42	50	60	70
密度/(kg/m^3)	1900	1637.9	1310.3	982.8
热导率/(W/(m·K))	13	11.2	9.0	6.7
	8	6.9	5.5	4.1
	6	5.2	4.1	3.1
	6	5.2	4.1	3.1
弹性模量/GPa	10	7.5	4.8	2.7
断裂强度/MPa	7.4	5.5	3.52	1.98

二、在用车辆柴油机的 DPF 匹配

1. 在用柴油机 DPF 的匹配情况

随着柴油机颗粒排放物限值的降低，传统柴油机及现代电控共轨燃油喷射柴油机等均难以满足排放法规要求，对在用车辆及非道路用柴油机匹配 DPF 系统已成为一项重要工作。

实行对于在用车用柴油机匹配 DPF 使其达到排放标准主要有日本的东京都、美国的加州等地区[60]。对于在用柴油机而言，一般要求加装 DPF 的主管部门都会有明确说明。如美国加州空气资源委员会的网页上就对在用柴油机如何加装 DPF 做了具体说明。首先确定所用柴油车的生产年份、型号和兼容性等技术特点，其次是根据 DPF 产品数据库选择一个合适的 DPF 型号，最后是选择安装公司加装 DPF。对于在认证的 DPF 数据库中找不到适合于所用柴油机 DPF 的情况，则可以根据有关法规，向 ARB 的在用柴油机项目部提交扩展申请，找到适合所用发动机的 DPF。

日本国土交通省 2004 年针对在用汽车改造用颗粒物净化器颁布了 814 号公告，对在用车改造用 DPF 也提出了明确要求[61]。要求车辆安装颗粒物净化器后，车辆的气体排放物 NO_x、CO 及 HC 不高于安装前，但是，允许有 10%的测量误差。第一类和第二类颗粒物净化器的 PM 净化率分别为 30%和 60%以上，并且要求耐久性能试验结束后，仍能满足气体排放物和 PM 净化率的规定。对除氧化催化颗粒物净化装置外的其他净化装置，汽车安装颗粒物净化装置后的黑烟浓度还应低于 25%，耐久性能试验中，颗粒物净化装置不出现熔化、破损等现象。还要求试验过程中排气背压的变化率小于 0.01kPa/km。

按照 ARB 的规定，选择柴油机的 DPF 时，应使柴油机与认证 DPF 时所用柴油机和其使用条件相同，以确保选用的 DPF 加装于所用柴油车上时满足排放法规要求。柴油机和其使用条件主要包括发动机类型或用途（非道路、道路、运输制冷机组、辅助动力装置、固定和移动的装备），发动机的额定功率、排量、车型等，使用的燃料（生物柴油和添加允许使用添加剂的燃料），发动机的设计特点（利用发动机废气再循环 EGR 或柴油氧化催化剂 DOC），车辆总质量，发动机 PM 排放水平及排气温度（被动 DPF）等。另外发动机性能参数应与原制造商铭牌标识相同，包括使用燃料和润滑油的型号等。对于被动再生式 DPF 系统，还应使发动机的工作负荷保持正常，因为这种 DPF 需要较高的发动机排气温度以保证过滤的 PM 被烧掉（再生），以避免设备不能再生，堵塞排气管，甚至损坏发动机及设备。

2. 在用柴油机 DPF 匹配方法

在用车辆用柴油机或非道路用车辆柴油机 DPF 的匹配方法,要求匹配的主管部门一般都会在其网页上进行详细说明。下面以 ABR 介绍的 DPF 匹配方法为例予以说明。ABR 公布了经过其认证的大量 DPF 产品及每一种产品对匹配柴油机的要求。

对于在用车辆匹配(选择现有 DPF 产品)DPF 时,需要特别注意的是有些 DPF 对发动机的排气温度及排气组成特点等有明确的要求,如在 ABR 注册的 Johnson Matthey 生产的用于应急备用发电系统柴油机的 CRT+DPF 产品[62],就对柴油机的类型、工作负荷情况、排放量、排气温度、排气组成及燃料等提出了如表 6-8 所列的明确要求,还要求被匹配的发动机与 CRT+DPF 电子系统具有兼容性[63]。满足表 6-8 所列要求的柴油机,其使用者即可联系有关企业进一步协商 DPF 的安装。

表 6-8　匹配 CRT+DPF 柴油机必须满足要求

发动机	带或不带涡轮增压器、无废气再循环(EGR)系统、机械或电子控制、PM 排放低于 0.27g/(kW·h),用于通过 Tier 1、Tier 2 或 Tier 3 认证的非道路车用柴油机
过滤器再生的最低排气温度	发动机带负荷工作时,达到 240℃ 的工作时间比例为 40%。当排气温度 ≥ 300℃ 时,NO_x/PM 的比值达到 15;排气温度 ≤300℃时,NO_x/PM 的比值达到 20
低于被动再生温度时的最大连续工作时间	720min
DPF 入口气体中 NO_x/PM 比例	NO_x/PM 比值不小于 8,最好达到 20 或更高
再生所需条件	24 个连续冷启动和 30min 怠速工作循环
过滤器清洁	具有辅助再生过滤器的柴油机,冷启动后 75h 不需要清洁,紧急备用型使用 1000h 不需要清洁、基本运转条件下 6~12 个月不需要清洁。Johnson Matthey 配备的 CRT DM 监测器,可以监测发动机运转的排气背压、温度,并保存 24 个月的连续数据,能确定实际的清洗间隔和提供警报
燃料	硫含量质量分数≤15×10^{-6},符合 ASTM D6751 标准的混合生物柴油,生物柴油体积百分比不超过 20%的混合燃料
认证水平	3^{+}级认证,PM 至少减少 85%,NO_2 排放满足 2009.1. 规定的极限

三、新开发车辆柴油机的 DPF 匹配

新型车用柴油机 DPF 的匹配需要考虑的主要问题有 DPF 安装位置、外形

尺寸、再生方式和制造成本等问题,现分别介绍如下。

1. DPF 安装位置

前已述及车用柴油机大部分工况下排气温度低于颗粒物的自燃温度,因此通常需要匹配主动再生式 ER-DPF(Electrical Regeneration DPF)或 BR-DPF(Burner Regeneration DPF)等,以保障 DPF 的连续正常工作。为了减少再生时的能量消耗,在确定 DPF 的安装位置时应尽量安装到排气温度较高的接近发动机的位置。与 SCR 系统串联的 DPF,通常应安装于 SCR 之前,以减少 SCR 系统转换率的劣化率;与 NSR 系统串联的 DPF,通常应安装于 NSR 之后,以充分利用 NSR 系统还原 NO_x 时产生的热量,提高 DPF 的再生效果。对于 CDPF 或采用前置 DOC 的 DPF 可事先测取车辆排气管若干个位置的典型排气温度,根据测量的排气温度确定合适的安装位置。对于采用人工再生 DPF 的安装位置,选择余地较大,拆卸便利性是最主要的考虑因素。

2. DPF 滤芯体积的确定

DPF 滤芯体积的大小决定了发动机颗粒物过滤器再生次数的频率及间隔时间或里程。对相近的颗粒物排放水平(满足相同排放标准)柴油机而言,当采用同样材料和结构的滤芯时,柴油机排量越大,则应匹配更大体积的 DPF 滤芯,因此,柴油机颗粒物过滤器的滤芯的体积一般应根据柴油机排量初步确定。DPF 过滤体体积太小,则颗粒物过滤面积小,随着发动机运行时间增长,颗粒物沉积层厚度增加快,DPF 压降和发动机排气背压过大,发动机燃料消耗量明显增大。DPF 过滤体体积太大,则 DPF 在排气系统布置困难,并且 DPF 热容量增大,在相同排气温度下,颗粒物的氧化反应迟缓,达到再生温度所需热量增大,增加了颗粒过滤器再生时的燃料消耗。因此,DPF 过滤器体积与柴油机排气量之比不能过大,也不能过小。DPF 过滤器体积与柴油机排气量之比取多少最为理想,应根据 DPF 与发动机的特点经过试验或 DPF 生产商的推荐选取。Ibiden 公司推荐的 SiC DPF 过滤器体积与柴油机排气量之比较为理想的范围为 0.25~2[64]。

Stratakis 等在其研究中,在 PSADW10ATED 型共轨直喷 1.997L 柴油机上匹配了 2.436L 的 SiC DPF(直径 143.8mm、长 150mm、壁厚 0.4mm、孔密度 31 个/cm^2)[18],DPF 滤芯体积与发动机排量之比为 1.22。Park 等在其研究中,在 3.5L 自然吸气直喷式柴油机上匹配了 2.47L 的燃烧器加热式堇青石颗粒过滤器[65],DPF 的主要外形尺寸为:直径 143.8mm、长 152.4mm,其匹配的 DPF 滤芯体积与发动机排量之比为 0.71。Tan 等在 1988 年产康明斯 LTA10-300 型 10L 直喷涡轮增压中冷柴油发动机上匹配了 22.79L 的康宁 EX-80 型堇青石颗粒过滤器[66],DPF 的主要外形尺寸为:直径 285.75mm、长 355.6mm,再生过程采用铜燃料添加剂,其匹配的 DPF 滤芯体积与发动机排量之比为2.3。

陶氏(Dow)公司将过滤器滤芯体积2.47L、直径143.8mm、长152.4mm、孔密度为31个/cm^2的针状莫来石壁流式过滤器装配在大众排量1.9L四缸直喷四气门共轨燃油喷射柴油机和排量2L的PSA 607型柴油机上,并进行了匹配试验研究,取得了理想的颗粒物净化效果和压降特性[54],其匹配的DPF滤芯体积与发动机排量之比为1.3和1.24[67]。

BASF在其对比试验用中,把2.8L碳化硅滤芯CSF匹配于2L共轨燃油喷射型柴油机[43],同时采用在DOC上游喷射燃料的低温"主动再生"方式,其匹配的DPF滤芯体积与发动机排量之比为1.4。

文献[32]将外径220mm、长520mm、滤芯体积3.2L(直径165mm、长150mm)的SiC壁流式过滤器装配在4.124L四缸直喷柴油机上,DPF采用直流24V电压、功率1.5kW的电加热器再生,电加热器可将DPF滤芯加热到900℃的高温。匹配研究的结果显示,颗粒物净化效果和压降特性均达到了开发目标。其匹配的DPF滤芯体积与发动机排量之比为0.78。

Todd等在卡特彼勒3126型柴油机、康明斯N14和6CTA8.3三台六缸增压四冲程柴油机上进行了直流式过滤器(FTF)的匹配试验研究[68],试验用DOC载体为陶瓷材料,直径266.7mm、长152.4mm、孔密度62个/cm^2,载体体积8.44L;试验用PFT为直流式过滤器,直径266.7mm、长152.4mm、孔密度31个/cm^2,载体体积8.21L,材料为烧结金属,发动机使用了美国超低硫柴油和低硫柴油两种燃料,表6-9列出了其试验用PFT滤芯体积与发动机排量等[68],FTF滤芯体积与发动机排量比值的范围为0.99~2.22。

表6-9 试验用柴油机主要参数及DOC、PFT过滤器尺寸

发动机型号	卡特彼勒3126	康明斯N14	康明斯6CTA8.3
排放标准(试验循环)	美国1998 HDD(FTP)	美国1991HDD(FTP)	美国1989 HDD(FTP)
排量/L	7.2	14	8.3
功率/kW	186	261	179
控制方式	电子	电子	机械
DOC/L	8.44	8.44	8.44
FTF/L	16.42	8.21和16.42	8.21

美国环保局研究项目的调查结果显示,重型柴油车用堇青石DPF催化剂体积通常为1.5~2.5倍的发动机排量[69]。

总之,从已有的产品和开发研究中使用的DPF来看,DPF滤芯体积与发动机排量之比在0.7~2.5之间,选取时可采用其均值1.6。确定了DPF滤芯体积之后,即可选用DPF的再生方式以及根据车辆底盘空间及布置型式选取

已有的 DPF 产品或进行 DPF 结构设计。

连续催化再生式 CR-DPF 的载体(滤芯)体积与发动机排量的比值也可参照上述经验数值,但 DOC 载体体积采用 1/2 滤芯的体积即可。从节省成本的角度看,DOC 的材料可以选择耐高温性能较差的堇青石。表 6-10 为发动机排量 6.925L 增压中冷直列式 6 缸柴油机的试验用 CR-DPF 载体参数[70],表中 DOC 和 DPF 的体积与发动机排量之间的比值可用于 CR-DPF 载体体积确定时的参考。

表 6-10 试验用 CR-DPF 载体参数示例

参　数	DOC	DPF
催化剂	Pt 基催化剂	Pt 基催化剂
载体材料	堇青石	碳化硅
载体直径/mm	266.7	266.7
载体长度/mm	152.4	302.8
体积/L	8.5	17
孔密度/(个/cm^2)	62	46
壁厚/mm	0.15	0.23
孔隙率/%	—	59
壁面平均微孔直径/μm	—	11

3. DPF 再生方式的选择

前已述及,目前常见的 DPF 再生方式主要有连续催化再生式 CR-DPF、连续电加热式 ER-DPF 和燃烧器加热再生式 BR-DPF 三种。选择电加热再生方式或燃烧器加热再生方式的重要依据是发动机的燃油系统种类、电控水平和车辆的电力容量。如果车辆的电力容许,选用 ER-DPF 时,安装较为方便,且不需要对发动机燃油系统及电控系统进行改造。如果发动机的燃油供给系统是电控共轨燃油喷射系统,则采用燃烧器加热再生方式较为方便,但需要对发动机燃油系统及电控系统进行改进。但是,从节能的角度来看,CR-DPF 在工作过程中可以连续再生,平均排气压降小,又无额外燃油或电能消耗,因而CR-DPF 更具有优势。

4. DPF 制造成本的估算

DPF 的滤芯体积及再生方式确定之后,即可进行 DPF 的结构设计,选用相关配件,并进一步对其制造成本进行估算。DPF 的成本包括贵金属催化剂、滤芯(载体)、涂层、封装、涂装、再生系统等的硬件生产总成本、人工管理费、保修成本和协调费等。再生系统成本随再生方式的不同而不同,对于采用燃油喷射主动再生方式的再生系统而言,包括燃油喷射、压差传感器和 ECU

标定等费用。表 6-11 为基于发动机排量的轻型柴油车用 DPF 成本估算的一个实例[73]。表中,SVR 代表滤芯体积与发动机排量的比值。在成本估算中,假定 DPF 滤芯为堇青石,催化剂载体体积为发动机排量的 2.0 倍,DPF 典型的贵金属负载量为 1.0g/L,铂和钯使用比例为 3∶1。再生系统的实际生产成本(见表中第 11 项)是根据市售的压差传感器、温度传感器、附加的电缆线、加热式氧传感器等所需配件价格总和的 40%计算得到。计算时,DPF 差压传感器的平均价格以 2010 年宝马公司经销的价格为基础,确定为 75 美元[71],K 型热电偶热电偶导线及热电偶变送器价格则根据 2010 年欧米茄的销售情况分别确定为 2.50 美元/m 和 50 美元/个[72],加热式氧传感器、配线和 ECU 编程等费用则根据市场价格确定为 25 美元。

表 6-11 基于发动机排量(V_d)的 DPF 成本估算

编号	成本项目	V_d = 1.50	V_d = 2.00	V_d = 2.50	V_d = 3.00
1 项	滤芯体积 CV(SVR=2.0)/L	3.00	4.00	5.00	6.00
2 项	Pt 成本(即 0.75g/L×CV×35 美元/g)/美元	97	129	161	194
3 项	Pd 成本(即 0.25g/L×CV×11 美元/g)/美元	8	11	14	17
4 项	贵金属总成本/美元	105	140	175	211
5 项	滤芯(即 30 美元×CV)/美元	90	120	150	180
6 项	涂层(即 10 美元×CV)/美元	30	40	50	60
7 项	贵金属总成本+滤芯(载体)+涂层(即 4 项+5 项+6 项)/美元	225	300	375	451
8 项	封装(即 5 美元×CV)/美元	15	20	25	30
9 项	装饰/美元	10	10	15	15
10 项	再生系统/美元	61	61	61	61
11 项	生产总成本(7 项+8 项+9 项+10 项)/美元	311	391	476	557
12 项	直接和间接劳动力成本/美元	12	12	12	12
13 项	生产商的总直接成本(即 11 项+12 项)/美元	323	403	488	569
14 项	保修成本(即 3%索赔率)/美元	10	12	15	17
15 项	基本成本(即 13 项+14 项)/美元	333	415	503	586
16 项	长期成本(即 0.8×基本成本)/美元	266	332	402	468

5. DPF 性能及匹配试验

大部分柴油机或柴油车制造商没有专门的 DPF 生产企业,多是匹配的 DPF 专业生产企业的产品。由于各个国家法规要求的不同,其匹配工作略有差异。对于我国的企业而言,新车匹配的 DPF 需要经过相关标准检验。首先，应根据 HJ 451—2008《环境保护产品技术要求柴油车排气后处理装置》的规定[74,75]进行相关试验，检验 DPF 是否满足上述标准对柴油车排气后处理装置的产品技术要求。其次，对装备于轻型柴油车上的 DPF，经过按照 GB 18352.4进行耐久性和排放试验；对装在重型柴油机上的 DPF，则应按照 GB 17691 进行耐久性和排放试验。常见的匹配试验有发动机台架和整车转鼓试验台两种。试验时，应同时检测柴油机或柴油车在给定的试验循环下的燃油消耗率、排气温度、DPF 压降、颗粒物过滤效率、颗粒物及其他污染物排放量等，并对试验数据的进行整理和分析，为 DPF 再生控制策略的确定，再生时间和间隔的优化等提供依据。最后，根据测试结果评估装备 DPF 后车辆颗粒物排放能否满足相关标准，发动机或车辆油耗的增加、功率或转矩降低幅度是否在可接受范围内等。如果满足设计目标，则可匹配使用，否则，将要修改 DPF 系统设计，重新进行相关试验，直到柴油机/柴油车的排放及 DPF 耐久性等满足相应要求。

参考文献

[1] 日本機械工業連合会．日本ファインセラミックス協会．排ガス浄化システムに係る技術開発動向に関する調査報告書．(平成 16 -03)[2013-09-28]. http://www.jmf.or.jp/japanese/houkokusho/kensaku/pdf/2004 /15sentan_08.pdf.

[2]大野一茂．自動車用再結晶 SiC 多孔質体を用いたディーゼルパティキュレートフィルタの性能に関する研究．東京：早稲田大学，2006.

[3] 梁淑彩．WD615.46 车用柴油机匹配研究．天津：天津大学，2008.

[4] Myturbodiesel V W. Passat, Touareg, and Audi Q7 TDI DPF and Adblue FAQ. [2014-11-13]. http://www.myturbodiesel.com/1000q/vw-touareg-tdi-dpf-audi-q7.htm.

[5] 三菱ふそうトラック・バス(株)．三菱ふそうトラック・バス．2010 冬号．[2014-12-25]. http://www.mitsubishi-fuso.com/jp/fusomimiyori/fusomimiyori_pdf/10winter.pdf.

[6] タダノ．再生制御式 DPFの取り扱いについて．[2014-12-25]. http://www.tadano.co.jp/service/pdf/GR-700N-1_cummins_DPF.pdf.

[7] Alexander Sappok, Ifran Govani, Carl Kamp, et al. A Revealing Look Inside Passive and Active DPF Regeneration: In-Situ Optical Analysis of Ash Formation and Transport. (2011-10-17)[2014-11-13].http://energy.gov/sites/prod/files/2014/03/f8/deer12_sappok.pdf.

[8] Carl Justin Kamp, Alexander Sappok, Victor Wong. Soot and Ash Deposition Characteristics at the Catalyst-Substrate Interface and Intra-Layer Interactions in Aged Diesel Particulate Filters Illustrated using Focused Ion Beam (FIB) Milling. SAE Praper 2012-01-0836,2012.

[9] 吉田史朗．排ガス長期規制適合機に対する燃料・オイルについての問題・注意—2011 年および2014 年排ガス規制対応．建設の施工企画，2012，6：59-64.

[10] Law M C, Clarke A, Garner C P. The effects of soot properties on the regeneration behaviour of wall-flow diesel particulatefilters. Proceedings of the Institution of Mechanical Engineers Part D Jounal of Automobile Engineering, 2004, 218: 1513-1524.

[11] José Ramón Serrano, Francisco José Arnau, Pedro Piqueras, et al. Packed bed of spherical particles ap-

proach for pressure dropprediction in wall-flow DPFs (diesel particulate filters) under soot loading conditions. Energy, 2013(58):644-654.

[12] Leonid Tartakovsky, Boris Aronov, Yoram Zvirin. Modeling of the Regeneration Processes in Diesel Particulate Filters. Energy and Power, 2012, 2(5): 96-106.

[13] Athanasios G Konstandopoulos, Evangelos Skaperdas, James Warren, et al. Optimized Filter Design and Selection Criteriafor Continuously Regenerating Diesel Particulate Traps. SAE Paper1999 - 01 - 0468, 1999.

[14] Joan Boulanger, Fengshan Liu, Stuart Neill W, et al. an Improved Soot Formation Model for 3D Diesel Engine Simulations. Journal of Engineering for Gas Turbines and Power, 2007, 129: 877-884.

[15] Chen K, Martirosyan K S, Luss D. Temperature gradients within a soot layer during DPF regeneration. Chemical Engineering Science, 2011(66):2968-2973.

[16] Yamamoto K, Oohori S, Yamashita H, et al. Simulation on soot deposition and combustionin diesel particulate filter. Proceedings of the Combustion Institute, 32(2009):1965-1972.

[17] Ming Zheng, Siddhartha Banerjee. Diesel oxidation catalyst and particulate filter modelingin active-Flow configurations. Applied Thermal Engineering, 2009, (29): 3021-3035.

[18] Stratakis G A, Stamatelo A M. Thermogravimetric analysis of soot emitted by a modern diesel engine run on catalyst-doped fuel. Combustion and Flame, 2003, 132:157-169.

[19] Georgios A Stratakis. Experimental Investigation of Catalytic Soot Oxidation and Pressure Drop Characteristics in Wall-Flow Diesel Particulate Filters. Thessaly: University of Thessaly, 2004.

[20] Hannu Jääskeläinen. Engine Exhaust Back Pressure. [2015-03-03]. https://www.dieselnet.com/tech/diesel_exh_pres.php.

[21] Centre for Research and Technology Hellas, Chemical Process Engineering Research Institute, Particle Technology Laboratory. D6.1.1 State of the Art Study Report of Low Emission Diesel Engines and After-Treatment Technologies in Rail Applications. [2013-09-28]. http://www.transport-research.info/Upload/Documents/201203/20120330_184637_76105_CLD-D-DAP-058-04_D1%205.pdf.

[22] 中华人民共和国国家环境保护标准，HJ 438—2008 车用压燃式、气体燃料点燃式发动机与汽车排放控制系统耐久性技术要求.

[23] Athanasios G Konstandopoulos, Margaritis Kostoglou, Evangelos Skaperdas, et al. Fundamental Studies of Diesel Particulate Filters: Transient Loading, Regeneration and Aging. SAE Paper 2000 - 01 - 1016, 2000.

[24] Thomas Wintrich. Modern Clean Diesel Engine & EGT Solutions for China 4ff. 1st International Chinese Exhaust Gas andParticulate Emissions Forum. Shanghai, 2012.

[25] Timothy V Johnson. Diesel Emission Control in Review. SAE Paper 2006-01-0030, 2006.

[26] Kiyomi Nakakita. Research and Development Trends in Combustion and Aftertreatment Systems for Next-Generation HSDI Diesel Engines. R&D Review of Toyota CRDL, 2002, 37(3):1-8.

[27] Bosch. Diesel Systems Sensors for exhaust-gastreatment systems. [2015-03-24]. http://www.bosch-mobility-solutions.com/media/ubk_europe/db_application/downloads/pdf/antrieb/en_3/DS_Sheet_0VX_Sensors_for_exhaust-gas_treatment_systems_low.pdf.

[28] DENSO. Diesel Engine Management System. [2015-02-25]. https://www.denso.co.jp/ja/news/event/ tradeshows/2014/files/aee14_diesel.pdf.

[29] Joe Kubsh. Light-Duty Vehicle Emission Control Technologies. Mexico City Workshop, (2014-07)

[2015-04-03]http://www. meca. org.
[30] Bosch. Diesel Systems Sensors for diesel systems. [2015-03-23] http://www. bosch-mobility-solutions. com/media/ubk_europe/db_application/downloads/pdf/antrieb/en_3/DS_Sheet_Sensors_for_diesel_systems_20120719. pdf.
[31] いすゞ自動車株式会社．いすゞDPFの特徴．[2013-09-28]．http://www2. kankyo. metro. tokyo. jp/jidousya/diesel/archives/forum/01/isuzu. pdf.
[32] 辜敬之，河合サチ子，山口幸司，など.ディーゼル排気顆粒子除去フィルター(DPF)システムの汎用性向上に関する調査．公害健康被害补偿予防协会,(平成14-03)[2013-06-01]. http://www. erca. go. jp/yobou/taiki/research/pdf/05/b321img. pdf.
[33] 内藤健太,千林暁.ディーゼル排ガス浄化装置DPF(Diesel Particulate Filter)の開発．日新電機技報,2012, 57(1):37-41.
[34] Kazushige Ohno,Teruo Komori,Takeshi Ninomiya,et al. United States Patent, Patent N0. US 6,447,564 B1. 2002-09-10.
[35] Bradley L Edgar. Electric Diesel Particulate Filter Demonstration.(2006-03-31)[2015-01-18]. http://www. arb. ca. gov/research/apr/past/icat04-2. pdf.
[36] 李兴虎．汽车环境保护技术．北京:北京航空航天大学出版社,2004.
[37] Isuzu Diesel Engines. Understanding DPF (Diesel Particulate Filter) Regeneration. [2014-08-28].http://www. isuzutruckservice. com.
[38] PSA Peugeot Citroën. PSA Peugeot Citroën additive particulate filter. [2013-04-01]. http://www. psa-peugeot-citroen. com/en/inside-our-industrial-environment/innovation-and-rd/psa-peugeot-citroen-additive-particulate-filter-article.
[39] Mike Civiello, Paul Wouters. Combination of Diesel fuel system architecturesand Ceria-based fuel-borne catalysts for Improvement and Simplification of the Diesel Particulate Filter Systemin serial applications. [2014-08-28]. http://energy. gov/sites/prod/files/2014/03/f9/2003_deer_civiello. pdf.
[40] Emmanuel Joubert, Thierry Seguelong. Diesel Particulate Filters Market Introduction in Europe: Review and Status. DEER Conference,(2004-09-28)[2010-09-28]. http://www1. eere. energy. gov/vehiclesandfuels/pdfs/deer_2004/session12/2004_deer_seguelong2. pdf? q=diesel-particualte-filters.
[41] 鈴木央一．排出ガス後処理技術の効果、評価、課題．交通安全環境研究所．[2013-09-28]. www. ntsel. go. jp/kouenkai/h17/17-02. pdf.
[42] 草鹿仁．新しい“クリーン・ディーゼル・エンジン技術”. JAMAGAZINE,2008,3:1-10.
[43] BASF. Catalyzed Soot Filters to Reduce Particulate & Gaseous Emissions from Vehicles. The 1st International Chinese Exhaust Gas and Particulate Emission Forum. Shanghai, 2012.
[44] 沼智．商用車用DPFの開発について. Motor Ring,2004,(19):1-3.
[45] Corning. Corning® DuraTrap® AT HP Filters/ Product Information Sheet(2014-04)[2014-09-20]. http://www. corning. com/assets/0/507/511/569/6a21c229813842ce973ad7ab90f2e06e. pdf.
[46] Rubag Baumaschinen. Technische Dokumentation SMF-AR System. [2014-11-12]. http://www. rubag. ch/de/Download/Partikelfilter_Techn_Dokumentation_SMF-AR. doc.
[47] Stratus Diesel Particulate Filters. Exhaust Gas Aftertreatment Technologies. [2014-11-12]. http://www. spinnerii. com/files/comm_id_30/Complete_Stratus_Presentation1. pdf.
[48] HJS emission techonologies. unrestricted access to low emission zones,100%Diesel,Particulate Filter for Commercial Vehicles, SMF® - Sintered Metal. [2014-11-13]. http://

www. londonlowemissionzone. com/pdfs/HJS%20SMF-AR%20BROCHURE. pdf.

[49] HJS Emission Technology GmbH & Co KG. Clean solutions for public transport buses. [2013-09-28]. http://www. hjs. com/en/81/0/seite_1/Vehicles_&_Applications/Buses/Public_Transport_Buses/SCRT%C2%AE_System_/scrt_reg__system. html.

[50] 王宪成,高希彦,许晓光,等. 柴油机颗粒过滤器红外再生技术研究. 大连理工大学学报,2005,45(4):537-541.

[51] Sameer Pallavkar, Tae-Hoon Kim, Dan Rutman, et al. Active Regeneration of Diesel Particulate Filter Employing Microwave Heating. Ind. Eng. Chem. Res., 2009, 48:69-79.

[52] 龚金科,余明果,王曙辉,等. 柴油机单元块旋转式过滤体 DPF 微波再生研究. 农业机械学报,2001,42(1):2-7.

[53] 宋凌珺,李兴虎.二甲醚部分氧化重整制氢的热力学分析及实验验证.北京航空航天大学学报,2008,34(11):1307-1310.

[54] Yoshio Yoshioka. Recent Developments in Plasma De-NO_x and PM (Particulate Matter) Removal Technologies from Diesel Exhaust Gases. Internationa Journal of Plasma Environmental Science & Technology, 2007, 1(2):110-122.

[55] Kalogirou Maria, Atmakidis Theodoros, Koltsakis Grigorios, et al. An Efficient CAE Method for the Prediction of the Thermomechanical Stresses during Diesel Particulate Filters Regeneration. International Journal of Automotive Engineering, 2014, 5: 47-57.

[56] Sivanandi Rajadurai, Shiju Jacob, Chad Serrell, et al. Edge-Seal Mounting Support for Diesel Particulate Filters. SAE Parper 2005-01-3510, 2005.

[57] Ogunwumi S B, Tepesch P D, Chapman T, et al. Aluminum Titanate Compositions for Diesel Particulate Filters. SAE Parper 2005-01-0583, 2005.

[58] Sivanandi Rajadurai, Shiju Jacob, Chad Serrell, et al. Axial Mounting for Converters and Filters Using Wiremesh Seals. [2015-03-08]. http://www. acsindustries. com/files/GPC_2. pd.

[59] 根本明欣,岩﨑健太郎,山西修,など. チタン酸アルミニウム製ディーゼル・パーティキュレート・フィルタの開発-製品設計・特性評価. 住友化学,2011(2):4-12.

[60] Air Resources Board. How to Find and Install DPFs. (2014-04-04) [2014-07-28]. http://www. arb. ca. gov/msprog/decsinstall/installationprocess. htm.

[61] 平成16年国土交通省告示(第814号). 窒素酸化物又は粒子状物質を低減させる装置の性能評価実施要領. [2013-09-28]. http://www. mlit. go. jp/common/000022873. pdf.

[62] Air Resources Board. Verification Procedure - Stationary. (2014-07-25) [2014-09-28] http://www. arb. ca. gov/diesel/verdev/vt/stationary. htm.

[63] Johnson Matthey Stationary Emissions Control. CRT Diesel Particulate Filters, [2013-09-28]. http://www. jmsec. com/cm/Products/CRT-Diesel-Particulate-Filters. html.

[64] 大野一茂,二宮健,小森照. 排気ガス浄化装置. 特開 2000-42420(P2000-42420A). http://www. j-tokkyo. com/2000/B01J/JP2000-042420. shtml.

[65] Park D S, Kim J U, Kim E S. A burner type trapfor particulate matter from a diesel engine, Combustion and Flame. 1998, 114(3-4):585-590.

[66] Tan J C, Opris C N, Baumgard K J, et al. A study of the regeneration process in diesel particulate traps using a Copper fuel additive. SAE Paper 1996-02-960136, 1996.

[67] Athanasios G Konstandopoulos, Margaritis Kostoglou. Periodically Reversed Flow Regenerationof Diesel

Particulate Traps. SAE Paper1999-01-0469,1999.

[68] Todd Jacobs, Sougato Chatterjee, Ray Conway,et al. Development of Partial Filter Technology for HDD Retrofit. SAE Parper 2006-01-0213,2006.

[69] Office of Transportation and Air Quality. Final Regulatory Analysis: Control of Emissions from Non Road Diesel Engines. Washington: US Environmental Protection Agency. (2004-05)[2011-09-28]. http://nepis. epa. gov/Exe/ZyPURL. cgi? Dockey=P10003DE. TXT.

[70] オイルWG. 後処理装置に及ぼすオイルの影響(オイルWG 報告). JCAP 第 4 回成果発表会. (2005-06-01)[2014-08-28]. http://www. pecj. or. jp/japanese/jcap/jcap2/pdf/4th/2_4. pdf.

[71] BMW of South Atlanta (2010). Differential pressure sensor. (2010-11)[2013-09-28]. http://parts. bmwofsouthatlanta. com/products/Sensor—Differential-pressure/1276911/13627805758. html.

[72] Omega. Omega sensors. (2010-11)[2013-09-28]. http://www. omega. com.

[73] Francisco Posada Sanchez, Anup Bandivadekar,John German. Estimated Cost of EmissionReduction Technologies for Light-Duty Vehicles . The International Council on Clean Transportation. (2013-09-28)[2016-03-22]. http://www. theicct. org/sites/default/files/publications/ICCT_LDVcostsreport_2012. pdf.

[74] 中华人民共和国国家环境保护标准, HJ 451—2008 环境保护产品技术要求 柴油车排气后处理装置.

[75] 工信部规划司. 汽车产业技术进步和技术改造投资方向(2010 年). (2011-09-28). http://www. miit. gov. cn/n11293472/n11293832/n12843956/13227851. html.

[76] Volkswagen A G. The catalytic coated diesel particulate filter. [2013-09-28]. http://www. volkspage. net/technik/ssp/ssp/SSP_336. pdf.

[77] Diesel Particulate Filter Operation and Maintenance. EPA-420-F-10-027. (2010-05)[2015-07-28]. https://www3. epa. gov/otaq/diesel/documents/420f10027. pdf.

第七章　现代柴油机的排气后处理系统

第一节　柴油机排气后处理技术的发展历程与动向

一、柴油机排气后处理技术的发展历程

柴油机排气后处理技术的发展历程可以说是随着柴油车排放标准的提高逐步由简单到复杂的发展过程。柴油机排放后处理技术的研究及开发历史虽然可追溯到 20 世纪 70 年代[1],后处理产品用于柴油车的历史也可追溯到 20 世纪 80 年代。1984 年,梅赛德斯奔驰就在涡轮增压柴油汽车 300D、300TD、300CD 和 300SD 等上安装了颗粒过滤器,并在美国加利福尼亚州和其他 10 个西部城市进行了销售[2]。但由于当时没有现在这样严格的排放法规,并且安装颗粒过滤器还增加了车辆制造成本及使用和维护费用,因而致使颗粒过滤器未能大规模推广和持续应用。2000 年 DPF 开始商业化应用于欧洲的轻型柴油车,2006 年开始应用于美国轻型柴油车,2007 年开始应用于美国的卡车/巴士,目前已广泛应用于发达国家及地区的柴油车上[3]。

20 世纪 90 年代前后,各国柴油机排放标准不断提高,排放后处理技术的应用逐步扩大。DOC 的大范围应用大约始于 20 世纪 90 年代中期[4]、DPF 和 SCR 的大范围应用大约始于 2000 年之后[5]。我国关于柴油车排气后处理装置的第一个标准是环境保护部 2008 年 12 月 10 日发布、2009 年 3 月 1 日实施的中华人民共和国国家环境保护标准 HJ 451—2008《环境保护产品技术要求　柴油车排气后处理装置》,也就是说柴油车排气后处理装置在我国市场上销售的柴油车产品上的规范化应用应该是 2009 年 3 月 1 日之后[6]。

柴油车最突出的问题是 PM 和 NO_x 排放多,以及柴油车发动机直接排出的 NO_x和 PM 之间存在“Trade-off”的关系(详见本书第一章第二节)。因此,在排放标准较为宽松(如低于 Euro 4 的排放标准等)的时候,柴油机排气后处理装置一般仅针对 NO_x或 PM 中的一个污染物即可,而最新的柴油机排气后处理装置则须具备同时减少 NO_x和 PM 的功能。

常见的柴油机后处理装置主要有氧化催化器 DOC、NO_x 选择催化还原催化净化器 SCR、NO_x吸附还原净化器 NSR 和颗粒过滤器 DPF 等。除 DOC 外,

其余柴油机后处理装置多采用组合方式使用。迄今为止，实际使用的主要柴油机后处理技术方案可归纳为图7-1所示的7种方案，其中后6种为组合方案，这些方案分别适用于不同的排放标准和车型[7]。图7-1中直线上下的负号“-”表示减少的含义，如-SOF表示经过后处理装置后可溶性有机组分SOF减少，余类推。

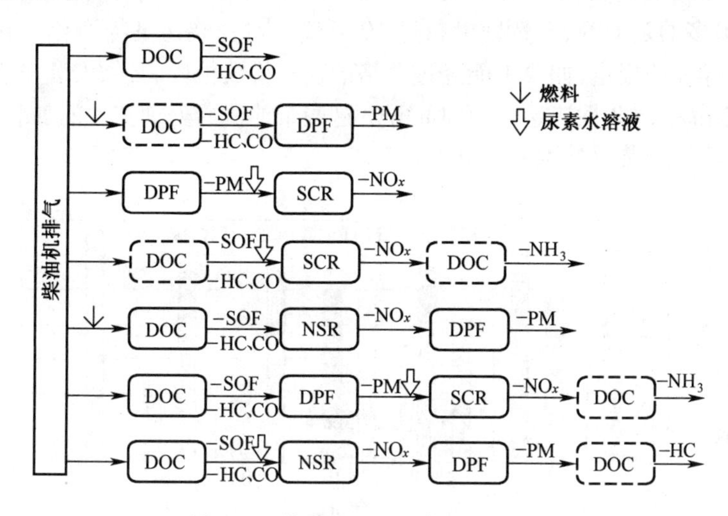

图7-1　柴油机后处理装置的组合方案

当排放控制的主要目标是降低CO、HC和PM中的SOF时，采用氧化催化器DOC即可（详见本书第二章）。当排放控制的主要目标是降低CO、HC和PM时，可采用DOC与DPF串联，并在DOC之前喷入少量柴油的组合方案，既可减少CO、HC和PM排放，也可实现DPF的连续再生（详见本书第六章第三节）。当排放控制的主要目标是降低NO_x和PM排放时，可采用DPF+SCR方案。当排放控制的主要目标是降低NO_x和防止氨气的泄漏时，采用DOC+SCR+DOC组合，并在SCR之前喷入尿素水溶液的技术方案较为合理。DOC+SCR+DOC方案在降低NO_x和防止氨气泄漏的同时，又可减少CO、HC和PM中的SOF排放。当排放控制的主要目标是降低NO_x、CO、HC和PM，又想避免加注和携带尿素水溶液带来的不便和成本上升时，宜采用DOC+NSR+DPF+DOC组合，并在NSR之前喷入柴油的方案。DOC+NSR+DPF+DOC方案更适合于柴油轿车，既可减少CO、HC、PM和NO_x排放，又可实现降低DPF再生时喷入柴油引起的HC排放增加。

柴油机排气后处理技术的进步与柴油车排放标准的提高密切相关，也与美国和日本等国对在用车加装后处理装置的规定以及柴油车限行等有关。2007年开始，美国应用含硫量质量分数低于0.0015%的低硫柴油，对在用车的改造（加装后处理装置）提供了基本条件。2007年以来主要对在用卡车、垃圾车和大巴等进行了加装 DPF、FTF、DOC 等后处理装置,以及进行闭式曲轴箱通风装置(CCV)技术改造等的。图 7-2 为 2007 年以来美国加装 DPF、FTF、DOC 和 CCV 等污染物净化装置在用车数量的变化,2007—2013 年间,每年加装上述污染物净化装置的在用车总数如表 7-1 所列,2007—2013 年间加装各种后处理装置在用车的车辆总和达 164872 辆[3]。在各种后处理装置中,加装最多的是 DPF,车辆数量超过 10 万辆。对加装污染物净化装置在用车进行了详细的规定,如要求能经过严格的新车排放检验、必须安装车载排放诊断监控系统、耐久性应达到 1000h 等。这些柴油机后处理技术的加装,极大地促进了后处理装置技术的发展。

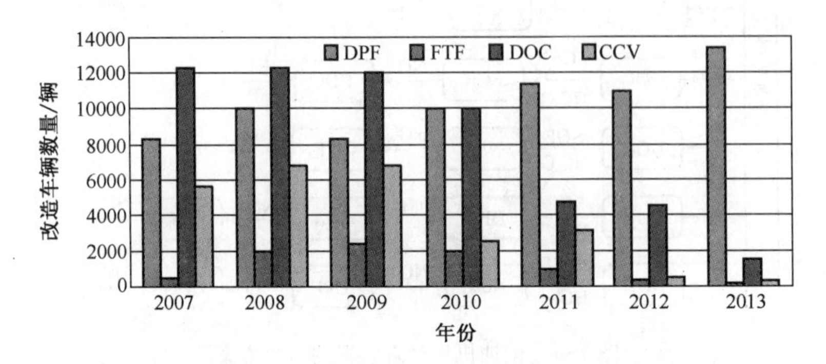

图 7-2　2007 年以来美国在用车加装污染物净化装置的车辆数量

表 7-1　2007 年以来美国在用车加装污染物净化装置的数量变化

年份	2007	2008	2009	2010	2011	2012	2013
改造车辆数量/辆	26863	31283	29180	24640	21177	16262	15467

二、柴油机排气后处理技术的发展动向

图 7-1 概括了柴油机排气后处理技术发展过程中迄今为止的常见技术方案。其中后四个技术方案,采用了同时减少 NO_x 和 PM 的组合方案,故其符合排放标准更加严格的未来趋势。

图 7-3 为图 7-1 中两种组合方案的原理示意图,图 7-3(a)为博世公司开发的 DOC+NSR+DPF 组合式后处理系统的原理示意图。为了监测 DPF 滤芯上颗粒物的沉积情况,常采用压差传感器实时监测 DPF 进出、口之间的压差;另外采用温度传感器和空燃比传感器检测 DOC 和 NSR 的工作状态,并向 ECU 提供再生燃油喷射的决策依据。从该组合方案可以看出,由 DOC、DPF、SCR 和 NSR 等后处理装置串联组合的柴油机后处理系统方案占用空间大、成本高,因而很难适应结构紧凑型车辆的要求。图 7-3(b)为日本应对后新长期法规的柴油车后处理系统方案之一。系统采用了 DOC+DPF+SCR+DOC 的

组合方式。DPF 的前置 DOC 主要用于提高 DPF 的再生效率,SCR 催化器的后置 DOC 主要用于净化 SCR 中未参加反应的氨气,以保证后处理装置不增加氨气排放。

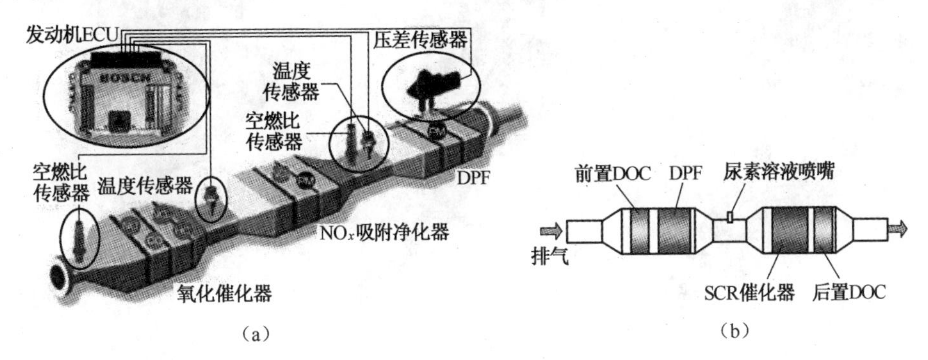

(a)　　(b)

图 7-3　组合式后处理系统示意图[8]

图 7-3 所示后处理系统的特点是各装置之间采用串联方式连接,具有结构简单,易于维护等优点,适宜于在底盘布置。但是,这种由 3~4 个或更多装置组成的后处理系统在结构紧凑型轿车上的布置困难,即使重型车辆,其布置也有难度,因为后处理系统多是传统车辆排气系统的新增装置。因此,后处理系统向紧密耦合一体式方向发展。

图 7-4 右图为紧密耦合一体式后处理系统的方案之一,该系统以左图所示的 DOC+DPF+SCR 组合式后处理系统为基础,经过结构优化设计而得到,其特点是占用空间小、成本低、且便于车辆排气系统布置。该系统的应用对象是排气系统空间小、布置困难的结构紧凑型车辆。

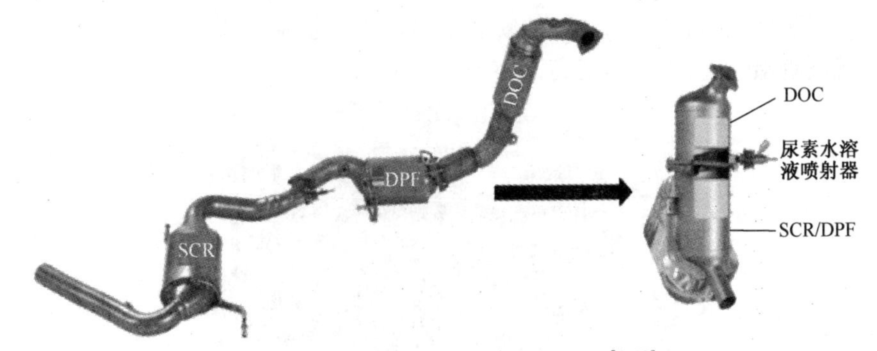

图 7-4　后处理系统的结构优化方法[9,10]

图 7-5 为沃尔沃柴油机后处理系统向紧密耦合一体式方案的演变过程,2005 年开始采用的后处理装置如图 7-5(a)所示,DPF 安装于底盘上;2010 年开始采用了图 7-5(b)所示的紧耦合 DPF 装置,2013 年则采用了图 7-5(c)所

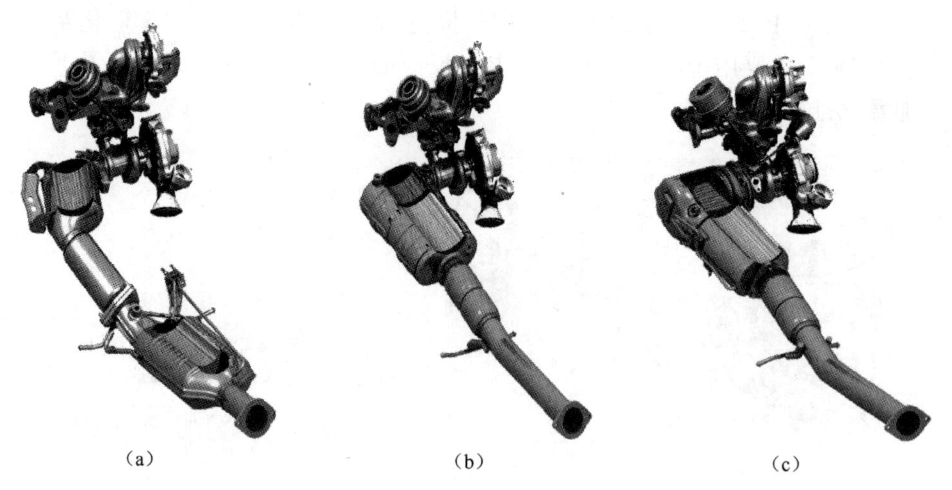

图 7-5　沃尔沃柴油机后处理系统[11]

示的集成 NO_x 捕集器的紧凑型催化器。图 7-5(c)所示的集成 NO_x 捕集器的紧凑型催化器具有两方面优势,既保证了足够的 LNT 体积,又减少了 DPF 滤芯温度损失。沃尔沃汽车公司 2013 秋推出的 2L 涡轮增压柴油发动机,采用了图 7-5(c)所示的后处理装置。该后处理装置选择的是稀混合气 NO_x 捕集器(LNT)和涂覆催化剂的柴油微粒过滤器(CDPF)。后处理装置的 DPF 靠近发动机安装,既有利于再生,又节省燃料和系统成本;另外,从结构设计上保证了 LNT 具有足够大的体积,满足了 NO_x 储存和转换所需的停留时间。图 7-5(c)所示的后处理系统达到了 Euro 6 排放标准要求。集成 NO_x 捕集器的紧凑型催化器吊装在发动机机体上,图 7-6 为集成 NO_x 捕集器紧凑型催化器的安装位置示意图,与传统的安装于底盘的后处理装置相比,由于装置距离排气歧管出口近,排气温度高,更有利于 DPF 的再生。

图 7-6　集成 NO_x 捕集器的紧凑催化器(方框内)在发动机上的安装示意图[11]

重型柴油机的后处理系统也是向着多装置紧密耦合一体式方向发展。图7-7所示的康明斯公司开发的应对2014年实施的美国非公路用机动设备排放标准的CCC-SCR后处理系统及其装配示意图即说明了这一点。CCC-SCR采用了结构为“Z”字形的、与发动机一体化的新一代集成设计方案。该系统的SCR采用了基于先进传感器的闭环控制系统，NO_x转化率达到95%；为了提高了催化剂在较低温下运行的转换率，采用了铜沸石催化剂；还采用了增强混合型尿素水解管，提高了运行过程NO_x的转化率，减少了DEF的供给量。CCC-SCR的CCC（Cummins Compact Catalyst）位于SCR上游，CCC的催化剂载体及尺寸针对康明斯发动机平台进行了优化，安装更容易和灵活，表面涂覆有效减少PM排放的催化涂层，无需DPF的主动再生装置，使用过程无需维护。装配CCC-SCR系统的康明斯发动机的排放达到了Tire 4排放法规PM≤0.02g/(kW·h)和NO_x≤0.40g/(kW·h)的要求，燃油效率提高3%。

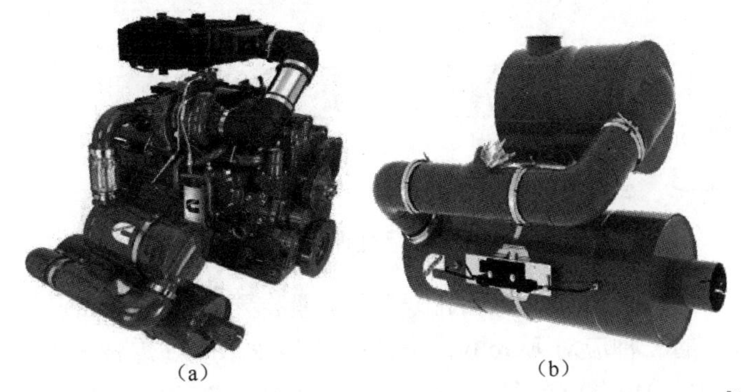
(a)　　(b)

图7-7　超清洁后处理系统CCC-SCR外形(a)及其装配示意图(b)[12]

对于已定型车辆的后处理系统匹配或在用车的改造则不然，后处理系统的结构常常取决于车辆空间及其原有排气系统的布置，需要专门进行结构设计。图7-8为针对在用车辆专门设计的SCRT®(一种DOC+DPF+SCR组合式后处理系统)结构示意图，图7-8(a)、(b)、(c)依次为安装在丹尼士飞镖(Dennis Dart)和丹尼士三叉戟(Dennis Trident)、沃尔沃双子座(Volvo Gemini) B7TL等客车的三种SCRT®后处理装置，虽然同为SCRT®系统，但其空间结构差别巨大，其原因主要是在用车底盘空间限制系统的布置[13]。

图7-9为针对美国市场的柴油机PM排气后处理装置发展历程示意图。图7-9中CSF表示过滤体涂覆催化剂涂层的DPF，CC CSF表示DOC与CSF紧密耦合的一体式过滤器。可见，2008年前的柴油机排气后处理装置主要针对PM的净化，最初使用的是DOC，仅减少PM中的SOF，使PM的排放总量和烟度减少。随着排放标准提高，逐步增加了PM过滤器，并采用燃料添加剂辅助再生式DPF；之后又采用过滤体涂覆催化剂涂层的方法对DPF的再生性能

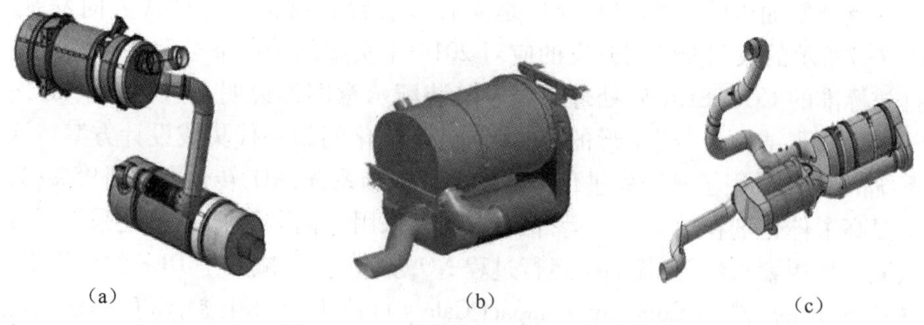
(a) (b) (c)

图 7-8 SCRT®系统的布置形型式

进行改进;2006 年之后形成了结构紧凑的 CC CSF 后处理系统;2008 年开始的技术则为紧凑的 DPNR 或 DPF 与降低 NO_x 排气后处理装置的组合技术,2010 年开始的排气后处理对策,则需要在 2008 年方案的基础上增加 DOC 装置。

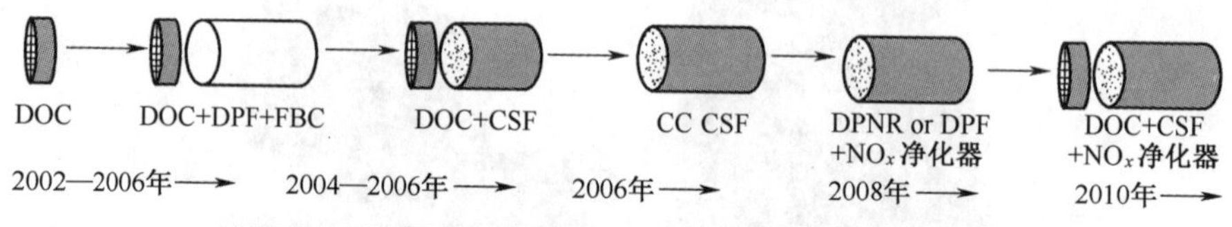

图 7-9 柴油机 PM 排放后处理装置的发展历程[14,15]

为了适应结构紧凑型车辆的排气后处理装置的需求,BASF 公司给出了图 7-10 所示的三种应对 Euro 6 标准的轻型柴油车后处理技术方案。前两个方案(图 7-10(a)、(b))的特点是采用了 CSF 型过滤器,提高了 DPF 的连续再生性能。方案(图 7-10(c))的特点是将 SCR 催化剂也涂覆于 CSF 上,采用一个柴油机排气后处理装置同时减少 NO_x 和 PM,使结构大为简化,这是一种理想的技术方案,有待今后的进一步开发。

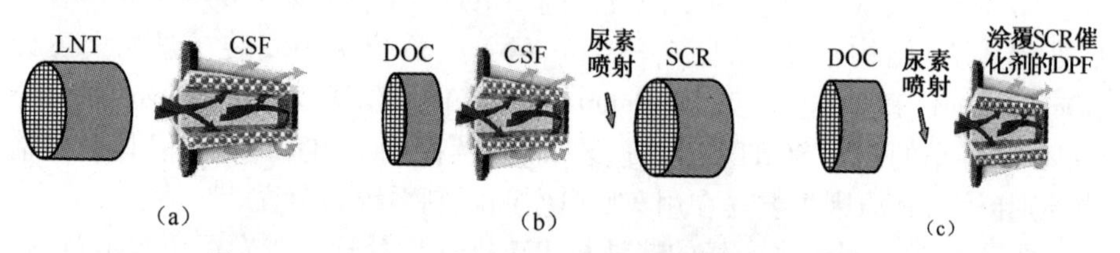

图 7-10 Euro 6 标准的轻型柴油车后处理技术方案[16]

Johnson Matthey 公司也开展了图 7-10(c)所示的把 SCR 催化剂涂覆于 DPF 壁面上的相关研究工作[17],Johnson Matthey 公司在孔密度为 46 个/cm^2、壁厚为 0.3048mm 的高孔隙率的堇青石或碳化硅过滤器上涂覆铜沸石 SCR 催化剂,得到了称为 SCR-DPF 的催化净化器。SCR-DPF 与 CDPF 相比,催化剂涂覆量较高,因此排气流过催化器的压降更大。图 7-11 为 SCR-DPF 与 CDPF 在 220℃ 时发动机排气经过催化器后的压降比较,图中厚涂层 SCR-DPF 和薄涂层 SCR-DPF 依次表示涂层较厚和较薄的孔隙率为 65%的堇青石 C650 过滤器,SiC-CDPF 表示 2008 年型孔隙率为 42%、孔密度为 31 个/cm^2、壁厚为 0.41mm 的碳化硅 CDPF。该试验结果表明,厚涂层 SCR-DPF 压降高于 SiC-CDPF 的,但薄涂层 SCR-DPF 压降低于 SiC-CDPF 的。

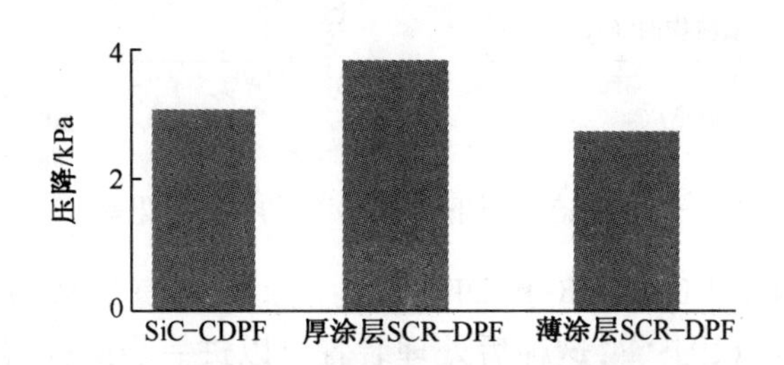

图 7-11　220℃ 时 SCR-DPF 与 CDPF 的排气压降比较

SCR-DPF 催化剂可以在同一催化净化器上实现 NO_x 和 PM 的净化,故可以减少催化器体积和排气后处理系统的成本。因此,Johnson Matthey 公司将 SCR-DPF 产品纳入下一代汽车排放系统开发计划,重点工作是开发先进的催化剂涂布方式,在排气背压增加不大的前提下,提高在现有和未来的过滤材料上 SCR 催化剂的涂覆量。

SCR-DPF 的 NO_x 转化率受 DPF 滤芯材料、孔隙率、催化剂涂层厚度及颗粒物过滤量等的影响。图 7-12(a)和(b)分别为稳态工况下 SCR 催化剂在无颗粒物覆盖和有颗粒物覆盖两种条件下和改变 DPF 滤芯材料、孔隙率、催化剂涂层厚度等时的 NO_x 转化率测试结果。图 7-12(b)中 SCR-DPF A 使用的过滤材料为堇青石,孔隙率为 65%;SCR-DPF B 使用的过滤材料为 SiC,孔隙率为 59%;SCR-DPF C 使用的过滤材料为与 SCR-DPF A 相同,但采用了催化剂涂层厚度减少技术,可见减薄 SCR 催化剂涂层厚度会带来 NO_x 转化率降低。由图 7-12 可见,SCR-DPF 的最高 NO_x 转化率可以达到 90%以上,较为理想。但减少了催化剂涂层厚度后,NO_x 转化率降低。另外,当颗粒物覆盖涂覆在过滤壁面的 SCR 催化剂后,SCR-DPF 的 NO_x 转化率降低不明显,即 SCR-DPF 具备 SCR 和 DPF 双重功能。

SCR-DPF 再生阶段后期的 HC 和 CO 排放测量表明,SCR-DPF 对 HC 的转化率为 72%~77%,对 CO 几乎全部转换;整个 DOC+SCR-DPF 系统的 HC 和 CO 的减少率分别为 97%~98%和 59%~67%,试验循环条件下 NO_x 转化率的测量结果表明,SCR-DPF 系统的 NO_x 转化率为 31%~34%。

总之,稳态、LA-4 和 US06 瞬态测试表明,SCR-DPF 的转化率可以满足美国 Tier 2 标准,若采用快速预热策略,则起燃特性可以得到优化。另外,由于涂覆的铜沸石 SCR 催化剂具有耐久性好和 900℃ 高温下的抗积炭性能等,SCR-DPF 通过老化试验,满足轻型柴油车要求的 190000km 的最低寿命。

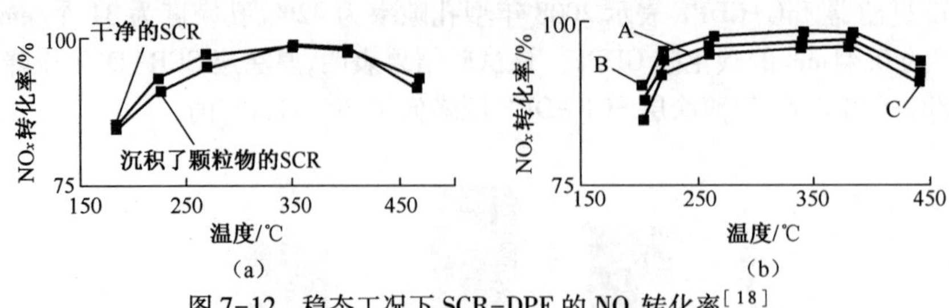

图 7-12 稳态工况下 SCR-DPF 的 NO_x转化率[18]

图 7-13 为将 DOC、SCR 和 DPF 等功能集于一身的多功能过滤反应器(MFR)的结构示意图[19],这种后处理装置可以进一步减少占用空间和降低后处理系统成本,更便于车辆排气系统布置与安装。MFR 的结构特点是在多孔过滤体的表面涂覆了碳烟颗粒氧化、NO_x还原、HC 和 CO 氧化三种催化剂。因而,MFR 具备除去颗粒物、NO_x还原、HC 和 CO 氧化等多种功能。因此,可以说 MFR 的实质就是理想的四效催化器,MFR 的开发难点是如何将不同功能的催化剂精细地涂覆在过滤器的三维空间上,并且保证低的流通阻力及高的净化效率。

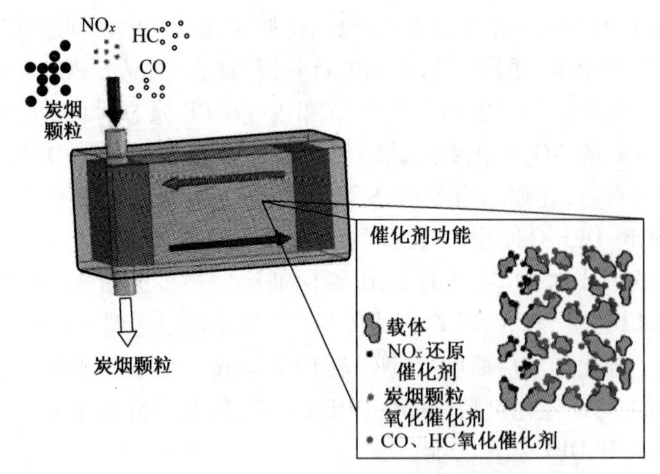

图 7-13 多功能过滤反应器的结构

由于将不同功能的催化剂均匀、精细地涂覆在过滤器滤芯三维空间上的难度极大,因此,在过滤器滤芯三维空间仅涂覆一种催化剂的方案实用性更强。图 7-14 为两功能过滤反应器滤芯的原理示意图。在 SiC 材料 DPF 内部微孔表面涂覆有 NO_x捕集催化剂,当 NO_x通过浸渍有催化剂的过滤壁面微孔

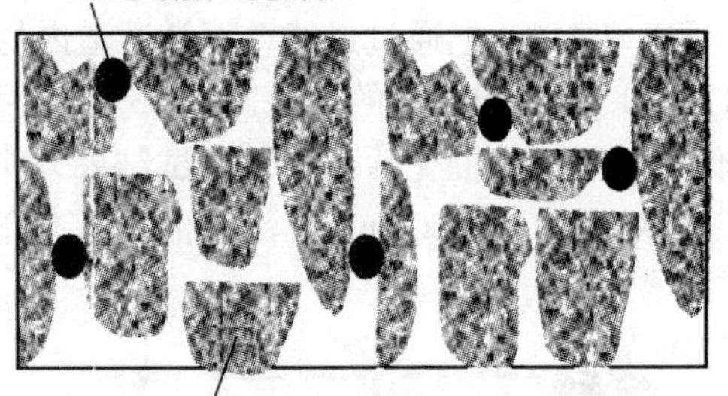

图 7-14　两功能过滤反应器滤芯的结构示意图

时，NO_x便被吸附在其表面，过滤的 PM 即与 NO_x反应。由于利用了 NO_x捕集和颗粒氧化之间的协同效应，故其可达到同时净化 NO_x和 PM 的效果。法国 CTI-Confidential 公司开发出了一种新复合材料 SiC DPF 滤芯，该 SiC DPF 材料能够容易地将催化剂浸渍到过滤壁面的微孔内，孔隙率约为 46%，孔径约 17~19μm，并且氧化性能良好[20]。

第二节　四效催化净化系统

一、四效催化净化器的概念

三效催化净化器通常采用氧传感器闭环反馈控制系统使发动机缸内油气混合比保持在理论空燃比附近，保证了 HC、CO 和 NO_x之间的氧化还原反应的完全进行，因而成为汽油机最为有效的排气净化方法。柴油机大部分工况为稀混合气，因此三效催化器不能用于柴油机，即柴油机常用的混合气无法保证 HC、CO 和 NO_x之间的氧化还原反应进行完全。

常见的柴油机的排气后处理系统有氧化催化器、颗粒过滤器和 NO_x还原催化器等，这些排气后处理系统经常被串联在排气管上联合使用，并顺序除去 CO、HC、PM 和 NO_x四种污染物。由于氧化催化器、颗粒过滤器和 NO_x还原催化器串联在排气管上形成的组合式排气后处理系统，体积庞大且成本昂贵，因而难以推广应用。

因此，像在三效催化器中的 CO、HC 和 NO_x互为氧化剂和还原剂那样的可以同时除去 CO、HC、PM 和 NO_x的催化净化系统的开发受到了高度重视。通常把这种在同一系统上可同时除去 CO、HC、PM 和 NO_x的催化净化装置称为四效催化器（FWCC）。

值得一提的是随着汽油车颗粒物排放限值的推出，针对汽油车的 FWCC

开发已成为热点之一。图 7-15 为 BASF 的 FWCC 原理示意图,FWCC 把过滤的 PM 氧化燃烧为 CO_2和 H_2O、把通过过滤壁面微通道内的 CO、HC 和 NO_x转换为无害的 N_2、H_2O 和 CO_2。BASF 的 FWCC 2013 年 4 月开始进行生产测试,其特点是压降低,涂层均匀、催化活性强。测试结果表明:FWCC 的微孔不易堵塞,性能稳定,车辆行驶 160000km 后,汽车的排气仍能达到严格的排放标准。

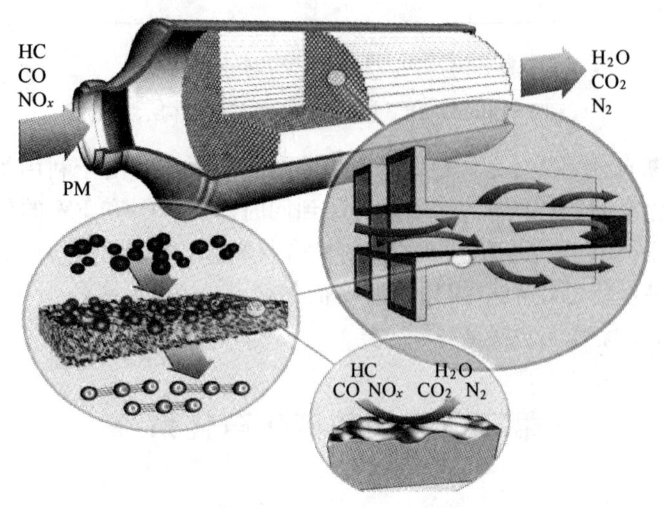

图 7-15　BASF 的 FWCC 示意图[21]

1999 年展出的马自达 DIREC-D 型增压柴油机(1.998L)上采用了四效催化器。由于同时采用了共轨高压燃油喷射系统,故发动机的功率提高 40%,NO_x、黑烟、振动噪声、CO_2及燃油消耗量大幅度下降,其排放低于 Euro 4 限值[22]。1999 年 Ceryx 公司开发了一种可用于同时减少柴油发动机的 PM、NO_x、CO 和 HC 的新型四效转换器 QuadCAT™[23]。QuadCAT™由热交换器、柴油颗粒物过滤器或柴油氧化催化转化器、稀混合气 NO_x催化剂、燃料喷射系统和控制系统 4 个部分组成。QuadCAT™集成了柴油微粒过滤器(DPF)和稀混合气 NO_x催化剂(LNC),其内部配备了一个专有热交换器。热交换器的作用是使热的出口气体携带的催化剂上放热反应产生的热量传递到冷却器入口气体,提高了进入 QuadCAT™ 的气体温度,从而提高了 DPF 的再生性能和 LNC 的 NO_x还原性能,特别是在柴油机低负荷时的净化性能。QuadCAT™被装备于一个排气量 12L、功率 300kW 重型柴油发动机上,采用美国 2#柴油进行了排放和性能测试。结果表明,CO 及 HC 的净化率大于 95%,颗粒物净化率超过 90%,NO_x的还原效率高达 46%。

2002 年,法国雷诺推出的 Ellypse 汽车装备的 1.2L、直列 4 缸、16 气门涡轮增压柴油机也安装了四效催化器。发动机采用了压力 200MPa 的压电喷油器和均质燃烧等先进技术，车辆上还装备了车载诊断系统，可对排气成分进行连续检测，当汽车应该维修时，指示灯将自动亮起[24]。2002 年 3 月丰田公司在德国、英国、奥地利、意大利等 7 个欧洲国家销售了安装 DPNR 净化系统的(Avensis)轿车。

2006 年 Johnson Matthey 进行了四效催化器 SCRT®系统的装车示范运行[25]。BASF 也提出了将汽油车的 TWC 与颗粒过滤器集成为缸内直喷汽油车用四效催化净化器的概念，采用在高孔隙率过滤体涂覆三效催化剂的方法，减少车辆的微粒和气体排放，把 PM 过滤功能和三效催化净化功能集中于同一催化净化床上[26]。虽然不同企业开发的四效催化器名称各异，但其原理相似，故下面仅以 Johnson Matthey 公司、HJS 公司的四效催化器产品和丰田公司 Avensis 柴油轿车安装的 DPNR 净化系统为例给予说明。

二、DPF 与 NAC/SCR 组合式柴油机四效净化系统

最为理想的柴油发动机四效排放控制系统是在同一催化床上同时净化 CO、HC、PM 和 NO_x 四种污染物的后处理装置。Johnson Matthey 公司的四效排放控制系统有两种：SCRT®系统和 NAC+ DPF 系统。NAC+DPF 系统集成了 NAC 和 DPF 两种后处理系统，并使其一起工作，而不是作为两个独立的系统。

CRT®系统为装有氧化催化器的柴油微粒过滤器，可控制排气中的 CO、HC 和 PM，因此 CRT®与一个控制 NO_x 的催化器组合即可实现四效催化净化功能。Johnson Matthey 公司把 CRT®与 NAC 组合成的系统称为 NAC+DPF 四效排放控制系统[25]。Johnson Matthey 公司使用 NO_x 吸附催化剂和柴油机微粒过滤器两种技术开发了不同配置的系统，对净化性能、耐久性和尺寸等进行了优化，系统能够有效净化柴油机排气中的 CO、HC、PM 和 NO_x。

Johnson Matthey 公司把 CRT®与 SCR 组合成的系统叫 SCRT®四效排放控制系统。图 7-16 为 SCRT®系统的组成示意图，系统把 CRT®与 SCR 整合为一体，协同工作。图 7-17 显示了满足 Euro 1 排放水平载重车用发动机安装 SCRT®系统前、后的排放对比，发动机排放测量工况为 ESC 13 工况。可见，安装 SCRT®系统后的发动机排放大幅度减少，四效排放控制系统 SCRT®可减少 CO、HC 和 PM 排放 90%以上，减少 NO_x 排放超过 70%。SCRT®系统的性能已经过多次不同的示范应用和长期的试验验证。

HJS 公司的 SCRT®产品则由图 7-18 所示的柴油颗粒过滤器 SMF®与 SCR 模块组合而成[27]，与前述 Johnson Matthey 公司的 SCRT®的区别是：颗粒净化模块不同，一个采用的是烧结金属过滤器 SMF®，另一个采用的是陶瓷材

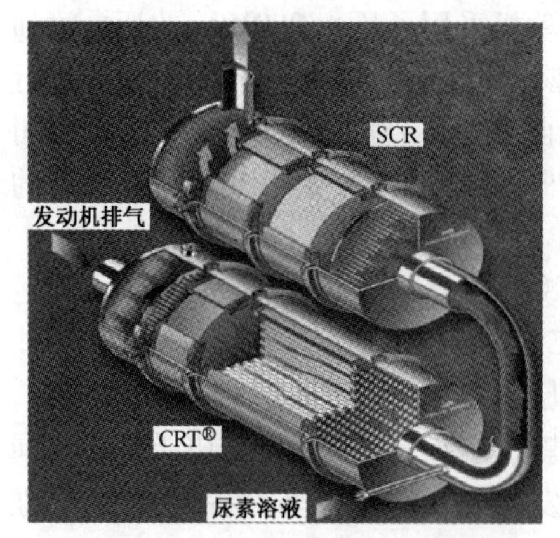

图 7-16　SCRT®系统组成示意图

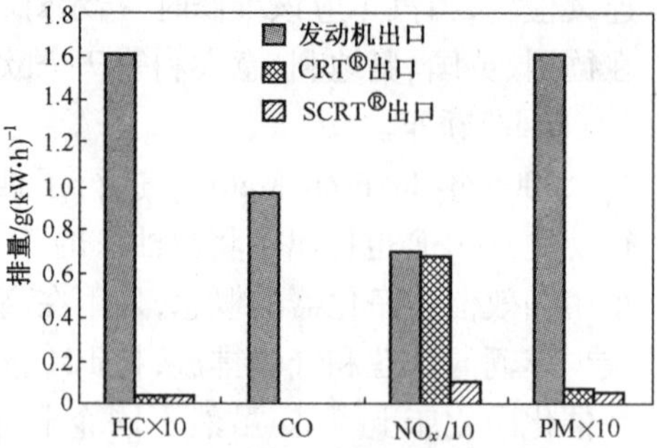

图 7-17　Euro 1 排放水平卡车发动机安装 SCRT®系统前、后排放水平对比

料的 CRT®。工作时，排气先进入 SMF®模块，其中的颗粒物、CO 和 HC 被净化，然后经过连接管进入 SCR 模块，净化 NO_x后排出。经 SCRT®系统净化后的柴油机排气气体中的颗粒物含量几乎降低到了检测极限。Euro 3 排放标准的巴士采用 SCRT®系统改造后，颗粒物、NO_x、CO 和 HC 排放的减少量分别达到 99%、90%、95%和 95%以上。采用 SCRT®系统改造后的柴油车的排放符合 Euro 5 标准要求，甚至达到 EEV 标准。

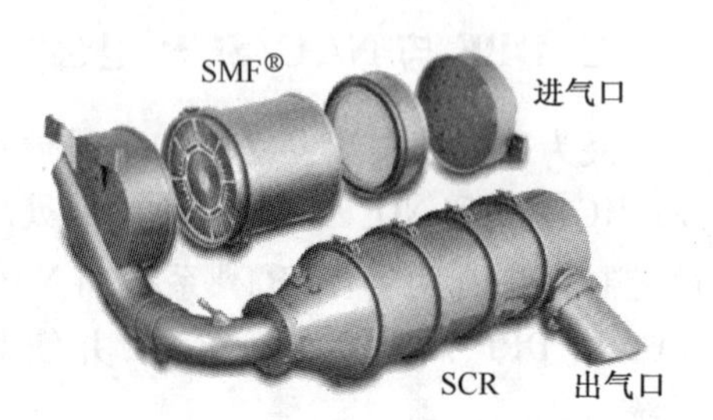

图 7-18　HJS 公司的 SCRT®

SCRT®系统可用于新开发的 Euro 5 和 EEV 排放公交大巴，也可用于 Euro 2 和 Euro 3 城市在用公交车等旧车的改造。SCRT®系统不只是净化颗粒物质，也能净化污染环境和损害人们健康的有害气体污染物氮氧化物等。SCRT®是目前最有效的排气后处理技术之一，它采用模块化设计方法，维护和使用成本低。SCRT®系统可靠性高，车辆在 SCRT®系统的 AdBlue 储存箱无液体的情况下运行时，车辆的运行性能和 SCRT®系统都不会损坏。

三、丰田公司的 DPNR 系统

1. DPNR 系统的净化原理

丰田公司的 DPNR 净化系统已成功应用于多款汽车产品。DPNR 系统于 2003 年首次应用于丰田公司的 1 CD - FTV 柴油发动机排气系统[28]。DPNR 系统的四效催化器的构造与多孔陶瓷颗粒过滤器类似，不同之处是在颗粒过滤器多孔材料表面涂覆了 NSR 催化剂(见图 7-19),为了使 PM 和 CO、HC 进一步降低,在 DPNR 催化净化器下游还设置了氧化催化器。由于 DPF 技术已经成熟,故 FWCC 的技术难点是如何采用 NSR 催化剂净化 CO、HC 和 NO_x的问题。丰田公司的 FWCC(DPNR)巧妙地利用了 NSR 催化剂和先进的共轨燃油喷射技术,在排气中形成了 CO、HC 和 NO_x互为氧化剂和还原剂的瞬间混合气条件,实现了在同一催化床上同时减少 CO、HC、PM 和 NO_x的目标,特别是 PM 和 NO_x的净化率可达 80%。

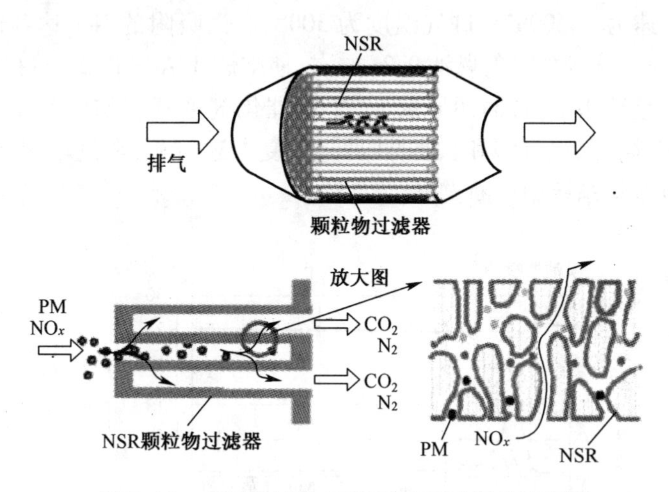

图 7-19 丰田公司的 FWCC(DPNR)组成示意图

FWCC 的净化原理可由图 7-20 和图 7-21 予以说明[28,29]。PM 的净化依靠 DPF 实现,CO、HC 和 NO_x的净化依靠 NSR 催化剂和燃油喷射系统共同完成。在正常工作条件下,柴油机使用的是稀薄混合气,排气中 O_2和 NO_x富

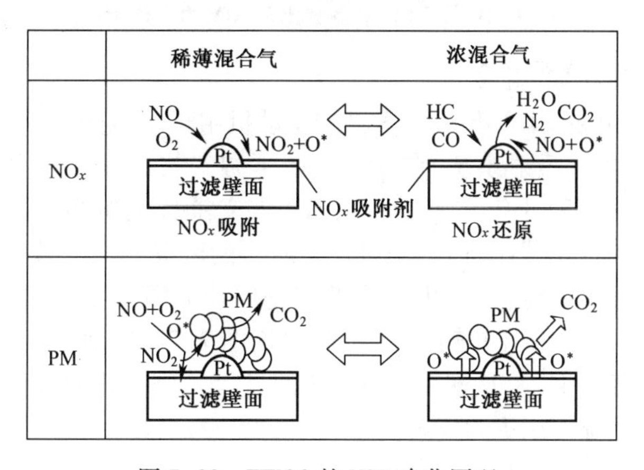

图 7-20 FWCC 的 NSR 净化原理

裕，此时 NO_2 直接被吸附生成硝酸盐，NO 被催化氧化为 NO_2 后生成硝酸盐并被吸附，过滤在 DPF 表面的碳粒在催化剂的作用下被氧化为 CO_2。当吸附的 NO_x 达到饱和状态时，燃油喷射系统额外喷入燃油形成瞬间浓混合气时，此时排气中氧含量减少，吸附的 NO_2 被释放回排气，与瞬间浓混合气中大量的 CO、HC 发生氧化还原反应，生成 H_2O、CO_2 和 N_2 等。于是 NSR 催化剂又可重新吸附 NO_x，饱和之后重新再生，如此不断反复工作。

图 7-21 为 FWCC 工作过程中空燃比及 NO_x 变化历程的一部分[29]。该催化器的空速为 18600h^{-1}，进气温度为 300℃。当吸附的 NO_x 达到饱和状态时，燃油喷射系统额外喷射燃油 0.3s 左右，使空燃比 A/F 由 25 左右迅速降低到 15 左右，经过 4s 左右的还原反应，NSR 催化剂恢复到初始状态。再经过 25s 左右的吸附，又接近饱和状态，然后又重复上述过程，在汽车行驶过程，上述循环在 DPNR 系统中不断重复。

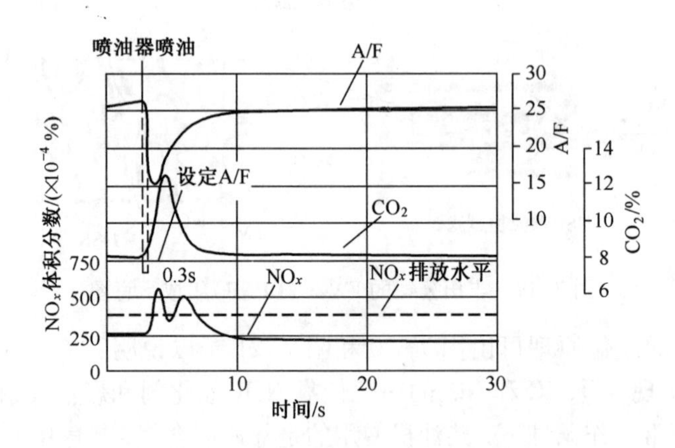

图 7-21　FWCC 中空燃比及 NO_x 的变化历程

2. DPNR 系统的组成

图 7-22 为装备 DPNR 系统车辆的发动机组成示意图[30]，发动机燃油供给系统为共轨燃油喷射系统，在 FWCC 的下游安装有氧化催化器，目的是进一步氧化 PM 和 CO、HC，降低其排放量。与普通柴油机相比，发动机在排气管中安装了燃油喷射器(EPI)，用以产生所需的浓混合气。另外，还安装了温度、压差及空燃比等传感器。DPNR 的实物照片如图 7-23(a)所示[29]，外形与 TWCC 相似，DPNR 在车辆上应用时，采用图 7-23(b)所示的双 DPNR 并联方式，进行交替再生(NSR 恢复初始状态的过程)，则净化效果会更好，但会导致成本增加，系统控制更为复杂。

3. 发动机工作模式

为了保证 DPNR 系统净化所需的温度和浓混合气条件，安装 DPNR 系统

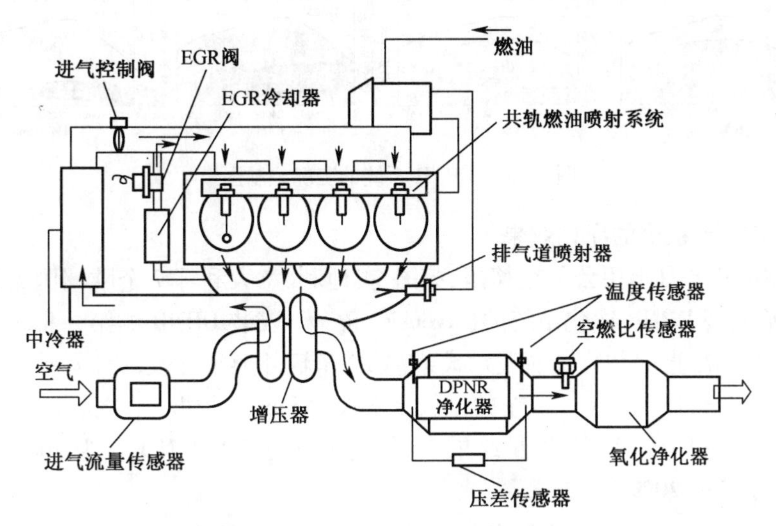

图 7-22 DPNR 系统示意图

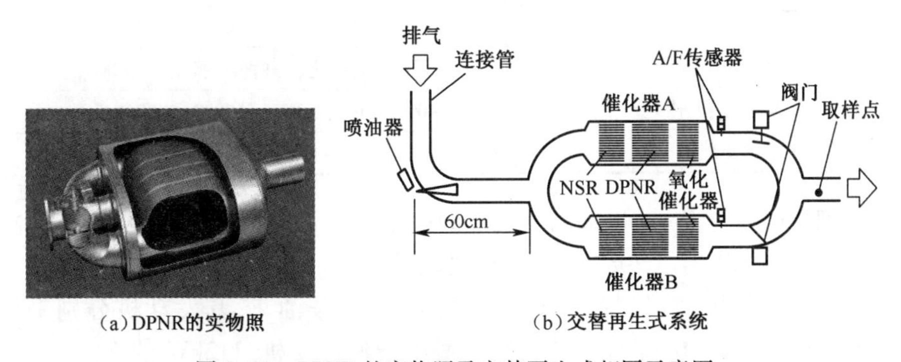

(a)DPNR的实物照

(b)交替再生式系统

图 7-23 DPNR 的实物照及交替再生式相同示意图

车辆的发动机必须采用适应这种需求的工作模式。安装 DPNR 系统车辆的发动机的工作模式如图 7-24 所示[30]。在发动机冷机时,随着转矩和转速的不同,发动机工作状态分为正常燃烧(NC)、NC+排气道喷射 (EPI)两种模式;在发动机热机时,随着转矩和转速的不同,发动机工作状态分为 3 种模式,即 NC 模式、NC 模式+EPI 模式、低温燃烧(LTC)+EPI 工作模式;在发动机实施氧化 PM 时,随着转矩和转速的不同,发动机工作状态分为正常燃烧+EPI 工作模式、补充喷油(PI)+EPI 工作模式、LTC+EPI 工作模式 3 种;在发动机实施除去 SO_x 方式工作时,随着转矩和转速的不同,发动机工作状态分为正常燃烧、LTC+EPI 共 2 种工作模式。可见安装 DPNR 系统车辆的发动机喷油控制比普通共轨燃油喷射发动机复杂得多,需要仔细匹配与试验。

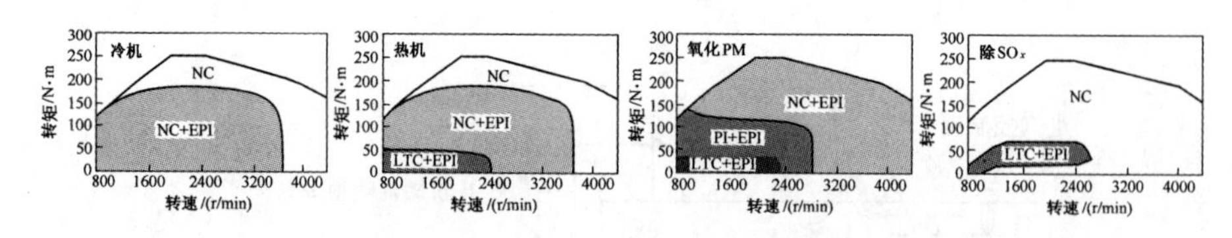

图 7-24 DPNR 系统的工况控制图

4. DPNR 系统的净化效果

2002 年 3 月丰田公司在德国、英国、奥地利、意大利等 7 个欧洲国家销售了 60 辆安装 DPNR 净化系统的(Avensis)轿车。安装 DPNR 的第一批轿车的发动机为四缸直列共轨燃油喷射式柴油机,车辆外形尺寸及部分发动机性能指标如表 7-2 所列,Avensis 车的排放水平仅为 Euro 4 的 1/2。之后,DPNR 净化系统也被用于 2t 货车,测试结果表明,其排放的 PM 和 NO_x 仅为 2000 年日本排放限值的 20%。

表 7-2 安装 DPNR 净化系统轿车的主要参数

车型	TOYATA AVENSIS (欧洲款乘用车)
长×宽×高/mm×mm×mm	4600×1710×1500
发动机(1CD-FTV 型)	共轨燃油喷射系统、4 缸直列、排量 1.995L
最高功率及最大转矩	81kW(4000r/min)、250N·m(2000~2400r/min)
排气净化装置	DPNR(2.8L)排放水平 Euro 4 的 1/2

到目前为止,Avensis 柴油车在欧洲国家得到了较为广泛认可,2010 年在整个欧洲地区售出了 70585 辆,占到同级别车辆市场份额的 6%左右[31]。

2012 年丰田公司又推出了三款新 Avensis 柴油车,其发动机分别采用 93kW 的 2.0 D-4D(装备 DPF)涡轮增压柴油发动机、112kW 的 2.2 D-4D(装备DPF 或 DPNR)涡轮增压柴油发动机和 132kW 的 2.2D-4D(装备 DPNR)涡轮增压柴油发动机[31]。

丰田新 Avensis 柴油车主要在动力总成核心技术上进行了改进:①减少了动力总成的重量,发动机和变速器采用超轻量级和高度紧凑的零部件;②最大限度地减少了发动机机械损失以及整个传动系统的摩擦;③实现了燃烧效率的最大化。

丰田新 Avensis 柴油车装备的功率 93kW、排量 2.0L 的 2.0D-4D 涡轮增压柴油发动机,采用了一个改进了结构和涂层、安装有电热塞的 DPF,达到 Euro 5 排放标准要求,平均油耗仅 4.5L/100km。涡轮增压器采用了低摩擦轴承系统和电驱动执行器,使 1400r/min 下的转矩从 234N·m 提高到280N·m。为了减少 CO_2 排放,采用了一个 2 级压力油泵和改进的润滑油喷嘴;对冷却系统中的水泵进行了优化，减少了流速；采用一个双室机油箱，提高了发动机的升温速度，减少了暖机时间。CO_2排放量从139g/km降低到119g/km，降低了近15%，该排放值低于1/3欧洲国家设定的CO_2排放120g/km的个税起征点，给私人和车队的购买者带来实惠。图7-25为车辆按照日本10·15工况行驶时，DPNR系统前后的NO_x和PM排放测试结果随车速的变化[32]，可见经过DPNR系统净化后，车辆的NO_x和PM排放量大幅度下降，净化效果非常明显。

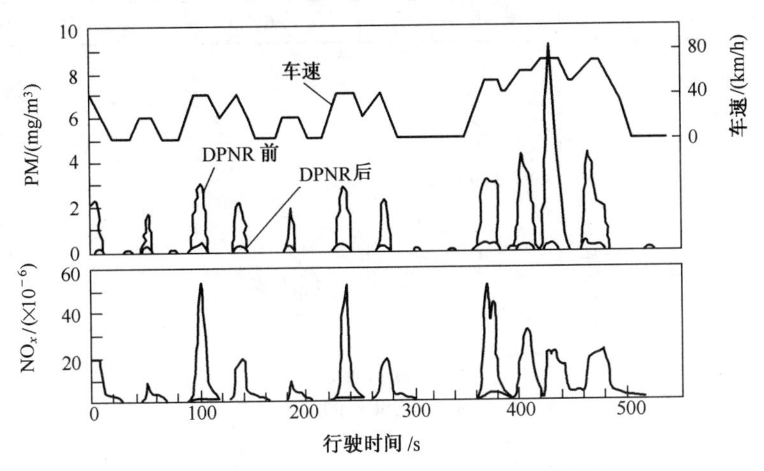

图7-25 DPNR系统的NO_x和PM的净化效果

5. DPNR系统的优势

在应对更严格的柴油机排放标准时，可以采用不同的技术路线解决NO_x和PM的问题。尿素选择催化还原技术USCR被认为是最有竞争力的方案之一。因此，比较NSR和USCR的优势对柴油机排放技术路线的确定具有重要意义。表7-3对比了NSR和USCR的优势，图7-26为NSR和USCR的成本比较。从发动机排放水平、催化剂性能、铂系金属成本和DPNR尿素供给价格等方面来看，紧凑型轿车用直列4缸柴油机采用NSR技术具有成本优势；但对于SUV用V8柴油机而言，采用DPF+USCR系统则更具有优势。

表7-3 DPNR(NSR)和USCR的特性比较(√代表优)[32]

净化技术	DPNR(=NSR)	USCR
NO_x净化率	70%	70%
维护性能	√	需补充、更换
乘用车PC和轻型载重车LDT的适应性	√	需尿素罐
燃料经济性	还原NO_x，需脱硫	√
脱硫	必须定期脱硫	√
新危害	√	尿素泄漏

（续）

净化技术	DPNR（=NSR）	USCR
系统成本	对PC√	对HDT√
PGM（铂系金属）用量	需要	√
低硫燃料	<15×10⁻⁶	√
尿素供给基础设施	√	需要
适用车型	PC，LDT	MDT，HDT

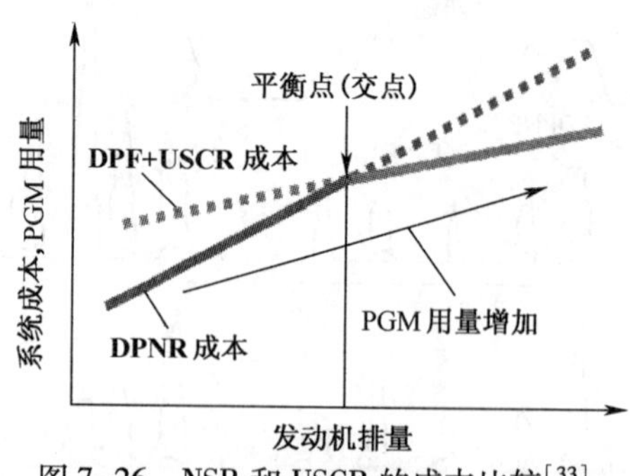

图7-26 NSR和USCR的成本比较[33]

第三节 现代柴油机后处理系统

一、标致雪铁龙公司柴油车 Blue HDi 排气后处理系统

在2013年8月举行的第65届法兰克福车展上，标致雪铁龙公司展示了其应对 Euro 6 柴油汽车排放标准的 Blue HDi 技术，Blue HDi 柴油机排气净化系统安装在新308和508 SW 车辆上[34]。Blue HDi 的主要排气净化装置有 DOC、SCR 和 DPF 三个[35]。Blue HDi 排气净化系统的 SCR 为尿素选择还原催化净化器，DPF 为采用燃料添加剂辅助再生技术的颗粒过滤器。在 CO_2 排放和油耗优化的基础上，NO_x 净化率达到90%，排气颗粒物减少99.9%，汽车排放水平达到了 Euro 6 柴油车排放标准要求，Blue HDi 技术已于2013年年底开始投产[34]。

Blue HDi 柴油机排气净化系统的组成如图7-27所示。排气后处理装置按照 DOC、SCR、DPF 的顺序布置。尿素水溶液喷射器安装于 SCR 之前，系统还安装了两个温度传感器、压差传感器和 NO_x 传感器等，以监测和控制后处理装置的净化过程。SCR 和 DPF 集成为一体（见图7-28），SCR 和 DPF 之间采用法兰和螺栓连接，为了防止泄露，两个法兰之间增加了密封垫。工作时，

DPF 对排气进行连续过滤，根据压差传感器的信号确定 DPF 上颗粒物的沉积状态，再生间隔 400～500km；为了保持 DPF 的高效过滤，经过每 80000km 运行后，采用高压水清洗，以除去陶瓷过滤体上的沉积物[35]。

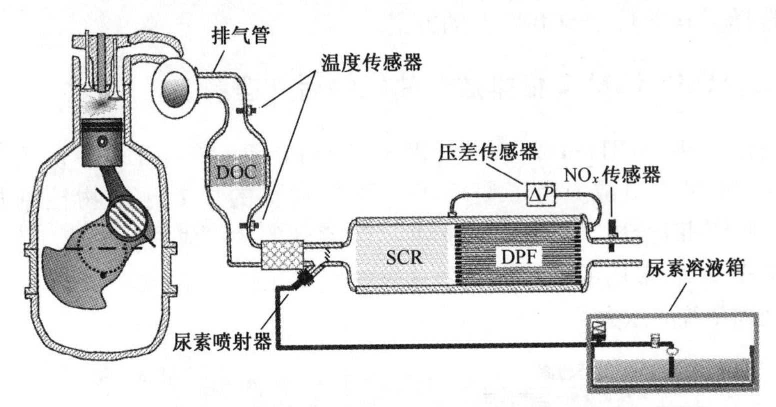

图 7-27　标致雪铁龙公司的 Blue HDi 柴油机排气净化系统[36]

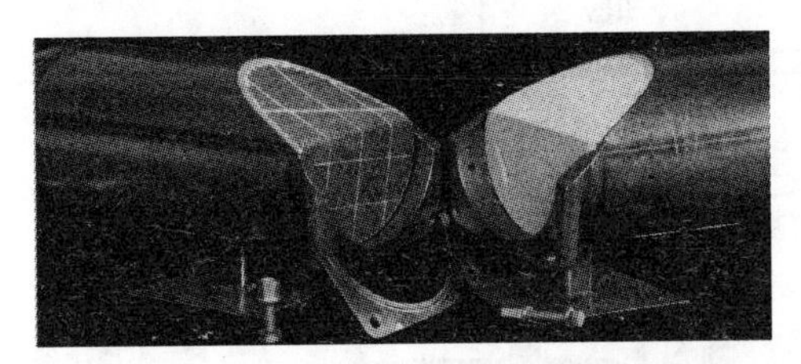

图 7-28　SCR 和 DPF 的实物剖面照片图

Blue HDi 的技术方案中，DPF 位于 SCR 下游的原因是这种方案更有利于催化剂温度快速增大，提高 NO_x的转换率。图 7-29 为 DPF 位于 SCR 下游和

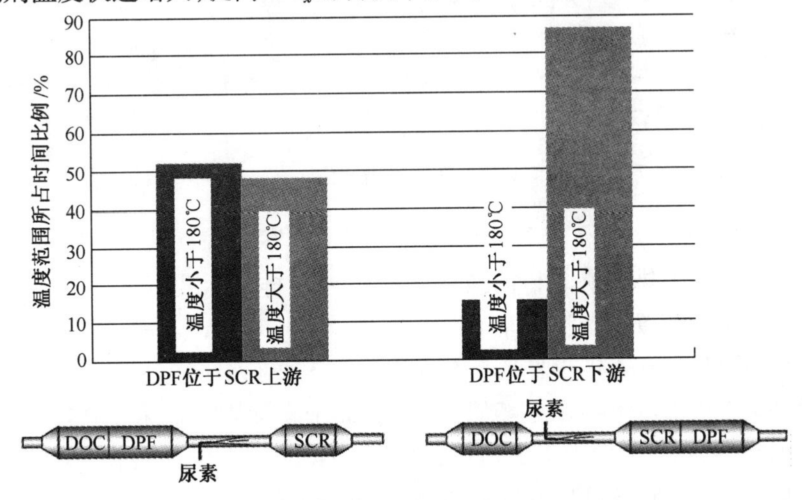

图 7-29　不同方案的催化剂温度分布比例

DPF 位于 SCR 上游两种方案的催化剂温度所占比例比较[35]，DPF 位于 SCR 下游方案催化剂温度大于 180℃所占时间比例远高于 DPF 位于 SCR 上游的。而温度小于 180℃时转换率低，温度大于 180℃时转换率高。故 PSA 标致雪铁龙选择了 DPF 位于 SCR 下游的方案。

二、MZR-CD2.2 低排放柴油机的后处理系统

马自达 SKYACTIV-D 2.2L 柴油机的排气后处理系统如图 7-30 所示[37-39]，由 DOC 和 DPF 组成。为了便于了解该发动机的主要污染物控制技术，图 7-30 中同时给出了其增压系统和 EGR 系统等的组成。由于马自达 SKYACTIV-D 2.2L 采用了 EGR 中冷技术及二级增压技术，故减轻了柴油机的排气后处理系统的压力。

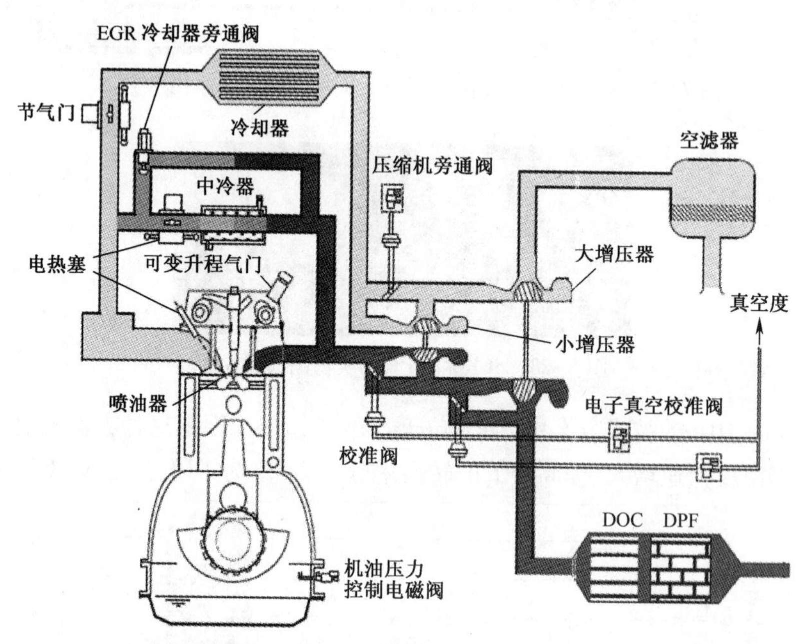

图 7-30　SKYACTIV-D 2.2L 柴油机的排气后处理系统

SKYACTIV-D 2.2L 柴油机低排放的技术方案的特点是无 NO_x 后处理装置却实现了 NO_x 排放满足目前最严格的 Euro 6 排放标准的要求。装备这种低排放后处理装置的柴油轿车 Mazda 3、Mazda 6、Mazda CX-5 等车型已在欧盟上市，占到了 2014 年欧盟 Euro 6 排放标准柴油轿车市场份额的 7%，无 NO_x 后处理装置的 Euro 6 技术方案的突出特点是成本优势明显，据 2015 年国际清洁交通委员会 ICCT 白皮书的估算，对排量 2L 以下的柴油轿车而言，该技术路线成本仅为 LNT 和 USCR 成本的 44%和 34%；对排量 2L 以上的柴油轿车

而言，该技术路线成本则仅分别为 LNT 和 USCR 的成本 31%和 32%[56]。

无 NO_x后处理装置达到 Euro 6 排放标准的主要原因有 4 方面：①采用了压缩比仅为 14 的低压缩比、多孔高压喷射系统和可变排气门升程 VVL 装置等，使燃烧时间最优化，并带来轻量化以及机械阻力的降低，有效降低了最高燃烧温度并提高燃烧效率，在减少了燃烧过程 NO_x的生成量的同时燃油经济性提高了约 20%；②采用了高 EGR 率的冷却 EGR 系统；③采用了多次燃油喷射技术，优化了喷射时刻；④采用了二级增压技术，实现了从低速到高速的线性功率响应，提升了低速条件下的转矩输出，保证了油气混合均匀。图 7-31 为 SKYACTIV-D 2.2L 柴油机的有效燃油消耗率（BSFC）及 NO_x 的测试结果[40]，试验时发动机转速 2000r/min，与改进前相比，这些技术的 BSFC 与 NO 减少效果非常明显，特别是大负荷下 NO_x的排放量显著降低。

后处理装置 DPF 的再生采用柴油机后喷射的方法解决。DPF 中出口气体温度对颗粒物的氧化速率具有重要影响，图 7-32 为 DPF 出口气体温度对颗粒物氧化速率影响的一个测试结果[40]，颗粒物的氧化速率与温度之间呈现较为复杂的曲线关系，其变化规律是温度越高，氧化反应越快，在 500℃以下时，颗粒物的氧化速率随温度上升增加很慢，温度超过 600℃后，颗粒物的氧化速率随温度上升快速增加。因此该柴油机采用了通过燃油喷射时刻和喷油量的控制方法提高了排气温度。

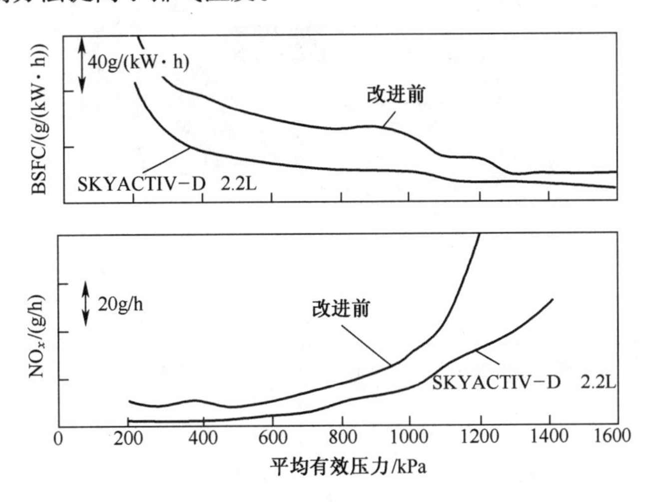

图 7-31 有效燃油消耗率 BSFC 及 NO_x随平均有效压力的变化

图 7-33 为该柴油机 8 个不同工况区域采用的多次燃油喷射策略[37]。8 个不同工况区域对应转矩和转速如图 7-33 所示，各个工况对应的喷射速率随时间变化曲线和改善目标如表 7-4 所列，表中 NVH 为英文 Noise、Vibration 和 Harshness 三个单词第一个字母的缩写，表示汽车的噪声、振动与舒适性。

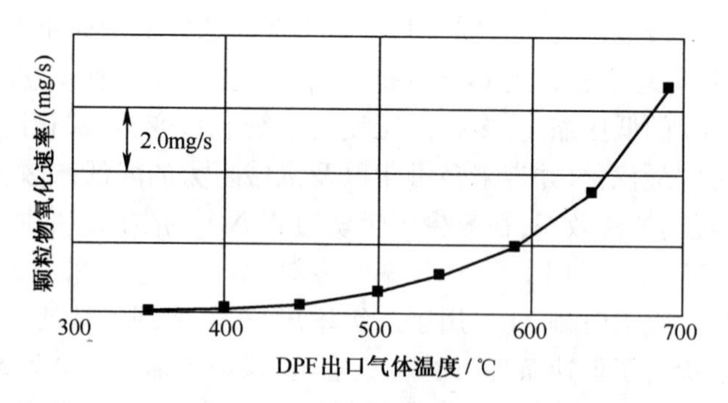

图 7-32　DPF 出口气体温度对颗粒物氧化速率的影响

从表 7-4 可以看出,该柴油机采用的喷射型式主要有超前喷射、预喷射、后喷射和两次主喷射等,不同的工况采用了不同的单一喷射型式或几种型式的组合。通过燃油预喷射时刻和喷射量的优化,改善了 NO_x 和 CO 排放;通过后喷射方法,加速了颗粒物在排气过程的氧化,提高了进入 DPF 的排气温度,从而提高了 DPF 中沉积颗粒物的氧化速率,实现了 DPF 的再生。

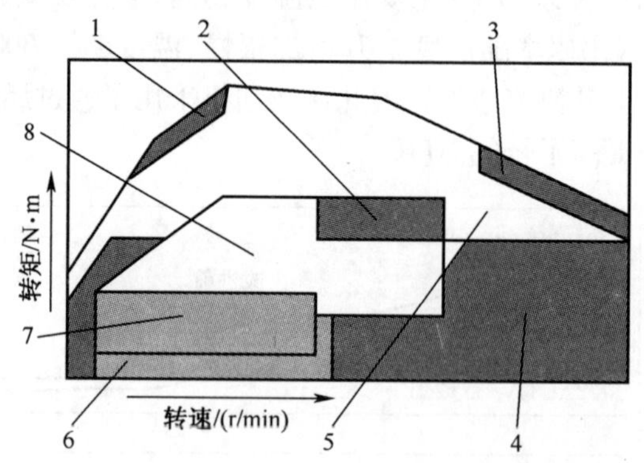

图 7-33　马自达 SKYACTIV-D 2.2 L 柴油机的喷射次数随工况的变化

表 7-4　不同工况下的燃油喷射策略

工况编号	喷射速率 dq/dt 随时间 t 变化曲线	喷射特征	改善目标
1	dq/dt　t	1 次预喷射+2 次主喷射	NVH
2	dq/dt　t	1 次预喷射+主喷射+后主喷射	NVH 和油耗

（续）

工况编号	喷射速率 dq/dt 随时间 t 变化曲线	喷射特征	改善目标
3	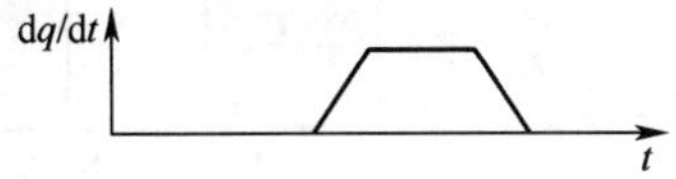 dq/dt t	单次主喷射	功率
4	 dq/dt t	2 次预喷射+主喷射	NVH 和油耗
5	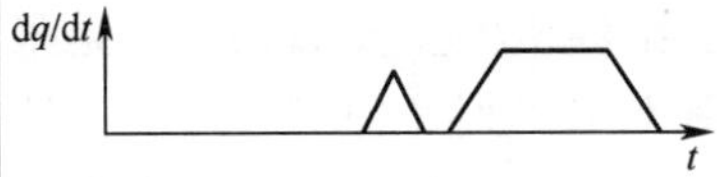 dq/dt t	1 次预喷射+主喷射	NVH 和油耗
6	 dq/dt t	1 次超前喷射+ 2 次预喷射+主喷射	CO 和排气温度
7	 dq/dt t	2 次主喷射+1 次后喷射	NO_x和油耗
8	 dq/dt t	1 次预喷射+ 主喷射+1 次后喷射	NVH 和炭烟

由于喷雾贯穿距离决定于每次喷射的燃油量和喷射压力，因此，采用多次后喷射方法可以减少每次喷射的燃油量；起到抑制喷射燃料稀释的作用。马自达 SKYACTIV-D 2.2 L 柴油机以此为基础，在 DPF 再生时，采用了多次后喷射的控制策略，实现了如图 7-34(a)所示在超前喷射和主喷射之后，进行 5 次后喷射的后喷再生控制。5 次后喷射的控制方法，可以加速燃油与排气的混合，提高了混合均匀性。SKYACTIV-D 型发动机与其改进之前的型号相比，使后喷射的燃料稀释率约减少了 33%(图 7-34(b))。

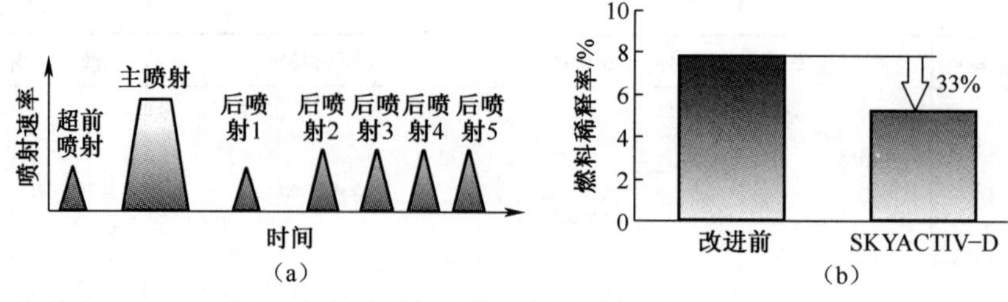

图 7-34　多次后喷射的燃料稀释率减少结果

三、三菱 4M41 型柴油机的主要排放对策

下面以 2009 款、满足日本新长期排放标准的三菱帕杰罗用 4M41 型柴油机为例说明现代柴油机产品上的实用污染物控制技术。4M41 型柴油机的主要结构与性能参数如表 7-5 所列[41]。柴油机的主要结构特点是采用了增压中冷、共轨燃油喷射、冷却 EGR、DPF 和 NO_x 吸附还原等技术。该柴油机采用了多项排气后处理组合技术和机内净化技术,还采用了 3 项降低噪声的相关技术,表 7-6 归纳了 4M41 型柴油机采用的提高性能、降低排放与噪声的相关技术[41]。

表 7-5　4M41 型柴油机的主要结构与性能参数

排量/L	缸径/mm	冲程/mm	压缩比	配气机构	燃油系统	最大功率/kW	最大转矩/N · m
3.2	98.5	105	17	16 气门	共轨(180MPa)	125	370

表 7-6　4M41 型柴油机采用的降低噪声与排放的主要技术措施及效果

主要技术措施	性能提高	排放减少	减少噪声
共轨燃油喷射系统	有效	有效	有效
DPF	无效	有效	无效
NO_x 吸附催化器	无效	有效	无效
氧化催化器 DOC	无效	有效	无效
缸盖结构优化(涡流比减少、进气流量最大)	有效	有效	无效
活塞顶燃烧室结构优化	有效	有效	无效
剪切齿式定时机构	无效	无效	有效
大型层叠式 EGR 冷却器	无效	有效	有效
涡流控制阀	无效	有效	无效
可变几何截面涡轮增压器	有效	有效	无效

图 7-35 为 4M41 型柴油机排放控制的主要对策示意图[42]，系统采用的主要机内净化对策有共轨燃油喷射技术、可变几何截面（VG）涡轮增压技术、缸盖和燃烧室结构优化技术、EGR 中冷技术和涡流控制技术等，系统采用的主要后处理对策有 DPF、NO_x吸附催化器和 DOC 等，4M41 型柴油机使用的 DOC、NO_x吸附催化器及 DPF 实物照片如图 7-36 所示，DOC 采用焊接方法封装，DPF 采用了 SiC 滤芯。由此可见，对于更为苛刻的排放标准，应采用多种技术组合，仅靠几项主要技术已难以满足法规要求。从这点来看，面向未来排放法规的柴油机其结构更为复杂，控制难度更大，信号的检测和控制精度要求更高。4M41 型柴油机被装备于三菱帕杰罗 SUV 上，与日本新长期排放法规相比，NO_x排放低 40%～65%、PM 排放低 53%～64%，该车享受日本环保车 2010 年减税政策，可获得最高 20 万日元的购车补助[42]。

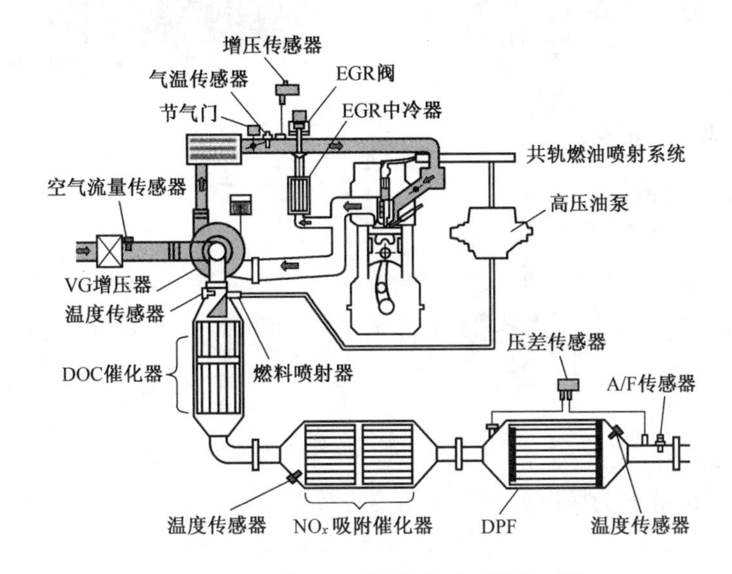

图 7-35　4M41 型柴油机的主要排放对策

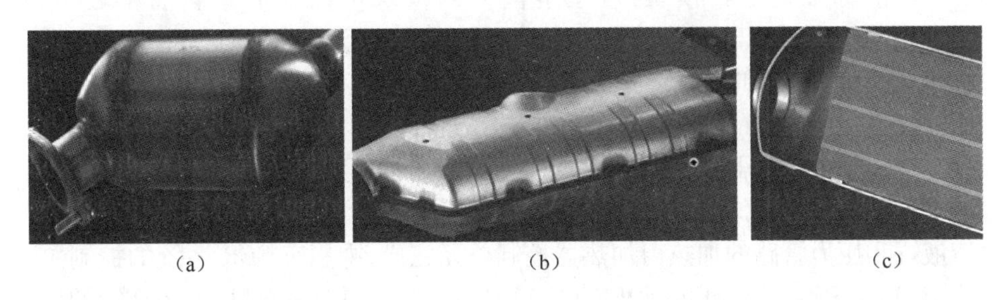

图 7-36　4M41 型柴油机的 DOC、NO_x吸附催化器（(a)、(b)）及 DPF 实物照片(c)

四、Bosch 公司的现代柴油机后处理系统

图 7-37 为 Bosch 公司 2013 年发布的应对 2014 年 9 月开始实施的 Euro6 阶段或美国的 Tier 2 Bin 5 排放标准的柴油机后处理系统 Denoxtronic 5 的组成示意图[43]。该系统由电控模块、执行器、电热控制单元、氧传感器、DOC、DPF、压差传感器、尿素溶液罐供给及计量模块、混合器、SCR 催化转化器、2 个 NO_x 传感器和 3 个温度传感器等组成。电控模块与发动机 CAN 总线相连，通过对传感器输入信息的分析，向执行器发出指令。电控模块有 EDC17 和 DCU17 两种，其中 EDC17 具有乘用车 SCR 加热器控制模块（HCU-PC），用于乘用车 PC 和轻型车 LD 的尿素溶液罐供给模块分别为 SM5.1 和 SM5.2。

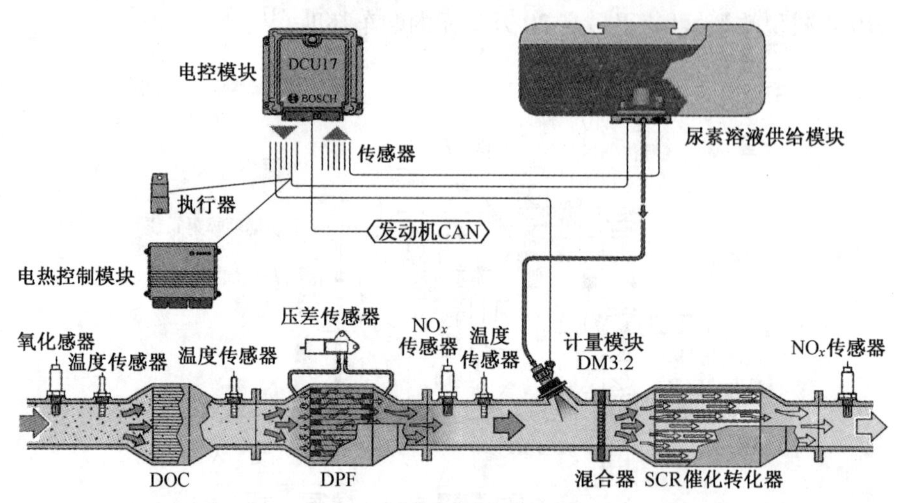

图 7-37　Bosch 公司的柴油机后处理系统 Denoxtronic 5

Denoxtronic 5 为博世公司开发的第二代柴油机后处理系统，用于替代第一代系统 Denoxtronic 3.1。与 Denoxtronic 3.1 相比，Denoxtronic 5 具有优化诊断能力，增加了控制健壮性。Denoxtronic 5 向车辆制造商提供与 AdBlue 罐一体设计的标准化供给模块，尿素溶液供给模块可以集成到燃油箱之中。Denoxtronic 5 的 AdBlue 计量模块有采用被动式风冷和由发动机冷却液主动散热式两种。工作时，供应模块用隔膜泵从尿素溶液罐吸出 AdBlue/DEF，并压缩到雾化所要求的 0.45~0.85MPa 的系统压力，计量模块通过对发动机运行数据和相关传感器数据的连续监视/处理，把所需数量的 AdBlue /DEF 精确地喷射到 SCR 催化转化器上游的排气气流中，使氮氧化物转化率最大。尿素溶液罐和压力管路的加热由加热器控制单元完成，乘用车 SCR 系统的控制单元为 HCU-PC。当 AdBlue/DEF 在-11℃以下工作时，集成到尿素溶液罐的供给模块具有清空计量模块内部溶液的功能。Denoxtronic 5 系统为开环控制，

组成特点是后处理技术按照 DOC、DPF 和 SCR 的顺序串联;适用对象为乘用柴油车和轻型柴油车。该系统可以实现节省发动机运行燃油 5%、减少 NO_x 的排放量高达 95%,并且占用安装空间小,与 20 世纪 90 年代相同类型的柴油车相比,最新的颗粒过滤器可将柴油车的颗粒物排放量减少约 98%,其主要特征参数如表 7-7 所列,表中喷雾质量用系统喷射到 SCR 催化转化器上游的排气气流中的 AdBlue 液滴的平均索特直径(SMD)表示,SMD 越小,表明喷射的 AdBlue 的质量越高。

表 7-7 Denoxtronic 5 的特性参数

特性参数	数值	特性参数	数值
供给量(最小/最大)/(g/h)	200/2000	寿命/h	8000
工作压力/MPa	0.45~0.85	工作电压/V	12
喷雾质量 SMD/μm	100	博世控制单元	EDC17 或 DCU17
喷雾锥角/(°)	10~23	加热器控制	HCU-PC 或集成 DCU17
过滤器过滤量(PC/LD)/g	10/26	排放标准	Euro 6, Tier 2 Bin 5

Bosch 公司的满足 Euro 6 阶段排放要求的柴油机后处理系统还将机内净化技术 EGR 等与后处理技术 DOC、DPF 和 SCR(或 $DeNO_x$)等相结合,发动机采用喷射压力为 180~200MPa 的 CRS 技术,DPF 再生策略采用燃烧器再生方式[44]。Denoxtronic 5 后处理系统简化之后,可得到满足我国国 4/5 排放要求的后处理系统。满足国 4 标准系统的技术特点是采用开环控制策略的降 NO_x 系统、WG 涡轮增压器和 160MPa 的燃油系统压力,不安装 DOC,选用转化率约 70%的 SCR 催化器。满足国 5 标准系统的技术特点是采用闭环控制策略的降 NO_x 系统、WG 涡轮增压器和 160MPa 的燃油系统压力,选装 DOC,选用转化率约 80%的 SCR 催化器[45]。

五、梅赛德斯·奔驰柴油车的 BlueTEC 后处理系统

BlueTEC(蓝科技)系统第一次装备于柴油轿车的时间是 2006 年 19 月生产的奔驰 E320 轿车,之后于 2008 年分别装备于 GL320, ML320 和 R320 等[46]。图 7-38 为 2006 年产奔驰 E320 柴油车上的 BlueTEC 系统示意图,后处理系统由氧化催化器 DOC、DPF、NO_x 吸附催化净化器和 BlueTEC 催化器等等组成[47]。

图 7-39 为装备于 2010 年产 E350 领先型(AVANT GARDE)的后处理 BlueTEC 系统。E350 的柴油机排量 3.0L,安装可变喷嘴涡轮增压器,最高输出功率为 155kW,最大转矩为 540N·m。变速箱为 7 速自动变速箱,轿车自

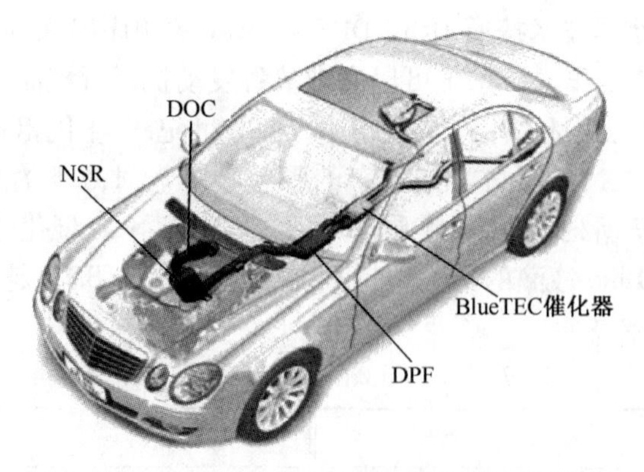

图 7-38　E320 柴油车上的 BlueTEC 系统示意图

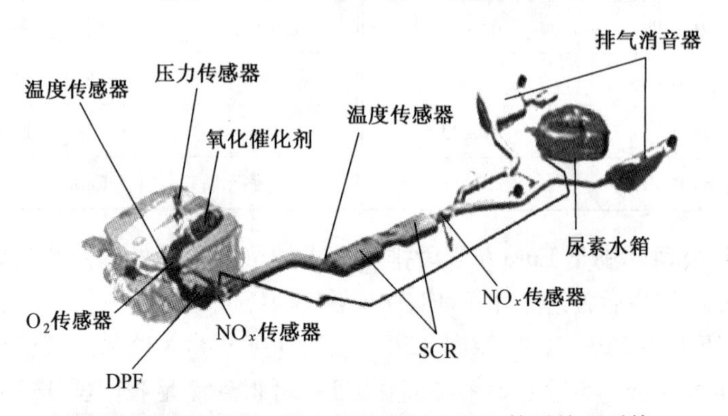

图 7-39　E350 BlueTEC AVANT GARDE 的后处理系统

重为 1910kg。装备 BlueTEC 系统的"E350 BlueTEC AVANT GARDE"清洁柴油车于 2010 年 2 月上市。该清洁柴油车适用于 2014 年 9 月实施的欧洲 Euro 6 排放标准、日本后新长期排放法规和美国的 Tier2 Bin5 排放法规。与前款 320 CDI 相比，装备于 E350 柴油车"BlueTEC"的尿素 SCR 氮氧化物 NO_x降低约 69%，最新 DPF 的 PM 减少约 21%，燃烧效率提高，CO_2排放约降低 7.2%，DPF 的再生采用 DOC 和发动机控制排气温度的方法实现，当排气温度提高到 600℃后，过滤器中的 PM 即可自行燃烧。

E350 车的"BlueTEC"由安装于排气管上游氧化催化器 DOC、DPF、尿素溶液喷射器及其后的两个 SCR，以及温度、压力和 NO_x传感器等组成，24.5L 的尿素溶液箱安装于行李舱中放置备用轮胎的空间。"BlueTEC"首先利用氧化催化器和 DPF 去除尾气中的 HC 及颗粒物，然后喷射尿素溶液，通过 SCR 转换器将 NO_x还原为 N_2和 O_2。使用两个 SCR 的原因是 3.0L 的排量偏大，一个 SCR 的无法达到降低 NO_x的目标。尿素溶液的用量会随着驾驶条件的变化而改变，但一般情况下，每行驶 1000km 约消耗 1L。尿素溶液箱加满后可行驶 2 万 km 以上[48]。该车还安装了 ECO 自动启停系统,JC08 模式下的升公里数为 18.5km/L,与传统车型相比,燃油效率提高 50% 左右[49]。

六、福特柴油车的后处理系统

福特公司的应对美国 2007 柴油车排放标准的柴油车后处理系统,在 2008 款福特 6.4L 超级轻型柴油车上采用图 7-40 所示的排气后处理系统[50]。2008 款福特 6.4L 超级轻型柴油车涡轮后的排气系统包括连接管路、柴油氧化催化器(DOC)、主动再生式柴油颗粒过滤器(DPF),位于前后轴之间的一个较小的消声器。

图 7-40　2008 款福特 6.4L 超级轻型柴油车的排气后处理系统

2008 款福特 6.4L 超级轻型柴油车的排放控制装置主要包括机内净化装置、增强型 EGR 和主动再生式柴油颗粒过滤器。增强型 EGR 系统采用双 EGR 冷却器、长寿命 EGR 阀和 EGR 氧化催化器(EDOC),减少沉积物,消除了颗粒物对 EGR 系统影响,阀故障率降低,维护次数减少。主动再生式柴油颗粒过滤器的再生采用向排气系统喷入燃料提高排气温度引燃炭烟微粒的方法实现[51]。

福特公司的应对第三代低排放汽车(LEV Ⅲ)法规等柴油车排放标准的柴油车后处理系统有如图 7-41 所示的"第二代 LNT+in-situ SCR 柴油机排放控制系统"等。福特的"第二代 LNT+in-situ SCR 柴油机排放控制系统"已进行了汽车实车和实验室试验[52]。该系统在福特 F-150 皮卡车(2610kg,V8 4.4L 涡轮增压柴油发动机)进行了实车试验。实车试验系统中主要净化装置的组成为:柴油机氧化催化器 DOC(2.2L,7g PGM)+LNT(3.6L,10.8g PGM)+SCR(4.9L)+DPF(6.6L,1.2g PGM)系统,括号中的数字分别表示催化剂载体体积和贵金属催化剂(PGM)用量,表7-8 为 4.4 L V8 轻型卡车用净化器的主要结构和部分性能参数。系统经过 750℃、64h 老化后,NO_x 排放 8.4mg/km,减少 96%;HC 排放量 8.7mg/km,降低 99%。车辆的 HC+NO_x 低于加州 LEV Ⅲ排放标准的限制值 18.6mg/km。

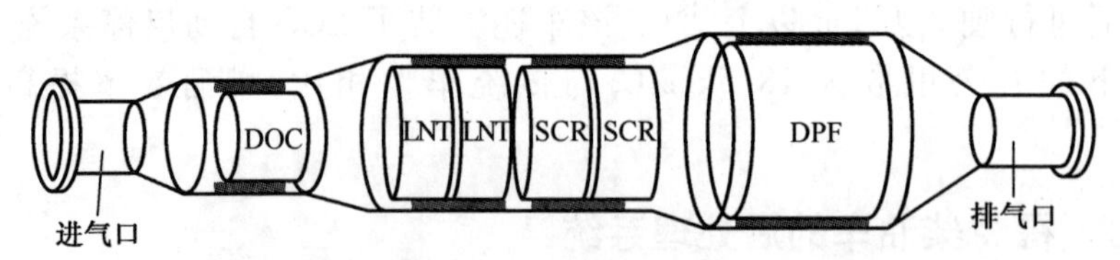

图 7-41　福特汽车公司的实验室和示范汽车用
“第二代 LNT+in-situ SCR 柴油机排放控制系统组成

表 7-8　4.4L V8 轻型卡车用净化器部分参数

组成	单位体积 PGM 负载量/(g/L)	直径×长 /(mm×mm)	体积 V /L	V 与发动机排量之比	材料	孔密度/ (个/cm^2)	壁厚 /mm
DOC	3.178	2-118.4×76.2	2.23	0.51	陶瓷	62	0.15
LNT	3.002	190.5×127	3.6	0.82	陶瓷	62	0.15
SCR	—	203.2×152.4	4.94	1.12	陶瓷	62	0.15
CDPF	0.177	203.2×203.2	6.59	1.50	SiC	31	0.38

七、2015 款 VW Jetta TDI 柴油车的后处理系统

2015 款 VW Jetta TDI 柴油车的后处理系统如图 7-42 所示[53]，系统主要由温度传感器、压差传感器、λ 传感器、DOC、混合器、SCR 供给模块和 SCR-DPF 净化器等组成，系统的特点是采用了选择性催化还原(SCR)催化转化器和废气再循环系统，氧化催化器和 SCR-DPF 催化转化器的安装位置紧靠发动机，结构紧凑，成本低。SCR-DPF 净化器是一个涂覆了 SCR 催化剂的 DPF，其内部结构示意图如图 7-43 所示[54]。SCR 催化剂为 Cu 沸石催化剂，气体中的 NH_3 和 NO_x 流过 SCR-DPF 时，转换为无害的 H_2O 和 N_2。为了减少发动机排气的热量和压力损失、减少催化剂的起燃时间，排气后处理模块布置在非常靠近发动机的地方。系统还采用了低压 EGR 系统，减少了压力损失约 90%，将 EGR 系统的压力损失从 20kPa 降到了 2~2.5kPa，发动机排放的 NO_x 降低约 40%。另外，由于对柴油机微粒过滤器的孔隙率进行了优化，因而 SCR-DPF 具有高的热稳定和 SCR 催化剂的涂覆量，它既具有低的排气背压，又具有高的过滤效率。采用图 7-40 所示后处理系统的大众汽车，车辆排放能够满足排 Euro 6 和 LEV Ⅲ/Tier 3 排放标准，该系统在 2015 款的捷达、高尔夫、帕萨特和甲壳虫等车辆上应用。但遗憾的是这些技术仅用于 FTP 工况下的排放检测，没有用于车辆的实际道路行驶，详细内容参见 2015 年 9 月 18 日美国环境保护署发布的关于大众集团旗下多款柴油车排放控制软件作假的公告。

八、BMW 柴油车的后处理系统

BMW 柴油车应对 Euro 6 等最严格排放法规的后处理系统有蓝性能动力

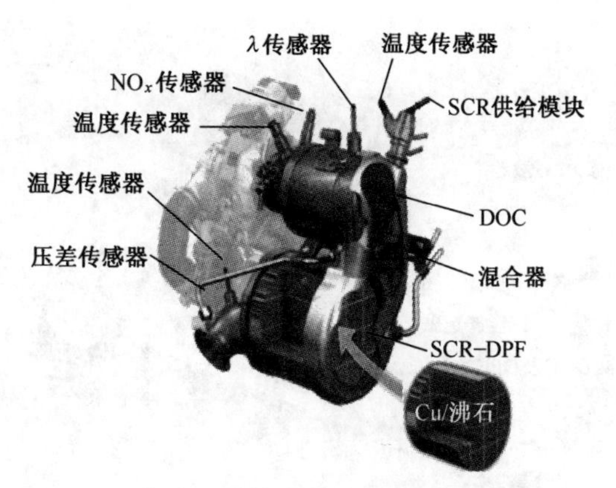

图 7-42　大众 TDI 清洁柴油机后处理系统示意图

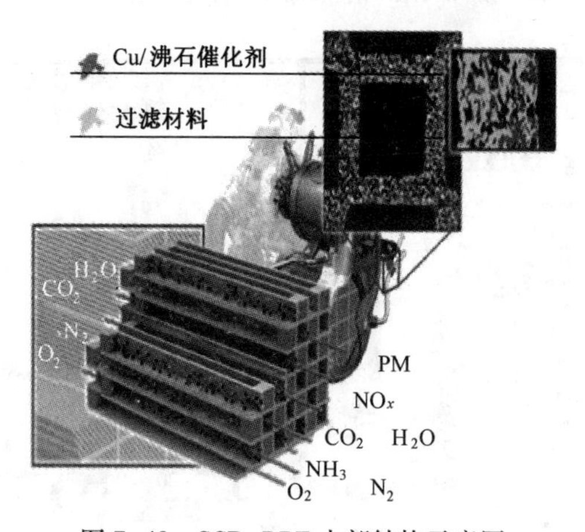

图 7-43　SCR-DPF 内部结构示意图

系统的配置的后处理装置等。图 7-44 为 BMW E70(X53.0sd)先进柴油车蓝性能动力系统的排气系统及后处理装置的安装与连接示意图[55]。排气后处理系统主要由主副尿素水溶液箱、输液泵及其连接管路、DOC 及 DPF 总成和 SCR 总成等组成。主、副尿素水溶液箱分别安装于右前侧保险杠后面及驾驶员座位附近的车辆底部,主、副尿素水溶液箱的补液口均位于发动机机舱内。

DOC、DPF 和 SCR 总成在发动机进、排气系统连接关系如图 7-45 所示[55]。图中进气用白色管表示,排气用黑色管表示。DOC 及 DPF 总成采用一体化集成技术,安装于第二级(低压)增压器涡轮的出口,SCR 用尿素水溶液喷射与计量模块及其混合器位于 SCR 催化转换器与 DOC 及 DPF 总成之间。该柴油机的主要特点是采用了高、低两级增压器及冷却 EGR 系统,并且压力及温度传感器多。

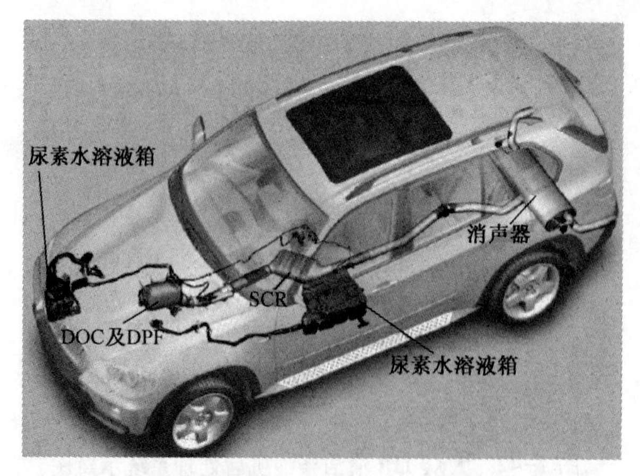

图 7-44　BMW E70(X53.0sd)柴油车后处理系统示意图

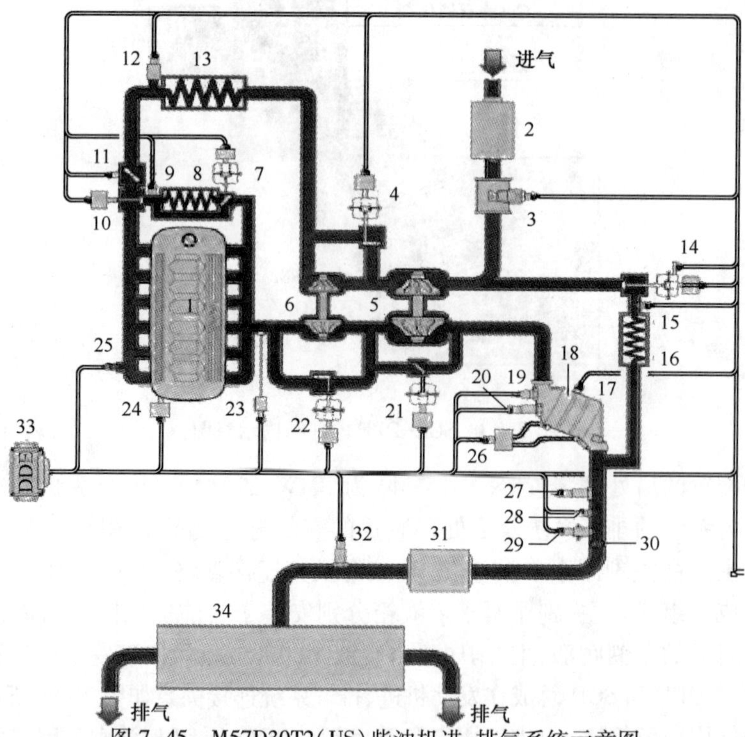

图 7-45　M57D30T2(US)柴油机进、排气系统示意图

1—柴油机;2—进气消声器;3—热膜空气质量流量计;4—压缩机旁通阀;5—低压段涡轮增压器;6—高压段涡轮增压器;7—高压 EGR 冷却器旁路阀;8—EGR 冷却器;9—高压 EGR 温度传感器;10—高压 EGR 阀;11—节气阀;12—进气温度传感器;13—中冷器;14—低压 EGR 阀;15—低压 EGR 温度传感器;16—低压 EGR 阀冷却器;17—DOC 后温度传感器;18—DOC 及 DPF 总成;19—DOC 前温度传感器;20—氧传感器;21—旁路阀;22—涡轮控制阀;23—排气压力传感器;24—涡流调节器;25—增压压力传感器;26—压差传感器;27—NO_x 传感器;28—DPF 后温度传感器;29—SCR 计量模块;30—混合器;31—SCR 催化转换器;32—SCR 后 NO_x 传感器;33—柴油机数字电子装置(DDE);34—后消声器。

BMW E70(X53.0sd)先进柴油车的SCR后处理系统的组成如图7-46所示[55]。该系统的特点之一是尿素水溶液储存箱有被动溶液箱2(Passive reservoir)和主动溶液箱27(Active tank)两个,两个溶液箱之间通过输液管路连接,在连接管路中设置有单向阀、过滤网和输液泵等。主动溶液箱容积较小,具有加热系统,被动溶液箱容积大,但无加热系统。在低温下工作时,仅对容积较小的主动溶液箱加热,可以节省能源和减少延迟时间。为了保证抽出尿素水溶液时,尿素溶液箱中不产生真空,不发生尿素溶液无法抽出的现象;以及加注尿素溶液时尿素溶液箱中空气的排出,故在主、被动尿素水溶液箱上均设有呼吸阀及出气管。为了保证工作过程中尿素溶液的正常供给及尿素溶液喷射尿素溶液的清洁,系统还设置了液位传感器、加热装置及尿素溶液过滤器等。SCR催化转化器前、后两个NO_x传感器,为尿素水溶液喷射量的确定及SCR系统的NO_x还原效果提供了依据。计量模块喷射器的喷射频率随发动机负荷而变化,其频率在0.5~3.3Hz之间变化,喷射压力为0.5MPa。SCR的控制系统集成于数字式柴油机DDE 7.3之中。

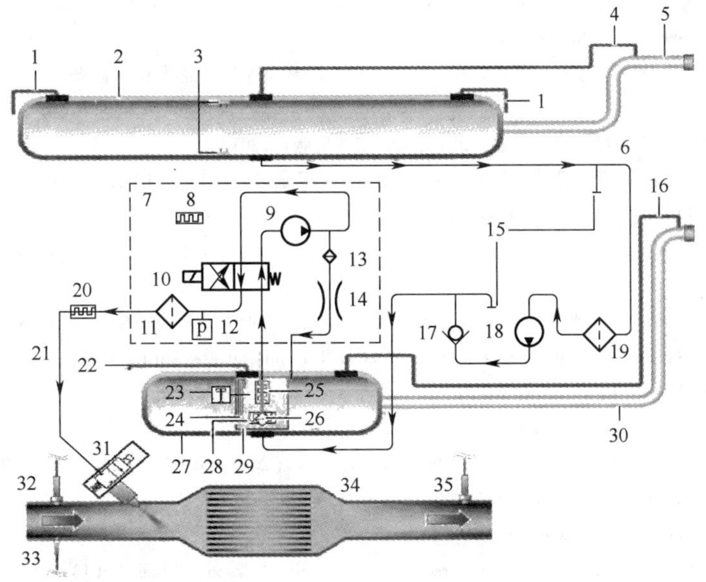

图7-46　M57D30T2(US)柴油机的SCR系统组成示意图

1—呼吸孔;2—被动溶液箱;3—液位传感器;4—出气管;5—加液管;6—传输管;7—传输模块;8—传输模块加热器;9—输液泵;10—换向阀;11—过滤;12—压力传感器;13—过滤器;14—节流器;15—抽气器连接管;16—出气管;17—单向阀;18—输液泵;19—过滤器;20—计量管路加热器;21—计量管路;22—呼吸孔;23—温度传感器;24—液位传感器;25—进液管加热器;26—过滤器;27—主动溶液箱;28—功能单元的加热元件;29—功能单元;30—加液管;31—计量模块;32—SCR催化转化器前NO_x传感器;33—DPF后排气温度传感器;34—SCR催化转换器;35—SCR催化转化器后NO_x传感器。

参 考 文 献

[1] Corning Incorporated. Corning Secures New Long－Term Diesel Supply Agreements. (2012－01－03) [2014－01－01]. http://www. corning. com/environmentaltechnologies/news _ and _ events/news _ releases/2012/2012010301. aspx.

[2] Daimler A G. 125 years of technological leadership: Innovative powertrain engineering for efficient, environmentally compatible driving enjoyment. (2010－12－14) [2012－01－01]. http://media. daimler. com/dcmedia /0－921－1349599－1－1355506－1－0－0－1355625－0－1－12759－614216－0－0－0－0－0－0－0. html? TS=1369876589937.

[3] Joe Kubsh. 美国重型柴油机排放控制技术路线. 第四届中美机动车污染防治研讨会. 北京,2014.

[4] Pierre Macaudière－Group Expert Depollution Systems and fuels. PSA Peugeot Citroën technologies for an even more environmentally friendly Diesel engine. Conférence GEP－AFTP － Diesel et Environnement. (2013－11) [2014－08－01]. http://www. gep－aftp. com/_upload/ressources/ textes_conferences / diesel_et _ environnement _ 27 _ nov _ 2013/gep－aftp _ － _ diesel _ et _ environnement _ psa _ macaudiere _pdf_vf. pdf.

[5] PSA Peugeot Citroën. PSA Peugeot Citroën additive particulate filter. [2013－04－01]. http://www. psa－peugeot－citroen. com/ en/inside－our－industrial－environment/innovation－and－rd/psa－peugeot－citroen－additive－particulate－filter－article.

[6] 中华人民共和国国家环境保护标准, HJ 451—2008 环境保护产品技术要求 柴油车排气后处理装置.

[7] 李兴虎. 汽车环境污染与控制. 北京:国防工业出版社,2011.

[8] 排出ガス後処理装置検討会. 最終報告. (平成 26－03－28) [2014－08－21]. http://www. mlit. go. jp /common/001046134. pdf.

[9] Eduardo Alano, Emmanuel Jean, Yohann Perrot, et al. Compact SCR for Passenger Cars. SAE Parper 2011－01－1318, 2011.

[10] Tim Johnson. Vehicle Emissions Review－2011 (so far). DOE DEER Conference. Detroit, 2011.

[11] Mats Laurell, Johan Sjörs, Staffan Ovesson, et al. The innovative exhaust gas aftertreatment system for the new Volvo 4 Cylinder Engines; a unit catalyst system for gasoline and diesel cars. 22nd Aachen Colloquium Automobile and Engine Technology 2013. Beijin, 2013.

[12] Cummins Inc. Cummins Tier 4 Technology Overview. (2013－01－29) [2014－08－20]. http://www. cdc. gov/niosh/mining/userfiles/workshops/dieselaerosols2012/ nioshmvs2012tier4technologyreview. pdf.

[13] HJS. SC RT® Technology for NO_x reduction · Public Transport Buses. (2013－08－20). http://www. hjs. com /en/81/0/seite _1/Vehicles _ & _ Applications/Buses/Public _ Transport _ Buses/SCRT% C2%AE_System_/scrt_reg__system. html.

[14] Tim Johnson. Diesel Emission Control Review. (2005－08－10) [2014－08－20]. http://energy. gov/sites/prod/files/ 2014/03/f9/2005_deer_johnson_0. pdf.

[15] Prakash Sardesai. Technology Trends for Fuel Efficiency & Emission Control in Transport Sector. PCRA Conference. New Delhi, 2007.

[16] BASF. Catalyzed Soot Filters to Reduce Particulate & Gaseous Emissions from Vehicles. The 1st International Chinese Exhaust Gas and Particulate Emission Forum, Shanghai, 2012.

[17] Todd Ballinger, Julian Cox, Mahesh Konduru, et al. Evaluation of SCR Catalyst Technology on Diesel Particulate Filters. SAE Parper 2009-01-0910, 2009.

[18] Johnson Matthey. Global Emissions Management Focus on Selective Catalytic Reduction (SCR) Technology. Special Feature, (2012-02)[2013-09-28]. http://ect. jmcatalysts. com/pdfs-library /Focus%20on%20SCR%20Technology. pdf.

[19] Centre for Research and Technology Hellas, Chemical Process Engineering Research Institute, Particle Technology Laboratory. D6. 1. 1 State of the Art Study Report of Low Emission Diesel Engines and After-Treatment Technologies in Rail Applications. (2013-09-28). http://www. transport-research. info/Upload/ Documents/201203/20120330_184637_76105_CLD-D-DAP-058-04_D1%205. pdf.

[20] Jean-Pierre Joulin, Bruno Cartoixa, Didier Tournigant, et al. Zeolith impregnation of CTI SiC DPF for $DeNO_x$ function using SCR method. DEER Meeting. Detroit, 2007. http://www1. eere. energy. gov/vehiclesandfuels/ pdfs/ deer_2007/session4/deer07_joulin. pdf.

[21] Green Car Congress. BASF's new four-way conversion catalyst: TWC plus particulate filter. (2014-12-10)[2014-12-26]. http://www. greencarcongress. com/2014/12/20141210-basf. html#more.

[22] マツダ株式会社．マツダ、新型ロータリーエンジン搭載のコンセプトカー「RX-EVOLV」他を出品．(1999-10-13)[2010-09-28]. http://www. mazda. co. jp/corporate/publicity/ release/1999/9910/991013. html.

[23] Dorriah L Page, Robert J MacDonald , Bradley L Edgar. The QuadCAT™ Four-Way Catalytic Converter: An Integrated Aftertreatment System for Diesel Engines. SAE Paper 1999-01-2924, 1999.

[24] Melanie Carter. The Ellypse Concept Car - A Bubble Of Optimism In The Automotive World. (2002-08-30)[2013-09-28]. http://www. carpages. co. uk/renault/renault_ellypse_concept_car_30_08_02. asp.

[25] Johnson Matthey. 4-way Diesel Systems. [2013-09-28]. http://ect. jmcatalysts. com/ emission-control-technologies-SCR-diesel-systems-johnson-matthey.

[26] Wan Zurong. Catalyzed Soot Filters to Reduce Particulate & Gaseous Emissions from Vehicles. 1th AVL China Emission Forum. Shanghai, 2012.

[27] HJS. Saubere Busflotten mit HJS. (2013-07-10)[2014-01-01]. http://www. hjs. com/retrofit/media/ presseservice/pressemitteilung/saubere-busflotten-mit-hjs. html .

[28] LNEWS. トヨタ/ディーゼル車用 新触媒システム、欧州でモニタリング開始．[2013-09-28]. http://lnews. jp/backnumber/2002/03/6809. html.

[29] Satoshi Watanabe, Shigeru Itabashi, Kuniaki Niimi. An Improvement of Diesel PM and NO_x Reduction System. http://www1. eere. energy. gov/vehiclesandfuels/pdfs/deer_2005/session8/2005_deer_watanabe. pdf.

[30] Kiyomi Nakakita. Research and Development Trends in Combustion and Aftertreatment Systems for Next-Generation HSDI Diesel Engines. R&D Review of Toyota CRDL, 2002, 37(3): 1-8.

[31] NetCarShow. Toyota Avensis (2012). [2013-09-28]. http://www. netcarshow. com/toyota/2012-avensis/.

[32] トヨタ自動車株式会社．ディーゼルPM、NOx 同時低減触媒システム．第 2 回新機械振興賞受賞者業績概要.[2013-09-28]. http://www. tri. jspmi. or. jp/prize/ppmi/002/report/report_00. html.

[33] Akira Shoji. An Improvement of Diesel PM and NO_x Reduction System. 2007 Diesel Engine-Efficiency and Emissions Research (DEER) Conference. [2013-09-28]. http://www1. eere. energy. gov/vehi-

clesandfuels/ resources /proceedings/2007_deer_presentations. html.
[34] パリ・プジョー本社.プジョー、フランクフルト国際モーターショーでNew 308をワールドプレミア(さらなる革新的な環境対策を発表).(2013-08-26)[2014-09-28].New www1. peugeot. co. jp/ press/pdf/Press_Release_final. pdf.
[35] PSA Peugeot Citroën. QUALITE DE L'AIR-pour un moteur diesel toujours plus respectueux dei' environnement,[2013-09-28]. http://www. psa-peugeot-citroen. com/ sites/default/ files/content_files/ press-kit_diesel-ii-blue-hdi_fr_0. pdf .
[36] Pierre Macaudière. PSA Peugeot Citroën technologies for an even more environmentally friendly Diesel engine. Conférence GEP-AFTP - Diesel et Environnement. (2013-11)[2014-01-28]. http:// www. gep-aftp. com /_upload/ressources/ textes_conferences/ diesel_et_environnement__27_nov_2013/ gep-aftp_-_diesel_et _environnement_psa_macaudiere_pdf_vf. pdf.
[37] 森永真一,詫間修治,西村博幸. SKYACTIV-D エンジンの紹介. マツダ技報, 2012,30:9-13.
[38] クリーンディーゼル乗用車の普及・将来見通しに関する検討会報告書.(平成17-04)(2013-09-28). www. meti. go. jp/committee/materials/downloadfiles/ g50222a30j. pdf.
[39] Takashi Nagashima. Evolution of Automotive Technology and Fuel Quality for Environmental Improvement. Environment and Energy Issues at City Level, JARI China Round Table 2008. Shanghai,2008.
[40] 山内道広,上月正志,森恒寛,など. 新型 MZR-CD 2.2エンジンの紹介.マツダ技報,2009,27: 15-20.
[41] 清水圭一,宮本雅信,石橋昭法,など. 新長期排出ガス規制対応ディーゼルエンジンの開発. 三菱自動車テクニカルレビュー,2009(21):31-37.
[42] 株式会社 ティオMOTOWN21 事務局. 自動車技術トレンド-第63回 三菱パジェロに搭載のクリーンディーゼル4M41 型エンジン,[2013-09-28]. http://www. motown21. com/Tech/Trend_63/ index. php.
[43] Robert Bosch GmbH Diesel Systems. Denoxtronic 5 - Urea Dosing System for SCR systems. [2013-09-28]. http://www. bosch-automotivetechnology. com/media/de/iaa/downloads_1/sauber_ sparsam_1/optimization_diesel_systems_denoxtronic_5_en. pdf.
[44] Robert Bosch GmbH. ディーゼル,[2013-09-28]. http://www. bosch-automotivetechnology. jp/ ja/ jp/powertrain_3/ powertrain_systems_for_passenger_cars_4/ diesel_7/diesel_3. html.
[45] Thomas Wintrich. Modern Clean Diesel Engine & EGT Solutions for China 4ff . 1st International Chinese Exhaust Gas and Particulate Emissions Forum, Oct. Shanghai,2011.
[46] Daimler A G. 125 years of innovation. (2010-12-14)[2012-01-01]. http://www. daimler. com/Projects/c2c/channel/ documents/1960758_PM_125_Jahre_Innovation_en. pdf.
[47] EERE Information Center. Diesel Power: Clean Vehicles for Tomorrow. (2010-07)[2013-09-28].https://www1. eere. energy. gov/vehiclesandfuels/pdfs /diesel_technical_primer. pdf.
[48] 造车网. 戴姆勒的清洁柴油车采用尿素 SCR 系统.(2010-03-31)[2012-01-01]. http:// www. zaoche168. com/ auto/_01-ABC00000000000158931. shtml.
[49] メルセデス・ベンツ. E 350 BlueTEC AVANTGARDE(セダン/ステーションワゴン) デリバリー開始.(2013-07-19)[2016-01-04]. http://www. mercedes-benz. jp/news/release/2013/ 20130719_1. pdf.
[50] Ford Service Engineering Operations. 2008 6.4L Super Duty Overview[2012-01-01]. http:/// www. backglass. org/ duncan/ps64_manual/ps64_overview. pdf.

[51] Ford Motor Company. The 6.4L Power Stroke® Engine. [2013 - 02 - 01]. http://www.powerstrokediesel.com/index/400.

[52] Xu L, McCabe R W. LNT + in situ SCR catalyst system for diesel emissions control. Catalysis Today, 2012, 184 (1) 83 - 94.

[53] Johannes Wiesinger. Diesel Abgastechnik 3 - Diesel Partikel filtering. [2013 - 02 - 01]. http://www.kfztech.de/ kfztechnik/motor/diesel/dieselabgas3.htm.

[54] Green Car Congress. 2015 VW Jetta TDI: a more refined, powerful and efficient diesel within a nicely redesigned model line. 7 October 2014. [2014-12-25]. http://www.greencarcongress.com/2014/10/20141007-jettatdi.html#more.

[55] BMW Service. Technical Training - Product Information (Advanced Diesel with Blue Performance), (2008) [2014-07-28]. /http://www.kneb.net/bmw/AdvancedDiesel%20with%20BluePerformance.pdf.

[56] Liuhanzi Yang, Vicente Franco, Alex Campestrini, et al. NO_x control technologies for Euro 6 Diesel passenger cars. (2015-09-03) [2015-10-21]. http://www.theicct.org/nox-control-technologies-euro-6-diesel-passenger-cars.